Perspektiven einer Biologie der Freiheit

Perspektiven einer Biologie der Freiheit

Autonomieentwicklung in Natur, Kultur und Landschaft

Herausgegeben von Bernd Rosslenbroich

VERLAG FREIES GEISTESLEBEN

1. Auflage 2020

Verlag Freies Geistesleben
Landhausstraße 82, 70190 Stuttgart
www.geistesleben.com

ISBN 978-3-7725-2895-8

Gestaltung & Satz: Bianca Bonfert
Umschlagfoto: Okapia/imageBROKER/Matthias Graben
Druck: Neografia. a. s., Martin-Priekopa
Printed in Slovakia

Inhalt

Einleitung

BERND ROSSLENBROICH

Dieses Buch vereinigt eine Reihe recht unterschiedlicher Aufsätze zur Frage der Entstehung von Autonomie in der Natur. Im zuvor erschienenen *Entwurf einer Biologie der Freiheit*[1] wurde aufgezeigt, dass Innovationen innerhalb der größeren evolutiven Übergänge in der Tierwelt und beim Menschen die Organismus-Umwelt-Beziehung in einer Weise veränderten, dass der individuelle Organismus stabiler, selbstständiger und flexibler gegenüber der Umwelt wurde. Die Entstehung von Regulation und Selbstkontrolle, bis hin zu hochgradig flexiblen Verhaltensweisen unter den Primaten und höheren Vögeln, machen einen Großteil der evolutiven Veränderungen aus. Daran lassen sich nahtlos auch die biologischen Fähigkeiten des Menschen anschließen, die sich evolutiv so erweitert haben, dass die physiologische Grundlage für seine Freiheitsfähigkeit entstanden ist. Mit diesem Konzept lässt sich der alte und viel diskutierte Gegensatz zwischen einer mehr naturalistischen Sichtweise des Menschen auf der einen und einer vorwiegend kulturell geprägten Sicht des Menschen auf der anderen Seite auflösen.

Eine Vielzahl von Organen und Merkmalen trägt zur Entstehung von Autonomie bei. Dazu gehören etwa äußere Abgrenzungen gegenüber der Umwelt wie die unterschiedlichsten Hautbildungen und

1 Rosslenbroich 2018. Die wissenschaftlichen Grundlagen dazu finden sich dargestellt in Rosslenbroich 2014 und sind in einer Übersicht von McShea 2015 diskutiert.

die Entstehung von Schalen, Federn oder Fell. Dazu gehört die Entwicklung stabiler Blutkreisläufe, sodass Landtiere das Flüssigkeitsmilieu der Zellen auch unabhängig vom Wasser in der Umgebung aufrechterhalten können. Dazu gehören die vielfältigen Funktionen der Homöostasen, durch die Organismen stabiler werden gegenüber Schwankungen von Umgebungseinflüssen, was durch den Aufbau komplexer Organe und durch Größenzunahme unterstützt wird. Auch die Entwicklung immer umfangreicherer und vielfältigerer Bewegungsmöglichkeiten der Tiere gehört hierher; wichtig sind zudem die Nervensysteme, durch die die Lebewesen zunehmend flexibler und eigenständiger gegenüber Reizen aus der Umgebung agieren können. Die Zunahme an Flexibilität des Verhaltens gegenüber den Faktoren und Bedingungen der Umwelt bildet einen wesentlichen Teil der Veränderungen in der Autonomiefähigkeit.

Gleichzeitig entstanden auch Anpassungen an die Umwelt, die eine Voraussetzung für das Überleben der Organismen sind, und es kam ebenso zu Autonomieverlusten. Die Evolution brachte differenzierte Kombinationen von Autonomiemerkmalen und Anpassungen hervor und ging dabei komplizierte Wege. Sie vollzog sich nicht als Auswicklung eines vorgegebenen Planes, sondern war zu jeder Zeit voller Entwicklungsdramatik.

Der Mensch hat eine spezielle Kombination von Autonomiemerkmalen, die Grundlage für sehr weitreichende Möglichkeiten von Flexibilität und Selbstbestimmung ist. Neben den Autonomiemerkmalen, die wir mit allen Säugetieren teilen, und solchen, die wir mit den anderen Primaten teilen, entwickelte der Mensch das extrem leistungsfähige Gehirn, die Aufrechte mit der Befreiung der Hände von der Fortbewegung, die Präzision der Fingerbewegungen, leistungsfähige Sinnesorgane, eine hohe Sensibilität der Hände für das Ertasten von Objekten, die präzise Koordination zwischen

Auge und Hand, ein ausgefeiltes Immunsystem als Wächter zwischen Selbst und Nicht-Selbst und vieles andere mehr.

Die umfangreiche Autonomiefähigkeit des Menschen ist die biologische Voraussetzung für seine Fähigkeit zur Freiheit. Die Natur, wie sie uns aus der Evolution hervorgehen ließ, bildet so die Grundlage für die extrem vielfältigen Möglichkeiten des kulturschaffenden Menschen. Natur und Kultur können in diesem Sinne nicht als voneinander unabhängig angesehen werden.

Dabei müssen Autonomie und Flexibilität immer wieder aktiv errungen werden. Das ist ganz besonders in der Entwicklung des Kindes der Fall, gilt aber ebenso im Erwachsenenalter. Gerade durch die lange Entwicklungszeit, die der Mensch dafür benötigt, können die Möglichkeiten und Grenzen verschoben werden, individuell ebenso wie evolutiv. In diesem Sinne ist der Mensch umfangreich auf Entwicklung und Evolution, aufs Werden ausgerichtet und treibt diese Entwicklung zum Erringen von weiteren Freiheitsgraden immer weiter voran.

Im Schlusskapitel der oben genannten Arbeit wird aber auch ausgeführt, wie sehr diese Entwicklungen zu Einseitigkeiten führen können und uns heute in vielen Bereichen Probleme bereiten, indem wir uns zu sehr von der Natur entfernen. Des Weiteren wird ausgeführt, dass angesichts der in der Evolution entstandenen Möglichkeiten von Organismen die modernen einseitig deterministischen Auffassungen vom Organismus nicht richtig sein können. Sie nehmen an, dass alle Vorgänge im Organismus auf molekulare Ursache-Wirkungs-Ketten, die nach feststehenden physikalisch-chemischen Gesetzen ablaufen, reduzierbar sind und dass durch sie letztlich der ganze Organismus determiniert sei. Der Nachweis einer zunehmenden Selbstbestimmung von Organismen bis hin zum Menschen erfordert dagegen die Entwicklung einer neuen Organismustheorie, die das Prinzip des

Lebendigen und die graduelle Erlangung eines autonomen Selbst in seiner Eigenständigkeit beschreiben und verstehen kann. Leben an sich hat eigenständige Qualitäten, deren Eigenschaften erkannt und praktisch berücksichtigt werden müssen. Auf der Grundlage eines zutreffenderen Naturverständnisses wird es in Zukunft darum gehen, ein neues Verhältnis zur Natur zu entwickeln.

Was hier mit wenigen Worten skizziert ist, benötigt allerdings an vielen Stellen weitere Ausarbeitungen. Es ließe sich ein ganzes Forschungsprogramm darauf aufbauen, in dem das Konzept anhand unterschiedlicher Themenfelder weiterentwickelt wird. Im vorliegenden Buch sind nun einige Beispiele für solche Themen in Einzelbeiträgen verschiedener Autoren zusammengefasst.

Die Vorgehensweise in allen Beiträgen versteht sich als diejenige eines phänomenologischen Denkens, das darum bemüht ist, seine Erklärungen und Begriffe unmittelbar an den beobachtbaren Phänomenen der Natur zu entwickeln.[2]

Einige Beiträge sind bereits an anderer Stelle erschienen,[3] andere wurden neu geschrieben und sind hier zum ersten Mal abgedruckt.[4] Sie entstanden weitgehend unabhängig voneinander und stellen die Frage der Autonomie aus ganz unterschiedlichen Perspektiven dar. Insofern haben sie auch einen sehr unterschiedlichen Charakter. Einige von ihnen behandeln das Thema der Autonomieentstehung in der Natur auch an Beispielen aus der Pflanzenwelt und aus Ökologie und Landwirtschaft.

Jeder Beitrag steht zunächst für sich. Dabei ergeben sich gelegentliche Wiederholungen in der Darstellung des Grundkonzeptes die

2 Rosslenbroich 2016

3 Beitrag 1, 2, 5, 7, 11 und 12

4 Beitrag 3, 4, 6, 8, 9 und 10

aber belassen wurden, um den eigenständigen Charakter des jeweiligen Artikels zu erhalten.

Obwohl sich die Beiträge auf die genannten Vorarbeiten beziehen, ist es nicht notwendig, diese zuerst zu lesen. Die jeweiligen Darstellungen sind auch unabhängig davon verständlich und voll zugänglich. Die Artikel enthalten keine Beschreibung der physiologischen, morphologischen und paläontologischen Details. Wer solche Details sucht, sei auf die jeweils angeführte Fachliteratur verwiesen. Hier geht es mehr darum, das Thema allgemein darzustellen und die generellen Konsequenzen für unser Verständnis der Tiere und des Menschen, bzw. der Natur überhaupt, zu ziehen.

Im ersten Beitrag (von *Bernd Rosslenbroich)* wird zunächst das Spielverhalten bei Tieren und beim Menschen in seiner evolutiven Bedeutung untersucht. Es wird aufgezeigt, dass sich das Spiel der Kinder – und auch erwachsener Menschen – aus den Trends zur Autonomiezunahme ergibt und zu Kreativität und Kulturentwicklung beiträgt. Es hat insofern eine besondere Bedeutung für Pädagogik und Gesellschaft, und es wird Stellung genommen zu der Frage, was es bedeutet, wenn man in manchen modernen Erziehungssystemen das Spiel vernachlässigt oder sogar unterdrückt. Schließlich folgt eine Spekulation darüber, ob Spiel, als Spiel der Natur mit den Möglichkeiten flexibler und plastischer Organismen, eine viel größere Bedeutung in der natürlichen Evolution hat, als man bislang erkannte.

Im zweiten Beitrag (von *Marita Rosslenbroich* und *Bernd Rosslenbroich*) wird eine These entwickelt, nach der die berühmte Höhlenmalerei der jüngeren Altsteinzeit im Zusammenhang mit der Entwicklung der Autonomie des modernen menschlichen Bewusstseins gestanden hat. Nach einer Beschreibung der verblüffenden künstlerischen Fähigkeiten und der Virtuosität der «Meister der Steinzeit» werden einige Indizien für diese These zusammengetragen.

Thomas Hardtmuth entwickelt medizinische Aspekte der Autonomiefähigkeit des Menschen. Er zeigt auf, dass die Gesundheit in höherem Maße vom Lebensgefühl des Authentischseins, also der Autonomie und der Ich-Präsenz, getragen wird als von allgemeinen Gesundheitsfaktoren. Diese Autonomiefähigkeit unterliegt in den modernen Gesellschaften vielfältigen Angriffen und wird in der Medizin oft unterschätzt oder ignoriert. Ein gut entwickeltes Selbstwertgefühl und ein Vertrauen in die eigene Selbstwirksamkeit gehören zu den tragenden Säulen einer stabilen Gesundheit. Die Grundlagen hierfür werden in der Kindheit gelegt. Dabei gibt es drei ineinandergreifende, dynamische Autonomieebenen: die somatisch-physiologische Ebene, die geistig-mentale Ebene mit der Autonomie des selbstbewussten, sich selbst reflektierenden Individuums und die mittlere, seelische Ebene, auf der der Umgang mit emotional belastenden Ereignissen (Resilienz) entwickelt wird. Alle drei Ebenen sind über zahlreiche Wechselwirkungen miteinander vernetzt und bilden letztlich die Verständnisgrundlage einer modernen, integralen Medizin.

Susanna Kümmell beschreibt Aspekte aus ihrer Arbeit zur Evolution der Säugetiere und des Menschen. Anhand von Bewegungsrekonstruktionen fossiler Hände und Füße weist sie nach, dass es im Laufe der Evolution von den Fischen über die Säugervorläufer auf der Linie zu den Säugern zu Erweiterungen der Fortbewegungweisen sowie zu einer Flexibilisierung der Bewegungsmöglichkeiten kam. Dabei unterschied sich die Evolution im Wasser erheblich von jener nach dem Landgang. Erstere war geprägt vom Wachstum neuer Knochen in den Flossen, während sich nach dem Landgang generelle Funktionen durch Reorganisation der vorhandenen Strukturen in der Auseinandersetzung mit der Schwerkraft entwickelten. Diese Veränderungen bilden die anatomische und funktionelle Grundlage für die Vielfalt der Bewegungsformen unter den heutigen Säugern. Dabei kam es unter den heutigen Säugetieren zu einem breiten Spektrum aus Lokomotionsformen. So gibt es auf der einen Seite sehr spezielle Lokomotionsformen, die mit dem Verlust genereller Bewegungsmöglichkeiten einhergehen, und auf der anderen Seite eine erweiterte Bewegungsflexibilität mit der Möglichkeit eines vielfältigen Einsatzes der Gliedmaßen. Beim Menschen spezialisieren sich Hände und Füße auf die generellen Bewegungsformen des aufrechten Gehens und der hochgradig flexiblen Bewegungs- und Nutzungsmöglichkeiten der Hände. Diese Entwicklung war eine wichtige Basis für die zunehmende Evolution des Handelns und damit für die kulturelle Entwicklung des Menschen.

Walther Streffer beschreibt in seinem Beitrag, dass Singvögel die physische Auseinandersetzung zwischen den Individuen zum großen Teil in den Bereich des gesanglichen Wettstreits verlegt haben. Während gesellig lebende Singvögel zumeist einfache Sänger sind, grenzen sich gute Sänger stärker voneinander ab; sie verhalten sich territorial und verteidigen mit ihrem Gesang vor allem ein Klangrevier. Dabei enthält Vogelgesang eigenständige musikalische Qualitäten. Diese Qualitäten fallen hinsichtlich Komplexität, Klangfülle und Flexibilität unter den Singvogelarten sehr unterschiedlich aus und können auch individuelle Unterschiede aufweisen. Höhepunkte dieser musikalischen Flexibilität zeichnen sich oft durch erstaunliche Steigerungen der gesanglichen Fähigkeiten aus und zeigen entsprechende Freiheitsgrade.

Axel Ziemke geht der Metamorphosenlehre nach, in der Goethe versuchte, die Vielfalt pflanzlicher Formbildungen zu verstehen. Goethe ging es darum, ein quasi sinnlich-begrifflich erfahrbares Bildungsgesetz aufzufinden, nach dem Pflanzenbildungen erfolgen, ein Bildungsgesetz, das nicht nur unserem Blick auf die Pflanze, sondern ihrer Entwicklung selbst zugrunde liegt. Zugleich ergibt sich daraus eine Ästhetik des Naturschönen: Natur ist schön, weil sie ihren eigenen Bildungsgesetzen folgt. Insofern verfolgen Kunst und Naturwissenschaft die gleichen Intentionen, nur auf verschiedenen Wegen. Gerade Goethe lebte vor, wie Naturerkenntnis nicht wesentlich verschieden ist vom Künstlerischen, sofern im Kunstwerk die gleichen Gesetzmäßigkeiten zum Ausdruck kommen, wie sie in der Natur vorhanden sind. Besonders interessant ist dann, dass Goethes Theorie in ihren Grundzügen durch die moderne Genetik und die evolutionäre Entwicklungsbiologie bestätigt und quasi auf einer anderen, hier der molekularen Ebene, wiedergefunden und weitergeführt wird – ein gutes Beispiel dafür, wie das phänomenologische Denken zu wissenschaftlich zuverlässigen Ergebnissen führen kann.

In einem weiteren Beitrag tastet *Thomas Hardtmuth* ebenfalls nach ästhetischen Aspekten im biologischen Denken. Er stellt die Frage, ob es einen Zusammenhang gibt zwischen dem Naturschönen, das uns in Pflanzen, Tieren und Landschaften anspricht, und dem Kunstschaffen des Menschen – ob in dem, was uns im Menschen schon früh als Kunsttrieb, als Bedürfnis des ästhetischen Gestaltens und Hervorbringens entgegentritt, etwas zur Erscheinung kommt, das in der Natur schon immer veranlagt war. Und ob nicht die Natur selbst eine Künstlerin und die Kunst die Fortsetzung der Evolution im Menschen ist. Wenn das der Fall ist, dann ist das seelische Erleben des Menschen, der aus der Natur in die Kultur heraustritt, nicht abgespalten von der äußeren Welt, sondern es lebt in unseren Empfindungen immer etwas von der Natur mit. Voraussetzung dafür ist die plastische Weltoffenheit, die sein hochgradig autonomer Organismus ermöglicht. Das kreative Potenzial der Natur wird auf eine andere Stufe gehoben und erscheint neu als die generative, schöpferische Autonomie des Menschen.

Benjamin Bembé beschreibt die Entstehung einer temporären

Autonomie durch den symbiontischen Komplex einer tropischen Orchidee mit Pilzen, Ameisen und Prachtbienen. Die Wurzeln der auf Bäumen (also epiphytisch) wachsenden Orchidee werden vom Nest der Ameisen zusammen mit den Pilzen regelrecht umwachsen, wodurch eine aktiv geregelte relative Eigenständigkeit gegenüber den vorhandenen Umweltfaktoren entsteht. Es ist ein Beispiel dafür, wie in der Natur auf ganz unterschiedliche Weise immer wieder relative Autonomien gebildet werden, hier durch die Kooperation sehr unterschiedlicher Partner. Bei den beschriebenen Symbiosen übernimmt der jeweilige Partner regulierende Funktionen, durch die bestimmte Umwelteinflüsse wie Wasser, Belüftung der Wurzeln, Licht, Temperatur und Nährstoffzufuhr gesteuert werden. Die Bestäubung wird durch einen verblüffend ausgefeilten Vorgang von der Orchideenblüte vorgegeben, durch den die angelockten Prachtbienen hindurchgeschleust werden und das Pollenpaket aufgeklebt bekommen. Der Komplex zeigt das sensible Wechselverhältnis, in dem die beteiligten Organismen zueinander stehen.

Zwei weitere Beiträge gehen dann über die Beschreibung einzelner Organismen hinaus und blicken auf ganze Landschaftsökosysteme und das Wirken des Menschen darin. So beschreibt *Hans-Christoph Vahle*, dass der Mensch nicht zwangsläufig ein zerstörendes Wesen in den Ökosystemen ist, wie es gegenwärtig den Anschein hat. Die Geschichte der Landschaft, besonders in Mitteleuropa, zeigt, dass die größte Vielfalt an Biotopen und an Pflanzen- und Tierarten durch die historische Landbewirtschaftung entstanden ist. Aus der Natur entwickelte sich sukzessive die Kulturlandschaft mit ihren Wiesen und Hecken, mit Trockenrasen und Heiden, Obstwiesen und Äckern, alles Ergebnis der traditionellen Landwirtschaft, die viel reicher an Tier- und Pflanzenarten war als die ursprüngliche Naturlandschaft. Am Beispiel der typischen Dorfgemarkung in Nordwestdeutschland wird aufgezeigt, dass durch die Tätigkeit des Menschen eine strukturierte Gliederung der Kulturlandschaft entstanden war mit fein abgestimmten Differenzierungen und Funktionszusammenhängen, inneren und äußeren Grenzbildungen und der Ausbildung individueller Gestalten, in der sich eine relative Eigenständigkeit gegenüber dem umgebenden Naturraum herausbildete. Insofern kann die traditionelle Dorfgemarkung und die damit verbundene Kulturlandschaft Eigenschaften eines Organismus aufweisen. Erst mit der aufkommenden Technisierung in der Landwirtschaft brachen viele dieser Strukturen zusammen und führten zu einem massiven Rückgang der Biodiversität, der gegenwärtig drastische Formen annimmt. Daraus wird schließlich die Frage abgeleitet, wie eine moderne organismisch orientierte Kulturlandschaftsentwicklung als Zwiesprache zwischen Mensch und Natur möglich wäre.

Das gleiche Thema greift *Nikolai Fuchs* aus einer etwas anderen Perspektive auf. Er fragt danach, wie im Zeitalter des Anthropozän, also der gegenwärtigen Erdepoche, in der die menschlichen Einflüsse auf den Planeten prägend geworden sind, eine Landwirtschaft beschaffen sein müsste, die – als einer der Hauptorte des direkten menschlichen Einflusses auf den Planeten und die Biosphäre – zur Stützung und gegebenenfalls Weiterentwicklung der Kulturlandschaftsglieder beitragen kann. Könnte man mit der Art, in der man Landwirtschaft betreibt, nicht nur die schädlichen Einflüsse begrenzen, sondern die beschriebenen evolutiven Tendenzen als eine Art «Mitwirkung an der Evolution» befördern? Fuchs zeigt auf, dass es längst vielfältige, durchführbare und praktisch realisierte Konzepte und Erfahrungen dafür gibt, die Landwirtschaft am Prinzip des Lebendigen, also «organismisch», auszurichten. Damit kann Landwirtschaft so betrieben werden, dass sie langfristig Möglichkeiten für die co-evolutive Entwicklung von Natur und Mensch eröffnet.

Darauf folgt eine erste Zusammenfassung von Ergebnissen einer aktuellen Forschungsarbeit, in der die spezifischen Eigenschaften des Lebendigen beschrieben werden (von *Bernd Rosslenbroich*). Es handelt sich wohl um den komplexesten Beitrag im vorliegenden Band. Darin wird aufgezeigt, dass Leben generell als dynamischer und hochgradig flexibler Prozess zu verstehen ist und nicht als physikalisch-chemisch determinierter Apparat. Es sind gerade die Ergebnisse der modernen naturwissenschaftlichen Forschung selbst, die hier ein neues Verständnis des Organismus nahelegen und ihn in seiner Eigenständigkeit und seiner Fähigkeit zu Selbstständigkeit und Selbsttätigkeit beschreiben können. Dabei integrieren Organismen genetische und molekulare Vorgänge, um ihre Eigenaktivität hervorbringen zu können. Mit der Beschreibung der spezifischen Eigenschaften des Lebendigen soll eine Grundlage für die Organismische Biologie entstehen, wie sie seit etwa 150 Jahren immer wieder versucht wird zu entwickeln.[5] Es ist die Suche nach einem dritten Weg des Naturverständnisses jenseits der Einseitigkeiten mechanistischer Interpretationen auf der einen und vitalistischer oder kreationistischer Spekulationen auf der anderen Seite, der näher an die erfahrbaren Prozesse der Natur heranführen soll. Nicht zuletzt versteht sich dieser Ansatz als Beitrag zur Entwicklung eines ökologischen Konzeptes von Natur und Mensch.

Zuletzt folgt der Wiederabdruck eines kurzen Artikels von *Friedrich Kipp* aus dem Jahr 1949. Darin, ebenso wie in seinem Buch aus dem Jahr 1948[6], formulierte er bereits die Grundzüge einer Autonomietheorie der Organismen sowie die Annahme einer zunehmenden Individualisierung im Laufe der Evolution. Nachdem es schon

5 Rosslenbroich 2020

6 Kipp 1948

seit Darwins Zeit Vorläufer gegeben hatte,[7] transportierte er die Überlegungen durch diese Schriften in die goetheanistisch orientierte Naturwissenschaft und fügte wesentliche Elemente hinzu. Autoren wie Friedrich Husemann, Wolfgang Schad, Andreas Suchantke und andere führten das Thema fort.

Mein Dank gilt den Mitarbeitern und Redakteuren der Bücher und Zeitschriften, in denen einige der Artikel zuerst erschienen sind und die zugesagt haben, dass sie wiederabgedruckt werden können. Hier gab es einige Personen, die wesentlichen Anteil am Entstehen der Artikel mit Verbesserungsvorschlägen, Korrekturen und nicht selten fachlichen Anregungen hatten. Ihre Arbeit trägt oft Wichtiges bei, bleibt aber im Hintergrund. Für *die Drei* ist hier Stephan Stockmar und für das *Jahrbuch für Goetheanismus* neben anderen Roselies Gehlig zu nennen, die mit viel Geduld und ebenso großer Fachkenntnis das Erscheinen der Artikel ermöglicht hatten. Kapitel 11 hat durch René Ebersbach, Johannes Weinzirl und Peter Heusser als Herausgeber des Bandes *Was ist Leben?* wesentliche Verbesserungen erfahren. Sie waren außerdem die Initiatoren der Tagung: «Was ist Leben? Aktuelles zu Wirkursache und Erkenntnis des Lebendigen», die im März 2017 in der Reihe «Wittener Kolloquium Humanismus, Medizin und Philosophie» stattfand und von der viele Anregungen in dieses Kapitel eingeflossen sind.[8] Außerdem danke ich den Freunden im Institut für Evolutionsbiologie und Morphologie an der Universität Witten/Herdecke sowie den vielen Freunden in verschiedenen Arbeitstreffen wie z. B. dem Projektetreffen am Carl Gustav Carus Institut Öschelbronn, dem Arbeitskreis «Entwicklung» im Arbeits-

7 Siehe Rosslenbroich 2018, S. 25

8 Ebersbach et al. 2018

zentrum Frankfurt, zusammen mit dem Friedrich von Hardenberg Institut für Kulturwissenschaften Heidelberg und den Teilnehmern der jährlich Ende Februar in Stuttgart stattfindenden Tagung der Arbeitsgemeinschaft der Naturwissenschaftler in der Anthroposophischen Gesellschaft, in denen mehrere der hier dargestellten Themen vorgestellt und diskutiert werden konnten. Viele Anregungen sind in die Entwicklung des Grundkonzeptes sowie in die hier abgedruckten Beiträge eingeflossen. Außerdem danke ich den Autoren der Beiträge für ihre Mitwirkung und dass sie sich bei den neuen Artikeln geduldig auf mehrfache Überarbeitungen eingelassen haben.

Und schließlich sei wiederum den Förderern gedankt, die die Arbeit des Institutes für Evolutionsbiologie und Morphologie inzwischen seit vielen Jahren unterstützen. Ohne diese Förderung und das immer wieder erneuerte Vertrauen in unsere Tätigkeit wäre unsere Arbeit nicht möglich.

Bernd Rosslenbroich Witten, im März 2019

Literatur

Kipp FA (1948): Höherentwicklung und Menschwerdung. Stuttgart

McShea DW (2015): Bernd Rosslenbroich: On the origin of autonomy: a new look at the major transitions in evolution (book review). Biology and Philosophy 30, S. 439–446

Rosslenbroich B (2014): On the Origin of Autonomy. A New Look at the Major Transitions in Evolution. Springer Cham, Heidelberg, New York, Dordrecht, London

Rosslenbroich B (2016): Phänomenologisches Denken. Die unterschätzte Bedeutung der goetheanistischen Forschungshaltung in der Biologie. Elemente der Naturwissenschaft 104, S. 49–58

Rosslenbroich B (2018): Entwurf einer Biologie der Freiheit. Die Frage der Autonomie in der Evolution. Verlag Freies Geistesleben, Stuttgart

Rosslenbroich B (2020): Zur Geschichte des organismischen Denkens in den Lebenswissenschaften. Jahrbuch für Goetheanismus, Stuttgart (in Vorbereitung).

Ebersbach R, Weinzirl J, Heusser P (Hrsg.) (2018): Was ist Leben? Aktuelles zu Wirkursache und Erkenntnis des Lebendigen. Wittener Kolloquium Humanismus, Medizin und Philosophie, Band 5, Königshausen & Neumann, Würzburg

Die evolutionäre Bedeutung des Spiels[1]

BERND ROSSLENBROICH

«Der Mensch spielt nur, wo er in voller Bedeutung des Worts Mensch ist, und er ist nur da ganz Mensch, wo er spielt.» Dieser berühmte Satz Friedrich Schillers[2] ist in mancher Hinsicht ein Rätsel. Hat der Mensch nicht Wichtigeres zu tun als ausgerechnet zu spielen? Was bedeutet es, dass Schiller hier dem Spiel solch einen umfassenden Stellenwert zugesteht? Er identifiziert ja geradezu das Menschsein mit dem Spiel. Ist Spiel nicht eher eine Randerscheinung neben den wichtigen, ernsthaften Tätigkeiten wie der Sorge um den täglichen Bedarf oder der Weiterentwicklung von Wohlstand, Kultur und Technik?

Im Folgenden soll zuerst das Spiel in der Tierwelt beschrieben werden. Bei welchen Tieren gibt es Spiel? Wann und wie spielen Tiere? Dann wird die Bedeutung des Spiels beim Menschen dargestellt. Und schließlich wird eine These über die mögliche Bedeutung des Spiels in der Evolution formuliert.

1. Das Spiel in der Verhaltensforschung

Das Spielverhalten bei Tieren gehört in die Domäne der Verhaltensforschung, aber genau besehen wird sie – was die Interpretation des

1 Zuerst erschienen in: Jahrbuch für Goetheanismus 31 (2014). Tycho Brahe Verlag, Niefern Öschelbronn, S. 3-35

2 Zitiert nach Matuschek 2009

biologischen Zusammenhangs angeht – mit diesem merkwürdigen Phänomen kaum fertig. Spiel erscheint sinnlos und überflüssig im «survival of the fittest». Immer wieder wurde versucht, dem Spiel einen Anpassungswert oder einen Fitnesswert anzuhängen, was aber nicht wirklich gelang.[3]

Spiel ist energieaufwendig, kostet also wertvolle Ressourcen, liefert aber keine Nahrung. Es ist gefährlich, da spielende Tiere kaum noch auf ihre Umgebung und auf mögliche Räuber achten. Bei Raufspielen besteht die Gefahr, sich zu verletzen. Die Tiere verbrauchen wertvolle Zeit mit Aktivitäten, die offenbar nicht dem Überleben dienen, sie konzentrieren sich auf Tätigkeiten, die zu rein gar nichts nütze sind.

Am meisten wird noch angeführt, dass im Spiel Bewegungen und Verhaltensweisen geübt werden, die später für die ernsthaften Aufgaben des Lebens wie Beutefang, Kampf mit Rivalen usw. benötigt werden. Das wird wohl auch zutreffen: Ein paar wenige Studien konnten zeigen, dass Tiere, die beim Heranwachsen ausführlich spielen konnten, später in solchen Verhaltensweisen besser waren. In einem größeren Teil dieser Studien konnte das aber keineswegs dargestellt werden. Tiere, die nur wenig spielen konnten, haben sich die nötigen Fähigkeiten dann auf andere Weise erworben.[4]

Und im evolutiven Vergleich bleibt noch die Frage: Warum sollte es bei höheren Tieren überhaupt nötig werden, wichtige Verhaltensweisen einzuüben? Die übrige Tierwelt kommt ohne das Einüben im Spiel aus. Die überlebensnotwendigen Verhaltensweisen sind angeboren und laufen als mehr oder weniger festgelegtes Instinktverhalten ab (sog. «fixed action patterns», FAPs), was viel sinnvoller erscheint, da die Verhaltensweisen zuverlässig verfügbar sind, sobald sie gebraucht

3 Bateson & Martin 2013

4 Bateson & Martin 2013

werden. Wenn sie dagegen zuerst eingeübt werden müssen, kann vieles schiefgehen. Ein Frosch muss nicht erst üben, die Fliege zu fangen, das funktioniert auch so. Und warum spielen viele erwachsene Tiere, die doch längst alles können, was sie benötigen? Auch die üblichen Kosten-Nutzen-Berechnungen versagen hier völlig.

Dieses Problem der Interpretation wird auch in der Verhaltensforschung wahrgenommen, sodass Spiel nach wie vor als rätselhaft gilt. Burghardt[5] formuliert: «*The origins of vertebrate play are obscure.*» Oder es wird sogar als ein «*biologisches Paradox*» beschrieben: «*Animal play behavior addresses a major biological paradox. Why do young and old animals of many species spend time and energy, and even risk physical injury, performing the apparently unproductive behaviors colloquially called play? What makes this ‹useless› activity so important that animals literally risk their lives for it? And, even more curiously, why are humans both enchanted and enraged by play?*»[6]

Mehrere weit verbreitete Lehrbücher der Verhaltensforschung bei Tieren, ebenso wie der evolutionären Psychologie des Menschen, lassen das Thema Spiel gleich ganz aus, womit man sich des Paradoxons auf einfache Weise entledigt. Das trifft vor allem auf stark adaptationistisch ausgerichtete Bücher zu. Es gibt aber einige lesenswerte Bücher aus der neueren Verhaltensforschung, die das Phänomen umfangreich und gut beschreiben.[7] Hier stehen Beobachtung, Erfassung und Analyse des Spiels im Vordergrund, auch wenn keine Klarheit über ihre evolutive Bedeutung zu gewinnen ist: Spielen scheint absolut unlogisch zu sein – ist aber irgendwie faszinierend.

5 Burghardt 1998, S. 3

6 Fagen 1986, S. VII

7 Fagen 1981, Bekoff & Byers 1998, Burghardt 2005, Bateson & Martin 2013

2. Welche Tiere spielen?

Heute ist bekannt, dass alle Säugetiere mehr oder weniger intensiv spielen (Abb. 1-3). Bei vielen Säugetierarten ist Spielverhalten auf Jungtiere beschränkt. Bei anderen kann es auch im Erwachsenenalter erhalten bleiben, was vor allem für Raubtiere, Nager, Primaten und Wale gilt. So ist z. B. bei erwachsenen Delfinen noch ein erstaunliches Spielverhalten zu beobachten. Unter Vögeln sind es vor allem Rabenartige, die spielen. Aber auch viele Papageien spielen. Es gibt zudem Beobachtungen bei Falken und einigen kleinen Singvögeln.

Besonders die Keas *(Nestor notabilis)* sind berühmt und berüchtigt für ihr unbändiges Spielverhalten (Abb. 4). Sie leben in den Gebirgen Neuseelands, wo sie in einer für Papageien ungewöhnlich rauen Umgebung zurechtkommen. Sie nutzen alles zum Spielen und können lästig werden, wenn sie etwa Antennen an den Häusern als Turngeräte benutzen und dabei in Kleinteile zerlegen. In Bewegungsspielen stellen sie sich auf den Kopf, machen Purzelbäume, landen falsch herum, gebrauchen Äste als Schaukeln und machen Schneebälle, mit denen sie dann herumspielen.

Schon manchem Filmteam wurden bei dieser Herumspielerei Dichtungen aus dem Auto montiert, und kein Rucksack bleibt verschont. Oder die Filmausrüstung wurde auseinandergelegt, noch bevor die Kameraleute eine Chance hatten, ihre Aufnahmen zu machen. Beliebt ist auch, die Luft aus den Autoreifen herauszulassen.

Es gibt einen Film von den ausgezeichneten Tierfilmern Hans Schweiger und Ernst Arendt, in dem man sich das Schauspiel ansehen kann. Sie sprechen vom *«ausgeprägten Sinn für Unsinn» der Keas: «Sie trieben ihren Schabernack mit uns, und wir waren uns nicht immer sicher, wer sich mit wem beschäftigte.»*

Andere Wirbeltiere, wie etwa Reptilien oder Amphibien, spielen

Abb. 1: Spielende Hunde (Foto: Isabelle Schläger).

Abb. 2: Eine Bonobomutter spielt mit ihrem Kind (aus: Burghardt 2005, nachgezeichnet von Marita Rosslenbroich).

Abb. 3: Pandabären spielen auf einer Rutsche (nachgezeichnet von Marita Rosslenbroich).

Abb. 4: Spielender Kea in einem Zoo (Zeichnung: Marita Rosslenbroich).

Abb. 5: Komodowaran in einem Zoo in Florida. Der Waran spielt mit einem Ring, der ihm vom Pfleger hingehalten wird (Szene aus einem Video, nachgezeichnet von Marita Rosslenbroich).

dagegen in der Regel nicht. Aber es gibt ein paar bemerkenswerte Ausnahmen. Gelegentlich wurde berichtet, dass Komodowarane in Gefangenschaft spielen können. Inzwischen kann man sich im Internet ein Video ansehen, in dem ein Waran eindeutig Spielverhalten zeigt (Abb. 5).[8] Auch von Wasserschildkröten in Gefangenschaft ist dokumentiert, dass sie z. B. mit einem Ball, mit Stöcken oder mit dem Schlauch in ihrem Becken spielen. Von einigen Fischen wird ebenfalls ein «spielartiges Verhalten» beschrieben, das aber bisher noch wenig wissenschaftlich dokumentiert ist.[9] Es lässt sich allerdings vermuten, dass differenzierte Beobachtungen dazu künftig noch einige Über-

8 http://www.youtube.com/watch?v=almJghl1VXk

9 Burghardt 2005

raschungen hervorbringen werden. Vielleicht ist das Spiel, auch in anderen Formen als bei Säugetieren und Vögeln, viel weiter verbreitet als bisher angenommen.

Unter den Wirbellosen kommt Spielverhalten offenbar nicht vor. Aber auch hier gibt es zumindest eine Ausnahme, nämlich beim Gewöhnlichen Kraken *(Octopus vulgaris)*, der in Gefangenschaft ein starkes Neugierverhalten zeigt und nach der Erkundung interessanter Gegenstände auch damit spielt.[10]

3. Was ist Spiel?

Unter Spielverhalten versteht man jede Bewegung, Objektmanipulation und soziale Interaktion, die außerhalb des Zusammenhangs mit einem aktuellen Problem ausgeführt wird. Spiel ist ein Verhalten, das von unmittelbaren Bedürfnissen und Anforderungen entkoppelt ist und innerhalb dieser Eigenständigkeit ein hohes Maß an Flexibilität enthält. Spielverhalten ist typischerweise spontan, freiwillig und intentional. Es ist offensichtlich vergnüglich und angenehm, die Tiere tun es gerne. Es wird typischerweise im sogenannten «entspannten Feld» gespielt, d.h. nur, wenn die physischen Bedürfnisse gedeckt sind. Nur wenn die Tiere gesund sind, genügend Futter haben und wenn sie sich nicht durch irgendetwas bedroht fühlen, spielen sie.

Man kann das Spiel bei Tieren grob einteilen in Bewegungsspiel, Beutespiel, Objektspiel und soziales Spiel. Burghardt[11] fügt noch eine spezielle Kategorie für die Keas hinzu: «demolishing play» – Zerstörungsspiel.

10 Kuba et al. 2006

11 Burghardt 2005

Abb. 6: Delfine sind bekannt für ihre Spielfreudigkeit. Diese beiden lassen Ringe aus Luftblasen aufsteigen (aus Conway Morris 2003, nachgezeichnet von Marita Rosslenbroich).

Abb. 7: Ein Pferd spielt ausgelassen mit einem großen Ball (Zeichnungen: Angela Rosslenbroich).

Spiel besteht aus den Komponenten des normalen Verhaltens, das den jeweiligen Tierarten zur Verfügung steht, wie etwa Rennen, Klettern, Objektmanipulation, Jagdverhalten und vieles andere mehr. Aber im Spiel werden sie fragmentiert, wiederholt, übertrieben und neu kombiniert. Damit enthält das Spiel eine ausgesprochene Flexibilität (Abb. 6 – 7).

Formen des Spiels

bei Tieren:	*bei Kindern:*[12]
Bewegungsspiel	sensomotorisches Spiel
Beutespiel	Objektspiel (Explorations- und Konstruktionsspiel)
Objektspiel	soziales Spiel
soziales Spiel	Sprachspiel
	Aktivitätsspiel
	Fantasiespiel, Als-ob-Spiel, Spiel mit Regeln, Rollenspiel

4. Autonomieentstehung in der Evolution

Es gibt allerdings eine Möglichkeit, das Phänomen des Spielverhaltens schlüssig in das Evolutionsverständnis einzuordnen, die im Rahmen der Arbeiten an der Autonomietheorie der Evolution deutlich wurde.[13]

Der Kern des Ansatzes ist der Nachweis, dass es in der Evolution der Tierwelt und des Menschen nicht nur zu Anpassungen kam, sondern dass gerade die größeren evolutiven Schritte von einer Zunahme in-

12 Nach Smith 2010

13 Rosslenbroich 2014, 2018

dividueller Autonomie der Organismen gekennzeichnet waren. Dazu gehören die Emanzipation von unmittelbaren Umweltbedingen, die Zunahme der inneren Stabilität, die Regulierbarkeit von Körperfunktionen und auch die Erweiterung der Flexibilität des Verhaltens in der Umwelt. Für die Evolution der Nervensysteme lässt sich aufzeigen, dass das Prinzip der Entkopplung von entscheidender Bedeutung war. In einfachen Nervensystemen ursprünglicher Tiere folgt eine Reaktion unmittelbar auf den Reiz. Der Reiz, durch Sinneszellen wahrgenommen, und die Reaktion liegen funktionell nahe beieinander. Mit der Entstehung komplexerer Nervensysteme werden immer mehr Neurone dazwischengeschaltet. Sie ermöglichen in unterschiedlichem Ausmaß, die Reaktion zu modulieren, die dadurch nicht mehr ganz so unmittelbar erfolgen muss, sondern vielfach selbstbestimmter sein kann. Diese Modulierbarkeit ist zunächst gering, sie wird aber mit der Bildung von immer größeren Gehirnen und zentralisierteren Nervensystemen erweitert. Damit wurde das Verhalten immer flexibler, selbstbestimmter und autonomer.

Spielverhalten kommt nun gerade bei den Tieren vor, die die umfangreichste Ausbildung des Zentralnervensystems haben, d.h. die auch die intelligentesten sind. Es sind diejenigen Tiere, die am meisten Flexibilität in ihrem Verhalten entwickeln, also in ihrem Verhalten am wenigsten festgelegt sind. Das gibt es bei Tieren zwar nur in begrenztem Maße, der Großteil des Verhaltens ist auch bei den höheren Tieren durch Instinktverhalten mehr oder weniger fixiert. Aber der Anteil der flexibleren Verhaltensweisen kann deutlich erweitert sein, wozu auch eine erweiterte Lernfähigkeit, Möglichkeiten der Nachahmung und der Lösung einfacher Probleme gehören.

Diese Flexibilität kann nun so erweitert werden, dass sie auch ungerichtet zu einer Art Selbstzweck werden kann, was eine der Voraussetzungen für Spiel ist. Spiel enthält insofern Freiheitsgrade und lässt sich an die übrigen Tendenzen zur Autonomieentstehung in der Evolution anschließen. Es ist die folgerichtige Weiterentwicklung unter vergleichsweise stärker selbstbestimmten und autonomen Tieren.

Die Flexibilität entsteht aber nicht nur in den Fähigkeiten des Nervensystems. Typisch ist auch, dass eine hohe Flexibilität und eine gewisse Vielfalt in den Bewegungen möglich werden, indem viele Säugetiere im Spiel hoch komplexe und geradezu akrobatische Bewegungen ausführen, natürlich stark abhängig von der Organisation der jeweiligen Tierart. So ist es auch folgerichtig und geradezu zu erwarten, dass der Gemeine Krake auch Spielverhalten zeigt. Er ist unter den wirbellosen Tieren dasjenige mit dem konzentriertesten Zentralnervensystem und hat durch seine acht Arme eine erstaunliche Bewegungsfähigkeit.

Während des Spiels werden Bewegungen neu «erfunden», oder es treten Verhaltensweisen bzw. Bruchstücke davon auf, die in anderen Zusammenhängen von Bedeutung sein können, z. B. Flucht-, Angriffs- oder Beutefanghandlungen. Aber im Spiel sind sie neu und vielfältig kombinierbar, sodass sie individuell geprägt und damit sehr verschieden sein können.

Die Zeit, in der die Jungen von Vögeln und Säugetieren von den Eltern behütet werden, ist ein Freiraum, in dem die Jungtiere spielen können. Währenddessen sind sie relativ unabhängig von überlebensnotwendigen Tätigkeiten.

Es kommt aber auch noch eine mentale Form der Flexibilität hinzu: Spiel beinhaltet Verhaltensweisen, die zum Schein ausgeführt werden, wie beispielsweise bei Scheinkämpfen. Die Tiere müssen also in der Lage sein, ein Verhalten vorzugeben bzw. das Vorgeben eines Verhaltens bei einem Spielpartner zu erkennen. Dem Spielpartner muss deutlich gemacht werden können, dass das ausgeführte Verhalten «nur» Spiel ist. Bei Hunden ist das z. B. der bekannte Bogen, bei dem sie sich mit den Vorderpfoten ablegen, während die Hinterbeine aufrecht bleiben.

Außerdem wird auch bei Tieren regelmäßig beobachtet, dass sich Spielpartner, die gegenüber dem anderen überlegen oder dominant sind, zurückhalten («selfhandicapping»), wie um das Spiel «fair» zu machen. Dies alles setzt einen gewissen Grad kognitiver Fähigkeiten voraus und dürfte insofern mit der Leistungsfähigkeit des Zentralnervensystems in Verbindung stehen.

Besonders für Primaten sind «individuelle» Spiele beschrieben worden. Darin sind dann noch weniger eng vorgegebene Verhaltensabfolgen vorhanden. Wenn Spiel überhaupt einen Übungscharakter hat, dann sind daraus abgeleitete Verhaltensweisen später auch deutlich individueller. Durch sie können sehr individualisierte Fähigkeiten oder Gewohnheiten ausgebildet werden, indem sie eine «schöpferische Komponente» enthalten.

Bemerkenswert ist ja, dass das Spiel immer das freudige Interesse des Menschen erregt. Wer hat sich nicht schon einmal vom ausgelassenen Spiel junger Katzen oder Hunde bezaubern lassen? Mit vielen Haustieren wird gespielt, und miteinander spielende Tiere zu beobachten ist für uns immer ein ästhetisches Erlebnis. Das Spielverhalten von Tieren rührt uns deshalb so an, weil es Anklänge an die umfangreiche menschliche Verhaltensflexibilität hat.

Eibl-Eibesfeldt[14] schrieb: *«Dadurch, dass im Spiel die Handlungen von den ihnen normalerweise vorgesetzten Instanzen (Antrieben) abgehängt werden können, schafft sich das Tier ein entspanntes Feld, und es versetzt sich in die Lage, mit seinem Bewegungskönnen zu experimentieren und sich dialogisch mit seiner Umwelt auseinanderzusetzen.*

14 Eibl-Eibesfeldt 1999, S. 416

Diese Fähigkeit, sich distanzieren zu können, steht an der Wurzel dessen, was wir als spezifische menschliche Handlungsfreiheit erleben.»

Berücksichtigt man die Autonomieentstehung im Laufe der Evolution, so ist die Entstehung des Spiels kein Paradox mehr, sondern ist folgerichtig aus der Reihe der evolutiven Übergänge regelrecht zu erwarten.

5. Spiel beim Menschen

Scheinhandlungen prägen insbesondere das Spiel beim Menschen. Diese Fähigkeit bildet sich etwa im Alter von zwei Jahren und wird dann in aller Ausführlichkeit über viele Jahre betrieben. Eine Voraussetzung dafür ist die Entkopplung zweier beteiligter Repräsentationen im Bewusstsein: Bei Objekten gibt es zum einen die wirklichkeitsgemäße Repräsentation des Objektes, zum anderen eine vorgestellte Version desselben Objektes (die Badewanne als «Schiff», der «Kuchen» im Sandkasten). Oder in Bezug auf Tätigkeiten einmal das wirklichkeitsgemäße Erleben von sich selbst und zum anderen von der gespielten Handlung, die deutlich als «nur gespielt» erlebt wird. In erweiterter Form kann sich dieses Scheinspiel bei etwas älteren Kindern (z. B. sechs bis acht Jahre) auch völlig von Gegenständen, Körperteilen oder anderen Personen lösen (aus einer Tasse trinken oder sich kämmen, ohne irgendetwas in der Hand zu haben; Spielen eines imaginären Kameraden und Ausführen von Scheinhandlungen mit ihm). Diese Entkopplung ist eine hohe Bewusstseinsleistung und steht am Ursprung eines seiner selbst bewussten Innenlebens. Insofern spielende Tiere einen Spielmodus von der Wirklichkeit unterscheiden können, muss davon ausgegangen werden, dass auch ihnen bereits eine gewisse, rudimentäre Entkopplung dieser beiden

Repräsentationen zur Verfügung steht. Bei Menschenaffen sind vereinzelt sogar von Gegenständen unabhängige Scheinhandlungen beschrieben worden, allerdings selten und nur in menschlicher Obhut.[15]

Aber beim Menschen gehen die Möglichkeiten zur Entkopplung offensichtlich weit über das hinaus, was beim Tier möglich ist. Der Mensch kann Bewusstseinsinhalte so weit von gegebenen Sinneseindrücken oder aktuellen Empfindungen entkoppeln, dass sie symbolhaft bewegt werden können. Dadurch können sie flexibel hervorgebracht und weiterentwickelt werden. Diese symbolischen Repräsentationen sind dann auch die Grundlage für Selbstwahrnehmung, Wahrnehmung des anderen als bewusstseinsfähige Person, Empathie und schließlich auch die Sprache, die in der heutigen Form eine Symbolsprache ist.[16]

Gärdenfors[17] unterscheidet Repräsentationen, die unmittelbar von einem Signal angeregt werden («cued representations»), von solchen, die davon abgelöst sind («detached representations»). Letztere unterteilt er noch einmal in abhängige Repräsentationen («dependent representations»), die auf äußeren Wahrnehmungen beruhen, auch wenn diese nicht unmittelbar vorhanden sind, und unabhängige Repräsentationen («independent representations»), denen keine äußeren Wahrnehmungen zugrunde liegen, wie etwa bei Fantasien. Seine These ist, dass dies auch die Reihenfolge sei, in der diese Fähigkeiten evolutiv entstanden sind (cued representations → dependent representations → independent representations). Die Entwicklung des Denkens sei beschreibbar als die Entkopplung von mehr und mehr Repräsentationen. Wenn verschiedene Repräsentationen bewegt

15 Smith 2010

16 Carruthers 2002, Smith 2010, Rosslenbroich 2014, 2018

17 Gärdenfors 2003

werden können – also auch unterschiedliche Wege, ein Ziel zu erreichen –, entsteht die Möglichkeit der Wahl. Jetzt können Motive, die voneinander entkoppelt sind, mental bewegt werden. Alle diese Fähigkeiten können in den verschiedenen Formen des Spiels beteiligt sein.

Daraus ergibt sich zum einen die Möglichkeit des Fantasiespiels, zum anderen wird der aktive plastisch-flexible Umgang mit Vorstellungen, Erinnerung und Ideen durch das Fantasiespiel geübt.

Im Fantasiespiel können neue Ideen oder «Hypothesen» entstehen, die dann erkundet, bewegt und weiterentwickelt werden. Die möglichen Konsequenzen werden «durchgespielt», bevor Ideen verworfen oder angenommen und in die Praxis umgesetzt werden. Der Vorgang ist also nahe verwandt mit jeder Form von Planung und Entwurfsarbeit. Dabei werden Vorstellungen und Ideen, Reihenfolgen und Zeitfolgen gebildet und Informationen unabhängig von Zeit und Raum bewegt. Fantasiespiel ist damit eine Grundlage und ein Übungsfeld für die Entwicklung der Kreativität.[18]

Sicherlich spielen Kinder am meisten und ausführlichsten. Aber auch Erwachsene spielen. Dabei werden Spiele oft formalisiert und einer Reihe von Regeln unterworfen wie etwa im Sport. Das unbändige Herumtoben und Raufen kleiner Kinder ist bei Erwachsenen seltener, wird aber zusammen mit Kindern gerne wieder aufgegriffen. Wenn Erwachsene raufen wollen, geben sie sich ein mitunter kompliziertes System von Regeln wie etwa im Judo, das damit aber gleichzeitig auf eine höhere kulturelle Stufe gestellt wird.

Spiele können stark abstrahiert werden, wie etwa im Schach. Aber auch Bewegungsspiele werden mit großer Freude in jedem Alter ausgeführt. Dabei werden unsere umfangreichen und hochgradig

18 Bateson & Martin 2013, Nowell 2016

Abb. 8: Franz Defregger (1835-1921): Spielende Kinder (Foto: www.BillerAntik.de).

flexiblen Bewegungsmöglichkeiten immer wieder neu kombiniert und variiert. In anderen Spielen werden Regeln und Vereinbarungen getroffen, beispielsweise beim Versteckspiel oder bei Ballspielen. Diese Verbindung von Fantasie und Bewegung zeigt, dass die neuronalen Vorgänge immer eng verbunden sind mit den Vorgängen im ganzen Körper und der Ursprung der entstehenden Flexibilität nicht allein im Gehirn gesucht werden kann.[19]

Spiele können sich zu erheblicher Bedeutung für das gesellschaftliche Leben entwickeln. So hatte die Fußballweltmeisterschaft von 2006 gleichzeitig die Funktion, ein modernes, gastfreundliches Deutschland zu präsentieren und so mit einigen aus seiner Geschichte immer noch haften gebliebenen Vorbehalten aufzuräumen. Aber sie können sich auch verselbstständigen, was ebenfalls am Fußball aufzeigbar ist, indem die Identifikation von Menschen mit dem Spiel mitunter für einträgliche Geschäfte missbraucht wird.[20]

Damit wird deutlich, dass das Spiel elementar zu unserem Menschsein gehört. Die Anklänge daran gibt es bereits bei einigen Tieren. Aber bei keinem anderen Lebewesen ist das Spiel so bedeutend wie beim Menschen. Und zwar nicht nur in Kindheit und Jugend. Spiele machen einen umfangreichen Teil der Kultur aus. Vom Skat über Leichtathletik, Turnen oder Turmspringen bis hin zu den Olympischen Spielen kultivieren wir unsere Autonomie und Flexibilität.

19 Fuchs 2009

20 Hüther & Quarch (2016) gehen dem Missbrauch des Spiels zu Geschäftszwecken ausführlich nach.

6. Verlängerte Jugendzeit

Der Mensch hat eine besonders lange Zeit der Jugendentwicklung,[21] in der viel Freiraum für die Bildung des «entspannten Feldes» entstehen kann. In der Anthropologie werden vor allem zwei Phasen beschrieben, die im Vergleich zu den anderen Primaten stark verlängert sind:[22] zum Ersten die Kleinkindphase nach der Entwöhnung bis zum Durchbruch des ersten Molaren, wodurch etwa vier zusätzliche Jahre relativen Wachstums hinzugefügt werden. Sie ermöglichen zusätzliche Erfahrungen im Verhalten, die die Plastizität in der Entwicklung erheblich erweitern. Zum Zweiten die Jugendzeit (Adoleszenz) von der Pubertät bis zum Aufhören des Wachstums. Sie bringt eine zusätzliche Zeit des Lernens, Übens, Übertragens, aber auch des Modifizierens und Individualisierens besonders der kulturellen Fähigkeiten mit sich.

Untersuchungen mit der funktionellen Magnetresonanztomographie zeigten, dass sich in diesen verlängerten Reifezeiten die Aktivitäten des präfrontalen Cortex besonders ausgeprägt entwickeln.[23] Der präfrontale Cortex wird mit Fähigkeiten wie Aufmerksamkeit, Gedächtnis, logischem Denken und Planung in Verbindung gebracht, also mit höheren mentalen Funktionen und flexiblen Assoziationen.[24] Es liegt also nahe, dass das Spiel die Reifung und Bahnung in diesen Arealen beeinflusst.

Dabei bilden wir die Synapsen und Bahnungen später als etwa die Schimpansen. Sie entstehen in der frühkindlichen Entwicklung

21 Kipp 1980

22 Nowell 2016

23 Casey et al. 2000, Neubauer & Hublin 2012

24 Neubert et al. 2014

vermehrt durch Erfahrungen, was die Plastizität erheblich erweitert. Bei Schimpansen sind viele Verknüpfungen dagegen bereits bei der Geburt festgelegt.

Wir haben zu 98,8 % dieselben Gene wie Schimpansen, aber ein wichtiger Unterschied ist offenbar, dass die Exprimierung der Gene, die mit der Bildung von Synapsen im Zusammenhang stehen, zeitlich verschoben wird. Bei Affen hört sie etwa um die Geburt herum auf. Beim Menschen geht sie noch fünf Jahre weiter, und in gewissem Ausmaß auch weit darüber hinaus. Dabei werden aber nicht einfach immer neue Synapsen gebildet. Vielmehr bildet sich zunächst eine Überzahl an Synapsen und neuronalen Bahnen, und nur diejenigen, die benutzt werden, stabilisieren sich dann. Bahnungen, die nicht auf diese Weise stabilisiert werden, werden wieder zurückgebildet.[25]

Für diesen ganzen Vorgang hat der Mensch sehr viel mehr Zeit. Gerade in dieser im glücklichen Fall von außen behüteten Zeit wird mit einer unter den Tieren unerreichten Ausführlichkeit und Intensität gespielt.[26]

Aus Tierversuchen gibt es Hinweise darauf, dass Erfahrungen, die während des Spiels gemacht werden, einen erheblichen Einfluss auf die Bildung der Synapsen und die neuronale Bahnung haben. So wurden z. B. junge Laborratten in drei Gruppen aufgezogen: Die Tiere einer ersten Gruppe hatten nur einen, die einer zweiten mehrere Spielpartner. Die Tiere einer dritten Gruppe hatten jeweils nur das Muttertier zur Gesellschaft und dadurch kaum Anregungen zum Spiel, da erwachsene Ratten nicht mit ihren Jungtieren spielen. In Untersuchungen des Gehirns konnte man im Vergleich zeigen, dass erhebliche Unterschiede in der Ausbildung des präfrontalen Cortex

25 Casey et al. 2000, Liu et al. 2012

26 Smith 2010

bestanden, wobei es zu deutlich weniger Bahnungen bei den Tieren gekommen war, die nicht oder nur wenig gespielt hatten.[27] Die Autoren formulieren, *«dass nicht nur das Gehirn das Spiel formt, sondern ebenso das Spiel das Gehirn»*. Sie vergleichen die Defizite sogar mit denjenigen, die bei pathologischen Schäden des präfrontalen Cortex zu beobachten sind.

Man kann davon ausgehen, dass dies auch beim Menschen so stattfindet. Dazu kommt dann noch die Entwicklung flexibler motorischer Fähigkeiten, die auch trainiert werden müssen. In diesem Sinne würde es sich also durchaus um das Erüben von Fähigkeiten handeln. Aber das Entscheidende ist die zu trainierende motorische und neuronale Flexibilität, die Fähigkeit, auf Situationen und Aufgaben eigenständig, vielfältig und kreativ zu reagieren. Es sind die gleichen kognitiven Ressourcen beteiligt, die beim Kind das Scheinspiel und beim Erwachsenen kreatives Denken und Planen ermöglichen. In beidem wird mit vorgestellten Möglichkeiten und Annahmen experimentiert.[28]

Unter Kindern wird dabei auch Sozialkompetenz geübt. Hier geht es aber weniger um das Erlernen bestimmter Verhaltensregeln im Umgang miteinander, sondern um die Beweglichkeit darin, das Reagierenkönnen auf jeweils aktuelle und individuelle Situationen. Der soziale Umgang miteinander ist heute eben nicht mehr in bestimmten Verhaltensmustern festgelegt, sondern muss flexibel verfügbar sein und kann damit individuell ausgefüllt werden. Auch unter Erwachsenen ist es ja oft leichter, miteinander Kontakt aufzubauen und Umgang zu pflegen, wenn eine gemeinsame Tätigkeit im Spiel oder im Sport gesucht wird. Ebenso erlernen die Kinder den flexiblen

27 Pellis & Pellis 2009

28 Carruthers 2002

Umgang mit den kulturellen Strukturen ihrer Umgebung: Während früher mit Pferd und Wagen und mit Zinnsoldaten gespielt wurde, wird heute mit Autos gespielt.

Der Umstand, dass dies durch eine hoch flexible Form des Lernens angeeignet wird, bildet aber auch die Voraussetzung dafür, dass soziale und kulturelle Umgangsformen im Prinzip veränderbar bleiben. Man könnte überspitzt sagen, dass Spiel auch einen subversiven Charakter hat. Denn was der Mensch beim Spiel erübt, kann prinzipiell auch verändert werden. Vielleicht liegt darin ein Grund, warum manche Erziehungssysteme versuchen, das Spiel der Kinder zu unterdrücken. Die überzogen strenge Erziehung und Ausbildung in manchen asiatischen Ländern, allen voran China, lassen keinen Raum mehr für das Spiel. Das könnte also System haben.

Aber dann müssen wir uns hier in Deutschland auch fragen, welche Konsequenzen es hat, wenn Kindern immer weniger Zeit zum freien Spiel bleibt: Lernen bereits in der Vorschule, später dann Schule bis in den Nachmittag hinein und danach Hausaufgaben lassen eben keine Zeit mehr für freies Spiel. Dazu kommt die Überflutung mit «Spielzeug», das keine Freiräume für fantasievolles, selbstbestimmtes Spiel lässt. Der Drang zum Spiel wird mit Surrogaten wie Computerspielen ausgefüllt, von denen in der Psychologie inzwischen gut belegt ist, dass sie negative Auswirkungen haben und das freie, körperliche Spiel nicht ersetzen können.

Hüther & Quarch[29] untersuchen den Vorgang, wie das Grundprinzip des Spiels in den modernen Erziehungssystemen schon ab dem Kindergartenalter auf subtile und unbemerkte Weise geradezu in sein Gegenteil verkehrt wird. Sie beschreiben, wie Kinder aufhören zu spielen, wenn sie merken, dass wir sie zu Objekten unserer Be-

29 Hüther & Quarch 2016, S. 87

lehrungen, Anleitungen, Erwartungen oder gar Erziehungs- und Bildungsmaßnahmen machen. Denn dadurch erleben sie sich nicht mehr als Subjekte, die ihren Weg in die Welt mit ihrer Spielfreude selbst suchen und finden können. Sie verlieren ihre Lust, selbst zu denken und selbst zu gestalten, hören auf zu spielen und warten darauf, dass ihnen gesagt wird, wie etwas geht und wie sie etwas machen sollen. Und wenn niemand da ist, der ihnen das sagt, wird ihnen schnell langweilig. Dann suchen sie etwas, um diese Langeweile auszufüllen, und werden so zu bloßen Konsumenten irgendwelcher Angebote, die diese Langeweile vertreiben, sei es durch Ablenkung, Aufregung oder Unterhaltung, durch passives Anschauen oder heftiges Ausreagieren von Affekten, wie es sich bei vielen digitalen Actionspielen beobachten lässt.

Mit Spielen hat all das aber nicht mehr viel zu tun, so Hüther & Quarch weiter, auch wenn solche Dinge gerne unter dieser Bezeichnung angeboten werden. Produzenten und Vermarkter von «Langeweile-Vertreibungs-Produkten» nutzen die Situation dann aus, um ökonomischen Gewinn zu erzielen, und sind an einer wachsenden Anzahl heranwachsender Kinder interessiert, die bereits möglichst früh ihre ursprüngliche Lust am eigenen Entdecken und Gestalten verloren haben. Das lässt sich erreichen durch den Abbau von Räumen und Gelegenheiten, die Kinder zum zweckfreien und nicht von Erwachsenen bewachten und kontrollierten spielerischen Erproben ihrer eigenen Möglichkeiten aufsuchen können. Die Autoren zeichnen dann den Weg nach, auf dem Heranwachsende zu gut angepassten und funktionierenden Elementen einer vom Profit dominierten Gesellschaft werden.

Susanne Gaschke, Autorin der Wochenzeitschrift *Die Zeit,* hat viel über die Situation der Kinder in der modernen Gesellschaft geschrieben und stellt die Frage: *«Ziehen wir gerade die unkreativste Genera-*

tion aller Zeiten heran?» Die Deprivation vom Spiel dürfte wesentlich dazu beitragen: «*Kulturwissenschaftler sehen … im unstrukturierten Kinderspiel die Vorstufe zu den späteren kulturellen Leistungen Erwachsener: Springen und Herumtoben werden zu Tanz und Sport, aus dem Spiel mit Bauklötzen erwachsen Kunst und Architektur, Rollenspiele sind Vorgänger von Literatur und Theater. Werden Kinder, denen die ‹mittlere Kindheit› gekappt wird, noch die Problemlösungskompetenz und Kreativität entwickeln können, die eine moderne, hoch komplexe Gesellschaft von ihren Bürgern, Arbeitnehmern, Unternehmern, Künstlern, Forschern und Politikern erhoffen muss? Wir sind mitten in einem Langzeitversuch, dessen Ergebnis wir erst in Jahrzehnten kennen werden.*»[30]

Auch andere Autoren sehen schwerwiegende Konsequenzen darin, dass Kinder immer weniger die Erfahrung des ungebundenen Spiels im Freien zusammen mit anderen Kindern machen. So nimmt der Psychologe Peter Gray[31] an, dass die Abnahme solcher Erfahrungen dazu beiträgt, dass Ängstlichkeit, Depression, Selbstmord, Gefühle der Hilflosigkeit und Narzissmus unter Kindern, Jugendlichen und jungen Erwachsenen zunehmen. Das freie Spiel funktioniere als ein Medium, wodurch Kinder eigenständige Interessen und Kompetenzen entwickeln. Es fördere die Fähigkeit zu Entscheidung, Problemlösung, Selbstkontrolle und Regulation der Emotionen sowie Freunde zu finden, mit anderen zurechtzukommen und Freude zu erfahren. Brown & Vaughan[32] sind der Auffassung, dass Spiel die Vorstellungsfähigkeit stimuliere, «die Seele stärke» und das Leben erfüllender und sinnvoller mache. Es stärke die seelische und

30 Gaschke 2011

31 Gray 2011, 2013

32 Brown & Vaughan 2011

körperliche Gesundheit von Kindern und Erwachsenen und erhalte Neugier und Flexibilität.

Hüther & Quarch beziehen sich auf den Lernpsychologen André F. Zimpel, der dazu rät, dem Kind möglichst viel Gelegenheit zum ausgiebigen und ungestörten Spiel mit anderen Kindern einzuräumen.[33] Sie beschreiben, dass Kinder sich aktiv die Anforderungen suchen, die am besten zu ihnen passen. In jeder Lebens- und Entwicklungsphase verfügen sie über ein sicheres Gespür dafür, welche Art von Spiel sie jeweils weiterbringen kann, und jede Spielphase bereitet die nachfolgende vor. Kein Förderprogramm könne etwas Vergleichbares leisten – solange man es den Kindern nicht austreibe. Aus Angst, ihre Kinder könnten den Anschluss an eine globalisierte Bildungsgesellschaft verlieren, versuchen Eltern sie auf jede erdenkliche Art zu fördern, oft in einem straffen Zeitplan. Das sei ein grobes Missverständnis, wie man heute wisse. *«Denn wie sollen Kinder die in ihnen angelegten Potenziale entfalten, wenn sie für das, was sie eigentlich dafür brauchen, das ziellose, selbstvergessene und freie Spiel, keine Zeit mehr haben?»*

Ausführliches Spiel könnte also durchaus als Medium angesehen werden, durch das gesellschaftliche Weiterentwicklung, Innovation und Kreativität förderbar sind. Dabei erzeugt Spielen eine eigene Wirklichkeit: die der Möglichkeiten. Nur ein gesellschaftliches Establishment, das daran kein Interesse hat, wird versuchen, das Spiel zu unterdrücken oder zu entfremden. Selbst Disziplinen des Sports werden so weit institutionalisiert, formalisiert und für kommerzielle oder repräsentative Zwecke gebraucht, dass sie Gefahr laufen, ihren eigentlichen Spielcharakter zu verlieren.

Spiel kann auch einen generellen Effekt auf das Lernen haben.

33 Hüther & Quarch 2016, S. 183f, Zimpel 2014

Da es angenehm und befriedigend ist, lernt es sich dabei leichter. Dieser intuitiv einleuchtende Zusammenhang konnte auch in vergleichenden Studien bestätigt und neurophysiologisch nachvollzogen werden.[34]

Vielleicht ist es ja auch wichtig, dass wir im Laufe unseres Lebens immer wieder spielen. George Bernard Shaw schrieb: *«We don't stop playing because we grow old, we grow old because we stop playing.»* [35]

Die neueren Kenntnisse über die Synapse weisen darauf hin, dass die Struktur der synaptischen Verknüpfungen sogar zeitlebens äußerst flexibel und wandelbar bleibt. Neuweiler[36] stellt dar, dass aus dem Bild von einer stabilen Kontaktstelle zwischen Neuronen das Bild einer sehr dynamischen Struktur geworden ist. Die Verknüpfungen können sich innerhalb kürzester Zeit verändern und machen damit das Gehirn zu einem flexiblen Netzwerk, dessen Verhalten nur bedingt und unter restriktiven Bedingungen messbar oder vorhersehbar ist. Heute wird auch neurophysiologisch immer deutlicher, dass das Gehirn bzw. unsere gesamte Physiologie die Möglichkeit bereithält, bis ins hohe Alter zu lernen und neue Nervenzellen und synaptische Verknüpfungen zu bilden.[37]

Wir haben eine ausgeprägte neuronale Plastizität, was dem verbreiteten neurogenetischen Determinismus klar widerspricht.[38]

Friedrich Nietzsche[39] schrieb: *«Reife des Mannes: das heißt den Ernst wiedergefunden haben, den man als Kind hatte, beim Spiel.»*

34 Nowell 2016

35 Zitiert nach Bateson & Martin 2013, S. 5

36 Neuweiler 2006, 2008

37 Robson 2013

38 Gilbert 2002, Rosslenbroich 2018

39 Nietzsche 1886

Der niederländische Kulturhistoriker Johan Huizinga[40] entwickelte sogar eine Philosophie, nach der der Mensch seine Fähigkeiten besonders über das Spiel entwickelt (*Homo ludens* = der spielende Mensch). Er entdecke im Spiel seine individuellen Eigenschaften und entwickle sich anhand der dabei gemachten Erfahrungen zu dem, was er ist. Spielen setze dabei Handlungsfreiheit und eigenes Denken voraus. Dabei fasst er den Begriff des Spiels allerdings sehr weit, wodurch er droht, unpräzise zu werden.

Wir leben aber in einer Gesellschaft, die auf Wettbewerbsfähigkeit, Konkurrenz und Effektivität ausgerichtet ist, ideologisch gestützt durch eine einseitig auf das Selektionsprinzip konzentrierte Evolutionstheorie. Darin hat das freie Spiel immer weniger Platz. Eltern und Schulen sind zunehmend darauf aus, Kinder auf die Anforderungen der Leistungsgesellschaft vorzubereiten und ihre Zeit in diesem Sinne durchzuplanen. Spiel wird dabei zu einem überflüssigen Zeitvertreib, gelegentlich nötig, ansonsten aber unwichtig. Die Konfrontation mit den verfügbaren Medien tut ein Übriges, die dabei angebotene Perversion des Spiels ist abgekoppelt vom sozialen Zusammenhang des unmittelbaren Miteinanders, der Bewegung und der sinnlichen Welterfahrung. Aber selbst im Sport, der durchaus als eine Form des Spiels betrachtet werden kann, werden die Prinzipien der Leistungsgesellschaft und des Konkurrenzdenkens importiert, sodass der eigentliche Spielcharakter oft verloren geht.

Der *Homo ludens* wird zum *Homo oeconomicus*, wie Hüther & Quarch[41] formulieren und dann weiter feststellen: «*Der Angriff des Homo oeconomicus gilt jedoch nicht nur dem Spiel, das ihm ob seiner Nutzlosigkeit und Selbstgenügsamkeit wesensfremd ist. Sein Angriff gilt*

40 Huizinga 1939

41 Hüther & Quarch 2016, S. 97

vor allem der Lebendigkeit – auch wenn er sich dessen nicht bewusst ist. Denn wo er sein Reich errichtet, vernichtet er die Räume, in denen wir Menschen Mensch sein können. Mit jedem Stück vom Spielplatz, das er besetzt, schwindet der Raum für unsere Potenzialentfaltung. Mit jeder Ausweitung seines Imperiums wächst die Wüste. Wo zuvor blühende Spielräume und fruchtbare Spielfelder gediehen, hinterlässt er funktionale Toträume. Der Homo oeconomicus verdirbt nicht nur das Spiel. Mit ihm verdirbt er unser aller Leben.»

7. Kreativität

Bateson & Martin[42] machen eine interessante Unterscheidung zwischen Kreativität und Innovation. Kreativität bezeichnet dabei generell die Entwicklung neuer Ideen oder Handlungsweisen, unabhängig von ihrer praktischen Verwertbarkeit oder Nützlichkeit. Innovation dagegen bezeichnet die Änderung in einer praktischen Vorgehensweise, die dann auch von anderen aufgegriffen wird. Innovation entwickelt etwas Neues, das nützlich ist. Bateson und Martin arbeiten heraus, dass kreative Menschen nicht unbedingt innovativ sind und dass umgekehrt innovative Menschen oft Ideen aufgreifen, die von kreativen Menschen entwickelt wurden.

In diesem Sinne ist Kreativität etwas Umfassenderes und näher verwandt mit dem Spiel, indem sie zunächst unabhängig von Nützlichkeit und Verwendung ist. Neue Verhaltensweisen, Tätigkeiten, körperliche oder sprachliche Ausdrucksformen oder neue Denkweisen werden oft unabhängig von ihrer unmittelbaren Verwendbarkeit entwickelt und sind insofern eng verwandt mit dem Spiel.

42 Bateson & Martin 2013

Der Kreative verlässt etablierte Muster. Er durchbricht Regeln und Gesetze. Er nimmt neue Beziehungen wahr zwischen Gedanken, Dingen oder Ausdrucksformen, die bisher beziehungslos erschienen. Er ist in der Lage, sie in neuer Weise zu verbinden, genauso wie im Spiel Bewegungen oder Gedanken immer wieder neu kombiniert werden können. Dies eröffnet bis dahin nicht da gewesene Möglichkeiten ohne Rücksicht darauf, ob sie berechtigt sind oder sich auszahlen.

Die Geschichte ist voller Beispiele von hoch kreativen Menschen, die gleichzeitig eine gewisse Verspieltheit hatten. Mozart ist sicherlich ein gutes Beispiel dafür, und seine Verspieltheit ist auch in seiner Musik wahrnehmbar, bis hin zu regelrechten musikalischen Witzen. Picasso war bekannt für seine Verspieltheit. M. C. Escher sagte von sich selbst, dass er es liebte, mit Gewissheiten, Perspektiven, Raumesrichtungen usw. zu spielen. So entstanden seine Bilder von unmöglichen Treppen oder Wasserläufen.

Der Wissenschaftstheoretiker Thomas Kuhn verglich wissenschaftliches Arbeiten mit dem Spiel. Sicherlich gilt das nicht generell, aber es gibt auch unter Wissenschaftlern genügend Beispiele. Alexander Fleming, der Entdecker des Penicillins, war bekannt für seine Verspieltheit. Sein Vorgesetzter beschrieb missbilligend, dass er Forschung wie ein Spiel betriebe und alles als einen großen Spaß ansehe. Wenn Fleming gefragt wurde, was er mache, dann sagte er, er spiele mit Mikroben herum. Es sei so amüsant, die Regeln zu durchbrechen und etwas zu finden, woran niemand gedacht hatte. Max Delbrück formulierte ein «Prinzip der gemäßigten Schlampigkeit»: Man solle nachlässig genug sein, dass etwas Unvorhergesehenes passiert, aber nicht so nachlässig, dass man nicht mehr sagen kann, was es war.[43]

43 Beispiele aus Bateson & Martin 2013

Spiel kann aber auch ganz verinnerlicht werden. Wir sprechen dann von Gedankenspielen, für die man sich vielleicht viel mehr Zeit nehmen sollte, als unser anerzogener Effektivitätswahn es zulässt. Das war wohl eine Komponente in der Entwicklung Albert Einsteins.[44] Einstein lernte als Kind nur langsam sprechen – so langsam, dass seine Eltern einen Arzt konsultierten und das Dienstmädchen ihn «der Depperte» nannte. Sein unabhängiges Naturell und sein Widerstand gegen Autoritäten trugen nach eigener Überzeugung zu seiner wissenschaftlichen Kreativität bei. Und dass er so langsam sprechen lernte, führte dazu, dass er immer mehr in Bildern als in Worten dachte. Er liebte seine «visuellen Gedankenexperimente». Was wir Tagträumereien nennen würden, bezeichnet ein Einstein eben als Gedankenexperimente.

Die meisten seiner großartigen wissenschaftlichen Leistungen entsprangen solchen imaginären Abenteuern: Wie könnte eine Lichtquelle aussehen, wenn man in derselben Geschwindigkeit neben ihr herläuft? Wenn eine Person auf einem Bahnsteig gleichzeitig zwei Blitze wahrnimmt, würde eine andere Person in einem vorbeifahrenden Zug sie ebenfalls gleichzeitig wahrnehmen? Wenn Sie in einem geschlossenen Aufzug stehen, der bis jenseits der Erdanziehung nach oben fährt, wäre dann Ihre Wahrnehmung die gleiche wie in einem geschlossenen Aufzug, der sich im Gravitationsfeld der Erde befindet?

Sein langsames Lernen veranlasste ihn, sich über alltägliche Phänomene, die wir anderen als gegeben hinnehmen, den Kopf zu zerbrechen. Sein ganzes Leben hindurch bewahrte sich Albert Einstein seine besondere kindliche Begeisterungs- und Verwunderungsfähigkeit. Er glaubte, wie er später in einem Brief schrieb, dass Menschen wie er nicht altern, sondern angesichts der großen Myste-

44 Folgendes nach Isaacson 2010

rien des Universums immer ihre kindliche Neugier beibehalten. Er wunderte sich sein ganzes Leben lang über die erstaunlichen Naturphänomene, die die meisten Erwachsenen als gegeben hinnehmen. Was ist ein Magnetfeld? Warum zuckt eine Kompassnadel und zeigt dann nach Norden? Er versuchte immer, sich Sachverhalte bildlich vor Augen zu führen. Wie wäre es, neben einem Lichtstrahl herzureiten? Wie sieht ein Gravitationsfeld aus? Vor allem war er rebellisch genug, um jede Erkenntnis zu hinterfragen, egal wie offensichtlich sie war. Törichter Glaube an Autoritäten, erklärte er immer wieder, sei der Feind der Wahrheit.

8. Frühe Hominiden

In Studien an fossilen Funden früher Hominiden wie etwa dem Neandertaler oder dem *Homo erectus* konnte gezeigt werden, dass diese Menschenformen eine kürzere Zeit der Körperentwicklung hatten als der *Homo sapiens*. Die Jugendlichen wurden also deutlich früher erwachsen. Demgegenüber kam es also beim *H. sapiens* zu einer Verlangsamung und Verlängerung der Reifung, was zur beschriebenen verlängerten Zeit führte, in der gelernt und gespielt werden kann.[45]

Der Unterschied bestand bereits bei den ersten Einwanderern des *Homo sapiens*, die Europa vor etwas mehr als 40.000 Jahren, aus Afrika kommend, erreichten und die eiszeitlichen Landschaften für die folgenden 30.000 Jahre besiedelten. Dieser sogenannte Cro-Magnon-Mensch lebte noch lange parallel zum Neandertaler *(Homo neanderthalensis)*, der dann aber ausstarb. Es ist heute gut bekannt,

45 Nowell 2016

dass bereits der Neandertaler weitreichende Kulturfähigkeiten hatte. Aber der neu einwandernde Cro-Magnon-Mensch brachte eine kulturelle Explosion mit sich, wie sie keine Menschenform vor ihm geschaffen hatte. Neben ausgefeilten und diffizilen Steinbearbeitungen tauchen in den archäologischen Funden mit seinem Erscheinen in Europa kleine geschnitzte oder geritzte Darstellungen und Figuren von verblüffender Raffinesse und Kunstfertigkeit auf.

Diese neue Kreativität steht offensichtlich im Zusammenhang mit einer veränderten physischen Organisation, zu der auch die verlängerte Jugendzeit gehört. Wie weit die Fähigkeiten zur Beweglichkeit innerer Repräsentationen beim Neandertaler gingen, lässt sich natürlich nicht mehr rekonstruieren. Aber er hat keine Kunst hinterlassen wie der *H. sapiens*, abgesehen von kunstfertig beschlagenen Steinen. Die Bildung weitgehend entkoppelter Repräsentationen und das symbolische Denken standen dem Neandertaler vermutlich noch nicht zur Verfügung, was man auch an der Art seiner kulturellen Hinterlassenschaften ablesen kann.[46]

Neandertaler hatten ein schnelleres prä- und postnatales Gehirnwachstum. Aber auch die Form ihres Schädels unterschied sich von der des modernen Menschen. Bei jungen Neandertalern war der Schädel zunächst noch rundlich angelegt, bekam dann aber eine zunehmend längliche Form mit flacher Stirn. Der Neandertaler gab also im Laufe der Individualentwicklung die frühe rundliche Form des Schädels auf, was wohl vor allem auf die weniger prägnante Ausbildung des präfrontalen Cortex zurückzuführen sein dürfte. Das erfolgte in einer Phase, in der beim modernen Menschen die wichtigsten neuronalen Verbindungen angelegt werden. Daher vermutet man, dass auch die neuronalen Verknüpfungen beim Neandertaler anders waren, als wir

46 Nowell 2016

es heute vom modernen Menschen kennen, und dass dies zu Unterschieden in seinen kognitiven Fähigkeiten geführt hat. Vor allem der erweiterte präfrontale Cortex des *H. sapiens* führte zu wesentlich erweiterten mentalen Fähigkeiten.[47]

Sicherlich haben auch Neandertaler-Kinder gespielt, aber ihnen stand dafür nicht so viel Entwicklungszeit zur Verfügung, und es kann auch angenommen werden, dass Fantasiespiel noch nicht in diesem Ausmaß möglich war. Die Kunstprodukte des Cro-Magnon-Menschen spiegeln die sich neu entwickelnde Fähigkeit, mit Bildern und abstrakten Formen umzugehen und sich darüber mitzuteilen. In dieser Zeit entstanden auch jene von ihm angefertigten Höhlenmalereien Südwestfrankreichs und Nordspaniens, die wir heute so sehr bewundern. Die Bilder, die vorwiegend die eiszeitliche Tierwelt mit oft sehr charakteristischen Details darstellen, sind überwiegend tief im Inneren der Höhlen, entkoppelt von der direkten Wahrnehmung des gemalten Motivs, entstanden. Es kann daher angenommen werden, dass diese Höhlenmalerei ein ganz wesentliches Übungsfeld dafür war, mit Vorstellungen und inneren Bildern zunehmend autonom umzugehen.[48]

Die Veränderungen, die der Cro-Magnon-Mensch mitbrachte, müssen also eine profunde evolutive Bedeutung gehabt haben. Eine längere Kindheit muss von Bedeutung gewesen sein für die Ausbildung und Reifung der neuronalen Fähigkeiten, die Bildung der Synapsen, neurophysiologische Bahnungen und den spielerischen Erwerb einer erweiterten Plastizität des Verhaltens und weiterer sozialer und kognitiver Fähigkeiten.

Das setzt den Neandertaler oder etwa den noch älteren *Homo*

47 Coolidge & Wynn 2005, Gunz et al. 2010, Neubauer & Hublin 2012

48 Rosslenbroich & Rosslenbroich 2012

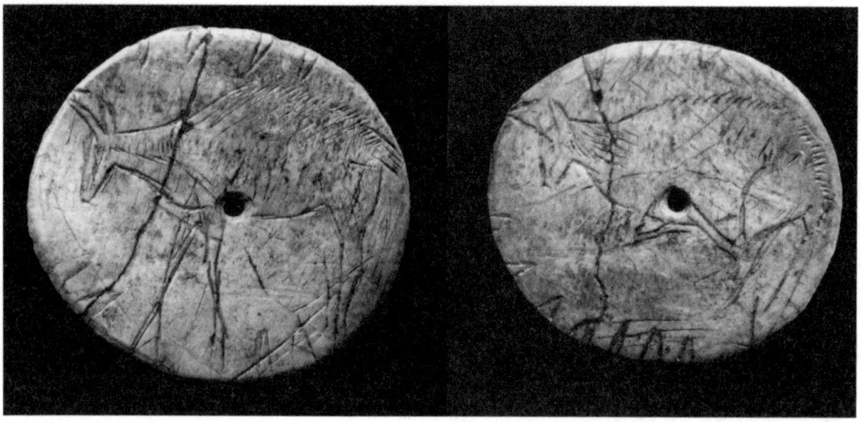

Abb. 9: Vorder- und Rückseite einer Knochenscheibe aus dem Jung-Paläolithikum (Laugerie-Basse, Dordogne). Bringt man die Scheibe in eine schnelle Drehung, zieht das dargestellte Tier im Wechsel die Beine an und streckt sie wieder aus (Azéma 2011).

erectus in keiner Weise zurück, denn im Vergleich zu anderen Primaten sind hier schon erhebliche Kulturtechniken errungen worden, wie das gekonnte Beschlagen von Steinen, die Beherrschung des Feuers, die Herstellung von Speeren und vielem anderem mehr. Angesichts dieser kulturellen Fähigkeiten spricht man längst nicht mehr von «primitiven» Formen. Aber mit dem *H. sapiens* setzte eine neue Stufe der Autonomieentwicklung ein, die nun zunehmend die freie internalisierte Beweglichkeit von Repräsentationen ermöglichte.

Die Höhlenmalerei sowie die sogenannte Kleinkunst mit Schnitzereien und Ritzungen auf Knochen oder Steinplatten zeigen auch eindrücklich die Neigung zum Spiel mit Farben und Formen. Dem experimentellen Archäologen Marc Azéma[49] ist es gelungen, Herstellung und Verwendung kleiner Scheiben aus Knochenmaterial zu rekonstruieren, die auf der Vorder- und Rückseite unterschiedliche

49 Azéma 2011

Haltungen eines eingeritzten Tieres zeigen. Diese Scheiben wurden offenbar in eine Sehne eingespannt und konnten durch Aufzwirbeln der Sehne dazu gebracht werden, sich schnell zu drehen. Die dabei entstehende schnelle Folge der Bilder bringt den optischen Eindruck einer Bewegung der Beine des Tieres (Abb. 9). Was ist das anderes als kreatives Spiel?

9. Phänotypische Plastizität

Man kann also beobachten, dass das Spiel im Verhalten höherer Tiere von immer größerer Bedeutung wird. Es sind gerade die am weitesten entwickelten Arten, in denen zumindest die Jungtiere, oft aber auch die Erwachsenen spielen. Und schließlich gewinnt beim Menschen das Spiel in jedem Lebensalter eine erhebliche Bedeutung. Es ist aber anzunehmen, dass diese Organismen nicht nur die Fähigkeit zum Spiel haben, sondern dass auch umgekehrt das Spiel deren Evolution beeinflussen kann.

In neueren evolutionsbiologischen Konzepten wird dem Phänotyp zunehmend eine größere Bedeutung für die Veränderung der Arten zugestanden.[50] Die frühere Annahme, dass evolutive Veränderungen ausschließlich auf genetische Zufallsmutationen zurückzuführen seien, lässt sich angesichts der neueren Kenntnisse der Genetik nicht mehr halten. Einige Autoren nehmen inzwischen sogar an, dass der Phänotyp für solche Veränderungen wichtiger sei als der Genotyp und dass Veränderungen von verschiedenen Ebenen ausgehen könnten.[51]

50 Übersicht siehe Rosslenbroich 2014: Kap. 12, und 2018: Kap. 13

51 Pigliucci & Müller 2010, Shapiro 2011

Mary Jane West-Eberhard[52] vertritt die These, dass der Phänotyp den evolutiven Veränderungen vorangehe und die Veränderungen erst sekundär genetisch fixiert würden.

Interessant ist auch die Überlegung von Wolfgang Wieser,[53] dass mit zunehmender Komplexität des Bauplans der Organismen im Laufe der Evolution die Bedeutung des Phänotyps wachse und es zu einer graduellen Emanzipation von den Vorgaben des Genotyps gekommen sei. Es entwickle sich also eine *«partielle Unabhängigkeit des Phänotyps vom Genotyp»*.

Wieser legt seinen Betrachtungen ein Dreischichtenmodell des Organismus zugrunde: Die unterste Schicht bildet das Genom. Die mittlere Schicht bildet die phänotypisch sichtbare Gestalt einschließlich der Zellen, Gewebe und Organe sowie der molekularen Faktoren als Träger der Funktionen. Die dritte Schicht bildet das Verhalten. Während nun Prokaryonten noch weitgehend von der untersten Schicht, dem Genom, bestimmt seien, nimmt mit den weiteren evolutiven Schritten, besonders unter den mehrzelligen Tieren, die Bedeutung der mittleren und der dritten Schicht zu. Der Phänotyp werde immer flexibler, was zunehmend aus seiner systemhaften Funktion ermöglicht wird und weniger direkt genetisch vorgegeben ist.

Das Spektrum der Expressionsmöglichkeiten genetischer Programme, so Wieser, werde immer reichhaltiger, vernetzter und differenzierter, und damit nehmen auch die Begegnungsmöglichkeiten und Wechselwirkungen zwischen Organismen und ihrer jeweiligen Umwelt zu. Je größer die Vielfalt möglicher Wechselwirkungen mit der Umwelt, desto autonomer muss der Phänotyp operieren können. Dazu werden informationsverarbeitende Netze aufgebaut, zu denen

52 West-Eberhard 2003

53 Wieser 1998

zwar Konstruktionsvorgaben im Genom angelegt sind, deren jeweilige Aktivität jedoch erst in der Auseinandersetzung mit der Umwelt Gestalt annimmt.

Gerhart & Kirschner[54] zeigen auf, dass im Verlauf der Evolution die Bedeutung regulatorischer Faktoren für die Kontrolle der Transkription zugenommen hat. Damit entstehen auf der phänotypischen Ebene Instanzen, die regeln, was aus dem vorhandenen Genom exprimiert wird und was nicht. So agiert der Phänotyp zunehmend autonomer, vermittels der regulatorischen Faktoren.

Weitere Beispiele der zunehmenden Eigenständigkeit des Phänotyps sind der Umstand, dass die individuellen Schaltmuster des Gehirns nur in groben Umrissen genetisch programmiert sein können, während die phänotypische Ausprägung entscheidend von der Nutzung der neuronalen Bahnen abhängt. Eine ähnliche phänotypische Flexibilität besteht auch hinsichtlich der Feinstruktur der Gefäßversorgung in den Geweben.

Das Verhalten als dritte Schicht wiederum verknüpft den Phänotyp mit seiner biotischen und abiotischen Umwelt. Vor allem aber entstehen als Teil dieser Umwelt auch soziale Systeme, die als mehr oder weniger flexible Organisationsformen neue Muster und damit auch neue evolutive Tendenzen hervorbringen können.[55] Die genetischen Voraussetzungen spielen dabei zwar im Sinne der genetischen Reaktionsnorm eine Rolle, werden aber in den Systemkontext eingebunden und teilweise von ihnen dominiert. Bereits Ernst Mayr[56] formulierte die Annahme, dass den Änderungen von Organen meist die Änderung von Verhaltensweisen vorausgehe. Beim Menschen

54 Gerhart & Kirschner 1997

55 Tomasello 2009

56 Mayr 1988

werden diese Möglichkeiten darüber hinaus individualisiert, sodass es zu einer umfangreichen Entfaltung des Repertoires individueller phänotypischer Verhaltensweisen kommt, was seine vergleichsweise rasch sich verändernde Geschichtlichkeit ausmacht.

Das Spiel in seinen verschiedenen Formen steht inmitten dieser Tendenzen und Möglichkeiten zur Flexibilisierung und Autonomisierung gegenüber organisch fixierten Verhaltensweisen. Da wir im Organischen immer mit Interdependenzen rechnen müssen,[57] dürfte das Spiel, vermittels der phänotypischen Plastizität, auch auf die organischen Voraussetzungen und deren Evolution zurückwirken. Wahrscheinlich kann man also sagen: Autonomie ermöglicht Spiel, und Spiel erweitert Autonomie.

Den zugrunde liegenden Vorgang kann man beispielhaft auch an einer Tätigkeit studieren, die zu den Spitzenleistungen menschlicher Autonomiefähigkeit zählt: am Klavierspiel. Es setzt eine ungemein präzise Beweglichkeit der Hände und ihre willentliche Kontrollierbarkeit ebenso wie eine umfangreiche mentale Auffassungs- und Vorstellungsfähigkeit für die Musik voraus. Und als Drittes kommt noch die sehr differenzierte Fähigkeit zum Hören durch ein hoch entwickeltes Gehörorgan sowie seine neuronale Verarbeitung hinzu.

Wie oben dargestellt, ist der Mensch im Prinzip dazu in der Lage, diese Vorgänge voneinander zu entkoppeln und dadurch Flexibilität zu erreichen. Das heißt, die mentale Vorstellung von der Musik, etwa einer Melodie, kann auch unabhängig von der Ausführung am Klavier aufgerufen werden, wenn uns etwa «eine Melodie im Kopf herumgeht». Anders herum können wir auch ohne musikalische Vorstellung auf die Tasten des Instrumentes drücken und uns davon überraschen lassen, was wir zu hören bekommen. Und ebenso können

57 Schad 1982, Rosslenbroich & Heusser 2010

wir über das Gehör Musik wahrnehmen, ohne sie mental aufzunehmen, also «ohne zuzuhören» oder die Finger zu bewegen. Eine weitergehende motorische Entkopplung, als sie ohnehin schon veranlagt ist, muss sogar von jedem Klavierschüler geübt werden, wenn nämlich die beiden Hände unabhängig voneinander werden sollen, um jeweils ganz verschiedene Stimmen, wie etwa Melodie und Begleitung, zu spielen.

Über diese Möglichkeit der Entkopplung hinaus werden diese Elemente aber willentlich wieder zusammengeführt und beeinflussen sich dann gegenseitig, werden sozusagen zu einer neuen Einheit. Die neuronalen Vorgänge führen zu einer zunehmenden Geschicklichkeit der Hände, und andererseits werden durch die Tätigkeit der Hände die entsprechenden Gehirnareale umfangreich trainiert.

Auf die Verbindung von beidem weist insbesondere Fuchs[58] hin, der in seinem Buch herausarbeitet, dass die neuronalen Vorgänge eng mit den Vorgängen im ganzen Körper verbunden sind, sodass das Gehirn nur als «verkörpertes» Organ verständlich wird, das unsere Beziehung zur Welt, zu anderen Menschen und zu uns selbst vermittelt und das Wahrnehmungen und Bewegungen miteinander verknüpft. Eine Voraussetzung ist die hohe Plastizität des Gehirns, durch die es in der Lage ist, wiederkehrende Verknüpfungen des Organismus mit einem Objekt in sensomotorische Koppelungen umzuwandeln, die den entsprechenden Funktionen zugrunde liegen. Damit wird das Gehirn zu einer Matrix von Vorgestalten, von vorausgenommenen Mustern, die Bewegungspotenziale bereithalten. Es wird zum «Organ der Möglichkeiten». Fuchs verweist als Beispiel auf die musikphysiologischen Untersuchungen von Bangert & Altenmüller[59], die zeigen,

58 Fuchs 2009

59 Bangert & Altenmüller 2003

dass durch Übung auf dem Klavier sowohl die Ton- als auch die neuronalen Bewegungssequenzen gleichzeitig eingeübt werden. Es genügt dann, die jeweilige Melodie zu hören, um im Gehirn schon die entsprechenden Bewegungsmuster der Finger aufzurufen. Bei Pianisten führt dies dazu, dass ihnen beim bloßen Hören einer Melodie schon die entsprechenden Finger «zucken». Umgekehrt haben sie den Klang immer schon «im Ohr», bevor die Finger ihn am Klavier erzeugen.

Es gibt zunehmend Studien, die zeigen, dass durch die komplexen Vorgänge beim Erlernen eines Instruments auch andere Fähigkeiten, einschließlich höherer kognitiver Fertigkeiten, gefördert werden.[60] Entscheidend bleibt aber, dass wir diese Verknüpfungen willkürlich herbeiführen können, im Prinzip also auch entkoppeln können. Der Pianist wird ja nicht zwanghaft auf dem Tisch herumklopfen, wenn ihm eine Melodie einfällt. Die beteiligten Komponenten können also mehr oder weniger getrennt voneinander willentlich hervorgebracht werden, was erst die Grundlage für die nötige Flexibilität ergibt. Ähnliches dürfte sich etwa in der Akrobatik, beim Tanz oder bei der Eurythmie abspielen, was insofern immer den ganzen Menschen bildet.

60 Herholz & Zatorre 2012, Rickard & McFerran 2012

10. Das Spiel der Evolution

Bei den Singvögeln können sich die Möglichkeiten zum Spiel auch in ihrem Gesang ausdrücken. Viele Gesänge von Vögeln können so reichhaltig und flexibel sein, dass sie durchaus Parallelen zu den Bewegungsspielen anderer Tiere aufweisen. Das tritt etwa beim leisen, sehr variablen, als «Studieren» – oder mit dem englischen Wort «subsong» – gekennzeichneten Gesang heranwachsender Jungen und beim Herbst- bzw. Wintergesang vieler Singvögel auf. Es ist daher berechtigt, ihn ebenfalls dem Spiel zuzuordnen und als Spielgesang zu bezeichnen. Der «subsong» oder plastische Gesang einiger Singvogelarten kann sogar variationsreicher und länger sein als der spätere Reviergesang der adulten Männchen. Und der entspannte Reviergesang wird oft als musikalisch reichhaltiger beschrieben als der erregte Kampfgesang zur Abgrenzung von Revieren.[61] So ist gerade der «spielerische Stimmgebrauch bei den Singvögeln» im entspannten Feld nach Streffer ein Ausdruck erweiterter Freiheitsgrade.

Auch wenn der Mäusebussard oder der Rote Milan sich von der Thermik in große Höhen tragen lassen, geschieht das offensichtlich unabhängig von unmittelbaren physischen Bedürfnissen und ist in diesem Sinne ein Spielverhalten.

Wenn man darauf achtet, lassen sich offenbar weitere Felder finden, auf denen man eine Art Spiel entdecken kann. Ist es vielleicht möglich, dieses Phänomen auf noch ganz anderen Feldern wiederzufinden, die bisher nicht als Spiel verstanden werden? Könnte es sein, dass die Natur auch auf anderen Ebenen als der des Verhaltens spielt? Spielt die Natur womöglich auch mit der Vielfalt und Schönheit von Formen? Dann wären die vielen Versuche, jedwede Form oder Farbe,

61 Lorenz 1935, Hassenstein 1969, Streffer 2009

jede «Laune» der Natur durch irgendeinen Zwang zu Nützlichkeit oder Vorteilsnahme zu interpretieren, müßig. Sicherlich unterliegen Veränderungen auch der Notwendigkeit, funktionsfähig zu sein, sodass ihre Träger damit auch überlebensfähig sind. Und sicherlich gibt es Gesetzmäßigkeiten der Form und der Funktion, Grenzen und Bedingungen, nach denen sich die Umbildungen ausrichten. Aber könnte es sein, dass es innerhalb dieses Rahmens, innerhalb dieses Möglichkeitsfeldes auch Freiheitsgrade gibt, die im spielerischen Sinne ausgefüllt werden?

Vielleicht gehört hierhin die jeden Betrachter verblüffende Vielfalt an Farben und Formen unter den Fischen, den Schmetterlingen und den Käfern. Spielt die Natur hier mit einem einmal entwickelten Prinzip, sodass der tatsächliche gestalterische Reichtum eher ein Spiel der Natur ist, als einem unmittelbaren Zweck zu dienen? Kann durch das Spiel mit den bisherigen Möglichkeiten sogar der nächste innovative Schritt vorbereitet und gefunden werden?

Unter den Schnecken und Muscheln gibt es eine solche Vielfalt an zum Teil bizarren Formen, dass dem Betrachter eine Nützlichkeit dieser Bildungen oft rätselhaft erscheinen muss. Die schönen Farben und Muster der Kaurischnecken werden zu allem Überfluss beim lebenden Tier sogar von einer Falte des Mantels verborgen, sodass sie normalerweise nicht sichtbar sind. Was soll das? Vielfalt und Schönheit unter den Einzellern haben schon Ernst Haeckel fasziniert. Könnte das ein Spiel der Natur mit den Möglichkeiten der einzelligen Organisation sein?

Wenn man die verschiedenen Stufen der Evolution betrachtet, gewinnt man den Eindruck, dass jeweils mit einem einmal errungenen Organisationsprinzip gespielt wurde. Eine frühe Form der Mehrzelligkeit war die Ediacara-Fauna, die einige Meeresböden besiedelte, bevor es zur Entwicklung der Metazoenstämme im Laufe der kambrischen Explosion vor etwa 540 Mio. Jahren kam. Die Organismen waren vorwiegend flach gebaut, breiteten sich also hauptsächlich in der Oberfläche aus, wobei sie eine virtuose Vielfalt der Möglichkeiten dieses Oberflächenbaues zeigten.

In der kambrischen Explosion entwickelte sich dann die Organisationsstufe der mehrzelligen Tiere, die ihre Körper mit den Möglichkeiten der drei Raumesrichtungen, der drei Keimschichten und verstärkter Außenabgrenzungen bildeten. Dabei entstanden relativ schnell alle Tierstämme, die überhaupt bekannt sind. Nicht alle überlebten, aber einige setzten die Evolution fort und führten auch zu den uns heute bekannten Tierformen. Spielte die Evolution im Kambrium etwa mit den Möglichkeiten, die ihr dieses neue Bildungsprinzip bot?

McShea & Brandon[62] vertraten im Rahmen der angeführten neueren Überlegungen zur Evolution das Konzept, dass die Natur immer dazu neige, Komplexität zu generieren. Das kann die Komplexität von einzelnen Organismen, von Ökosystemen oder generell die Biodiversität sein. Sekundär würde dies dann durch verschiedenste Prozesse eingeschränkt, kanalisiert und überformt. Könnte dies auch beschreibbar sein durch eine Art Ausspielen der jeweils verfügbaren Möglichkeiten?

Immer wird dieses «Spiel» in der Auseinandersetzung mit den Bedingungen der Organisation, der Umwelt und den Notwendigkeiten des Überlebens stattgefunden haben. Aber das Ausfüllen des Möglichkeitsfeldes und dessen Erweiterung könnte in einer Art kreativem Spiel der Natur erfolgt sein.

62 McShea & Brandon 2010

11. «Schönheit sei Vollkommenheit mit Freiheit»

Goethe[63] versuchte, den Begriff der Schönheit im Organischen an Möglichkeiten zu Freiheitsgraden anzuknüpfen: *«Ein organisches Wesen ist so vielseitig an seinem Äußeren, in seinem Innern so mannigfaltig und unerschöpflich, dass man nicht genug Standpunkte wählen kann, es zu beschauen, nicht genug Organe an sich selbst ausbilden kann, um es zu zergliedern, ohne es zu töten. Ich versuche die Idee: Schönheit sei Vollkommenheit mit Freiheit, auf organische Naturen anzuwenden. … Damit … ein Tier nur die notwendigen beschränkten Bedürfnisse ungehindert befriedigen könne, muss es schon vollkommen organisiert sein; allein wenn ihm neben der Befriedigung des Bedürfnisses noch so viel Kraft und Fähigkeit bleibt, willkürliche gewissermaßen zwecklose Handlungen zu unternehmen; so wird es uns auch äußerlich den Begriff von Schönheit geben. … an diesem Tiere stehen die Glieder alle in einem solchen Verhältnis, dass keines das andere an seiner Wirkung hindert, ja dass vielmehr durch ein vollkommenes Gleichgewicht derselbigen Notwendigkeit und Bedürfnis versteckt, vor meinen Augen gänzlich verborgen worden, sodass das Tier nur nach freier Willkür zu handeln und zu wirken scheint. Man erinnere sich eines Pferdes, das man in Freiheit seiner Glieder gebrauchen sehen. Rücken wir nun zu dem Menschen herauf, so finden wir ihn zuletzt von den Fesseln der Tierheit beinahe entbunden, seine Glieder in einer zarten Sub- und Koordination, und mehr als die Glieder irgendeines anderen Tieres dem Wollen unterworfen, und nicht allein zu allen Arten von Verrichtungen, sondern auch zum geistigen Ausdruck geschickt.»*

Demnach würden wir also Schönheit dort erfahren, wo Lebensäußerungen über die reine Notwendigkeit des Lebenserhalts hinaus-

63 Goethe 1794

gehen. Das erleben wir dann auch bereits der Möglichkeit nach: *«Schön nennen wir ein vollkommen organisiertes Wesen, wenn wir uns bei seinem Anblicke denken können, dass ihm ein mannigfaltiger freier Gebrauch aller seiner Glieder möglich sei, sobald es wolle ...»*

Hier werden nun Kriterien genannt, die auch auf das Spiel anwendbar sind: Das Spiel setzt Freiheitsgrade voraus, es geht über die unmittelbaren Bedürfnisse des Lebenserhalts hinaus, und wir verbinden es mit einem positiven Erleben, wir finden es berührend, wenn Tiere oder auch Kinder miteinander spielen. Wir finden es schön, wenn die Vögel ihre Stimme im «spielerischen Stimmgebrauch» hören lassen. Wir finden es schön, wenn die Greifvögel sich im eleganten Segelflug in die Höhe treiben lassen, und wir finden es schön, wenn wir jungen Katzen beim ausgelassenen Herumbalgen zusehen.

Könnte es eine Verbindung geben zwischen der Schönheit und dem freien Spiel der Kräfte in der Natur? Empfinden wir die Natur dort als schön, wo sie über die Notwendigkeiten und die Bedingungen ihrer Existenz hinausgeht? Gibt es eine Verwandtschaft vom Spiel im Verhalten und der schillernden Vielfalt der Farben und Formen bei Schmetterlingen, Schneckenschalen, Korallenfischen und Vogelgefiedern? Hat vielleicht gerade das «freie Spiel» der Formen, Farben und Verhaltensweisen, dort, wo die jeweiligen organischen Möglichkeiten dies erlaubten, die Evolution vorangebracht?

Lässt sich – bei Weiterführung dieser Überlegungen – eine Verbindung herstellen zwischen der Vielfalt, die aus der Evolution hervorgeht, dem «freien Spiel» mit Formen, Farben und Verhaltensweisen, dort, wo die jeweiligen organischen Möglichkeiten dies erlauben, und dem Spiel im Verhalten als Ausdruck von Freiheitsgraden?

Literatur

Azéma M (2011): La préhistoire du cinéma. Edition errance, Paris

Bangert M, Altenmüller EO (2003): Mapping perception to action in piano practice: a longitudinal DC-EEG study. BMC Neuroscience 4, S. 26 (www.biomedcentral.com/1471-2202/4/26)

Bateson P, Martin P (2013): Play, playfulness, creativity and innovation. Cambridge

Bekoff M, Byers JA (Eds.) (1998): Animal Play. Evolutionary, Comparative and Ecological Perspectives. Cambridge

Brown S, Vaughan C (2011): Play: How it Shapes the Brain, Opens the Imagination, and Invigorates the Soul. London

Burghardt G (2005): The Genesis of Animal Play. Testing the Limits. Cambridge MA

Burghardt GM (1998): The evolutionary origins of play revisited: lessons from turtles. In: Bekoff M, Byers JA (Hrsg.): Animal Play. Evolutionary, Comparative and Ecological Perspectives, Cambridge, S. 1 – 26

Carruthers P (2002): Human creativity: its cognitive basis, its evolution and its connections with childhood pretense. British Journal for the Philosophy of Science 53, S. 225 – 249

Casey BJ, Giedd JN, Thomas KM (2000): Structural and functional brain development and its relation to cognitive development. Biological Psychology 54, S. 241 – 257

Conway Morris S (2003): Life's solution. Inevitable humans in a lonely universe. Cambridge University Press

Coolidge FL, Wynn T (2005): Working memory, its executive functions, and the emergence of modern thinking. Cambridge Archaeological Journal 15, S. 5 – 26

Eibl-Eibesfeldt I (1999): Grundriss der vergleichenden Verhaltensforschung. München, Zürich

Fagen R (1981): Animal Play Behaviour. Oxford

Fagen R (1986): Play and behavioural flexibility. In: Smith PK (Hrsg.): Play in Animals and Humans, Oxford, S. 159 – 173

Fuchs T (2009): Das Gehirn – ein Beziehungsorgan. Eine phänomenologisch-ökologische Konzeption. Stuttgart

Gärdenfors P (2003): How Homo Became Sapiens: On the Evolution of Thinking. Oxford

Gaschke S (2011): Die Verkürzung der Kindheit. Vor lauter Konsum und Kommunikation schrumpft die Zeit für freies Spiel und ungestörte Entfaltung – eine Empörung. Die Zeit Online, 8. September 2011. www.zeit.de/2011/37/Kindheit

Gerhart J, Kirschner M (1997): Cells, Embryos, and Evolution. Toward a Cellular and Developmental Understanding of Phenotypic Variation and Evolutionary Adaptability. Malden MA

Gilbert SF (2002): Genetic determinism: the battle between scientific data and social image in contemporary developmental biology. In: Grunwald A, Gutmann M, Neumann-Held EM (Hrsg.): On Human Nature. Anthropological, Biological, and Philosophical Foundations, Berlin, Heidelberg, New York, S. 121 – 140

Goethe JW (1794): Inwiefern die Idee: Schönheit sei Vollkommenheit mit Freiheit, auf organische Naturen angewendet werden könne. Hamburger Ausgabe, Band 13: Naturwissenschaftliche Schriften I. München (1981)

Gray P (2011): The decline of play and the rise of psychopathology in children and adolescents. American Journal of Play 3, S. 443 – 463

Gray P (2013): Free to Learn: Why Unleashing the Instinct to Play will Make our Children Happier, More Self-Reliant, and Better Students for Life. New York

Gunz P, Neubauer S, Maureille B, Hublin JJ (2010): Brain development after birth differs between Neanderthals and modern humans. Current Biology 20(21), R921 – R922

Hassenstein B (1969): Aspekte der «Freiheit» im Verhalten von Tieren. Universitas 24, S. 1325 – 1330

Herholz S, Zatorre R (2012): Musical training as a framework for brain plasticity: behavior, function, and structure. Neuron 76(3), S. 486 – 502

Huizinga J (1939): Homo ludens. Vom Ursprung der Kultur im Spiel. Hamburg 2009

Hüther G, Quarch C (2016): Rettet das Spiel! Weil Leben mehr als funktionieren ist. München

Isaacson W (2010): Einstein. Genie und Popstar. München

Kipp FA (1980): Die Evolution des Menschen im Hinblick auf seine lange Jugendzeit. Stuttgart

Kuba MJ, Byrne RA, Meisel DV, Mather JA (2006): When do octopuses play? Effects of repeated testing, object type, age, and food deprivation on object play in *Octopus vulgaris*. Journal of Comparative Psychology 120(3), S. 184 – 190

Liu X, Somel M, Tang L & al. (2012): Extension of cortical synaptic development distinguishes humans from chimpanzees and macaques. Genome Research 22(4), S. 611 – 622

Lorenz K (1935): Der Kumpan in der Umwelt des Vogels. Journal für Ornithologie 83(2–3), S. 137 – 215, 289 – 413

Matuschek S (Hrsg.) (2009): Friedrich Schiller: Über die ästhetische Erziehung des Menschen in einer Reihe von Briefen. Frankfurt

Mayr E (1988): Toward a new philosophy of biology. Cambridge

McShea DW, Brandon RN (2010): Biology's first law: The tendency for diversity and complexity to increase in evolutionary systems. Chicago

Neubauer S, Hublin JJ (2012): The evolution of human brain development evolutionary biology. Evolutionary Biology 39(4), S. 568 – 586

Neubert FX, Mars RB, Thomas AG & al. (2014): Comparison of human ventral frontal cortex areas for cognitive control and language with areas in monkey frontal cortex. Neuron 81(3), S. 700 – 713

Neuweiler G (2006): Die dynamische Synapse. Ein nüchterner Beitrag zur Diskussion um das Thema Willensfreiheit. Naturwissenschaftliche Rundschau 59, S. 641 – 650

Neuweiler G (2008): Und wir sind es doch – die Krone der Evolution. Berlin

Nietzsche F (1886): Jenseits von Gut und Böse. Stuttgart 1988

Nowell A (2016): Childhood, play and the evolution of cultural capacity in Neandertals and modern humans. In: Haidle M, Conard N, Bolus M (Hrsg.): The Nature of Culture. Vertebrate Paleobiology and Paleoanthropology Series. Dordrecht, Heidelberg, New York

Pellis S, Pellis V (2009): The playful brain: Venturing to the limits of neuroscience. Oxford

Pigliucci M, Müller G (2010): Evolution – the Extended Synthesis. Cambridge MA

Rickard NS, McFerran K (2012): Lifelong Engagement With Music. Benefits for Mental Health and Well-Being. New York

Robson D (2013): Old schooled: You never stop learning like a child. New Scientist 2918, S. 20 – 24

Rosslenbroich B (2014): On the Origin of Autonomy. A New Look at the Major Transitions in Evolution. Cham, Heidelberg, New York, Dordrecht, London.

Rosslenbroich B (2018): Entwurf einer Biologie der Freiheit. Die Frage der Autonomie in der Evolution. Stuttgart

Rosslenbroich B, Heusser P (2010): Entwurf einer organismischen Systembiologie. Jahrbuch für Goetheanismus, Niefern-Öschelbronn, S. 7 – 39.

Rosslenbroich M, Rosslenbroich B (2012): Die französisch-spanische Höhlenkunst – Wiege der Autonomie des menschlichen Bewusstseins. die Drei 11/2012: 25 – 41. Wiederabdruck im vorliegenden Band *Perspektiven einer Biologie der Freiheit*

Schad W (1982): Biologisches Denken. In: Schad W (Hrsg.): Goetheanistische Naturwissenschaft Bd. 1: Allgemeine Biologie, S. 9 – 25. Stuttgart

Shapiro JA. (2011): Evolution: A View from the 21st Century, Upper Saddle River, New Jersey

Smith PK (2010): Children and Play: Understanding Children's Worlds. Malden MA

Streffer W (2009): Klangsphären. Motive der Autonomie im Gesang der Vögel. Stuttgart

Tomasello M (2009): Why we cooperate. Cambridge Mass, London

West-Eberhard MJ (2003): Developmental Plasticity and Evolution. Oxford
Wieser W (1998): Die Erfindung der Individualität oder Die zwei Gesichter der Evolution. Heidelberg, Berlin
Zimpel AF (2014): Spielen macht schlau! Warum Fördern gut ist, Vertrauen in die Stärken Ihres Kindes aber besser. München

Die französisch-spanische Höhlenkunst – Wiege der Autonomie des menschlichen Bewusstseins[1]

MARITA ROSSLENBROICH & BERND ROSSLENBROICH

1. Einleitung

Im südwestlichen Frankreich, in Nordspanien sowie in den Pyrenäen gibt es viele Höhlen, die das Wasser in den dortigen Fels gegraben hat. An den Decken und Wänden mancher dieser Höhlen hat man Malereien und Gravierungen entdeckt, deren Alter und Entstehung zunächst völlig unklar waren. Es waren einzelne Pioniere, die erkannten, dass die Darstellungen aus der Frühzeit des Menschen stammen. Ein großer Teil der Fachwelt bestritt dies anfangs, und oft wurden Fälschungsvorwürfe erhoben. Aber um 1900 herum wurde das hohe Alter der Kunstwerke anerkannt, und seitdem gibt es eine ausgedehnte Forschung, die sich mit ihnen auseinandersetzt.

Jede Höhle hat ihre eigene Entdeckungsgeschichte. Manche war schon lange bekannt, andere sind erst in jüngster Zeit entdeckt worden, und es kann mit weiteren Entdeckungen gerechnet werden. Man kennt derzeit etwa dreihundert solcher Bilderhöhlen im franko-kantabrischen Raum, was eine bemerkenswerte Konzentration darstellt. Sie sind heute weltberühmt. Zu den bekanntesten Höhlen gehören Lascaux, Peche Merle und Grotte Chauvet in Frankreich

1 Zuerst erschienen in: die Drei 11/2012, S. 25 – 41

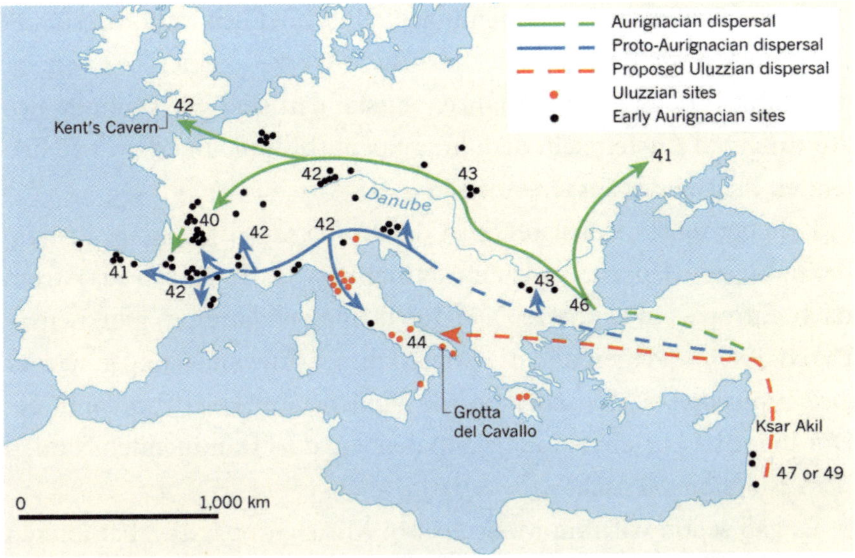

Abb. 1: Die Einwanderung des Homo sapiens nach Europa vor mehr als 40.000 Jahren. Die Zahlen geben das Alter der Funde an den verschiedenen Orten in tausend Jahren an. Die Farben der Linien und Punkte verweisen auf nach Fundstellen benannte verschiedene Ausprägungen damaliger menschlicher Kultur (aus: Mellars 2011).

sowie Altamira in Spanien. Die meisten Höhlen gehören heute zum UNESCO-Weltkulturerbe und werden aufwendig betreut, um die Kunstwerke zu erhalten und teilweise auch für die Öffentlichkeit zugänglich zu machen.[2]

2 Viele der Höhlen sind für Besucher zugänglich. Bei einigen sind, vor allem in Ferienzeiten, Voranmeldungen nötig, da die Besucherzahl zum Erhalt der Bilder begrenzt wird. Lascaux und Grotte Chauvet in Frankreich sowie Altamira in Spanien sind aus Konservierungsgründen geschlossen, es können dort aber sehr sorgfältig ausgeführte und eindrucksvolle Kopien besichtigt werden. Informationen gibt es unter dem jeweiligen Namen im Internet. In Wikipedia gibt es unter dem Stichwort «frankokantabrische Höhlenkunst» einen guten Übersichtsartikel (www.wikipedia.de). Über die Grotte Chauvet hat der Regisseur Werner Herzog einen sehr empfehlenswerten Film herausgebracht.

Durch vielfältige Untersuchungen, einschließlich radiometrischer Datierungen, weiß man heute, dass diese Werke in einer Zeit von vor ungefähr 35.000 bis 10.000 Jahren entstanden sind. Sie gehören also zur jüngeren Altsteinzeit, dem Jungpaläolithikum, und damit zu den letzten Phasen der ausgehenden Eiszeit.

Urheber dieser Kunstwerke ist der *Homo sapiens*, also im Prinzip der moderne Mensch, der vor etwas mehr als 40.000 Jahren aus Afrika nach Europa einwanderte. Die Karte in Abbildung 1 gibt neuere Daten über die Zeiten und die Routen dieser Einwanderungen wieder. Der Typus dieses Menschen wurde zunächst an Skelettfunden in der Dordogne beschrieben und bekam den von dort stammenden Namen «Cro-Magnon-Mensch».

Es gab schon vor ihm Menschen in Mitteleuropa, die aber älteren Formen angehörten. Nach den heutigen paläontologischen Kenntnissen hatte der *Homo erectus* als Erster Europa erreicht – ebenfalls aus Afrika kommend. Später gab es dann in Europa den *Homo heidelbergensis* und schließlich den Neandertaler, der sich gut an das raue Klima der damals herrschenden Eiszeiten angepasst hatte.

Der neu einwandernde *Homo sapiens* muss auf den Neandertaler gestoßen sein. Man weiß heute nicht viel darüber, wie die Begegnung stattgefunden hat, es gibt aber Anhaltspunkte für einen gewissen kulturellen Austausch. Ob es auch zu Vermischungen kam, ist nach wie vor nicht eindeutig geklärt. Neuere genetische Untersuchungen deuten aber darauf hin, dass es durchaus zu Vermischungen in begrenztem Ausmaß gekommen sein könnte. Der Neandertaler starb jedoch bald aus, und der *Homo sapiens* war von nun an die einzige Menschenform, die den europäischen Raum weiter besiedelte.

Abb. 2: Spätpleistozäne Landschaft in Nordspanien mit Wollmammuts, Wildpferden, einem Wollnashorn und europäischen Höhlenlöwen an einem Renkadaver. Aus Sedwick C (2008). PLOS Biology 6(4): e99. Zeichnung Mauricio Antón.

2. Die Landschaft während der Eiszeit

Während der Eiszeit kam es immer wieder zu deutlichen Schwankungen der mittleren Jahrestemperaturen, sodass sich Kaltphasen und Warmphasen mit unterschiedlich starken Vereisungen des Nordens und der Gebirge abwechselten. Auch während dieser ersten Besiedlung Europas durch den Cro-Magnon-Menschen gab es solche Schwankungen mit entsprechenden Auswirkungen auf dessen Lebensverhältnisse. Grob gesagt wichen die Menschen in den Kaltzeiten mehr nach Süden aus und kamen in den wärmeren Phasen wieder weiter nach Norden. Die Rekonstruktion eines möglichen Lebensbildes der Tierwelt gibt Abbildung 2 wieder. Abbildung 3 zeigt eine Karte der wichtigsten Fundstellen von Fossilien des frühen *Homo sapiens*.

Weite Teile Frankreichs kann man sich während der kälteren Phasen wie eine Tundralandschaft im heutigen Spitzbergen vor-

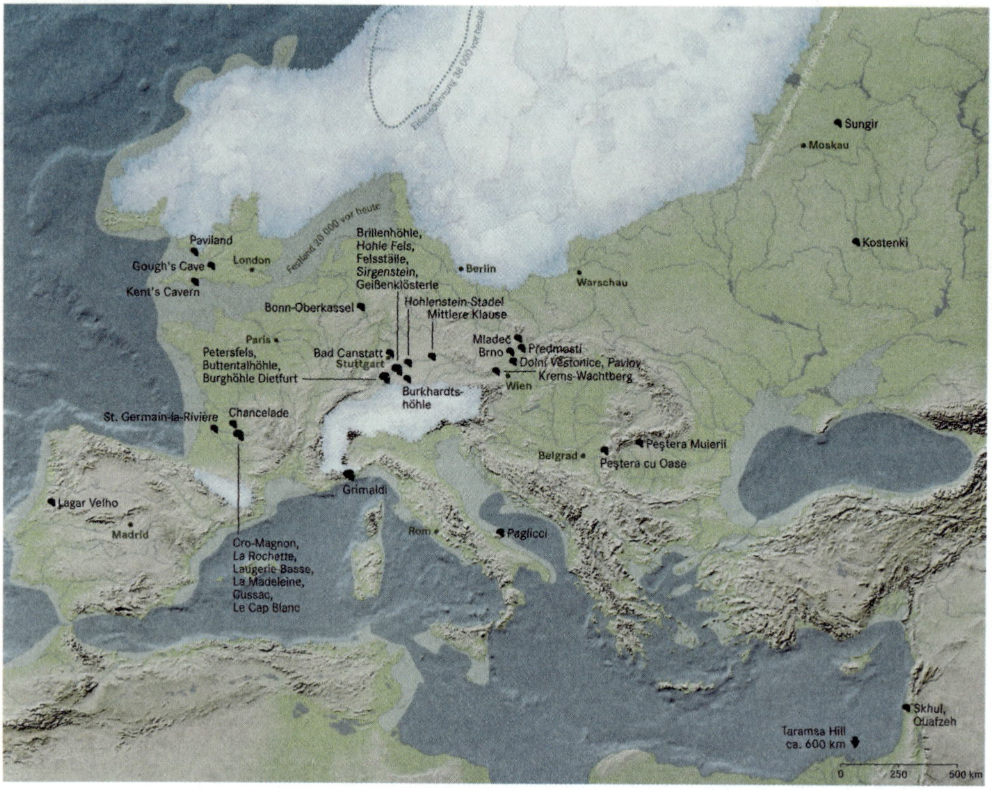

Abb. 3: Fundstellen mit Skelettfunden des anatomisch modernen Menschen in Europa und dem Vorderen Orient, eingetragen in eine Rekonstruktion einer typischen Eisausdehnung während der Eiszeit. Die Polkappen und die Hochgebirge waren in wechselndem Maße von großen Eismassen bedeckt. Durch das darin gebundene Wasser stand der Meeresspiegel um ca. 100 Meter tiefer als heute, sodass beispielsweise der Ärmelkanal trocken lag.

stellen. Während der wärmeren Zwischeneiszeiten drang dagegen der mit Birken und Espen durchsetzte Nadelwald der Taiga, wie wir ihn etwa im heutigen Alaska haben, nach Norden vor. Insgesamt waren diese Landschaften aber wesentlich produktiver als heutige vergleichbare Landschaften des Nordens. Der Grund liegt vor allem in der

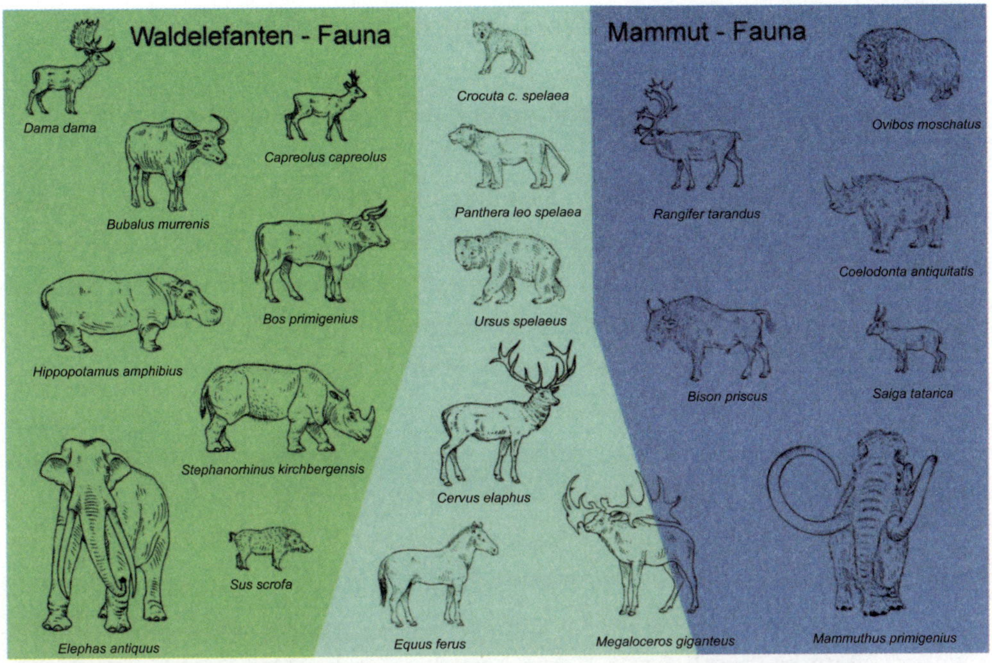

Abb. 4: In Mitteleuropa unterschied sich die Waldelefantenfauna der Zwischeneiszeiten von der Mammutfauna der Glaziale im Artbestand sehr deutlich (Koenigswald 2006).

südlicheren Lage, wodurch die Vegetationsperiode länger war und die Böden tiefer auftauten. So gab es ausreichend Nahrung für große Tierherden, die wiederum mit ihrem Dung die Lebenskreisläufe in Gang hielten und eine reiche Lebensgrundlage für die Menschen dieser Zeit bildeten. Die Menschen waren Jäger und Sammler und sind den Tieren auf ihren Wanderungen möglicherweise auch gefolgt. Abbildung 4 gibt eine Übersicht über die Zusammensetzung der Tierwelt.

3. Die Kunst des Cro-Magnon-Menschen

Es ist heute gut bekannt, dass bereits der Neandertaler weitreichende Kulturfähigkeiten hatte. Er war z. B. ein geschickter Steinschläger, hatte Behausungen und Kleidung und beherrschte das Feuer. Darüber hinaus sind auch Begräbnisse von Neandertalern bekannt. Insgesamt hat sich in den letzten Jahrzehnten die Rekonstruktion des Neandertalers von der Darstellung eines groben Wilden zu der eines kulturfähigen Vertreters der Gattung Homo gewandelt.

Aber der neu einwandernde Cro-Magnon-Mensch brachte eine kulturelle Explosion mit sich, wie sie keine Menschenform vor ihm geschaffen hatte. Neben ausgefeilten und diffizilen Steinbearbeitungen tauchen in den archäologischen Funden mit seinem Erscheinen in Europa kleine geschnitzte oder geritzte Darstellungen und Figuren auf, die als «mobile Kunst» bezeichnet werden (Abb. 5). Berühmte Fundstätten liegen z. B. auf der Schwäbischen Alb (Hohle Fels, Vogelherd; ca. 40.000 – 35.000 Jahre vor heute), aber auch in Frankreich und Spanien. Die Arbeiten verweisen auf geradezu verblüffende künstlerische Fähigkeiten dieser Menschen und setzen eine sehr genaue und einfühlsame Beobachtungsfähigkeit voraus.

Etwa zu dieser Zeit entstanden auch die ersten Höhlenbilder. Vermutlich haben die Menschen diese Kunstfertigkeiten bereits aus Afrika mitgebracht, aber es gibt bisher nur wenige Anhaltspunkte für den zeitlichen Verlauf dieser Geschichte.

In der Kalklandschaft Südwestfrankreichs gibt es vielfältige Felsvorsprünge und Felsüberhänge (französisch Abris), die gerne als Wohnplätze genutzt wurden. Diese Orte dürften einen guten Schutz vor der eiszeitlichen Witterung geboten haben. Ebenso wurden die Eingangsbereiche von Höhlen bewohnt. An diesen Plätzen hat man nicht nur vielfältige Zeugnisse der mobilen Kunst gefunden, sondern

Abb. 5: Oben: Bison aus La Madeleine (Museé National de Préhistoire, Les Eyzies-de-Tayac, GA 205125). Unten: Venus von Brassempouy (aus: Burenhult 2004).

Abb. 6 (linke und rechte Seite): Bilder aus der Grotte Chauvet, Frankreich (Fotos von Claude Valette, Wikimedia)

auch die Überreste des täglichen Lebens, wie etwa Tierknochen oder Reste von Feuerstellen. Anhand der Schichtung dieser Ablagerungen sind oft zeitliche Abfolgen rekonstruierbar.

Im Inneren der Höhlen haben die Menschen dagegen nie gelebt. Offensichtlich wurden sie aber gezielt aufgesucht, um an geeigneten Stellen zu malen und zu gravieren. Überwiegend wurden die eiszeitlichen Tiere dargestellt. Dazu kommen Punktreihen, Abdrücke und Negative von Händen und einige schwer zu interpretierende Zeichen, während Menschendarstellungen selten sind (Abb. 6 – 9).

Dabei wurden ausgefeilte Techniken verwendet; es wurde mit verschiedenen Darstellungsmöglichkeiten experimentiert, und Details wurden oft sehr gekonnt wiedergegeben. Vor allem aber beeindruckt der seelische Ausdruck der Tiere. Das gibt den Bildern eine ausgesprochene Präsenz und Lebendigkeit. So ist es auch unter den wissenschaftlichen Bearbeitern üblich geworden, von den «Meistern der Steinzeit» zu sprechen.

Michel Lorblanchet, der viele dieser Höhlen wissenschaftlich untersucht hat, schildert die Situation treffend:[3] «*Um die paläolithische Wandkunst in ihrer ursprünglichen Pracht zu entdecken, muss man mit nur einer Lampe aus Stein in der Hand in eine Bilderhöhle eindringen, so wie es die Urheber der Malereien einst getan haben. Der flackernde Schein der Lampe erscheint sehr zerbrechlich, und man nimmt unwillkürlich einen zögernden Gang an: im Halbdunkel muss sich der Fuß selbst die Unebenheiten des Bodens ertasten. Doch dann beleben sich die Empfindungen: Das Dunkel der Höhle offenbart sich in seiner ganzen Tiefe, die Stille hat jetzt eine besondere Eigenheit. Der geringste Wassertropfen, das kleinste Geräusch eines fallenden Steinchens lösen den Eindruck eines Wasserfalls oder eines Unwetters aus,*

3 Lorblanchet 2000, S. 13 und 18

Abb. 7: Plastische Nachbildung eines Wandstückes aus der Höhle von Lascaux. Annähernd Originalgröße (ca. 3,50 m lang und 1,25 m hoch). Nachbildung: Marita Rosslenbroich.

das von den Sintervorhängen des Gewölbes widerhallt, wie zu den Zeiten der Rentierjäger. Die Feuchtigkeit und die Wärme im Innern der Erde umhüllen uns; die Ewigkeit ist, man weiß nicht wie, Gegenwart geworden ... Der Zugang zu den ersten Heiligtümern der Menschheit kann nicht ohne Gefühle erfolgen, ohne das unmittelbare Bewusstsein von der Großartigkeit der paläolithischen Wandkunst, einer vollständigen und zugleich vollendeten Kunst, die auf Anhieb alle künstlerischen Verfahrensweisen und Möglichkeiten der Darstellung meistert, welche die nachfolgenden Jahrhunderte und Jahrtausende wiederzufinden sich bemühten; einer Kunst, die sich des unterirdischen Raums bemächtigt, die gesamte Höhle zum Sprechen bringt, eine bewundernswerte Synthese aus flächiger und räumlicher Darstellung, aus theatralischer Inszenierung, Poesie und Gesang leistet.»

4. Umstände der Entstehung

Viel wurde darüber gerätselt, warum diese Menschen die Bilder angefertigt haben, sie ausgerechnet in den Höhlen angebracht haben und wie ihre Kunstfertigkeit entstanden sein kann. Um sich der Frage zu nähern, kann man einige Charakteristika zusammenstellen:

- Nach heutigen Kenntnissen wurden die Höhlen nur zu besonderen Zwecken aufgesucht, in deren Zusammenhang dann die Malereien entstanden, während es keine Spuren einer Besiedlung des Inneren der Höhlen gibt. Es wird daher vermutet, dass sie als herausgehobene Orte galten, die nur von besonderen Personen betreten wurden. Daher spricht Lorblanchet im obigen Zitat auch von «den ersten Heiligtümern der Menschheit».
- Auf viele der Bilder wurde eine große Sorgfalt verwandt. Es nahm offensichtlich einige Zeit in Anspruch, sie anzufertigen, und die Anwendung der Techniken erforderte ausführliche Vorbereitungen und Übung. Der ganze Vorgang muss also von erheblicher Bedeutung für die Menschen gewesen sein.
- Die Darstellungen befinden sich regelmäßig in den hinteren Bereichen der Höhle. Man drang also zuerst tief in die Höhle ein, bevor man sein Werk begann. In Rouffignac ist es extrem: Dort muss man 1½ km weit in die Höhle hinein, bevor die Malereien kommen. In Cougnac geht man heute als Besucher zuerst 100 m durch eine fantastische Tropfsteinhöhle, bevor man zu den Malereien gelangt. In manchen Höhlen muss man auch Engpässe überwinden, teils auf den Knien und Ellenbogen kriechend, und manchmal muss man sogar unterirdische Seen und Flüsse durchschwimmen. Für die Beleuchtung hatte man Talglampen und Fackeln zur Verfügung, die immer nur einen begrenzten Teil der Höhle beleuchten können. Diese fremdartige Welt zu durchqueren muss für den damaligen Men-

schen eine besondere Herausforderung gewesen sein. Die Erfahrung der Einsamkeit, der Dunkelheit und der unnatürlichen Zeitlosigkeit muss für die Menschen dieser Zeit selbst ein Erlebnis gewesen sein.[4]

- Es lässt sich auch vermuten, dass der Akt des Malens am wichtigsten war. So wurde z. B. vielfach übereinander gemalt, frühere Bilder wurden ignoriert, entfernt oder auch mit einer vorübergehend deckenden Schicht bestäubt. In vielen Höhlen malten und zeichneten ganze Generationen von Künstlern ihre Bilder.
- Überwiegend wurden die Tiere der damaligen Umwelt dargestellt. Da diese Tiere nicht identisch sind mit dem Jagdwild, ist man heute von der Überlegung abgekommen, dass es sich um einen Jagdzauber gehandelt haben könnte.
- Es ist auffällig, wie gut die Gebärden, die Eigenarten und der seelische Ausdruck der Tiere wiedergegeben wurden. Man kann sagen: So malt nur jemand, der die Welt als beseelt empfindet.
- Die meisten Tiere wurden in Bewegung dargestellt, oft sogar in ganzen Bewegungsreihen.
- Regelmäßig wird das Relief der Höhlenwand in die Bildkomposition einbezogen. Es gibt Anlass zu bestimmten Perspektiven, zur Verstärkung von Bewegungseindrücken oder ist Teil des Bildes, das an solchen Stellen malerisch nicht weiter ausgeführt werden muss.

Was die Menschen zu diesen Malereien veranlasste, kann man heute nicht mehr rekonstruieren, sich aber vielleicht dem annähern, was sie an der Herstellung und der Präsenz der Bilder in den Höhlen erfahren haben könnten. Kunst ist immer ein Spiegel des Bewusstseins, und möglicherweise lässt sich eine Spur des gestaltenden Bewusstseins jener Zeit aus den erhaltenen Phänomenen ablesen.

4 Burenhult 2004

5. Eine mögliche Interpretation

Machen wir uns noch einmal die Situation klar: Ein Mensch, der ganz verbunden mit der Umwelt und der äußeren Natur lebte, der unmittelbar im Rhythmus der Jahreszeiten, von Tag und Nacht und mit den Wanderungen der Tierherden existierte, ging jetzt in die dunkle Höhle, die er nur mit einer kleinen flackernden Lampe begrenzt beleuchten konnte, und drang dabei tief ins Innere hinein, um ausgerechnet in den hintersten Bereichen Bilder anzufertigen, dort wo er ganz isoliert war von seinen gewohnten Sinneseindrücken. Hier malte er die Tiere, die er von draußen so gut kannte, ohne dass er sie als unmittelbaren Sinneseindruck noch vor sich hatte.

Die entstandenen Bilder müssen also etwas mit Erinnerungsbildern zu tun gehabt haben. Diese Tatsache könnte einen entscheidenden Hinweis auf Wesen und Ursprung dieser Malereien liefern, denn wenn sie aus der Erinnerung entstanden sind, müssen sie im Bewusstsein des Malers auf irgendeine Weise präsent gewesen sein. Dies aber setzt die Fähigkeit der Vorstellung voraus.

Man kann aufgrund der Ergebnisse der vergleichenden Verhaltensforschung bei Tier und Mensch sowie der Beobachtung der Kindheitsentwicklung davon ausgehen, dass diese Fähigkeit des Umganges mit Erinnerungsbildern im Bewusstsein vom frühen Menschen erst erworben werden musste. So liegt die Frage nahe, ob es bei den Darstellungen in den Höhlen vor allem um den aktiven Umgang mit diesem Bewusstseinsvorgang, also der Entwicklung der bildhaften Erinnerungs- und Vorstellungsfähigkeit, ging. Hat der Mensch hier eingeübt, mit diesen Bewusstseinsinhalten autonom umzugehen und Erinnerungsbilder deutlich zu erfassen?

Steht man heute z. B. in Lascaux in einem Höhlensaal tief in der Erde, ist man rings umgeben von großen, bewegten Bildern. Man

Abb. 8: Ausschnitt aus der Decke von Altamira (aus: Lorblanchet 2000).

kann den Eindruck bekommen, dass die Felswand als Projektionsfläche für die inneren Bilder diente – als wären hier die Bedingungen gegeben, die Erinnerungsvorstellungen «einzufangen». Meist wirken die Darstellungen so, wie wir heute Vorstellungsbilder erleben: In der Vorstellung haben wir eine Art Gegenüber, das aber nicht fest, sondern sehr veränderlich ist. Innere Bilder kommen und gehen. So wirken auch die Bilder in den Höhlen: Zusätzlich zur dargestellten Bewegung der Tiere ist die ganze Komposition oft sehr bewegt. Regelmäßig stehen die Tiere nicht auf einem Untergrund, sondern scheinen zu schweben und werden auch in sehr unterschiedlicher Lage zueinander dargestellt. Durch das Flackern von Talglampen oder Fackeln wird dieser Eindruck noch verstärkt.

Die Höhlenbilder bersten förmlich vor Lebendigkeit. Sie sind dynamischer Wesensausdruck, dessen Quell existenzielle Erlebnisse mit den dargestellten Tieren sind. Diese Erlebnisbilder sind sozusagen noch zu groß, um in einen Kopf hineinzupassen. An einer Wandfläche gelang es gerade so eben, sie zu fassen zu bekommen.

Daher dominiert die Bewegung der Linien in der Höhlenkunst über das fertige Bild. Und nicht nur die Linien, die ganze Wand ist bewegt. Die Unebenheiten des Gesteins, dessen Beschaffenheit und Struktur sind Bestandteil der Bilder. Im flackernden Lichtschein taucht in der vorhandenen, natürlichen Felsform ein Pferdekopf auf, an anderer Stelle der Umriss eines Bisons. Es bedarf nur weniger Striche, um diese Eindrücke zu vervollständigen und das, was bis dahin inneres Bild war – angeregt durch die äußere Natur – auf der Felswand zu fixieren und damit auch für andere sichtbar zu machen.

So bot vielleicht der Vorgang des Zeichnens eine Möglichkeit, sich dieser Bilder bewusst zu werden und nach und nach den Umgang mit ihnen zu schulen. Die Frucht dieses Vorganges wäre dann etwa 25.000 Jahre später die Fähigkeit gewesen, sich Vorstellungen zu bilden, also Vor-Stellungen im wörtlichen Sinne zu ermöglichen.

Heute sind für uns Erinnerung und Vorstellung alltägliche Fähigkeiten, deren wir uns selbstverständlich und souverän bedienen. Aber beides musste vom menschlichen Bewusstsein erst erworben werden.

Die Bilder in den Höhlen sind so klar, dass es sich nicht um eine Bilderflut in Trance oder Ähnlichem gehandelt haben kann. Aber sie sind auch nicht rein naturalistische Abbilder oder gar erstarrte Vorstellungsbilder, zu denen wir heute oft neigen.

In einem Vortrag aus dem Jahr 1923 berichtet Rudolf Steiner über den Vorgang der Gedächtnisentwicklung.[5] Er schildert, dass der

5 Steiner 1923, GA 233

Abb. 9: Mammut aus Rouffignac (aus: Plassard 1999).

späte Atlantier, um den es sich hier handelt,[6] nicht wie wir über ein Gedächtnis in Vorstellungen verfügte, sondern dass er eine Art situative Erinnerung ausgebildet hatte, wie sie heute noch bei Kindern erlebbar ist. Ein äußeres Zeichen, ein «Denk-Mal», war notwendig, um ein Erlebnis wieder wachzurufen. Dieses müsste eine komplexe Mischung aus verschiedenen Sinneseindrücken gewesen sein, verbunden mit den Gefühlen, die sich an die Situation knüpften.

Ausgehend von dieser Schilderung ist folgende These denkbar: So wie das Denk-Mal ein Hilfsmittel zum Auslösen einer Erinnerung war, könnten die Strukturen im Gestein Auslöser eines Vorstellungsbildes

6 Schad 1985

gewesen sein, das zunächst noch ganz auf diese Anregung von außen angewiesen war. Erst das jahrtausendelange Üben des «Fixierens» dieser Bilder ermöglichte den freieren und bewussteren Umgang mit ihnen. Denn die Fähigkeit der Vor-Stellung leitet die Trennung von Ich und Welt ein, die die Voraussetzung für ein Ich-Bewusstsein darstellt.

Entsprechend war offenbar der Akt des Malens wichtiger als das Ergebnis. Ebenso könnte so die Beweglichkeit und Dynamik vieler Bilder erklärt werden, die man als heutiger Betrachter empfindet, und auch ihr scheinbares «Entspringen» aus dem Fels, aus seinen Rissen und Spalten, aus seiner Körnigkeit oder der lehmigen Geschmeidigkeit an anderer Stelle. Immer sind die vorgegebenen Bedingungen des jeweiligen Ortes mit einbezogen worden. Oder anders betrachtet: Eben diese Bedingungen könnten die Initialzündung für das konkrete Bild gewesen sein. Voraussetzung für diese Einübung war offensichtlich, die äußere Entkopplung von der Sinneswelt herzustellen und dann in die Zwiesprache mit dem äußeren Medium, der Felsstruktur, zu gehen, die auf die innere Bereitschaft des «Bilderns» trifft, um das Bild herzustellen. Damit wird dann zugleich auch der innere Entkopplungsvorgang geübt, das Vergegenwärtigen der Vorstellung. Der Bewusstseinsinhalt ist dann nicht nur einfach da, man ist nicht nur einfach darin, sondern man lernt, ihn willentlich zu beeinflussen.

Dieser Vorgang kann durchaus im Rahmen einer kultischen Handlung und eines Initiationsritus stattgefunden haben. Die Höhle oder die Stelle, an der gemalt wurde, kann dabei als Heiligtum angesehen worden sein. Gemalt wurde offenbar auch in den Abris, den Wohnplätzen unter den Felsüberhängen, also außerhalb der Höhlen. Auch fand man Steintafeln mit Kratzspuren als mögliche Reste von Übungsmalereien, sodass die Technik, das künstlerische Können, außerhalb der Höhle geübt wurde. Aber die Meister durften in der Höhle malen.

Abb. 10: Wisent aus La Grèze (aus: Lorblanchet 2000).

Steiner[7] schildert, dass eine Initiation gerade dahin führte, mit dem Bewusstsein seiner Zeit voraus zu sein, das heißt, dass Menschen früherer Zeiten durch die Einweihung Entwicklungsstufen errungen haben, die später auf natürliche Art der Menschheit zukommen.

6. Zeitliche Aufeinanderfolge

Betrachtet man die Höhlenbilder in ihrer zeitlichen Aufeinanderfolge, wird deutlich, dass in der Frühzeit die von bewegender Energie geladene, in sich geschlossene Umrisslinie steht. Immer sind die Darstellungen in reiner Seitenansicht (Abb. 10).

7 Steiner 1923: GA 233

Abb. 11: Mammutzeichnungen aus Rouffignac (aus: Burenhult 2004).

Abb. 12: Darstellung verschiedener Tiere in Rouffignac (aus: Plassard & Plassard 1995).

Gegen Ende der Eiszeitkunst sehen wir die detailreiche, «sprechende» unterbrochene Linie. Sie zeigt auch Gliederungen innerhalb der umrissenen Fläche (Fell, Auge, Rüsselfinger). Die Zeichnungen sind nun so gekonnt auf wesentliche Details reduziert, dass sie fast an Karikaturen erinnern (Abb. 11 und 12). Am Anfang (ca. 35.000 Jahre vor heute) und am Ende (ca. 10.000) dient die Linie als künstlerisches Mittel, zuerst öfter in die Wand geritzt als gezeichnet. Diese Technik erweist sich durch das sich wiederholende Nachziehen der Linie mit einer Steinklinge als stark willensbetont. Der Zeichner schwingt selbst mit in der Liniendynamik, aber auch in dem Zusammenziehen und Ausdehnen der umschlossenen Fläche, deren Dramatik charakteristische Wesensmerkmale z. B. des dargestellten Bisons vermittelt.

Später, im Ausklang der Höhlenkunstepoche, wird öfter mit leichter Hand auf die Wand gezeichnet als geritzt. Die Tiere sind nun seelisch ausdrucksvoll und haben einen beseelten Blick. Sie sind von spontaner Lebendigkeit, und die treffenden Details weisen auf genaue Beobachtung hin. Das wiederum ist ein Indiz dafür, dass der Zeichner sich nun schon mehr dem Tier gegenüberstehend erlebt. Die gewonnene Distanz ermöglicht erst das genauere Hinschauen und eben die Vor-Stellung.

Dazwischen fächert sich die eigentliche Höhlenmalerei in großer Vielfalt und virtuoser Meisterschaft auf (Abb. 13). Hier werden souverän alle zur Verfügung stehenden Techniken gleichzeitig angewendet: geritzte Linien, gezeichnete Linien (auch beides zusammen), die Farbe wurde gesprüht oder mit Haarpinseln vermalt, mit den Fingern aufgetragen oder auch verwischt. Man findet einfarbige und mehrfarbige Farbflächen, Flächenmuster, Überlagerung von Flächen, Seitenansichten, halbschräge Ansichten sowie frontale Darstellungen. Die künstlerischen Mittel ergaben sich völlig aus den Bedingungen, die man an den verschiedenen Orten vorfand, und sind daher sehr vielfältig und variabel.

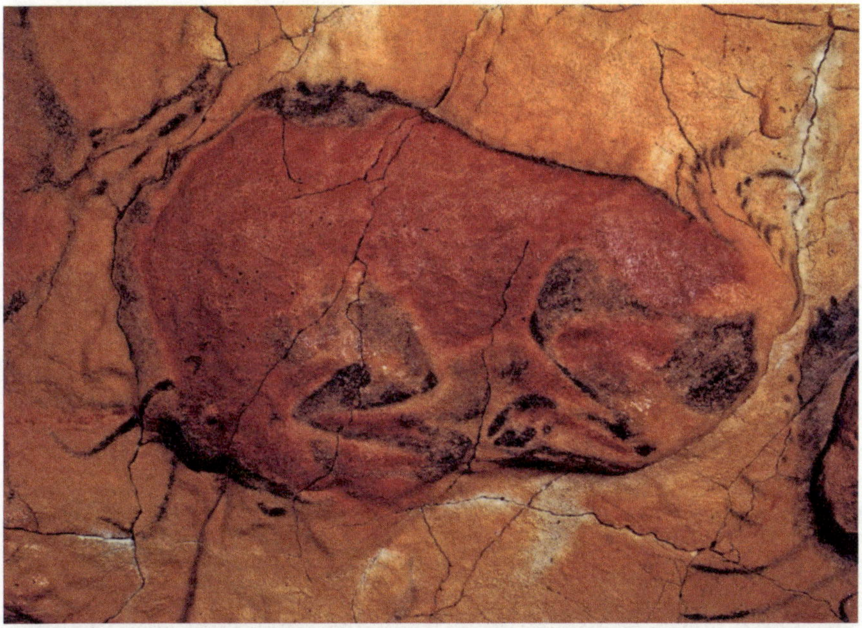

Abb. 13: linke Seite oben: Ekain (aus: Lorblanchet 2000), linke Seite unten: Peche Merle (Foto R. Delan, Menton, Fotokarte), rechte Seite oben: Altamira (Fotokarte Altamira-Nachbildung), rechte Seite unten: Lascaux II (Fotokarte).

7. Die Autonomie-Theorie

Diese Interpretation der Höhlenkunst fügt sich nun folgerichtig in die evolutiven Abläufe ein, die als Autonomiezunahme dargestellt wurden.[8] Kurz gesagt, man kann bis in Details nachweisen, dass es in der Evolution der Tierwelt und des Menschen nicht nur zu Anpassungen kam, sondern dass gerade die größeren evolutiven Schritte gekennzeichnet waren von einer Zunahme individueller Autonomie der Organismen. Dazu gehören die Emanzipation von unmittelbaren Umweltbedingungen, die Zunahme der inneren Stabilität, die Regulierbarkeit von Körperfunktionen und auch die Erweiterung der Flexibilität des Verhaltens in der Umwelt.

Für die Evolution der Nervensysteme lässt sich nun aufzeigen, dass das Prinzip der Entkopplung von entscheidender Bedeutung war. In einfachen Nervensystemen ursprünglicher Tiere folgt eine Reaktion unmittelbar auf den Reiz. Der Reiz, durch Sinneszellen wahrgenommen, und die Reaktion liegen funktionell nahe beieinander. Mit der Entstehung komplexerer Nervensysteme werden immer mehr Neurone (Nervenzellen) dazwischengeschaltet. Sie ermöglichen in unterschiedlichem Ausmaß, die Reaktion zu modulieren, die dadurch nicht mehr ganz so unmittelbar erfolgen muss, sondern vielfach selbstbestimmter sein kann. Diese Modulierbarkeit ist zunächst gering, sie wird aber mit der Bildung von immer größeren Gehirnen und zentralisierteren Nervensystemen erweitert. Damit wurde das Verhalten immer flexibler, selbstbestimmter und autonomer. Dieses Prinzip steigerte sich in der Evolution des Menschen immer mehr. Es kam zur Entstehung des größten und komplexesten Gehirns, das die Evolution hervorgebracht hat und das große Bereiche enthält,

8 Rosslenbroich 2018

die nicht in einer bestimmten Funktion festgelegt sind, sondern für flexible Verknüpfungen zur Verfügung stehen.

Es ist aber nicht allein das Gehirn die Grundlage unserer Freiheitsfähigkeit, sondern die Organisation unseres ganzen Organismus. Dazu gehört etwa auch unsere Bewegungsautonomie. Aber das Prinzip der Entkopplung ist von Bedeutung für die Evolution neuronaler Voraussetzungen von Bewusstseinsprozessen, und insofern dürfte es auch innerhalb des Bewusstseins selbst eine Rolle gespielt haben. Heute können wir Bewusstseinsinhalte so vom unmittelbaren Darinsein entkoppeln, dass wir autonom damit umgehen können.

Könnte es sein, dass die Menschen der ausgehenden Altsteinzeit damit begonnen haben, diese Fähigkeit vermittels ihrer Kunstwerke in den Höhlen zu erüben? Damit wäre diese Epoche ein weiterer Schritt zur Entwicklung von Autonomie des Menschen, wie sie die gesamte Evolution durchzieht. Liegt hier der Ursprung eines autonomen, seiner selbst bewussten und selbstgeführten symbolischen Denkens und Vorstellens? Dies ist eine Dimension, die es in der gegebenen Wirklichkeit nicht gibt, und daher «brauchte» man an dieser Stelle die Kunst.

8. Subjekt und Objekt

Dies passt allerdings auch zu Schilderungen Rudolf Steiners. In dem Vortragszyklus *Der Entstehungsmoment der Naturwissenschaft in der Weltgeschichte*[9] schildert er, wie «in alten Zeiten», weit vor dem Zeitalter Griechenlands, der Mensch keinen Widerspruch empfand zwischen sich und der Natur, oder zwischen Leib und Seele. Er empfand alles

9 Steiner 1922/23, GA 326

in einer Einheit, die zugleich das Physische, das Seelische und das Geistige umfasste. Die ganze Natur, und damit auch der in ihr lebende Mensch, wurde als durchgeistigt und beseelt empfunden. Auch der eigene Leib wurde in Verwandtschaft empfunden mit allen Naturkörpern – als ein «Monon», wie Steiner sich ausdrückt. Das dürfte wohl auch für die Schöpfer der Höhlenkunst zugetroffen haben.

Steiner schildert dann im Laufe des Vortragszyklus, wie das Erleben des Seelischen und Geistigen in der Natur allmählich zurückgedrängt wurde und wie dann auch die Natur als etwas außerhalb des Menschen, von ihm Unabhängigen empfunden wurde. Und erst als die Welt in diesem Sinne als Objekt da draußen, vom Menschen abgesondert, erlebt wurde, entstand der Drang, mehr von jenem Objekt zu erfahren. Das sei der erste Anfang einer Art naturwissenschaftlichen Fragens gewesen, das vorher gar nicht möglich war, da es kein Objekt in diesem äußeren Sinne gab, das dem Menschen Rätsel aufgegeben hätte. Es hat also im Erleben eine Entkopplung des Menschen von der äußeren Welt stattgefunden.

Wir müssen uns also einen Menschen vorstellen, der ganz verschmolzen mit der Natur lebte, aber einer Natur die er durchgeistigt und beseelt empfand. Und dieser ging nun in die Höhlen und erübte den Vorgang der Entkopplung in Bezug auf Erinnerungs- und Vorstellungsfähigkeiten – zunächst in Korrespondenz mit der Höhlenwand, um ihn nach und nach auch in seinem Bewusstsein autonom durchführen zu können.

Die Bilder sprechen von einem wachen Bewusstsein, das mit hoher Präsenz schöpferisch wird. Die Präzision der Bilder, die Gegenwärtigkeit, die Freude am Experimentieren mit Farben und Formen, das unbedingte Aufnehmen der Beschaffenheit der Höhlenwände und die ausgedrückte Lebensfreude lassen eine starke Geistesgegenwart vermuten. Das formuliert auch Jean Plassard in seinem schönen

Liebe Leserin, lieber Leser,

mit dieser Karte können Sie uns Ihre Fragen und Wünsche
oder Ihre Meinung zum Buch mitteilen.

Diese Karte entnahm ich dem Buch: ______________________

Meine Meinung zu diesem Buch:

Ich habe folgende Fragen / Wünsche:

☐ **Ich bin damit einverstanden, dass meine Meinung eventuell veröffentlicht [illegible]**

Buch über Rouffignac und stellt fest, dass dies nur Menschen mit einer bewussten und klaren Geisteshaltung vollbringen konnten.[10]

Ist das ein Stück modernes Bewusstsein und sprechen uns die Bilder deshalb so unmittelbar an? Wenn man heute in diesen Höhlen steht, erlebt man eine eigenartige Präsenz der Bilder – immer so, als ob der Künstler gerade erst gegangen wäre und gleich wieder um die Ecke kommen könnte. Und dann muss man sich klarmachen, wie lange das jetzt her ist.

Es ist wohl deutlich, dass wir in der frühen Höhlenmalerei ein Stück Evolution anschauen können. Und diese findet in der Auseinandersetzung mit der Welt statt, mit der physischen Welt der Höhle und der besonderen Situation, aber auch der belebten und beseelten Welt der dargestellten Tiere.

Evolution findet nicht nach einem vorausgesetzten Plan statt, aus dem sich dann alles auswickelt, sondern sie muss Schritt für Schritt an der physischen Existenz errungen werden. Das lässt sich auch an vielen anderen Beispielen zeigen. Und so erringt sich der Cro-Magnon-Mensch über viele Tausende von Jahren hinweg eine erste Autonomie seines Bewusstseins, indem er sich einer Situation aussetzt, in der er aus sich heraus schöpferisch werden kann. Wir haben mit den Höhlenbildern so etwas wie eine Lupe auf einen evolutiven Prozess vor uns, einen Einblick nicht nur in die Werkstatt dieser Künstler, sondern beispielhaft in die Werkstatt der Evolution.

10 Plassard 1999

Literatur

Burenhult G (2004): Menschen der Urzeit, Köln
Koenigswald W (2006): Die Tierwelt als Schlüssel für die Umwelt des frühen Menschen in Mitteleuropa. In: Roots – Wurzeln der Menschheit (Katalog), Rheinisches Landesmuseum Bonn
Kümmell S (2008): Zeitmuster in der Evolution der Säugetiere und ihrer Vorläufer. Morphodynamik der dreigliedrigen Organisation, in: die Drei 7/2008, S. 33 – 54
Lorblanchet M (2000): Höhlenmalerei. Ein Handbuch, Stuttgart
Mellars P (2011): The earliest modern humans in Europe. Nature 479, S. 483 – 485
Plassard HO, Plassard J (1995): Visiting Rouffignac cave. Editions Sud-Uest 95
Plassard J (1999): Rouffignac. Das Heiligtum der Mammuts, Stuttgart
Rosslenbroich B (2018): Entwurf einer Biologie der Freiheit. Die Frage der Autonomie in der Evolution. Stuttgart
Schad W (1985): Die frühen Erfahrungen am Stein der Erde. Von der Kunst des späten Atlantiers. In: die Drei 11/1985, S. 795 – 825
Steiner R (1922/23): Der Entstehungsmoment der Naturwissenschaft in der Weltgeschichte (GA 326), Dornach 1977.
Steiner R (1923): Die Weltgeschichte in anthroposophischer Beleuchtung und als Grundlage der Erkenntnis des Menschengeistes (GA 233), Dornach 1980, Vortrag vom 24.12.1923

Autonomie und Gesundheit

THOMAS HARDTMUTH

1. Einleitung

In die Sprechstunde kommt ein 87-jähriger, großer, hagerer Mann mit sonnengebräunter Haut und klaren, wachen, blauen Augen. Er wirkt deutlich jünger, ist geistig und körperlich beweglich und hat einen kräftigen Händedruck. Auf die Frage, was ihn zu mir führt, berichtet er, dass er in letzter Zeit immer schlechter essen könne, und er müsse danach auch oft erbrechen. Wahrscheinlich hänge das mit einem Magenkrebs zusammen, den man vor vielen Jahren bei ihm festgestellt habe.

Ich schaue ihn etwas ungläubig an und frage ihn, ob er sich da sicher sei. – Ja, das habe man hier im Krankenhaus festgestellt.

Ich lasse die alten Unterlagen bringen und lese zu meiner Überraschung, dass neun Jahre zuvor wegen eines einmaligen blutigen Erbrechens bei dem Patienten eine Magenspiegelung durchgeführt wurde, wo sich ein sogenanntes diffuses Magenkarzinom fand, was bekanntlich rasch wächst und eine sehr schlechte Prognose hat. Ohne Therapie überleben die wenigsten Patienten ein Jahr. Eine dringend angeratene Operation hat er damals abgelehnt.

Auf meine Frage nach dem Grund für diese doch ziemlich unvernünftige Entscheidung beginnt er seine Geschichte zu erzählen: «Ach, wissen Sie, Herr Doktor, das war damals eine ganz schwere Zeit!» Seine Frau war kurz zuvor gestorben, nachdem er sie mehrere Jahre nach einem Schlaganfall gepflegt hatte und mit dieser Aufgabe zuletzt völlig überfordert gewesen war. «Wissen Sie, das größte Glück in meinem Leben war für mich schon immer, wenn ich mit meinen Freunden vom Schwäbischen Albverein botanische Wanderungen machen konnte, wir sind da viel herumgekommen, bis in die Alpen!», sagt er mit erhobenem Zeigefinger. Und nach den oft langen Tagestouren seien sie dann immer im Wirtshaus eingekehrt, und meistens habe er dann einen Wurstsalat gegessen und dazu ein Weizenbier getrunken, das sei schon immer sein Leibgericht gewesen, aber jetzt gehe das nicht mehr. Nach dem Tod seiner Frau habe er sich so auf diese lang entbehrten Wanderungen gefreut und sich gedacht, er sei jetzt Ende siebzig, «was soll ich mich da noch operieren lassen, wer weiß, ob ich das überhaupt überlebe, mir tut ja nichts weh, und wenn's der Herrgott so will, kann man das später auch noch machen». Das seien so schöne Jahre gewesen, und er habe nichts von diesem Krebs gespürt. Aber jetzt müsse man wohl doch etwas tun, weil er durch das ständige Erbrechen immer schwächer werde.

Die Untersuchungen zeigen jetzt einen zwar großen Magentumor, der aber erstaunlicherweise noch keine Metastasen gesetzt hat.

Trotz seines hohen Alters überstand der Patient die Operation gut und konnte schon nach zwei Wochen in eine Kur entlassen werden. Allerdings verstarb er weitere zwei Monate später überraschend an einem Herzinfarkt.

Natürlich sollte aus einem solchen Verlauf nicht der Schluss gezogen werden, man könne bei solchen Erkrankungen getrost zuwarten, aber dennoch steht diese Krankengeschichte beispielhaft für etwas, wofür man erst nach langer klinischer Erfahrung einen Sinn entwickelt. Es sind diese völlig unkalkulierbaren Individualfaktoren, die, je stärker sie als eigenverantwortliches, autonomes Handeln und Entscheiden hervortreten, jeden Krankheitsverlauf zu einem einmaligen, für jeden Menschen charakteristischen Ereignis machen.

Eine andere Patientin, bei der ein Karzinom des Dickdarms durch eine Gewebeprobe gesichert war, lehnte die dringend angeratene Operation ebenfalls mit der Begründung ab, sie habe zurzeit so viele Probleme am Hals, die sie erst in Ordnung bringen müsse; sie werde sich dann wieder melden. Ziemlich genau zwei Jahre später wird diese Patientin als Notfall mit heftigsten Bauchschmerzen in die Klinik eingeliefert. In der Röntgenaufnahme der Bauchhöhle zeigt sich freie Luft, was auf eine Organperforation hinweist und die sofortige Operation erforderlich macht. Es zeigt sich wider Erwarten ein schwer entzündetes, geplatztes Dickdarmdivertikel mit einer Bauchfellvereiterung. Für eine Karzinomproblematik findet sich erstaunlicherweise kein Hinweis, kein sicher tastbarer Tumor, keine Lebermetastasen, keine Tumoraussaat auf dem Bauchfell. In dem Wissen um das vordiagnostizierte Karzinom wird der entsprechende Darmabschnitt mitentfernt. Zu unserer Überraschung zeigt sich das etwa 3 Zentimeter große Karzinom exakt in derselben Größe wie zwei Jahre zuvor. Auch ein nach dieser Zeit zu erwartender Befall der regionalen Lymphknoten findet sich nicht. Die Patientin erholt sich gut und bedarf keiner weiteren Behandlung mehr.

In diesem Zusammenhang ist eine interessante Untersuchung[1] zu erwähnen: Bei Obduktionen von Frauen im Alter zwischen 40 und 50 Jahren, die nach einem Unfallereignis verstorben waren, fanden sich bei 39 % der Betroffenen kleinste Krebsherde in der Brust, obwohl in dieser Altersgruppe die Erkrankungsrate für Brustkrebs nur bei 1 % liegt. Wir dürfen also nicht davon ausgehen, dass eine Krebserkrankung «gnadenlos» wie ein Mechanismus fortschreitet, sondern dass es zwar eine permanente Neigung zur Tumorbildung im Organismus gibt, die aber durch ein entsprechendes Gegengewicht beherrscht

1 Folkmann & Kalluri 2004

wird. Zwischen tumorösen und antitumorösen Tendenzen besteht also ein Gleichgewicht, was nur im Falle einer Dysbalance zur Krankheit wird.

Wir haben heutzutage nur äußerst selten die Möglichkeit, Spontanverläufe bei Krebserkrankungen ohne jede ärztliche Intervention zu beobachten, weil in den allermeisten Fällen sofort nach Diagnosestellung eine ganz bestimmte Therapie nach standardisierten Konzepten begonnen wird. Auch über das «Alter» eines Tumors können wir bei der erstmaligen Diagnose keine sicheren Aussagen machen. Der Verlauf der Erkrankung wird dann in der Regel dem unterschiedlichen «Anschlagen» der Therapie und weniger den individuellen Faktoren der Krankheitsbewältigung zugeschrieben. So divergieren die therapeutischen Effekte beispielsweise bei vielen palliativen Chemotherapien in extremer Weise; bei der Patientengruppe A zeigt sich ein positiver Effekt, bei der Gruppe B tritt keine Wirkung auf, und bei der Gruppe C schadet die Therapie sogar, wobei die prozentuale Verteilung der drei Gruppen in etwa ausgeglichen ist.

Statt nun nach den individuellen Faktoren zu fragen, wird das höchst unterschiedliche Ansprechen der Behandlung onkologisch auf genetische oder metabolische, d.h. objektivierbare Biomarker zurückgeführt. Autonomiefaktoren als mögliche salutogenetische Größen bleiben dabei meistens unberücksichtigt, weil sie naturgemäß statistisch nicht zu erfassen sind.

Eine grundlegende erkenntnistheoretische Problematik der medizinischen Forschung wird hier evident. Wesentliche für den Heilungsverlauf mitentscheidende Einflussfaktoren werden dabei ausgeblendet: Selbstregulation, Korrigieren und Ordnen von bislang krankmachenden und kränkenden Lebensverhältnissen, Stressreduktion, Klärung von chronisch belastenden, psychosozialen Konflikten, Gesundheit und Wohlbefinden förderndes Verhalten, sinnstiftende

Neuorientierung und Aktivitäten u.v.m. Durch die Festlegung auf eine Methodik, die nur sogenannte harte, messbare Daten zulässt, werden solche, für eine nachhaltige Genesung wesentlichen Aspekte eliminiert. Sie tauchen in keiner Statistik auf. Aber die Anwendung einer bestimmten wissenschaftlichen Methode garantiert in der Medizin noch keine Wahrheit. *«Die Statistik ist deshalb ein so hervorragendes Propagandamittel, weil sie die Sprache der ‹Tatsachen› sprechen lässt und damit eine Objektivität vortäuscht, die in Wirklichkeit von der Legitimität ihrer Fragestellung abhängt.»*[2] Wenn sich in der oben genannten Gruppe A hauptsächlich die Patienten mit einer guten und in Gruppe C diejenigen mit einer schlechten Selbstregulation im Sinne einer schweren Autonomieproblematik befinden, dann hilft die Suche nach metabolischen Kofaktoren nicht wirklich weiter – die Fragestellung geht in diesem Fall am eigentlichen Problem vorbei, obwohl «objektive» Daten etwas anderes zu belegen scheinen.

Solche Biomarker können zwar ergänzende Erkenntnisse bringen, sie können aber auch von den eigentlichen Krankheitsursachen ablenken. So ist es durchaus möglich, dass bei den Studien über das unterschiedliche Ansprechen der Chemotherapie in Wirklichkeit gar kein medikamentöser Effekt gemessen wurde, sondern die unterschiedliche Ausprägung von Selbstregulationsfähigkeiten, die sich ebenso in drei Gruppen von gut, mittel und schlecht einteilen lassen.

Als ein vermeintlich objektives Wahrheitsversprechen bzw. als der goldene Standard medizinischer Evaluation gilt die prospektive, randomisierte Doppelblindstudie – ein Studiendesign, bei dem weder der behandelnde Arzt noch der Patient weiß, ob beispielsweise ein tatsächlicher Wirkstoff oder nur ein Scheinmedikament (Placebo) verabreicht wird. Hierbei *müssen* individuelle Einflussfaktoren

2 Gadamer 1986, S. 306. Siehe auch Band 2, S. 226

bewusst unberücksichtigt bleiben, um die allgemein geforderten statistischen Standards einzuhalten. *«Es muss nicht mehr die Behandlung des einzelnen Patienten, sondern die einzelne Studie beurteilt werden, und dabei urteilt nicht der Arzt, sondern der Statistiker und Methodologe.»*[3] Es ist das Diktat der Statistik und seiner nur vordergründigen Logik als alleiniges Beurteilungskriterium der Behandlungsqualität, das uns zu den sogenannten Therapiestandards *zwingt*. Man *muss* Therapien standardisieren, um sie statistisch auswertbar zu machen. Man riskiert dabei, nach innen zu zerstören, was man nach außen anzustreben sich bemüht – eine bestmögliche Therapie. Statistische Evidenz verspricht noch keinen Erfolg im Einzelfall. Standardtherapien setzen einen Standardpatienten voraus, den es in der Wirklichkeit nicht gibt.[4] Durch das gezielte Unsichtbarmachen der Autonomiefaktoren in der medizinischen Forschung werden diese auch aus der klinischen Diskussion verdrängt und verlieren immer mehr die eigentlich hohe Relevanz, die ihnen in Wirklichkeit zukommt.

Ein drittes, besonders charakteristisches Fallbeispiel sei in diesem Zusammenhang noch geschildert. Es handelt sich um eine 38-jährige alleinerziehende Mutter, die mir als Mitarbeiterin an unserer Klinik schon vor ihrer Erkrankung bekannt war. Eines Tages fragt sie mich, ob ich einmal ihren Bauch anschauen könne, da sei etwas nicht in Ordnung! Beim Abtasten erschrecke ich über einen fast kindskopfgroßen Tumor im linken Mittelbauch. Ob sie diese Geschwulst denn nicht schon länger gespürt habe, frage ich mit einiger Verwunderung. «Eigentlich schon, aber ich habe das irgendwie verdrängt!» In ihrer Vorgeschichte hatten Beziehungsprobleme und zahlreiche andere

3 Kiene 2001, S. 109

4 Hardtmuth 2003, S. 94ff

belastende Ereignisse zu immer wiederkehrenden Phasen von Motivationsverlust und depressiver Verstimmung geführt.

In einem sehr aufwendigen Eingriff kann der Tumor – ein Weichteilsarkom – zwar komplett entfernt werden, aber schon bald danach tritt eine erste Metastase in der Leber, später auch an anderen Stellen auf. Zweimal werden noch Metastasen operativ entfernt, eine Chemotherapie lehnt die Patientin ab, sie schlägt verschiedene komplementärmedizinische Behandlungspfade ein. Wir führen viele intensive Gespräche über ihr bisheriges Leben und den Sinn von Krankheiten und Krisen. Sie gibt sich ganz offen und interessiert. Trotz der äußerst ungünstigen Befundlage strahlt sie Zuversicht und Ruhe aus. Es kommt zu einem nachhaltigen Wandel in ihrer ganzen Lebensorientierung, sie gibt ihren Beruf auf, der sie nie wirklich erfüllt hat, sie klärt die vielen chronisch konfliktbehafteten Beziehungen und löst sich aus lähmenden Gewohnheiten und Abhängigkeitsverhältnissen, in die sie bisher verstrickt war. Sie widmet sich mit großem Ernst all den Fragen, die sie innerlich schon lange bewegt haben; sie liest sehr viel, macht Meditationskurse, hält sich gerne und viel in der Natur auf und unternimmt auch einige Reisen.

Das geht so über viele Jahre, und ab und zu besucht sie mich, und jedes Mal bin ich aufs Neue erstaunt, wie frisch und lebendig sie aussieht, trotz der nach wie vor vorhandenen vielen Metastasen. In einem unserer letzten Gespräche sagt sie: «Weißt du, ich kann dir gar nicht sagen, wie dankbar ich meiner Krankheit bin! Das waren die wertvollsten Jahre in meinem Leben – ja, das war eigentlich *mein* Leben, vorher da wurde ich gelebt, ständig gehetzt von einem Problem zum nächsten, von einer Enttäuschung zur anderen. Ich habe an diesem Leben eigentlich gar nicht mehr richtig teilgenommen, ich habe in den ganzen Jahren vor meiner Erkrankung keine Daseinsfreude gefühlt, ich bin den Problemen immer nur hinterhergelaufen. Ich habe mich in diesem Leben schon lange nicht mehr gespürt!» Und sie erzählt, wie sie gegen die immer wieder heraufdrängenden Todesängste energisch ankämpft und sich in innerer Ruhe und Gelassenheit übt. Es ist in ihren Worten ein tief ergreifendes Ringen um Autonomie, Sinnhaftigkeit, Wahrheit und Authentizität zu spüren.

Wer als Arzt die Augen vor dieser eigentlichen menschlichen Wirklichkeit nicht verschließt, dem stellt sich mit zunehmender Erfahrung die Frage, ob wir in der Krebsbehandlung mit den ausschließlichen Strategien der Tumorzell-Elimination durch Chirurgie, Strahlen- und Chemotherapie und der ausschließlichen Bemessung des Therapieerfolgs durch die Überlebenszeit dieser im Grunde am *Sinn* orientierten Wirklichkeit des Menschen[5] noch gerecht werden. Es werden heute palliative Chemotherapien bei metastasierten Tumorleiden durchgeführt, die unter Inkaufnahme schwerster Nebenwirkungen das Leben statistisch um drei bis vier Wochen verlängern – was erfahrungsgemäß mehr eine Verlängerung des Sterbens bedeutet.

Die immensen Kosten dieser meist als letzte Hoffnung verkauften «Giftkuren»[6] hätten in einer wirklichen Zuwendung in Form einer stützenden und an den Lebensmotiven arbeitenden und stressreduzierenden psychoonkologischen Therapie[7] oder in Form eines Autonomietrainings[8] eine weitaus sinnvollere Verwendung. Vor allem die Entlastung der häufig vom Leben völlig erschöpften Patienten und die Gewährung von Freiräumen, in denen sie Zeit zur Regeneration und zur Neuorientierung in der eigenen Lebensgestal-

5 Frankl 1997a

6 Blech 2004. Siehe auch: Schlesinger-Raab 2005

7 Isermann & Diegelmann 2015

8 Grossarth-Maticzek 2000

tung finden, gehört zu den grundlegenden Schritten auf dem Weg zu einem nachhaltigen Genesungsprozess bzw. zu einer sinnvollen Gestaltung der noch verbleibenden Lebenszeit.

2. Mut und Angst

Die Geschichte dieser jungen Patientin, die mit ihrer Krankheit entgegen allen schlechten Prognosen noch viele Jahre ein erfülltes Leben geführt hat, weist uns auf eine tragende Säule menschlicher Gesundheit hin: Mut! Mut zum Menschen, Mut zu sich selbst, Mut zur Wahrheit und dazu, die eigenen Fragen, Bedürfnisse und Überzeugungen ernst zu nehmen – das ist mit Autonomie gemeint; die Selbstgestaltung des Lebens, das Sich-Befreien aus Ängsten, Abhängigkeiten und lähmenden Konventionen auch unter Inkaufnahme des Scheiterns. Mut zu haben heißt, verletzbar zu bleiben. Es ist dieses Erleben der Selbstwirksamkeit, des Freiseins, des Authentischseins, des Sich-selber-Spürens und des Mit-sich-Übereinstimmens, auch im ständigen Gegenwind betäubender Konformitätspropaganda, was eine der zentralsten und wichtigsten Erfahrungen des Menschen ist. Solche Selbstfindungsprozesse können nicht von außen, sondern nur aus eigener innerer Kraft herbeigeführt werden. *«Sinn muss gefunden werden, kann nicht erzeugt werden.»*[9]

Was damit nicht gemeint ist, ist die Flucht aus der sozialen Zugehörigkeit und Verbundenheit in eine egozentrisch-narzisstische Scheinidentität, welche die oft schmerzlichen Wahrheiten der Selbsterkenntnis verdrängt und damit auch die Liebe zur Welt verliert.

«Viele Menschen, welche die Diagnose einer ernsten Erkrankung be-

9 Frankl 1997a

kommen haben, verspüren den Wunsch, sich einer Herausforderung zu stellen, die ihr Leben als Ganzes betrifft. Sie entdecken im Angesicht der Erkrankung einen zunächst nur sehr unbestimmten Wunsch, ein irgendwie echteres und intensiveres Leben zu leben. Viele fühlen sich in einer von ihnen bisher nicht erlebten Weise von der Öde eines einseitig konsumorientierten Lebens abgestoßen. Die Erkrankung scheint sie sensibilisiert zu haben für den Konformismus und die Langeweile unseres Alltags. Äußerungen dieser Art erreichen nur selten den Arzt, dafür aber umso häufiger das Ohr von psychosomatischen Ärzten oder von Psychotherapeuten.»[10]

Wie angedeutet, gibt es mit Spontanverläufen bei Krebserkrankungen nur wenige Erfahrungen; entweder werden die Patienten behandelt, oder man verliert sie aus den Augen. Diejenigen, die «eigene Wege» suchen und gehen, entziehen sich meist einer statistischen Erfassung. Sie tauchen in keiner Studie auf, weil sie sich in kein Kollektiv einordnen lassen. Dagegen stellen jene, die sich im Rahmen klinischer Studien randomisieren (engl. «random» = Zufall) lassen und damit ihre Behandlung mehr oder weniger dem Zufall überlassen, bereits ein vorselektioniertes Patientenkollektiv dar, wodurch die Objektivität solcher Studien schon fragwürdig wird; es sind eben gerade jene Menschen darunter, die sich angesichts einer schweren Krisensituation relativ unkritisch einem anonymen Apparat übergeben, in dem die persönliche Biografie nicht thematisiert wird und somit verdrängt werden kann. «Die Ärzte werden schon wissen, was richtig für mich ist!», lautet oft der Satz, mit dem sich Patienten der Mitverantwortung und der eigenen Bewältigungsanstrengungen entziehen.

Man könnte hier den kritischen Einwand erheben, eine solche Vorhaltung mangelnder Autonomie und Selbstverantwortung

10 Bauer 2015, S. 156

würde die ohnehin schon leidgeprüften Patienten zusätzlich noch mit Schuldgefühlen belasten. Ein solcher Einwand mag theoretisch berechtigt sein, hat aber bei einem sensiblen Umgang mit kranken Menschen keine praktische Relevanz, wie überhaupt die Fahndung und das Stöbern nach vergangenem Fehlverhalten im therapeutischen Prozess keinen Sinn machen. Einem lungenkranken Raucher oder einem übergewichtigen Diabetiker mit Bluthochdruck und Kniearthrosen braucht man nicht zu erklären, dass ein anderes Rauch- und Essverhalten so manches Problem verhindert hätte, das wissen sie selbst. Was wir als Ärzte tun können, ist, auf die Steigerung des Wohlbefindens, auf den Zuwachs an Lebensqualität, Lebensfreude und Lebensspielräumen hinzuweisen, die mit einer Befreiung aus solchen Abhängigkeiten verbunden sind.

Der therapeutische Sinn liegt in der Erweckung salutogenetischer Ressourcen. Diese sind zukunftsorientiert; der pathogenetische Blick schaut in die Vergangenheit, an der nichts mehr zu ändern ist. Dem «gewordenen» Autonomiedefizit eines Menschen geht meist ein hoch komplexes Zusammenspiel psychosozial-biografischer und erblicher Einflüsse voraus, bei denen wir nicht von Schuld sprechen können. Oft findet sich gerade in der Anamnese von Krebspatienten ein Überladensein mit den Sorgen und Nöten ihrer Mitmenschen, die die eigenen Freiräume immer mehr einengen. Die Analyse solcher Einflüsse ist für das allgemeine theoretische Verständnis zwar sinnvoll, hat aber für den individuellen, therapeutischen Prozess wenig Relevanz, weil es hier um etwas wirklich Neues geht, um neue Entwicklungs- und Emanzipationsschritte, die das Abgelebte und die leidigen Gewohnheiten nicht weiter zementieren, sondern aus ihnen herausführen.

Hier zählt nur die positive Zuwendung: Mut machen, Angst nehmen, Vertrauen, Zuversicht und Solidarität schenken. *«So sollten*

Leidende im Sinne von Empowerment zu sich selbst ermutigt werden.»[11] Es ist immer eine Frage der Empathie des Arztes, wie er die von seinem Patienten gesuchte Autonomie innerhalb seiner konkreten, individuellen Lebensverhältnisse wirklich miterleben kann, da gibt es keine Regeln. Die *«Delegitimierung der Geduld und des Nicht-Messbaren»,*[12] das heißt die mangelnde Berücksichtigung der Autonomiebedürfnisse im modernen Medizinbetrieb hat dazu geführt, dass sich immer mehr Patienten in die z.T. suspekten Hände paramedizinischer Institutionen begeben, die mit pseudoindividuellen Therapieangeboten werben.

Die häufig zu beobachtende Passivität der eigenen Gesundheit gegenüber ist also bei vielen Patienten weniger ein Autonomiedefizit als vielmehr Ausdruck der Verängstigung und Entmündigung durch einen einseitig technologisch und pharmakologisch überladenen medizinischen Machtapparat, der durch seine anonymen Großinstitutionen nachhaltig zur schleichenden Abwertung der Autonomiefaktoren beigetragen hat.

Kommen wir zu unserer Krebsthematik zurück. Auch bei fortgeschrittenen Krankheitsstadien können sogar Spontanheilungen auftreten, die aus den therapeutischen Bemühungen nicht erklärbar sind. Dies sind zwar seltene Fälle, aber dass es sie gibt, ist eine Tatsache,[13] die eigentlich zu ganz neuen Fragestellungen Anlass geben sollte. Welche Faktoren bewirken diese manchmal erstaunlichsten Wendungen in vermeintlich aussichtslosen Situationen oder auch jahrelange, stabile Krankheitsphasen ohne Tumorprogression? Was sind Selbstheilungskräfte? Wir stoßen hier auf die Kernfragen der Medizin.

11 Reddemann 2015

12 Maio 2017

13 Heim & Schwarz 1998

Der Versuch, aus den besonderen Krankheitsverläufen solcher Patienten allgemeingültige Empfehlungen bzw. Behandlungskonzepte abzuleiten, ist naturgemäß schwierig, weil die Aktivierung von Selbstheilungsquellen immer von individuellen und biografischen Konstellationen abhängt. Eine statistische Validierung ist hier eben nicht möglich, sondern wir sind hier immer noch auf das verlässlichste Maß ärztlicher Professionalität angewiesen, das wir die Erfahrung nennen.

Wir wollen hier nochmals einige Charakteristika von Patienten mit bemerkenswerten Heilverläufen herausstellen. Eine der markantesten Eigenschaften dieser Patienten liegt in der Bewahrung der inneren Ruhe und der Gelassenheit angesichts einer Krebsdiagnose. Statt in eine lähmende Abwärtsspirale aus Angst und Depression zu geraten, zeigten sie eine *«ruhige Entschlossenheit, sie waren [...] nicht blind optimistisch. Sie versuchten nicht stur, den Stein den Berg hinaufzurollen, um ihn dann wieder auf sich herabrollen zu sehen. Sie waren einfach entschlossen, ihr Bestes zu geben.»*[14] Häufig wurde ein *«existenzieller Wandel»*[15] im Vorfeld bemerkenswerter Genesungen beschrieben, der meist von einer tiefen spirituellen Orientierung begleitet war. Auch DeVries[16] fand bei einer Gruppe von Patienten mit Spontanremissionen, dass alle relativ plötzlich ein selbstbestimmtes Verhalten zeigten und gegenüber Krankheit, Behandlung, Beziehungen und spirituellen Überzeugungen eine deutlich veränderte Haltung einnahmen. Die Zuspitzung des Krisengeschehens führte zu einem nachhaltigen Richtungswechsel in der Lebensorientierung.

14 Hirshberg & Barasch 1995

15 Ikemi 1998

16 DeVries 1985

«Es lässt sich festhalten, dass eine tiefere und lebendigere Wahrnehmung des Selbst der Genesung dienlich ist […]. Spontaneität entwickelte sich, und viele berichteten, sich wie das Kind, das ich einmal war, gefühlt zu haben.»[17] Das Kind in sich erleben zu können gibt einen wichtigen Hinweis auf die prognostisch günstige, seelisch-geistige Wandlungsfähigkeit als Voraussetzung für einen nachhaltigen Heilungsprozess.

Fassen wir die Publikationen und Kasuistiken zu diesem Thema zusammen, kann man bei solchen besonderen Heilverläufen insgesamt von einer gesteigerten Ich-Präsenz im Sinne unserer Autonomiethematik sprechen.

«Diese innere Stimme wahrzunehmen und auf sie zu hören, das ist das Entscheidende, und ich denke, […] wenn man dahin kommt, […] das innere Ich wieder wahrzunehmen, dann hat man den Weg zur Heilung entdeckt.» Das ist das Zitat eines 36-jährigen Patienten, der an einem metastasierten Melanom litt und ohne Therapie eine Spontanheilung erfuhr.[18]

Wie der Mut eine salutogenetische Qualität hat, so die Angst eine pathogenetische. Kein Mensch ist frei von Ängsten, und solange diese uns vor realen Gefahren warnen und uns zu mehr wohlüberlegtem Handeln anstiften, sind die Ängste auch etwas durchaus Sinnvolles und Notwendiges. Aber wenn sie unsere Autonomie bedrohen und die Angst unser Seelenleben beherrscht, wird sie zu einem maßgeblichen Krankheitsfaktor. *«Angst ist mit Abstand das stärkste Gefühl, das über die Aktivierung neuronaler Netzwerke des limbischen Systems, speziell der Amygdala, die im Hirnstamm angelegten Regelsysteme für die integrative Steuerung körperlicher Reak-*

17 Hirshberg & Barasch 1995

18 Oda & Jonasch 1998

tionen und damit der Selbstheilungskräfte des Organismus zu stören vermag.»[19]

Die Zunahme der Angststörungen in den westlichen Industrienationen und der gleichzeitig anhaltende Anstieg der Krebserkrankungen nehmen inzwischen bedenkliche Ausmaße an. In den Sensationsmedien wird Angst immer hemmungsloser als Suggestions- und Propagandatechnik eingesetzt, und auch die Ärzte, deren medizinische Vernunft mehr und mehr von einer ökonomischen Logik verzerrt wird, sind zunehmend dem Vorwurf ausgesetzt, durch Angstmache ihre Autorität bzw. ihre Bilanzen aufzuwerten. Vor allem die leichtfertige und unsensible Erstellung von schlechten Prognosen («Ich gebe Ihnen noch sechs bis acht Monate» oder «Wenn Sie die Chemotherapie nicht machen lassen, ist das Selbstmord») ist eine ärztliche Unsitte, die zwar in Zeiten schonungsloser Aufklärung wegen wachsender juristischer Repressionen gefordert wird, aber nicht selten bei labilen Patienten zum völligen Zusammenbruch führt.

Angst ist das Gegenprinzip der Autonomie, eine Heteronomie im Sinne einer Fremdbestimmung. Aus zahlreichen Untersuchungen wissen wir, dass ein positives Selbstkonzept[20] und ein solides Maß an Selbstsicherheit und Selbstwertgefühl zu den tragenden Säulen einer stabilen Gesundheit gehören. Die Grundlagen hierfür werden bereits in der Kindheit gelegt.

Wenn Kinder in instabilen sozialen Verhältnissen aufwachsen, wo ihre elementaren Bedürfnisse nach Liebe, Zuwendung, Vertrauen, Sicherheit unerfüllt bleiben, wenn sie nicht die bedingungslose Solidarität durch ein geliebtes Vorbild – in der Regel Mutter und

19 Hüther 2016

20 Antonovski 2013, Rogers 2009, S. 79

Vater, es kann diese Rolle auch von einer anderen Person übernommen werden – erfahren dürfen, dann reichen im späteren Leben gewisse Entwertungserfahrungen wie Sitzenbleiben in der Schule, Verlassenwerden oder Tod einer wichtigen Bezugsperson, Arbeitsplatzverlust, schwere Konflikte usw. aus, um die seelische Dekompensation herbeizuführen.

Die heute immer mehr zunehmenden psychischen Erkrankungen wie Depressionen, Angst- und Panikstörungen haben ihre Wurzeln häufig in einer solchen Vorgeschichte. Menschen, die in der Kindheit statt liebevoller Zuwendung nur Angst, Ablehnung und Strafe erlebt haben, unterdrücken häufig ihre autonomen Impulse, weil sie im selbstbestimmten Verhalten eine Bedrohung ihrer ohnehin schon gefährdeten Zugehörigkeit erleben. Oder der unbewusst erlebte, chronische seelische Schmerz, das tief sitzende Grundgefühl des Nicht-Angenommenseins entlädt sich in Gewalteruptionen.[21] Menschen mit einem schwach ausgeprägten Selbstwertgefühl neigen im späteren Leben häufig zur Unterwürfigkeit, zu Selbstverleugnung und angepasstem Verhalten, was die prädisponierenden Kofaktoren z. B. für die Entwicklung einer Alzheimer-Demenz,[22] aber auch anderer chronischer Krankheiten wie der Depression und dem Krebsleiden sind.[23]

Welche körperlichen Folgen anhaltende Angstzustände haben können, hat eine gleichermaßen erschütternde wie nachdenklich stimmende Studie an 200 gefallenen US-Soldaten im Koreakrieg gezeigt. In den Obduktionsbefunden wiesen nicht weniger als 77,3 % dieser im Durchschnitt 22-jährigen Männer makroskopisch sichtbare Verkalkungen der Herzkranzgefäße auf. 15 % hatten mindestens eine

21 Bauer 2011

22 Bauer 2002

23 Hardtmuth 2011

höhergradige Einengung, die das Lumen einer Koronararterie um mehr als 50 % verengte.[24] Solche Befunde sind in dieser Altersgruppe normalerweise nicht zu finden und werfen nicht nur ein Licht auf die unmittelbaren und schwerwiegenden Folgen chronischer Angst, sondern auch auf die Einseitigkeit gegenwärtiger Forschung über die Herzinfarktursachen; die breit geführte Cholesterin-Kampagne hat diesen wichtigen Aspekt weitgehend ausgeblendet. Dass insbesondere das erhöhte LDL-Cholesterin ein Stressindikator ist, wird nur selten thematisiert.[25] Die Arteriosklerose ist die häufigste Todesursache in den westlichen Industrienationen.

3. Resilienz

«Für seelisch gesunde Menschen ist vor allem kennzeichnend, dass sie sich frei entwickeln, ihre eigenen Anlagen und Potenziale auf schöpferischem Weg zur Entfaltung bringen und einen gewissen Widerstand gegen Enkulturation (Eingebundensein in eine bestimmte Kultur, Anm. d. Verf.) *leisten. Sie orientieren ihr Verhalten nicht an von außen aufgezwungenen oder kritiklos übernommenen Normen und Wertvorstellungen, sondern erreichen die Stufe der autonomen Moral und Selbstverantwortlichkeit für sich und andere»*, stellt der Psychologe Peter Becker fest.[26]

Der deutliche Anstieg der psychischen Erkrankungen in jüngster Zeit hat den Begriff der Resilienz in den Fokus der aktuellen For-

24 Enos 1953

25 Streptoe & Brydon 2005

26 Becker P (1997): Psychologie der seelischen Gesundheit, Band 1: Theorien, Modelle, Diagnostik, Göttingen. Zitiert aus Pauen & Welzer 2015

schung und auch der öffentlichen Aufmerksamkeit gerückt. Das englische Wort *resilience* stammt ursprünglich aus der Materialforschung und bezeichnet die Belastbarkeit und Spannkraft eines Werkstoffs, nach einer Deformierung in seinen Ausgangszustand zurückzufinden. Auf die menschliche Seele übertragen, drückt die Resilienz die generelle psychische Widerstandskraft aus, trotz schwerer traumatischer Erfahrungen nicht in Passivität, Hoffnungslosigkeit und Depression zu verfallen, sondern immer wieder zur eigenen, stabilen Verfassung zurückzufinden oder sogar an überstandenen Krisen zu wachsen und zu reifen. Bei zahlreichen Studien war es immer etwa ein Drittel der Probanden aus einem Kollektiv von schwer traumatisierten Menschen, die über ein gut entwickeltes, seelisches Immunsystem verfügten (möglicherweise ist es auch dieses Drittel, das von einer Chemotherapie mehr profitiert als die weniger resilienten zwei Drittel, s. o.).

Die US-amerikanische Entwicklungspsychologin Emmy Werner[27] führte bereits in den Fünfzigerjahren eine Langzeitbeobachtung an siebenhundert Kindern auf der hawaiianischen Insel Kauai durch, die allesamt in sozial elenden Verhältnissen aufwuchsen. Trotz Armut, Mangelernährung, schwerer Vernachlässigung und Misshandlung durch meist trunksüchtige Eltern schafften ein Drittel dieser Kinder den Weg in ein normales Leben; sie blieben psychisch gesund, erlernten normale Berufe und hatten stabile Beziehungen. Die anderen zwei Drittel der Kinder folgten der negativen Prägung durch die Eltern, wurden gewalttätig, psychisch krank und alkoholsüchtig. Worin lag nun der Grund für diese so unterschiedliche Entwicklung trotz ähnlicher Ausgangsbedingungen? Emmy Werner fand in der Sozialanamnese der resilienten Kinder wenigstens *eine* Vertrauens-

27 Werner 1977

person, zu der sie aufschauen konnten, von der sie sich geliebt fühlten und die sich um sie kümmerte; das konnte ein Lehrer, ein älteres Geschwisterkind oder eine Großmutter sein. Dadurch, dass diese Kinder einen Menschen hatten, der an sie glaubte, lernten sie auch den Glauben an sich selbst.[28] Solche Vertrauenserfahrungen scheinen den Nährboden der Resilienzentwicklung zu bilden. Auch zahlreiche Studien bei Erwachsenen belegen, dass es entgegen der viel beschworenen Konkurrenz- und Wettbewerbskultur soziale Fähigkeiten wie Kooperation, Vertrauen, Fairness und gegenseitige Anerkennung sind, die den «neurobiologischen Treibstoff für die Motivationssysteme» liefern. Mit anderen Worten: Ein gelungenes Miteinander ist einer der wesentlichen Resilienzfaktoren.[29]

Ein neugeborener Mensch besitzt noch keine Resilienz, sie bedarf der fürsorglichen Entwicklungshilfe durch ein menschliches Umfeld. Sie ist eine dynamische Größe, die zeitlebens gegen äußere Widerstände immer wieder neu errungen und erhalten werden muss.

Letztlich können wir von drei ineinandergreifenden, dynamischen Autonomieebenen sprechen: Auf der somatisch-physiologischen Ebene sind dies die immunologischen und homöostatischen Funktionen (s. u.). Auf der geistig-mentalen Ebene ist es die Autonomie des selbstbewussten, sich selbst reflektierenden Individuums mit seiner Würde, seinen Zielen, Wertvorstellungen und sozialen Beziehungen. Auf der mittleren, seelischen Ebene stellt die Resilienz eine dritte Autonomieform dar, durch die der angemessene Umgang mit emotional belastenden Ereignissen entwickelt wird. Alle drei Ebenen sind über zahlreiche Wechselwirkungen miteinander vernetzt und bilden letztlich die Verständnisgrundlage einer modernen, integralen Medizin.

28 Siehe auch Schnabel 2015

29 Bauer 2007

Vor diesem Hintergrund lässt sich das Krankheitsgeschehen in einem polaren Spannungsfeld aus Autonomie- und Heteronomiefaktoren beschreiben, wobei es sich bei der Heteronomie (Fremdbestimmung) nicht um das negative Gegenbild zur Autonomie, sondern um eine gleichwertige, polare menschliche Grundbedingung handelt, die wir besser mit dem Begriff der Zugehörigkeit beschreiben. Wie ohne Außen kein Innen existiert, sind Autonomie und Zugehörigkeit komplementäre, sich ergänzende Größen, die den Rahmen unserer Existenz vom Ich-Du- bzw. Ich-Wir-Verhältnis bis in politische Verfassungen (Neoliberalismus – Sozialismus) hinein umspannen. Nur im Falle einer Dysbalance, wenn gewissermaßen die dynamische, zwischen den Polen pulsierende Mitte verlassen wird, kommt es zu pathologischen Erscheinungen.

Betrachten wir diese polare Wechselwirkung hinsichtlich unserer drei Autonomieebenen: Auf der physiologischen Ebene sind die Immunfunktionen mehr als eine bloße, vom militaristisch geprägten, medizinischen Denken des 19. Jahrhunderts missverstandene Verteidigungsinstanz. Das sind sie auch, aber darüber hinaus sind Immunfunktionen lebenslange Lernprozesse, bei denen sich der Organismus mit den vielfältigsten Außenweltsubstanzen wahrnehmend und entwickelnd auseinandersetzt.

Das Immungedächtnis ist mehr als ein Feindbildregister, es gehört zum unbewussten Bereich unserer Welterfahrung. Nicht nur mit der Nahrung, auch mit jedem Atemzug internalisieren wir Umweltqualitäten. Bei jeder Einatmung nehmen wir bis zu einer Million Mikroorganismen in uns auf, die vom Immunsystem erkannt werden, ohne dass es dabei zu Krankheitserscheinungen kommt. Diese treten erst auf, wenn das Gleichgewicht zwischen Leib und Umwelteinflüssen instabil wird und sich ein Fremdleben im Organismus in Form von Viren, Bakterien und anderen nicht verarbeiteten Substanzwirkungen aus der Außenwelt emanzipiert. Umgekehrt können Immunfunktionen auch zu stark werden. Bei der Allergie kommt es zu einer inadäquaten, überschießenden Immunreaktion, und bei den Autoimmunerkrankungen wie Rheuma oder Multipler Sklerose greift das System körpereigene Gewebe an. Auch die Eigengesetzlichkeit, mit der sich bösartige Neubildungen im Organismus verhalten, könnte man als Fremdautonomie oder Autonomie an der falschen Stelle bezeichnen. Die chronische Überforderung mit fremden Zwecken bis zur völligen Erschöpfung ist ein nicht seltenes Phänomen in der Vorgeschichte von Krebspatienten.

Kommen wir zur geistig-mentalen Ebene. Auch den meisten psychiatrischen Erkrankungen liegt ein psychologischer Grundkonflikt zwischen Zugehörigkeit und Selbstbestimmung zugrunde. Überwiegt die Selbstbestimmung, kommt es zum egozentrischen Grundmuster mit mangelnder Toleranz, Sozialinkompetenz und fehlender Schwingungsfähigkeit bis hin zu den zahlreichen narzisstischen Persönlichkeitsstörungen mit Realitätsverzerrung und Selbstüberschätzung. Hierzu zählt auch, was man psychologisch die Autarkie-Illusion nennt, die Täuschung, unabhängig von den anderen leben zu können. Das Unglück ist dann die Gefangenschaft in der eigenen Person.

Kippt die Waage auf die Gegenseite, überwiegt also die Zugehörigkeit oder wird die Autonomie zu schwach, haben wir es mit Kollektivismen verschiedenster Couleur zu tun, wo das Ich dem Wir geopfert wird: Verführbarkeit, Mitläufertum, Anpassung, Unterwürfigkeit, die Neigung zu Fanatismen, Totalitarismen und all den zahlreichen, autonomiegefährdenden Sozialsystemen, wie sie weltweit in verschiedensten Facetten existieren und für Krieg und Terror sorgen – das sind die globalen Geisteskrankheiten. Bei den Psychosen kommt es zur kompletten mentalen Fremdbestimmung mit Stimmen-Hören, Wahnzuständen bis zur Besessenheit und komplettem Realitäts- und Identitätsverlust.

Hierzu zählt auch das, was Hannah Arendt die «Banalität des Bösen» nennt. Sie hatte diesen Begriff gebildet, nachdem sie den KZ-Aufseher Adolf Eichmann nicht als die vermeintliche «Nazi-Bestie» wahrnahm, sondern als harmlosen, korrekten Schreiberling, der durch seine «banale» Ichlosigkeit zum braven Erfüllungsgehilfen einer teuflischen Mordmaschinerie wurde.[30]

Auch auf der mittleren, seelischen Autonomieebene – wir können die drei Ebenen nicht scharf trennen, sie dienen nur einer orientierenden Gliederung – hat die Resilienz eine polare Dynamik: Nimmt sie überhand, kommt es zu einer Art Charakterpanzer, an dem alles abprallt und den alles kalt lässt bis hin zum Autismus. Eigensinn und Kritiksucht führen in diesen Fällen oft zu sozialer Isolation und Vereinsamung. Am anderen Pol steht der verletzbare, dünnhäutige, ängstliche, fragile Mensch, der schnell in Depression oder Euphorie verfällt, je nach den äußeren, psychosozialen Konstellationen.

Hierher gehören auch die Essstörungen. Hinter Bulimie und Magersucht verbirgt sich meist eine Selbstwert- bzw. Selbstakzeptanzproblematik der jungen Frauen, die durch ein permanent in den Medien suggeriertes Schönheitsideal wesentlich befördert wird. Die anonyme Makellosigkeit all der Models und Pop-Sternchen wird den an Zugehörigkeit orientierten und unter Anpassungsdruck stehenden jungen Menschen als Lifestyle-Idealtypus verkauft, hinter dem ihre eigene, labile Lebenswirklichkeit oft frustriert zurückbleibt, sofern keine entsprechenden Autonomieressourcen angelegt sind. Charakteristisch sind hier auch die Borderline-Störungen, die sich durch ein Hin- und Herschwanken gegensätzlicher Stimmungslagen auszeich-

30 Arendt 1964

nen: instabiles Selbstbild, instabile Affektlage, instabile Beziehungen usw. Wie wir am Beispiel der gefallenen US-Soldaten gesehen haben, bricht bei entsprechender Macht äußerer Stressoren jedes Resiliensystem zusammen, oft mit somatischen Folgen. Die immundepressiven Wirkungen von Dauerstress mit Folgeerkrankungen sind mittlerweile durch die Psychoneuroimmunologie gut erforscht.[31]

Nach überwundener Krankheit erreichen wir meist ein höheres Autonomieniveau; dies gilt letztlich für alle überstandenen Krisen. Judith Glück, Entwicklungspsychologin und Weisheitsforscherin an der Universität Klagenfurt, konnte zeigen, dass weise Menschen, die eine gewisse Gelassenheit erworben haben, die Widersprüche aushalten und keinem Zwang zur Selbstbestätigung unterliegen, meist schwere traumatische Erfahrungen durchgemacht bzw. bewältigt haben.[32] *Trotzdem Ja zum Leben sagen* heißt das weltweit 12 Millionen Mal verkaufte Buch des Wiener Psychiaters Viktor Frankl, der schwerste Schicksalsschläge im KZ erleiden musste – seine Frau, Eltern und der Bruder wurden umgebracht –, und trotz dieser unmenschlichsten Erfahrung verlor er nicht den Glauben an den Sinn, der ihn dann durch ein enorm schöpferisches Leben führte und ihm große Anerkennung zukommen ließ. In ähnlich ergreifender Weise schildert der französische Arzt und Psychologe Boris Cyrulnik, wie er aus widrigsten Umständen in seiner Kindheit dennoch zu einem erfüllten Leben fand.[33] Heute ist er einer der bekanntesten Resilienzforscher. Weisheit und große Kunst haben ihre Wurzeln oft in leidvollen Erfahrungen.[34]

31 Schubert 2015, S. 141ff
32 Glück & Bluck 2014
33 Cyrulnik 2013
34 Reddemann 2013

In diesem Zusammenhang müssen auch die Kinderkrankheiten genannt werden, bei denen es sich entgegen der oft gehörten Behauptung nicht um ein durch Impfung vermeidbares Übel, sondern um ein entwicklungsbiologisch durchaus sinnvolles Geschehen im Sinne einer nachhaltigen Ausbildung von Immun- und Resilienzfaktoren handelt. In einer aktuellen Studie[35] der Jackson-State-University, USA, wurden 405 geimpfte mit 261 nicht geimpften Kinder verglichen. Erwartungsgemäß bekamen die nicht geimpften Kinder im Schnitt etwa dreimal so häufig Windpocken, Keuchhusten und Röteln, dagegen war in der geimpften Gruppe die Rate an anderen Erkrankungen überraschend deutlich erhöht: Lungenentzündungen 5-fach, Mittelohrentzündung 3,5-fach (Operationen wegen Mittelohrentzündung 8-fach), Heuschnupfen 10-fach, Allergien 3-fach, (schwere, medikamentös behandlungspflichtige Allergien 20-fach), ADHS 5-fach, Störungen aus dem Autismus-Spektrum 5-fach, Neurodermitis 3-fach, Lernstörungen 5-fach. Ein systemisches Verständnis der Zusammenhänge zeigt eben, dass die monokausal lineare Logik der Impfstrategie die volle Wirklichkeit nicht abbildet. Die Ausbildung von neuen Fähigkeiten ist auf allen drei Autonomieebenen immer auch mit schmerzhaften Umbauprozessen und Leiderfahrungen verbunden.

Zahlreiche Studien haben sich mit der Frage befasst, was resiliente Kinder auszeichnet.[36] Wider Erwarten sind diese Kinder nicht besonders robust, zäh oder abgehärtet, sondern einfühlsam, sensibel und zugewandt. Sie zeigen sich aufmerksam und interessiert, sind weniger aggressiv, haben eine realistische Selbsteinschätzung und können auch andere um Rat fragen und eigene Schwächen zugeben.

35 Mawson et al. 2017

36 Wikipedia, Resilienz (Psychologie) Lit.-Hinw. 18-26

In seinem lesenswerten Buch *Ich. Eine Kulturgeschichte des Individuums* beschreibt Peter Normann Waage Beispiele menschlicher Größe, wie Gefangene im KZ trotz schwerster Demütigungen und Qualen aufrecht bleiben und die innere Würde und Freiheit nicht verlieren. Hierbei wird eine wertvolle Beobachtung zur Resilienz von Viktor Frankl während seiner Erfahrungen in Auschwitz geschildert:[37] *«Empfindsame Menschen, die von Haus aus gewohnt sind, in einem geistig regen Dasein zu stehen, werden daher unter Umständen trotz ihrer verhältnismäßig weichen Gemütslage die so schwierige äußere Situation des Lagerlebens zwar schmerzlich, oder doch irgendwie weniger destruktiv in Bezug auf ihr geistiges Sein erleben. Denn gerade ihnen steht der Rückzug aus der schrecklichen Umwelt und die Einkehr in ein Reich geistiger Freiheit und inneren Reichtums offen. So und nur so ist die Paradoxie zu verstehen, dass manchmal die zarter Konstituierten das Lagerleben besser überstehen konnten als die robusteren Naturen.»*

Welche Möglichkeiten der Prävention und der Resilienzsteigerung gibt es? Kann man Resilienz lernen und üben? Laut einer Untersuchung des Robert-Koch-Instituts sind die psychischen Erkrankungen mittlerweile einer der Hauptgründe für Fehlzeiten am Arbeitsplatz. 10 Prozent der Erwachsenen in Deutschland sind psychisch krank, jeder Fünfte leidet unter Dauerstress, 20 Prozent der Kinder haben schon psychische Auffälligkeiten und 10 Prozent manifeste Störungen. Chronische Kopf- und Bauchschmerzen bei Kindern sind oft die Eingangssymptome für spätere Krankheitskarrieren.

Diese beunruhigenden Zahlen haben dazu geführt, dass in Kinder- und Jugendpsychiatrien vermehrt investiert wird und immer mehr Resilienztrainer durch die Lande touren und in Firmen das Personal

37 Waage 2014, S. 654

entsprechend coachen. In Mainz wurde 2014 ein deutsches Resilienzzentrum gegründet, und entsprechende Publikationen füllen die Ratgeber-Regale der Buchhandlungen. Kritiker dieser Entwicklung wehren sich unter dem Motto «Fit für die Katastrophe»[38] gegen diesen Trend. Anstatt die strukturellen Probleme und Wertmaßstäbe unserer Turbogesellschaft kritisch zu hinterfragen, so die Argumentation, werden ihre gehetzten Opfer zusätzlich mit psychischen Restaurierungsübungen malträtiert. Dieser Einwand ist durchaus berechtigt. *«Die Frage nach der Resilienz sollte nicht dafür missbraucht werden, Menschen abzuverlangen, dass sie sich mit sozialer Ungerechtigkeit und Gewalt ‹resilient› abfinden sollen. Hier braucht es gesellschaftliche Veränderungen! Zur Resilienz gehören Mut, Entschlossenheit, Aufbegehren gegen Unrecht und Einsatz, wenn man ein belastetes Leben ändern will.»*[39]

Dennoch wollen wir die Möglichkeiten der Resilienzstärkung, wie sie sich bewährt haben, hier kurz skizzieren. Nehmen wir den klassischen Fall einer Angststörung – die häufigste psychische Störung. Ein Mensch macht in seiner Kindheit wiederholt gewisse Entwertungserfahrungen durch Gewalt, Ablehnung, Vernachlässigung, Schulversagen usw. Aus der neurobiologischen Forschung wissen wir heute sehr genau, wie sich solche Traumata in gewisse Hirnstrukturen (z. B. Amygdala) einprägen. Eine strafende Erziehung, was wir auch als schwarze Pädagogik bezeichnen, führt zur Internalisierung dieser strafenden Instanz mit den Folgen eines negativen, von ständigen Selbstvorwürfen bedrohten Selbstbildes und entsprechender Resilienzschwäche. Diese Prägungen sind umso tiefer, je früher und häufiger sie stattfinden, und können

38 https://www.medico.de/fit-fuer-die-katastrophe-15981/

39 Reddemann 2015

sogar einen epigenetischen Abdruck hinterlassen.[40] Wir sprechen auch von Mustern oder Schemata, die dann immer wieder bei entsprechenden, oft nichtigen Anlässen – beispielsweise jemand grüßt nicht, hat eine andere Meinung, lehnt eine Einladung zum Essen ab oder kritisiert ein Versäumnis am Arbeitsplatz – reaktiviert werden. Das anspringende Angstmuster wird aber in seinen Ursachen nicht erkannt, sondern überrauscht unser Inneres in Form einer unangemessenen Panikattacke, wir sprechen auch vom Katastrophisieren. Es kommt zu verzerrten Wahrnehmungen und irrationalen, dysfunktionalen Denkmustern mit einem quälenden Widerspruch von Kognition und Emotion. Aber das zugrundeliegende Schema wird nicht realisiert.

An dieser Stelle setzt beispielsweise die sogenannte kognitive Verhaltenstherapie an, zu der auch die Schematherapie gehört. Im Gegensatz zu älteren, mehr am Unbewussten orientierten Psychotechniken wie der Konditionierung arbeiten diese Therapieformen mit den Erkenntnismöglichkeiten des vollbewussten Ichs im Sinne einer Autonomieübung. Zunächst wird in einem meditationsähnlichen Verfahren die Quelle der Angst ans Licht des Bewusstseins geholt. Dazu ist in der Regel eine professionelle Anleitung erforderlich. Der therapeutische Effekt liegt nun in dem Lernschritt: «Ich gehe mit der Angst um», statt «die Angst geht mit mir um». Sobald die Angst in ihren Ursachen erkannt ist, lässt sich mit ihr umgehen; man kann sie beispielsweise in einem inneren, symbolischen Akt an einen «Garderobenhaken» hängen.[41]

Menschen, die dieses Verfahren nachhaltig üben, finden die alte Grundregel der Gehirnforschung bestätigt: *Use it or lose it!* Alles, was

40 https://www.mpg.de/6642993/kindliches-trauma-erbgut

41 Roediger 2011, S. 55ff

wir üben, lernen und ständig wiederholen, prägt sich tiefer ins Gehirn ein – das sind die positiven Fähigkeiten ebenso wie die Angst, wenn wir uns von ihr immer wieder überrollen lassen und wir sie nur passiv erdulden. Und alles, was wir nicht benutzen, was wir nicht zulassen, das verlernen wir, das wird stillgelegt und trocknet aus – auch ein altes Verhaltensmuster im Gehirn. Bereits nach einer vierwöchigen Psychotherapie lassen sich heute schon markante Veränderungen des Hirnstoffwechsels nachweisen.[42] An die Stelle der Angst tritt eine Selbstwirksamkeit, die das alte Reiz-Reaktionsmuster durchbricht.

Dies betrifft auch zahlreiche andere Affektautomatismen, unter denen wir oft leiden, wie beispielsweise die Aggression. Wir haben mittlerweile zahlreiche Hinweise, wie durch autotherapeutische Verfahren der bewussten Verhaltensschulung durch Konzentration und Meditation eine messbare, nachhaltige Verbesserung der Immunfunktionen und der Stressparameter zu erzielen ist. Das Erzeugen von innerer Ruhe und Achtsamkeit stellt dabei das Fundament jedes Verfahrens dar.

Es seien hier nur drei Beispiele genannt. Die Enden unserer Chromosomen werden als Telomere bezeichnet, deren Länge ein hoch zuverlässiger Indikator für chronischen Stress bzw. für Alterungsprozesse darstellt. Normalerweise verkürzen sich diese Telomere pro Jahr um 31-63 Basenpaare, bei Menschen unter Dauerstress kann sich dieser Verlust pro Jahr verzehnfachen. Die Telomerase ist ein Enzym, das bei der Restitution der Telomere eine wichtige Rolle spielt, die Höhe der Telomerase ist also ein Maß für unsere Regenerationskräfte. Elissa Epel, eine US-amerikanische Psychiaterin von der University of California in San Francisco, konnte durch verschiedene Studien[43] zeigen, wie sich allein durch eine regelmäßige Meditation der Telome-

42 Saxena et al. 2009

43 Blackburn & Epel 2017

rase-Spiegel erhöhen und damit die Telomere wieder aufbauen lassen, was mit einer Steigerung des Wohlbefindens, der Gesundheit und des Autonomiegefühls einhergeht.

Richard J. Davidson, Neuropsychologe von der Universität Wisconsin, erforscht seit vielen Jahren die neurobiologischen und immunologischen Auswirkungen der Meditation auf unseren Organismus. Beispielsweise konnte er zeigen, dass sich bereits nach einer achtwöchigen Achtsamkeitsmeditation im Blut der Meditierenden im Vergleich zu einer Kontrollgruppe eine deutliche Verbesserung der Immunfunktionen nachweisen lässt.[44]

Sogar epileptische Anfälle lassen sich durch eine spezifische Verhaltenstherapie zum Erlernen von Selbstkontrolle wirksam behandeln. In einer Studie von Andrew & Reiter 2000 blieben 35 von 44 Epilepsiepatienten, deren Fokus in der linken, mehr «bewussten» Hirnhälfte lokalisiert war, nach einer entsprechenden Therapie ohne Medikamente anfallsfrei.[45]

Das Besondere am menschlichen Gehirn ist ja seine lebenslange Formbarkeit, was wir die Hirnplastizität nennen, wobei der Plastiker wir selbst mit unseren Welterfahrungen sind. Je mehr wir von diesen Vorgängen verstehen, desto mehr eigene Zugriffs- bzw. autotherapeutische Möglichkeiten eröffnen sich. Wir gehen mit unserem Gehirn um![46] Das ist die wichtige Erkenntnis der modernen Neurowissen-

44 Siehe dazu auch: Schubert & Amberger 2016, S. 127ff

45 Elsas 2016

46 Bereits 1910 formulierte R. Steiner: «Und wer würde nicht zugeben, dass selbst das, was innere Gedankenarbeit ist, wenn es die ganze Seele ergreift, auch noch im Verlauf eines Menschenlebens umgestaltend auf unser Gehirn wirkt. Das Gehirn passt sich unserem Denken an; es ist ein Werkzeug, das sich nach den Bedürfnissen unseres Denkens formt.» Aus *Die Geisteswissenschaft und die Sprache*, Vortrag vom 20.1.1910 Berlin (in: Steiner GA 59)

schaften[47] und ein Beitrag zur Resilienzstärkung bzw. zu fortschreitender Autonomieentwicklung.

Es sei abschließend nochmals betont, dass die wesentliche Resilienzquelle im gelungenen sozialen Miteinander liegt; darüber besteht ein allgemeiner Konsens in der Forschung.[48] Soziale Isolation verdoppelt das allgemeine Krankheitsrisiko in vergleichbarer Weise wie das Rauchen.[49]

Die moderne Ausbildungs- und Arbeitswelt mit ihren wachsenden Kontrollzwängen, Prüfungen, Zertifizierungen, staatlichen Regulierungen, Zentralisierungen und Standardisierungen und all dem Bürokratie-Terrorismus hat nicht bemerkt, wie sie durch die Beschneidung der Selbstbestimmung das freie und spontane Gestaltungspotenzial der Menschen sukzessiv abwürgt. *«Pädagogisch führt das zu einem weiteren Paradox: Schulen und auch Universitäten sollen ihren Bildungszielen nach Eigenverantwortung, Zivilcourage und Demokratiefähigkeit vermitteln, fordern strukturell aber Anpassung, Delegierung von Verantwortung und Unterordnung unter vorgegebene Regeln und Rahmenbedingungen.»*[50]

Durch die Wettbewerbsideologie und den wachsenden Konkurrenzdruck wird zusätzlich eine Misstrauenskultur befördert, die den allgemeinen Stresspegel hebt und das Resilienzniveau senkt. Der Hamsterradeffekt ist ein *«systemimmanenter Mechanismus»*, der die *«positiven Gefühle von Enthusiasmus, Einsatzbereitschaft, Sicherheit und Freude durch Furcht, Angst und Depression ersetzt»*.[51]

47 Klimecki et al. 2012

48 Berkmann & Syme 1979

49 House et al. 1988

50 Pauen & Welzer 2015, S. 113

51 Maslach & Leiter 2001

Der autonome Mensch ist der wirklich kreative Mensch. Nur im freien Handlungsspielraum entfalten sich innovative Impulse. Schon den Kindern entziehen wir durch unsere zwar gut gemeinten, aber letztlich ineffektiven Leistungsdressuren die Chance, das zu werden, was die Welt heute so dringend braucht – selbstständig denkende Menschen.[52] Statt einer Bewertungskultur brauchen wir eine Bestärkungskultur.[53] Dort, wo wir bei unserem Gegenüber Autonomie *zulassen* und durch Vertrauen Fairness, Hilfsbereitschaft und Zuwendung fördern, steigern wir gleichermaßen auch die Vitalität, Kreativität, Originalität, Vielfarbigkeit und damit den Lebenswert jeder menschlichen Gemeinschaft. Besonders in Zeiten der Globalisierung, wo nationale und ethnische Grenzen immer durchlässiger werden, eröffnen sich neue, interessante Spielräume menschlicher Kulturfähigkeit.

Letztlich sind wir auch für die Gesundheit unserer Mitmenschen mitverantwortlich;[54] wir können auch im Sinne der bewährtesten und ältesten Gesundheits- bzw. Heilslehre von Nächstenliebe sprechen.

52 Hüther & Quarch 2016, S. 30ff

53 So der Resilienzforscher Klaus Fröhlich-Gildhoff im Interview mit Gert Scobel am 8.7.2014

54 Beispielhaft für viele wertvolle Initiativen sei hier das Amaro Kher Projekt in Köln genannt, wo Pädagogen ein Resilienzförderprogramm mit Flüchtlingskindern erfolgreich umsetzen.

4. Infektionserkrankungen

Wo die Autonomie des Menschen durch Armut, Elend, Drogen, Krieg und chronische Angst geschwächt wird, dort wächst auch die Gefahr von Seuchen und Infektionserkrankungen. Täglich sind wir millionenfach mit potenziellen Krankheitserregern konfrontiert, die uns aber bei stabilen Immunfunktionen nichts anhaben können. Viren, Bakterien und andere Mikroorganismen sind Kofaktoren im Krankheitsgeschehen, aber nicht die alleinige Ursache. Auch hier liegt die Gesundheit in der ausgewogenen Balance von Umwelt und Organismus.

Am Ende des 19. Jahrhunderts gab es einen historischen Streit zwischen Robert Koch, dem ersten Nobelpreisträger für Medizin für seine Arbeiten auf dem Gebiet der Mikrobiologie, und Max von Pettenkofer, dem Münchner Universalgelehrten, der nicht nur für viele verschiedene Erfindungen berühmt wurde, sondern auch als Begründer der Hygiene gilt. Zu dieser Zeit galt das Hauptinteresse der Mediziner den Infektionserkrankungen wie Typhus, Cholera und Tuberkulose, das waren die häufigsten Todesursachen, vor allem auch bei Kindern. Der Streit der beiden Wissenschaftler bestand nun darin, dass Robert Koch die auch heute vorherrschende Meinung vertrat, die Ursache für diese Seuchen liege allein bei den Bakterien, wohingegen Pettenkofer überzeugt war, dass es die äußeren Umstände, die schlechten Lebensverhältnisse waren, warum die Leute krank wurden. Wie so häufig bei heftigen Kontroversen wäre hier statt einem Entweder-Oder eine Sowohl-als-auch-Perspektive hilfreich gewesen.

Es herrschten damals vielfach Armut und Mangelernährung, die Menschen lebten oft in kalten, dunklen, feuchten Wohnungen mit schlechter Hygiene, ohne Kanalisation und ohne sauberes Trinkwasser. *«Ich habe noch nie solche ungesunden Wohnungen, Pesthöhlen und Brutstätten für jeden Ansteckungskeim angetroffen ... Ich vergesse, dass ich mich in Europa befinde!»*, meinte Robert Koch, als er die besonders schwer von der Choleraepidemie 1892 betroffene Innenstadt Hamburgs besichtigte.

Zweifellos wurden viele Choleraepidemien wie damals in Hamburg durch verseuchtes Trinkwasser entfacht, aber die Bakterien waren auf einen entsprechenden Nährboden angewiesen. Insofern hatte auch Pettenkofer recht behalten, nicht nur, weil er auf dem Höhepunkt des Streits vor einem akademischen Publikum einen halben Liter Cholerabakterien geschluckt hatte, ohne danach krank zu werden,[55] sondern weil sich mittlerweile gezeigt hat, dass all diese Seuchen durch eine allgemeine Verbesserung der Lebensverhältnisse – warme Kleidung, gute Ernährung, entsprechende Hygiene, geheizte, trockene Wohnungen usw. – weitgehend verschwunden sind. Beispielsweise ist in New York die Sterberate an Tuberkulose zwischen 1812 und 1948 um 93 % zurückgegangen, bevor die ersten Antibiotika auf den Markt kamen. Dasselbe gilt auch für zahlreiche andere Infektionserkrankungen.

«Die addierten Sterbeziffern für Scharlach, Diphterie, Keuchhusten und Masern bei Kindern bis zum 15. Lebensjahr zeigen, dass der zwischen 1860 – 1965 eingetretene Rückgang der Mortalität sich zu beinah 90 % ereignete, bevor die Antibiotika eingeführt und Schutzimpfungen allgemein verbreitet waren.»[56]

Man kann auch sagen, dass uns die Seuchen etwas gelehrt haben. Überall, wo Seuchen ausbrechen, stimmt etwas mit den Lebens-

55 Auch den norwegischen Entdeckern des Lepraerregers Hansen und Danielssen gelang es im Selbstversuch nicht, sich mit infektiösem Material anzustecken.

56 R. R. Porter: The Contribution of the Biological and Medical Sciences to Human Welfare, Presidential Address to the British Association for the Advancement of Science, Swansea Meeting, 1971, London: the Association, 1972, S. 95. Zitat aus Illich 1981, S. 20ff

verhältnissen nicht. Aus der Massentierhaltung wissen wir ja, dass hier nur durch massiven Einsatz von Antibiotika ein Massensterben gerade noch verhindert werden kann, weil es eben durch die nicht artgerechte Haltung sofort zum Ausbruch von Seuchen kommt.

Dasselbe gilt auch für Menschen, die in Massenlagern, Katastrophengebieten, Slums oder Kriegsgebieten unter unmenschlichen Bedingungen eingepfercht leben. Wenn nicht gewisse Grundbedingungen im Lebensraum eingehalten werden, werden Mensch und Tier krank. In gewisser Weise sind die Seuchen auch Erzieher der Menschheit.[57] Die Seuchen als kollektive Krankheiten haben uns beigebracht, dass der Mensch kein Herdentier ist, sondern sich für seine Gesundheit eine gewisse Autonomiesphäre, einen eigenen Daseinsraum, in dem er sich entfalten kann, bewahren muss.[58]

Die Erfahrung zeigt, dass es viele positiv HIV, Hepatitis B oder C getestete Patienten gibt, die auch nach dreißig Jahren ohne Medikamente ein ganz normales, gesundes Leben führen. Luc Montaigner, der 2008 den Nobelpreis für die Entdeckung des AIDS-Virus erhielt, hat mittlerweile die Bedeutung eines Virus bei der AIDS-Erkrankung relativiert: «*Eine gesunde Lebensweise und gesunde Ernährung kann eine HIV-Infektion vollständig zur Ausheilung bringen ohne Medikamente […] wenn man das Immunsystem eines armen Afrikaners, der infiziert ist, aufbauen würde, so denke ich, dass dieser dann auch auf natürliche Weise HIV loswerden kann. Dies ist wichtiges Wissen, das komplett ignoriert wird. Die Leute denken immer nur an Medikamente und Impfstoffe; mit dem Thema Ernährung kann man halt keinen Profit machen.*»[59]

57 Treichler 1989, S. 33

58 Hardtmuth 2015

59 www.youtube.com/watch?v=tKyIBYKoT2o

AIDS hieß ursprünglich GRID (Gay related immun deficience), weil die erste Welle dieser Krankheit nahezu ausnahmslos bei homosexuellen Männern mit hoher Promiskuität[60] auftrat, worin schon eine gewisse Selbstwertproblematik vermutet werden darf. Zudem waren diese Menschen schwerst drogenabhängig. Der gleichzeitige Konsum von mehreren verschiedenen Drogen in Verbindung mit anderen Risikofaktoren kann bekanntlich schwere, unkalkulierbare Immundefekte hervorrufen.[61] Auch anhaltende Mangelernährung ist eine Hauptursache für das chronische Immunschwäche-Syndrom, weshalb entsprechende Regionen wie Afrika ein viel höheres Seuchenpotenzial haben. Ganz ähnlich liegen die Fakten bei anderen schweren Viruserkrankungen. Die höchste Rate an Durchseuchung mit der gefährlichen Hepatitis C haben wir mit 48 % der männlichen Bevölkerung in der Mongolei, wo es infolge einer breiten sozialen Verelendung in den letzten Jahrzehnten zu einem extrem hohen Alkohol- und Drogenmissbrauch gekommen ist. Hepatitis B und C sind vielfach Lifestyle- und Milieuerkrankungen, die infolge chronisch ungesunder Lebensverhältnisse auftreten. Intravenös Drogenabhängige haben mit bis zu 90 % die höchsten Durchseuchungsquoten. Die gefährliche Hepatits C, die bei etwa 70 % der Erkrankten einen chronischen Verlauf nimmt, heilt in der Regel durch eine gesunde, vernünftige Lebensweise vollständig ab.

«Die künstlichen Seuchen sind vielmehr Attribute der Gesellschaft, Produkte der falschen oder nicht auf alle Klassen verbreiteten Kultur; sie deuten auf Mängel, welche durch die staatliche und gesellschaftliche Gestaltung erzeugt werden […]. Mikroorganismen suchen ihre natürliche Umgebung, das erkrankte Gewebe; sie sind aber genauso wenig

60 L'age-Stehr 1985

61 Engelbrecht & Köhnlein 2010, S. 102ff

Ursache der Erkrankung wie Mücken, die zwar stehendes Wasser benötigen und aufsuchen, um sich vermehren zu können, aber nicht die Ursache sind, dass das Wasser stillsteht.»[62]

Interessant in diesem Zusammenhang sind auch die Ergebnisse der EPIC-Studie (European Prospective Investigation into Cancer and Nutrition), bei der eine Langzeitbeobachtung mit 23.153 Teilnehmern ergab, dass durch eine gesunde Lebensweise (normales Körpergewicht, ausreichende Bewegung, Nichtrauchen, gesunde Ernährung) das Risiko einer chronischen Erkrankung um 78 % Prozent gesenkt werden kann. Im Einzelnen lassen sich Typ 2 Diabetes um 93 %, Herzinfarkt um 81 %, Schlaganfälle um 50 % und Krebserkrankungen um 36 % verringern.[63]

Es ist ein weit unterschätztes Problem unserer zunehmend industrialisierten Medizin, dass die wesentlichen Krankheitsursachen wie psychosozialer Stress, Autonomieverlust, Entwertungserfahrungen, schlechte, ungesunde Lebensverhältnisse usw. zugunsten einer rein biologischen Pathologisierung mit entsprechend profitabler Medikalisierung immer mehr ausgeblendet werden. Die politische Arbeit an einer wirklich menschengemäßen und weniger angstbesetzten Zivilisation und Kultur würde einen nachhaltigeren Beitrag zur Gesundheit erbringen, als dies die Machtexpansion eines pharmakologischen Kartells[64] jemals leisten kann.

62 Rudolf Virchow: Die Seuche (1849), in: Virchow 1868, S. 55.

63 Ford 2009

64 Gøtzsche 2015

5. Selbstregulation

Die Gesundheit des Menschen ist wohl im selben Maß vom Lebensgefühl der Autonomie und des Authentischseins im Sinne einer inneren Gewissheit der Selbstwirksamkeit[65] und des Mit-sich-Übereinstimmens getragen wie von allgemein akzeptierten Gesundheitsfaktoren wie Normalgewicht, gesunde Ernährung, Sport, kein Suchtverhalten, soziale Integration, keine schlechten Erbfaktoren usw. In seiner Schrift *Autonomietraining* beschreibt der Medizinsoziologe Ronald Grossarth-Maticek[66] die Heidelberger Interventionsstudie, in der viele Tausend Menschen im Abstand von zwanzig Jahren hinsichtlich ihrer Gesundheit beobachtet wurden. Zu einem bestimmten Stichtag wurden alle medizinischen Daten (Risikofaktoren, positive Gesundheitsfaktoren, aktueller Gesundheitszustand) sowie die Fähigkeit der Selbstregulation durch ein Testverfahren erfasst und die Untersuchung zwanzig Jahre später wiederholt. Am gesündesten waren erwartungsgemäß jene Teilnehmer der Studie, die eine gute Selbstregulation besaßen und alle positiven Gesundheitsfaktoren mitbrachten. Bemerkenswert war aber auch, dass Menschen, die keinen einzigen allgemeinen positiven Gesundheitsfaktor hatten, also übergewichtig waren, wenig Sport betrieben, sich schlecht ernährten und schlechte Erbfaktoren besaßen usw., aber über eine gute Selbstregulation verfügten, also in der Lage waren, ihr Leben so zu führen, dass sie sich authentisch und wohl fühlen, nach zwanzig Jahren denselben Outcome hatten wie diejenigen, die alle Positivfaktoren mitbrachten, aber eine schlechte Selbstregulation besaßen.[67]

65 Schubert 2015, S. 177ff

66 Grossarth-Maticek 2000

67 Siehe dazu das Interview mit Ronald Grossarth-Maticek, www.brandeins.de/uploads/tx_b4/11531_060wodasdo.pdf

Es gibt nicht wenige Menschen, die zwar eine nahezu perfekte Gesundheitsvorsorge betreiben, indem sie joggen, sich gesund ernähren, Entspannungstechniken trainieren, regelmäßig alle Vorsorgeuntersuchungen durchführen lassen usw. Sie tun dies aber nicht aus Freude und aus Gründen des Sich-Wohlfühlens im Rahmen einer für sie sinnerfüllten Lebensgestaltung, sondern mehr aus einem ängstlichen Getriebensein, aus einem übertriebenen Leistungsanspruch an sich selbst, von dem sie ständig gehetzt werden. Sie kämpfen gegen Krankheiten, die noch gar nicht da sind, und die Angst vor Schwäche und Versagen wird zum bestimmenden Lebensmotiv. Diese Menschen sind oft ungeduldig, verbissen ehrgeizig, hektisch-impulsiv bis zur Feindseligkeit, sie sind in hohem Maße abhängig von sozialer Anerkennung und bei fehlendem Erfolg vom Absturz in Selbstzweifel und Depression bedroht. Es ist ein häufiges Verhaltensmuster, das nicht selten bei Menschen mit Herzinfarkten anzutreffen ist und in dem sich auch eine verbreitete existenzielle Sinnkrise[68] und Selbstwertproblematik des modernen Menschen ausspricht.

6. Salutogenese

Der jüdisch-amerikanische Soziologe Aaron Antonovski[69] leitete in den Siebzigerjahren des vergangenen Jahrhunderts einen Perspektivenwechsel im präventiv-medizinischen Denken ein. Er führte eine Untersuchung an ehemaligen KZ-Insassinnen durch, um deren gesundheitliche Spätfolgen zu erfassen. Er fand, dass etwa 30 %

68 Frankl 2013

69 Antonovski 2013

der Frauen trotz der massiven körperlichen und seelischen Qualen dieses Trauma ohne gesundheitliche Einschränkungen überstanden haben, und begann sich zu fragen, welche Faktoren hierbei eine ursächliche Rolle spielen. Der Perspektivenwechsel bestand also darin, nicht mehr zu fragen, was macht uns krank und wie entstehen Krankheiten (Pathogenese), sondern was hält uns gesund und was macht uns widerstandsfähig gegen krankmachende Einflüsse (Salutogenese). Antonovski spricht von einem Gesundheits-Krankheits-Kontinuum, in dem sich der Mensch permanent befindet und in dem er ständig gegen krankmachende Tendenzen in Form von physischen (Lärm, Schadstoffe, Viren, Bakterien usw.) und psychischen (Stress, Angst, Entwertungserfahrungen, Konflikte usw.) Stressoren anzukämpfen hat. Er vergleicht den Menschen mit einem Schwimmer, der im Fluss des Lebens ständig eine bewusste Eigenaktivität aufbringen muss, um nicht in den verschiedensten Strömungen des Alltags unterzugehen, mitgerissen oder abgetrieben zu werden. Gesundheit und Krankheit sind also keine einander ausschließenden Zustände, sondern stellen nur die Pole eines Spannungsfeldes dar, in dessen übergangslosem Kontinuum sich das menschliche Leben ständig hin und her bewegt. Niemand ist vollkommen gesund oder absolut krank. Auch Schwerstkranke haben Gesundheitsressourcen, die es zu entdecken und zu fördern gilt. Schatzsuche statt Fehlerfahndung[70] – darin liegt der neue Ansatz des salutogenetischen Denkens.

Mittlerweile sind zum Konzept der Salutogenese zahlreiche weitere Forschungen durchgeführt worden, und es zeigt sich dabei ganz deutlich, dass die wesentlichen Größen der Gesundheitsentstehung und -erhaltung außer in den genetischen und anderen biologischen

70 Schiffer 2013

Bedingungen ganz wesentlich in den Autonomiefaktoren zu suchen sind. Wie wir gesehen haben, kommt dabei dem Begriff der Resilienz als grundsätzliche psychische Widerstandskraft eine tragende Funktion zu. Ebenso spielt das Coping, also die Fähigkeit, in kritischen und belastenden Lebenssituationen über ein ausreichendes Repertoire an Bewältigungsstrategien zu verfügen, eine zentrale Rolle. Als Maß für eine stabile Gesundheit prägte Antonovski den Begriff des Kohärenzgefühls (Sense of Coherence). Dieses Lebensgefühl wird getragen von einem grundsätzlichen Vertrauen, das sich aus drei Überzeugungen nährt: dass man selbst die Anforderungen, die das Leben stellt, *verstehen* kann, dass man sie *handhaben und bewältigen* kann und dass die eigenen Anstrengungen *einen Sinn haben.*

Wie das Salutogenese-Modell von Antonovski setzen alle nachhaltigen Gesundheitskonzepte auf die endogenen Ressourcen der autonomen Lebensgestaltung, auf eigene Bewältigungsanstrengungen und eigene Sinnorientierung.

7. Homöostase

Bei unserer Frage nach der Rolle der Autonomie im Krankheitsgeschehen berühren wir nun den entscheidenden Punkt, der mit dem Begriff der Homöostase zusammenhängt. Der Begriff wird in zahlreichen verschiedenen Zusammenhängen gebraucht und bezeichnet eine stabile Gleichgewichtslage in lebendigen und auch sozialen Systemen, die sich trotz störender Einflüsse immer wieder von selbst herstellt. Der Begriff Allostase bezeichnet den *Prozess*, durch den der Körper in Anforderungssituationen (Stress) durch physiologische und psychologische Verhaltensänderungen eine – auch zukünftige Belastungen einbeziehende – Stabilität aufrechterhält. Mit Allostase ist also eine sich unter veränderten Umweltbedingungen *entwickelnde* Homöostase gemeint.

Wir sprechen ja nicht nur von gesunden Funktionen im biologischen Sinne, sondern auch von gesunden Verhältnissen in ökologischer Hinsicht, von gesunden individuellen, sozialen und politischen Beziehungen, von einer gesunden Wirtschaft u.v.m. und meinen damit immer die Angemessenheit, wie sich das Einzelne zum Ganzen verhält. Wir verstehen z. B. nicht, wie der Salzgehalt der Ozeane seit Jahrmillionen konstant gehalten wird, obwohl täglich Millionen Tonnen Mineralsalze über die Flüsse eingeschwemmt werden. Wodurch wird dieses Maß gehalten? Natürlich gibt es regionale Schwankungen der Salzkonzentration, aber die bewegen sich um eine stabile Mittellage von 3,5 %. Schon ein Wert von über 4 % Salzgehalt hätte ein Massenaussterben der Meeresbewohner zur Folge. In der Erdatmosphäre herrschen ebenso konstante Gleichgewichtslagen, die bei Störungen wie beim derzeitigen CO_2-Anstieg sofort zu pathologischen Veränderungen führen.

Alle messbaren Werte in unserem Organismus (Blutdruck, Puls, Minerale, Eiweiße, Hormone, Temperatur, pH-Wert usw.) schwanken mehr oder weniger rhythmisch um eine stabile Gleichgewichtslage; ständig ist unser Organismus störenden Einflüssen ausgesetzt, die durch unzählige Regulations-, Immun- und auch Lernprozesse kompensiert und ausgeglichen werden.

Es gibt in der äußeren Natur Milliarden verschiedener organischer Verbindungen und Mikroorganismen, die vom Immunsystem erkannt und eliminiert werden, wenn sie in unseren Organismus als Fremdkörper eindringen – ein Vorgang, der uns eigentlich in höchstes Erstaunen versetzen müsste, weil er unsere biochemischen Erklärungsmöglichkeiten bei Weitem übersteigt. Es wird dabei das gesamte Genom einer Immunzelle so umgeformt – wir sprechen von genetischer Rekombination –, dass dadurch ein spezifisch auf diesen Fremdkörper (Antigen) passender Antikörper erzeugt werden kann. Hier reagiert der Organismus auf etwas für ihn völlig Neues in angemessener Weise, um sein inneres Milieu stabil bzw. gesund zu halten.

Wenn wir Intelligenz als Fähigkeit zur spezifischen Problemlösung betrachten, dann gibt es eigentlich keinen Grund, diesen Begriff auf das Gebiet menschlich kognitiver Leistungen zu begrenzen. Das Prinzip des Wahrnehmens und Erkennens (einer fremden Eiweißstruktur) sowie des Verarbeitens und adäquaten Handelns (spezifische Antikörperproduktion) sind auf der unbewusst immunologischen Seite in analoger Weise vorhanden. Mentale und immunbiologische Gedächtnisbildung bzw. Lernprozesse sind physiologisch eng verwandte Prozesse, wie uns überhaupt die Wissenschaft der Psychoneuroimmunologie in den letzten drei Jahrzehnten ein tieferes integratives Verständnis des Leib-Seele-Zusammenhangs gelehrt hat.

Das Immunsystem als biologisches Selbst bewahrt ein stabiles Binnenmilieu innerhalb des Organismus. Auf einer höheren, aber durchaus physiologisch-prozessual verwandten Stufe schafft unser Gehirn die Voraussetzungen einer entsprechenden Autonomiesphäre auf der seelisch-geistigen Ebene. Das Erkennen und Überwinden von Fremdleben und die Bewahrung von Homöostasen bzw. stabilen Gleichgewichtslagen sind komplementäre, sich ergänzende Autonomieprozesse auf der psychischen und somatischen Ebene, die interaktiv vielschichtig vernetzt sind bzw. wechselwirken. Aus der Hirnforschung wissen wir heute, dass voll bewusste Prozesse der Selbststeuerung, die physiologisch im Frontalhirn generiert werden, von dort einen direkten Einfluss auf nachgeschaltete hormonelle Regulationsprozesse wie Schmerzverarbeitung, Immunsystem, Stresshormone und Motivationssysteme haben.[71]

Fragen wir nun: Wie schafft unser Organismus die Aufrechterhaltung eines konstanten Binnenmilieus? Wodurch wird überall in der Natur diese maßvolle Mitte gehalten? Mitte bedeutet hier nicht ein zwangsläufiges Dazwischen, das durch das Extrem der Pole markiert wird, sondern es bezeichnet eine eigenständige Wirksamkeit, die mit polaren Gegensätzen lernend und kreativ umgeht.

Wir sprechen auch vom seelischen Gleichgewicht, davon, dass wir zwischen den unzähligen polaren seelischen Kräften (Freude – Trauer, Humor – Ernst, Liebe – Hass, Lust – Unlust usw.) um eine gesunde Mittellage schwingen, die wir nur im Falle einer krankhaften Psychopathie verlassen. Worin liegt diese gesundende und ausgleichende Kraft in uns und unter uns, deren Wirkung wir sowohl biologisch als auch ethisch-moralisch als das Angemessene bezeichnen können?

Für das normale Alltagsbewusstsein befinden sich diese natürlichen «Sollwert-Einstellungen» im Verborgenen, weshalb der Philosoph Hans-Georg Gadamer von der *«Verborgenheit der Gesundheit»* sprach.[72] Nur wenn das rechte Maß verletzt wird, erwachen wir mit Schrecken im Krankhaften. Das Prinzip der Homöostase (in Anlehnung an den Soziologen Niklas Luhmann könnten wir auch den Begriff Homöodynamik gebrauchen, weil es sich eher um fließende, bewegliche Gleichgewichtslagen handelt) ist nicht auf biologische Prozesse beschränkt. Das individuelle Selbst als lebendige Einheit ist ebenfalls zahllosen psychosozialen und seelisch-geistigen Irritationen und Verführungen ausgesetzt, bewahrt aber dennoch seine Auto-

71 Bauer 2015
72 Gadamer 1994

nomie, indem es immer wieder zu sich selbst zurückfindet. Was ist diese dynamische Mitte, die wir als unser Ich, unseren Wesenskern bezeichnen können? Auch wenn diese Individualität immer wieder von verschiedensten Krankheiten, Krisen und sonstigen Pathologien überrauscht wird, so ist sie dennoch vorhanden als eine sich selbst reflektierende, sich entwickelnde und immer wieder ins Gleichgewicht setzende, stabile Identität.

Als die Gründungsväter unseres Grundgesetzes den Artikel 1 über die Unantastbarkeit der menschlichen Würde als oberste Maxime unseres Zusammenlebens formulierten, erwogen sie eine Begründung für dieses höchste Prinzip der Verfassungsordnung. Eine solche konnte aber weder gefunden noch gegeben werden, da die Würde laut den Verfassungsrechtlern als ein «*Wesensmerkmal*» des Menschen zu betrachten ist und keiner Beweisführung zu ihrer Rechtfertigung bedarf. Die Würde des Menschen ist demnach keine kulturgeschichtliche Errungenschaft oder eine ethisch interpretier- und diskutierbare Relativgröße, sondern ein letztlich nur aus der christlichen Lehre der Gottebenbildlichkeit im Sinne des «Ich bin der Ich-Bin» verstehbares Prinzip – also im philosophisch-theologischen Sinne ein Weltprinzip, das sich im Wesen des Menschen ausspricht.

Darin liegt eine für die kulturelle Evolution des Menschen fundamentale Erkenntnisperspektive, vor allem in unserer gegenwärtigen Situation: die Frage nach dem Ich![73] Menschenrechte, Freiheit und Selbstbestimmung sind nicht nur global politisch das Thema Nummer eins, sie spielen in unzähligen Alltagsfragen wie in der Medizin- und Bioethik, der globalen Wirtschaft und Soziologie u.v.m. eine immer größere Rolle.

Nur in der naturwissenschaftlich orientierten Medizin um-

73 Waage 2014

gehen wir diese Zentralfrage immer noch mit einer hartnäckigen Neigung zu reduktionistischen Interpretationen, die ihre erkenntnistheoretische Legitimation aus längst überholten, mechanistischen Denkmodellen des 19. Jahrhunderts beziehen.

Wir haben zwar gegenwärtig einen Trend zur personalisierten Medizin, die sich aber weniger an der Ich-Frage als vielmehr an individuell unterschiedlichen Biomarkern orientiert. Diese Medizin bleibt trotz des personalisierten Anspruchs im Biologischen haften, indem sie den Patienten lediglich als *«molekulargenetischen Merkmalsträger»*[74] denn als Person versteht. Sie realisiert noch nicht den zwar vielfach auch als modische Parole geforderten, aber noch nicht wirklich erkenntnistheoretisch durchdrungenen Anspruch auf Ganzheitlichkeit. Indem sie das Krankheitsgeschehen nach wie vor ausschließlich auf gestörte biochemische Prozesse reduziert, bedient sie zwar ein immer lukrativer werdendes *«Geschäftsmodell Gesundheit»*,[75] aber sie verliert den Anschluss an ein für die Zukunft tragfähiges, integratives medizinisches Denken. Der Reduktionismus, durch den menschliche Krankheit auf gestörte, pharmakologisch korrigierbare Biomechanismen eingeengt wird, ist auch der Grund für den zunehmenden Vertrauens- und Akzeptanzverlust gegenüber der industrialisierten Medizin.

74 Vollmann 2013. Nach vielfältiger Kritik am Begriff «personalisiert» bevorzugt man inzwischen die Bezeichnung «Präzisionsmedizin», ohne aber die zugrunde liegende Denkweise zu ändern (Hinweis B. Rosslenbroich).

75 Maio 2014

8. Reduktionismus

Viktor Frankl schreibt: «*Der Reduktionismus ist ein scheinwissenschaftliches Vorgehen, durch das die spezifisch humanen Phänomene auf subhumane Phänomene reduziert bzw. von ihnen deduziert werden. Wie denn überhaupt der Reduktionismus definiert werden könnte als ein Subhumanismus. Hinter der Liebe stehen nunmehr nur noch zielgehemmte Triebe, und das Gewissen ist dann nichts als das Über-Ich […]. Dann ist der Geist nichts als die höchste Nerventätigkeit […]. Fragen wir uns sonach: Welche ist seine verdeckte Grundhaltung, seine geheime Tendenz? Wir antworten: Eine Entwertungstendenz […]. Aus dieser Entwertungstendenz heraus will er ständig demaskieren, ist er stets krampfhaft darauf aus, zu entlarven, ist er immer wieder auf der Suche nach uneigentlichen, nämlich neurotischen Motivationen […]. Reduktionismus ist die Lehre vom ‹Nichts weiter als …›*»[76]

Wenn wir eine Flöte in den Händen halten und sagen, das sei letztlich nichts weiter als ein Stück Holz, dann sagen wir zwar nichts Falsches, aber dokumentieren mit dieser Aussage gleichermaßen die Begrenztheit unseres geistigen Horizonts. Die latente Entwertungstendenz reduktionistischer Wissenschaft ist psychologisch noch nicht diagnostiziert. Sie wird verständlich, wenn wir uns die Entstehung des modernen naturwissenschaftlichen Denkens im 17. Jahrhundert vergegenwärtigen. Damals fand ein notwendiger geistiger Emanzipationsprozess gegen die dekadent werdenden kirchlichen und aristokratischen Machteliten statt. An die Stelle untertäniger Hinnahme kirchlicher Offenbarung und königlicher Gnaden und Absolutismen traten eigenständiges Denken, Selbstbestimmung und Bürgerrechte – ein Autonomie-Impuls also. Ausufernde Korruption,

76 Frankl 1997b, S. 41ff

Prostitution, Ablass- und Reliquienhandel, Inquisition und andere klerikale Geisteskrankheiten «im Namen Gottes» führten zum Zerfall kirchlicher Autorität.

Zudem brachten erste naturwissenschaftliche Entdeckungen so manches kirchliche Dogma wie das geozentrische Weltbild zum Einsturz. Aus dem berechtigten Spott über die «Scheinheiligen»[77] entstand ein generelles Misstrauen gegenüber jeder Denkweise, die auch nur im Entferntesten mit metaphysischen Hintergründen spekulierte. Jede höhere Macht, die das gerade erst neu errungene, eigene, freie Denken zu gefährden schien, wurde abgelehnt, weil sie einen Rückfall in alte, überwunden geglaubte Ohnmachtsstrukturen androhte – eine zu dieser Zeit mehr als verständliche Skepsis, die bis heute als Grundtenor im wissenschaftlichen Denken fortlebt.

Was aber bei diesem Emanzipationsprozess nicht bemerkte wurde, war ein schleichender, unbewusster Rückfall in neue Machtstrukturen, aus deren Knechtschaft auch das heutige, sich frei wähnende moderne Denken noch nicht so recht erwachen will. Der geistige Befreiungsakt erlebte gewissermaßen einen Einbruch auf halber Strecke. Mit der Abschaffung der Götter im neuen Weltbild geriet auch die Wirklichkeit des Seelisch-Geistigen des Menschen in Gefahr, von der Euphorie einer naturwissenschaftlichen Revolution überrollt zu werden. Die vor der Aufklärung allgemein akzeptierte kirchliche Repräsentanz göttlicher Allmacht war nicht wirklich durch die menschliche Freiheit ersetzt, sondern tauchte unbemerkt im neuen Gewand wissenschaftlicher Determinismen und Reduktionismen wieder auf, die bis heute eine universelle Gültigkeit beanspruchen. Aus der göttlichen Allmacht wurde eine *naturgesetzliche Allmacht*.

77 Corvin 2000

Zunächst war es ein fundamentalistischer Materialismus, der zwar schon seit fast hundert Jahren durch die Quantenphysik einerseits und die anthroposophische Geisteswissenschaft andererseits widerlegt ist, sich aber dennoch in den tradierten Denkschablonen mechanistischer Erklärungsmuster fortschreibt – die Gesetze der Physik und der Chemie bestimmen die Welt, so das Credo. Aktuell kulminiert diese Dogmatik in neurobiologischen Determinismen der Hirnforschung, die das «Ich bin», d.h. die Willensfreiheit des Menschen, in den «Mechanismen» neuronaler Netzwerke verschwinden lassen[78] – *«ein Konzept, bei dem die Freiheit des Denkens dazu missbraucht wird, sich selbst wegzuerklären».*[79] Und es war die Tiefenpsychologie, die unsere Autonomie in den unbewussten Brandungen dunkler Triebstrukturen versenkte. Auch dem Genom wurde noch vor wenigen Jahren der Status einer alles entscheidenden biologischen Determinante aller Lebensprozesse zugeschrieben; inzwischen wissen wir, dass auch die Gene nur untergeordnete Glieder in einem größeren, systemischen Funktionszusammenhang sind,[80] dass sie *nicht führen, sondern folgen.*[81]

Bei realistischer Bilanz unserer wissenschaftlichen Erträge in den letzten drei Jahrhunderten müssen wir uns eingestehen, dass wir zwar die Gesetze der unbelebten Natur weitgehend verstanden und in die bedeutenden Errungenschaften der Technik umgesetzt haben. Auch unser Detailwissen in Biochemie und Molekulargenetik ist immens gewachsen. Aber dennoch sind die zentralen Fragen nach den höheren Organisationsebenen des Lebendigen noch völlig offen. Viele

78 Hardtmuth 2006

79 Rüdiger Safranski, sinngemäß zitiert aus Scheurle 2013

80 Rosslenbroich 2016a, Rosslenbroich & Heusser 2010

81 West-Eberhardt 2003

Wissenschaftler realisieren dies in überzeugender Klarheit,[82] aber ihre Stimmen dringen noch nicht ins allgemeine Bewusstsein. Hier hilft nur eine größere interdisziplinäre Dialogbereitschaft – auch zwischen Natur- und Geisteswissenschaften – und der Mut zu neuen, unkonventionellen Fragen der Erkenntnistheorie weiter.

Die Frage nach dem Ich kann mit dem Verweis auf das Gehirn nicht beantwortet werden; das ist ein unzulässiger Reduktionismus, der das Phänomen nicht erklärt, sondern nur verschiebt. Die Neigung zu reduktionistisch-deterministischen Weltanschauungen, wie sie historisch als Spaltprodukte aus den kirchlichen Traditionen monotheistischer Allmachtslehren entstanden sind, ist erkenntnistheoretisch und wissenschaftshistorisch noch nicht ausreichend durchleuchtet. In ihnen lebt der Versuch, die Heteronomie des Geistes zu begründen, was aber ein Paradoxon ist, denn die Welt verstehen kann nur der autonome Geist des Menschen. Es ist nicht die Physik, die die Welt erklärt, sondern der Geist des Menschen, der die Physik erklärt. Jenseits des menschlichen Geistes gibt es keine Erfahrbarkeit – und auch keine Offenbarung mehr. Die Aufklärung ist hier noch nicht beendet.[83]

82 Rosslenbroich 2016b

83 Schad 2014

9. Epilog

Der nachhaltige Einfluss der Autonomiefaktoren auf die Gesundheit des Menschen ist eine ärztliche Erfahrungstatsache, die aber durch die – nur vermeintlich objektive – methodische Priorisierung biochemischer Mechanismen in der medizinischen Forschung weitgehend ausgeblendet wird. Dadurch gerät die Heilkunst immer mehr unter den Einfluss einer ausschließlich technisch-pharmakologischen Reparaturlogik, die zwar einen ohnehin schon übergewichtigen Gesundheitsmarkt weiter füttert, aber an der seelisch-sozialen Wirklichkeit des Menschen immer mehr vorbeiwirtschaftet.[84] Indem die Ich-Frage, d.h. die am Sinn orientierte, seelisch-geistige Realexistenz des Menschen aus dem Kontext wissenschaftlicher und vor allem medizinischer Fragestellungen zunehmend eliminiert wird, etabliert sich im Gegenzug eine wachsende Angst- und Misstrauenskultur, deren pathologische Rückwirkungen nicht nur im Gesundheitswesen, sondern auch in zahlreichen anderen Lebensbereichen immer mehr spürbar werden. Wo das Ich negiert wird, setzt die Selbstentfremdung des Menschen ein, und in ihr liegt der Nährboden aller Pathologie – auch und insbesondere der global-sozialen.

Eine Medizin, die die Bedeutung der Autonomiefaktoren für die Gesundheit leugnet, wird in Zukunft keine menschliche Medizin mehr sein.

84 Hardtmuth 2017

Literatur

Antonovski A (2013): Salutogenese. Zur Entmystifizierung der Gesundheit. Freiburg

Arendt H (1964): Eichmann in Jerusalem. Ein Bericht über die Banalität des Bösen. München

Bauer J (2002): Psychobiologie der Alzheimer-Krankheit. In: von Uexküll T, Geigges W, Plassmann R: Integrierte Medizin, Stuttgart, S. 157–175

Bauer J (2007): Prinzip Menschlichkeit. Warum wir von Natur aus kooperieren. Hamburg

Bauer J (2011): Schmerzgrenze. Vom Ursprung alltäglicher und globaler Gewalt, München

Bauer J (2015): Selbststeuerung. Die Wiederentdeckung des freien Willens. München

Berkmann LF, Syme SL (1979): Social networks, host resistance, and mortality: A nine-year follow-up study of Alameda county residents. American Journal of Epidemiology 109, S. 186–204

Blackburn E, Epel E (2017): Die Entschlüsselung des Alterns – der Telomer-Effekt, München

Blech J (2004): Giftkur ohne Nutzen, Der Spiegel 41/2004, http://www.spiegel.de/spiegel/print/d-32362278.html

Corvin O von (2000): Pfaffenspiegel. Bielefeld

Cyrulnik B (2013): Rette dich, das Leben ruft! Berlin

DeVries MJ (1985): Healing and the Process of Healing: The synthesis of the mind and heart in medicine. Humane Medicine 2, S. 55f

Elsas SM (2016): Zum Begriff der Nerventätigkeit: Selbstkontrolle von Epilepsie als Beispiel einer Physiologie der Freiheit. Der Merkurstab 4/16, 69. Jahrgang Heft 4, S. 262ff

Engelbrecht T, Köhnlein C (2010): Viruswahn. Lahnstein. S. 102ff

Enos WF, Holmes RH, Beyer J (1953): Coronary disease among United States soldiers killed in action in korea. JAMA 152 (12), S. 1090–1093. doi:10.1001/jama.1953.03690120006002

Folkmann J, Kalluri R (2004): Cancer without disease. Nature 427, S. 787

Ford ES, Bergmann MM, Kröger J, Schienkiewitz A, Weikert C, Boeing H (2009): Healthy living is the best revenge: findings from the European Prospective Investigation Into Cancer and Nutrition-Potsdam study. Archives of internal medicine. 169 (15), 1355-1362. doi: 10.1001/archinternmed.2009.237

Frankl V (1997a): Der Wille zum Sinn. München

Frankl V (1997b): Ärztliche Seelsorge, Grundlagen der Logotherapie und Existenzanalyse, Frankfurt 1997, S. 41ff

Frankl V (2013): Das Leiden am sinnlosen Leben. Freiburg
Gadamer HG (1986): Wahrheit und Methode. Tübingen, 5. erw. Aufl. Band 1
Gadamer HG (1994): Über die Verborgenheit der Gesundheit. Frankfurt
Glück J, Bluck S (2014): The MORE Life Experience Model: A theory of the development of personal wisdom. In: Ferrari M, Weststrate N (Eds.): The Scientific Study of Personal Wisdom. New York, S. 75 – 98
Gøtzsche PC (2015): Tödliche Medizin und organisierte Kriminalität, München
Grossarth-Maticzek R (2000): Autonomietraining, Gesundheit und Problemlösung durch Anregung der Selbstregulation, Heidelberg
Hardtmuth T (2003): Das verborgene Ich, Heidenheim
Hardtmuth T (2006): Denkfehler – Das Dilemma der Hirnforschung. Heidenheim
Hardtmuth T (2011): In der Dämmerung des Lebendigen, Heidenheim
Hardtmuth T (2015): Tiermast, Mikroorganismen und die Biologie der Moral. Die Drei 3/2015
Hardtmuth T (2017): Medizin im Würgegriff des Profits. Heidenheim
Heim ME, Schwarz R (1998): Spontanremissionen in der Onkologie, Theoretische Modelle und klinische Befunde, Stuttgart, New York
Hirshberg C, Barasch M (1995): Remarkable Recovery. New York
House JS, Landis KR, Umberson D (1988): Social relationship and health. Science 241, S. 540 – 545
Hüther G (2016): Psycho-somatik und Somato-psychik. In: Diegelmann C, Isermann M (Hrsg.): Ressourcenorientierte Psychoonkologie. Psyche und Körper ermutigen, Stuttgart, S. 51 – 60
Hüther G, Quarch C (2016): Rettet das Spiel. München
Ikemi I (1998): Psychosomatische Betrachtungen über Spontanremissionen bei Krebs. In: Heim ME, Schwarz R: Spontanremissionen in der Onkologie, Theoretische Modelle und klinische Befunde, Stuttgart, New York, S. 104f
Illich I (1981): Die Nemesis der Medizin. Hamburg
Isermann M, Diegelmann C (2015): Ressourcenorientierte Psychoonkologie. Ärztliche Psychotherapie 10, S. 207 – 212
Kiene H (2001): Komplementäre Methodenlehre der klinischen Forschung, Heidelberg, S. 109
Klimecki OM, Leiberg S, Lamm C, Singer T (2012): Functional neural plasticity and associated changes in positive affect after compassion training. Cerebral Cortex. Doi: 2012: 10.1093/cercor/bhs 142
L'age-Stehr J (1985): Ein höchst gefährliches Virus – AIDS: Ursachen, Ausbreitung, Diagnose, Verlauf. In: Halter H (Hrsg.): Todesseuche AIDS. Reinbek
Maio G (2014): Geschäftsmodell Gesundheit – Wie der Markt die Heilkunst abschafft. Berlin

Maio G (2017): Von der Umwertung der Werte in einer ökonomisierten Pädiatrie. Kinder und Jugendarzt 47./48. Jg. Nr 12/16 und 1/17
Maslach C, Leiter MP (2001): Die Wahrheit über Burnout. Stress am Arbeitsplatz und was Sie dagegen tun können. Wien
Mawson AR, Ray BD, Bhuiyan AR, Jacob B (2017): Pilot comparative study on the health of vaccinated and unvaccinated 6- to 12-year-old U.S. children. Journal of Translational Science 3: DOI: 10.15761/JTS.1000186
Oda H, Jonasch K (1998): Salutogeneseforschung bei unerwarteten Genesungen. Zitiert in: Heim ME, Schwarz R (1998): Spontanremissionen in der Onkologie, Theoretische Modelle und klinische Befunde, Stuttgart, New York
Pauen M, Welzer H (2015): Autonomie – eine Verteidigung, Frankfurt, S. 113
Reddemann L (2013): Überlebenskunst, Stuttgart
Reddemann L (2015): Optimierung oder Selbstfürsorge – Über die Nutzung von Resilienzfaktoren. Ärztliche Psychotherapie 10, S. 221 – 226
Reiter JM, Andrews D, Reiter C, LaFrance Jr WC. Taking Control of Your Seizures: Workbook. New York: Oxford University Press; 2015
Roediger E (2011): Praxis der Schematherapie: Lehrbuch zu Grundlagen, Modell und Anwendung. Stuttgart
Rogers CR (2009): Eine Theorie der Psychotherapie. Ernst Reinhardt, München
Rosslenbroich B (2016a): The Significance of an Enhanced Concept of the Organism for Medicine. Evidence-Based Complementary and Alternative Medicine (Hindawi Publishing Corporation), Volume 2016, Article ID 1587652, http://dx.doi.org/10.1155/2016/1587652)
Rosslenbroich B (2016b): Alvaro Moreno and Matteo Mossio: Biological autonomy: a philosophical and theoretical enquiry. Biology and Philosophy 31, S. 591 – 601
Rosslenbroich B, Heusser P (2010): Entwurf einer organismischen Systembiologie. Jahrbuch für Goetheanismus, Tycho Brahe Verlag, Niefern Öschelbronn, S. 7 – 39
Saxena S, Gorbis E, O'Neill J, Baker SK, Mandelkern MA, Maidment KM, Chang S, Salamon N, Brody AL, Schwartz JM, London ED (2009): Rapid effects of brief intensive cognitive-behavioural therapy on brain glucose metabolism in obsessive-compulsive disorder. Molecular Psychiatry 14(2), S. 197 – 205
Schad W (2014): Der periphere Blick. Die Vervollständigung der Aufklärung. Stuttgart
Scheurle HJ (2013): Das Gehirn ist nicht einsam. Stuttgart
Schiffer E (2013): Wie Gesundheit entsteht: Salutogenese: Schatzsuche statt Fehlerfahndung. Basel
Schlesinger-Raab A, Eckel R, Engel J, Sauer H, Löhrs U, Molls M, Hölzel D: Metastasiertes Mammakarzinom: Keine Lebensverlängerung seit 20 Jahren, Deutsches Ärzteblatt 2005; 102: A 2706 – 2714 [Heft 40]

Schnabel U (2015): Die Kraft aus der Krise, Zeit online Gesundheit vom 19.11.2015
Schubert C (2015): Psychoneuroimmunologie und Psychotherapie. Stuttgart
Schubert C, Amberger M (2016): Was uns krank macht, was uns heilt. Munderfing
Steiner R: Rudolf Steiner Gesamtausgabe (GA). Dornach/Schweiz. (Im Text zitiert nach der GA-Nummer, siehe Gesamtverzeichnis des Verlags)
Strepton A & Brydon L, Associations between acut lipid stress responses and fasting lipid level 3 years later, Health Psychology 2005.24; 6: S. 601 – 607
Treichler T (1989): Die großen Seuchen in der Geschichte der Menschheit. In: Debus M, McKeen T, Schad W, Treichler M (Hrsg.): AIDS. Stuttgart
Virchow R (1868): Gesammelte Abhandlungen zur wissenschaftlichen Medicin. Hamm
Vollmann J (2013): Persönlicher – besser – kostengünstiger? Kritische medizinethische Anfragen an die «personalisierte Medizin». Ethik in der Medizin 25 (3), S. 33 – 241
Waage PN (2014): Ich – Eine Kulturgeschichte des Individuums, Stuttgart
Werner E (1977): The Children of Kauai. A longitudinal study from the prenatal period to age ten. University of Hawai'i Press
West-Eberhardt MJ (2003): Developmental Plasticity and Evolution. Oxford

Autonomiezunahme und Autonomieverlust in der Evolution der Bewegungsfähigkeit der Säuger und ihrer Vorläufer

SUSANNA KÜMMELL

1. Einleitung

In seinen umfangreichen Ausarbeitungen beschreibt Bernd Rosslenbroich[1] die Autonomie als die Selbstständigkeit und eigene Identität eines Organismus gegenüber der Umwelt. Er führt aus, dass ein Organismus durch verschiedene Eigenschaften seine relative Autonomie aufrechterhalten kann. Zu diesen gehören Umweltabgrenzung, physiologische Stabilität (Homöostase), Internalisation, ein großer Organismus und Flexibilität gegenüber der Umwelt, z.B. im Sinne von Bewegungsvermögen des Tieres. Wie Rosslenbroich weiter darstellt, findet sich in der Evolution eine graduelle Zunahme von Autonomie, indem sich in einzelnen Evolutionslinien eine oder mehrere der Autonomieeigenschaften weiterentwickeln.

Beim Blick auf den Fossilbericht, bei dem in der Regel nur die Hartteile der Organismen erhalten sind, wird deutlich, dass viele Aussagen zu den genannten Autonomieeigenschaften nur indirekt beschrieben werden können. Dies geschieht, indem man heute

1 Rosslenbroich u.a. 2007, 2014, 2018

lebende Organismen, die den Fossilien ähnlich sind, hinzuzieht. An den Fossilien selbst können nur einzelne Eigenschaften der Autonomie ermittelt werden. Dazu gehört unmittelbar die Größenzunahme und -abnahme, weiterhin das Bewegungsvermögen, das sich relativ gut über eine Untersuchung der Gelenke fossiler Tiere und der Proportionen einzelner Knochen zueinander rekonstruieren lässt.

Anhand solcher Rekonstruktionen kann eine Autonomiezunahme in den Bewegungsmöglichkeiten innerhalb vieler Evolutionslinien, z. B. in der Evolution der Säuger und ihrer Vorläufer, festgestellt werden. Die Evolution der Bewegung und insbesondere der Fortbewegung (Lokomotion) ist der Schwerpunkt dieses Artikels. Dabei wird nur die Evolutionslinie zu den Säugern von den ersten Knochenfischen her betrachtet und dann der Blick auf einige Linien heute lebender Säuger erweitert. Da die Unterschiede in der Bewegung vorwiegend in den direkt mit der Umwelt in Kontakt stehenden Bereichen des Organismus zu finden sind, wird hier ein besonderer Fokus auf die Entwicklung von Händen und Füßen gelegt.

Durch eine solche Betrachtung der Fossilien kann im Detail erforscht werden, was genau während der Autonomiezunahme evolutiv passierte. Die Säugervorläufer beispielsweise hatten ganz komplexe Gelenke, die während eines Schrittzyklus alle Bewegungsrichtungen wie Auf- und Zubewegungen, seitliche Bewegungen und Drehungen durchliefen. Zu den Säugern hin wurden die Gelenke einfacher, viele Scharnier- und Kugelgelenke entstanden. Was passierte hier also genau bei der Vereinfachung der Gelenke? Nahm dabei die Bewegungsflexibilität zu oder ab?

Wenn wir auf die heutige Säugerwelt schauen, dann finden wir eine Vielfalt von Bewegungsformen. Unter den kletternden Affen und Halbaffen gibt es z. B. die Greifkletterer wie den Schimpansen, die Hangler wie den Gibbon, die an ihren langen Armen durchs Geäst hangeln, oder Krallenkletterer wie den Weißbüschelaffen, die wie die Eichhörnchen mithilfe der Krallen klettern. Viele Huftiere besiedeln die Steppen und sind dort mit ihren um einige Finger und Zehen reduzierten Gliedmaßen zu ausdauernden Wanderungen und schnellen Läufen in der Lage, während die Großkatzen zu ungeheuren Beschleunigungen und Geschwindigkeiten bei Sprints befähigt sind. Maulwurf und Dachs leben ganz oder teilweise unterirdisch und können graben. Während sich Formen wie die Pferde und die Gibbons in ihrer Evolution weit von den generellen Bewegungsmöglichkeiten eines ursprünglichen Säugetiers entfernt haben und damit als Spezialisten einzustufen sind, sind andere Säuger, wie Kleinsäuger, z. B. Mäuse, aber auch größere Tiere, wie die Bären, Generalisten. Generalisten sind in der Regel zu vielen Bewegungsformen in der Lage und zeigen daher häufig die Autonomieeigenschaft der Bewegungsflexibilität besonders ausgeprägt.

Daher scheint es naheliegend zu sein, Zunahme an Bewegungsflexibilität eher in der Evolution von Generalisten zu suchen und entsprechend Abnahme an Bewegungsflexibilität in der Evolution der Spezialisten. Vermutlich ist es aber komplizierter, da auch spezielle Entwicklungen wie die Fersengelenke kleiner kletternder Säuger, durch die sie kopfvoran Baumstämme hinabklettern können, eine Erhöhung der Bewegungsflexibilität ermöglichen. Wie also ist genau der Zusammenhang von Zu- oder Abnahme der Bewegungsflexibilität und der Entwicklung von Generalisten und Spezialisten unter den Säugern? Und wie steht dies in Zusammenhang mit der Größenentwicklung dieser Tiere?

Die Welt der heutigen Säuger lässt sich zurückführen auf gemeinsame Vorläufer im Erdmittelalter. Diese müssen noch eine evolutive Potenz besessen haben, die diese Bewegungsvielfalt, die wir heute vorfinden, als Möglichkeit zuließ. Was zeichnete sie in ihrer

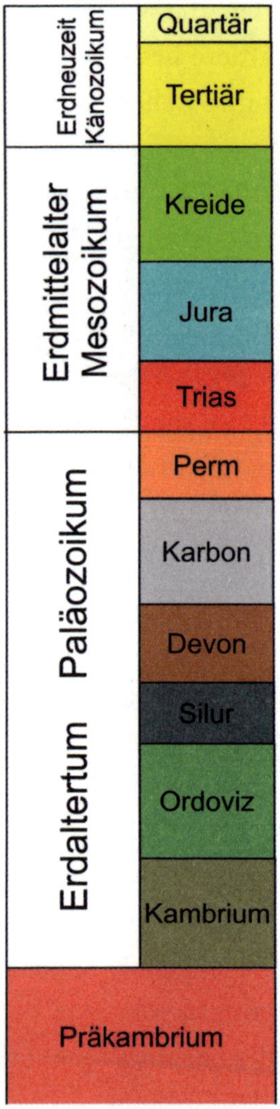

Abb. 1: Geologische Zeitskala

Bewegung aus, dass sich aus ihnen die Vielfalt der heutigen Säugerlokomotion entwickeln konnte?

Die Entstehung der Gliedmaßen und die Evolution der Säugerlokomotion reichen weit zurück in die küstennahen Meere, Flüsse und Seen des Erdaltertums (Abb. 1). Der Artikel beginnt mit diesen frühen Formen in den Gewässern, wo die Gliedmaßen entstanden, um verschiedene Facetten der Bewegungsevolution darzustellen und um auf eventuelle Veränderungen im Evolutionsmodus innerhalb dieses großen Zeitraums aufmerksam zu machen.

2. In den Gewässern und an den Gestaden des Erdaltertums: Entstehung der Gliedmaßen

2.1 Von den Panzerfischen zu den Fleischflossern

Die Geschichte der Fortbewegung an Land begann im Wasser. Im Erdaltertum entwickelten sich diverse Gruppen von Fischen in Meeren, Flüssen und Seen wie die *Panzerfische*, die *Knorpelfische* (Haie und Rochen) und die *Knochenfische*. Letztere stellen den Großteil der Fische dar, die wir heute kennen. Die Panzerfische waren die dominanten Tiere im mittleren Erdaltertum (spätes Silur bis frühes Devon) und starben im späten Devon aus. Die Panzerfische sind von einem mehr oder weniger beweglichen Panzer aus gelenkig

Abb. 2: Vorderer Panzer eines Panzerfisches aus dem Devon von Nordwestrussland, *Bothriolepis panderi* (Foto Haplochromis*, CC BY-SA 3.0, verändert). Rechts unten ein Modell eines *Bothriolepis canadensis* (Modell Citron**, CC BY-SA 3.0, verändert).

* https://de.wikipedia.org/wiki/Placodermi#/media/File:Bothriolepis_panderi.jpg

** https://en.wikipedia.org/wiki/Bothriolepis#/media/File:Bothriolepis_canadensis.jpg

verbundenen oder verwachsenen Knochenplatten umgeben (Abb. 2). Ihr Innenskelett ist hingegen vorwiegend knorpelig und, wenn überhaupt, wenig verknöchert. Aus den frühen Formen der Panzerfische entwickelten sich die Knochenfische, die sie im Devon als dominante Gruppe in den ufernahen Meeresbiotopen ablösten. Bei den Knochenfischen ist der Panzer verschwunden, und die Haut ist nur mit kleinen Schuppen besetzt, was sie sehr viel beweglicher macht. Das Innenskelett wurde jetzt verstärkt: Statt der äußeren Knochenplatten stabilisierte sich das Innenskelett, indem es fast vollständig verknöcherte.[2] Der Abbau der Panzerung und die Verstärkung des Innenskelettes, an dem die Muskeln ansetzen können, machte die Fische insgesamt leichter bei gleicher Körpergröße und gab den Fischen eine höhere Beweglichkeit. Sie können seitdem flexibler in ihrer Umwelt agieren und reagieren.

Bemerkenswerterweise trat bei den Knochenfischen früh eine Lunge als ursprüngliches Organ auf. Bei einem Teil dieser frühen Formen kam anstelle der Lunge auch eine Schwimmblase vor, die sich von der Lunge herleiten lässt.[3] Die Lunge ermöglichte den Knochenfischen weitere Autonomieschritte. Durch sie konnten die Fische in sehr flaches oder an Sauerstoff verarmtes Wasser vordringen, wo sie verstärkt durch die Lunge atmeten. Dadurch wurden im Uferbereich eine Vielzahl von Biotopen zugänglich. Die Lunge konnten sie zudem – wie auch die Schwimmblase – als hydrostatisches Organ benutzen, das heißt, sie bewahrte sie vor dem Absinken. So wurden die Brustflossen von der Aufgabe befreit, die Fische am Sinken zu hindern.[4] Haie hingegen besitzen keine Schwimmblase, und so müssen Hochseehaie immer in Bewegung bleiben, während Knochenfische durch die Lunge oder die Schwimmblase Ruhephasen einnehmen können. Indem die Flossen der Knochenfische nicht das Absinken verhindern müssen, können sie allein der Beweglichkeit dienen. Dabei werden die Flossen, insbesondere die paarigen Brustflossen, besonders bei der langsamen Bewegung eingesetzt, wenn die Knochenfische z. B. in Ufernähe um

2 Das Innenskelett, abgesehen vom Schädel und wenigen Knochenanteilen, besteht aus sogenanntem Ersatzknochen, da es sich knorpelig vorbildet und erst sekundär in der späteren Embryonalentwicklung oder während des Lebens verknöchert. Dieser Knochentyp steht im Gegensatz zu dem Hautknochen des Schädels, der sich aus der Haut herausbildet.

3 Long 2011, Clack 2012, Starck 1982

4 Long 2011, Starck 1982

Abb. 3: Der heute noch lebende Quastenflosser *Latimeria chalumnae* von den Komoren (Foto mit freundlicher Genehmigung von Jürgen Schauer / JAGO-Team GEOMAR).

Hindernisse herumschwimmen. Bei der schnellen Bewegung ist vor allem die seitliche Schlängelbewegung des gesamten Körperstammes von Bedeutung.

Unter den Knochenfischen lassen sich zwei Gruppen unterscheiden, die *Strahlenflosser* (Actinopterygii) und die *Fleischflosser* (Sarcopterygii). Zu den Ersteren gehören die meisten heutigen Fische, während von den Fleischflossern heute nur noch vier Gattungen leben. Dabei handelt es sich um den 1938 auf einem südafrikanischen Markt entdeckten Quastenflosser *Latimeria* (Abb. 3) und drei Lungenfischgattungen (*Neoceratodus, Protopterus* und *Lepidosiren*). Im Erdaltertum (ab dem mittleren Devon) waren die Fleischflosser noch vor den Strahlenflossern die dominante Fischgruppe, doch nahm ihre Häufigkeit während des Erdaltertums erheblich ab.

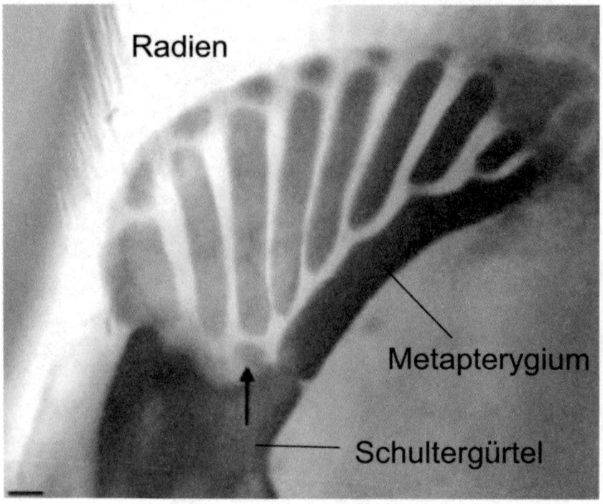

Abb. 4: Die Skelettstäbe in der Flosse eines juvenilen Löffelstörs mit 3,2 cm Gesamtlänge (aus Davis et al. 2004, verändert).

Die frühen Knochenfische zeichneten sich nicht nur durch das Auftreten einer Lunge oder Schwimmblase aus, sondern auch durch die Entwicklung kleiner Skelettstäbe an der Basis aller Flossen (Abb. 4). Diese waren für die Evolution des Landgangs von großer Bedeutung. Die kleinen Skelettstäbe an der Basis der paarigen Brust- und Bauchflossen sowie an den unpaaren Rückenflossen und der Afterflosse sind häufig mit einem Stützelement verbunden (Abb. 4 und 5). Im Falle der Brustflossen ist das Stützelement der Schultergürtel, im Falle der Bauchflossen der Beckengürtel. Auch in den anderen, unpaaren Flossen der Fleischflosser kommen Stützelemente vor, wie in Abb. 5 von *Eusthenopteron* zu sehen ist. Ebenso haben sie sich bei einer Reihe von modernen Strahlenflossern erhalten wie bei den Stören, zumindest in der Brust- und Bauchflosse (Abb. 4). Bei den Strahlenflossern ist in der Regel eine Reihe dieser kleinen Skelettstäbe an der Basis der Flossen nebeneinanderliegend mit dem Schultergürtel oder Beckengürtel verbunden. Dies ist z. B. beim heutigen Löffelstör der Fall, bei dem sich zudem der hinterste Skelettstab, das Metapterygium, noch nach distal (körperfern) in mehrere Strahlen aufspaltet (Abb. 4).

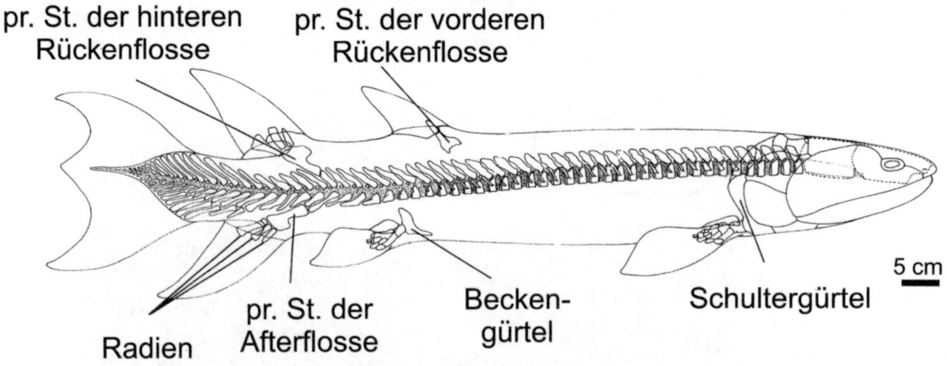

Abb. 5: Der Fleischflosser *Eusthenopteron*. Er zeigt kleine Skelettstäbe in den verschiedenen paarigen und unpaaren Flossen (bis auf die Schwanzflosse), die jeweils mit einem proximalen Stützelement (pr. St.) gelenkig verbunden sind (aus Carroll 1993, S. 158).

Im Gegensatz zu den Strahlenflossern hat bei den Fleischflossern eine Reduktion der mit dem Schultergürtel bzw. Becken verbundenen Skelettstäbe stattgefunden, sodass nur der hinterste Skelettstab, das Metapterygium und die an ihm ansetzenden Knochen, übrigblieben. Die Flossen sind daher proximal (körpernah) schmaler als jene der Strahlenflosser, und man nennt sie deswegen auch «gestielte Flossen». Mit diesem einzelnen Knochen, dem Metapterygium, der an Schulter- und Beckengürtel ansetzt, sind bei den Fleischflossern nach distal (körperfern) weitere Knochen gelenkig verbunden, denen sich in der Peripherie Flossenstrahlen (Lepidotrichia) anschließen (Abb. 6). Bei den Flossenstrahlen handelt es sich nicht um Ersatzknochen wie bei den Knochenstäben im Flossenstiel, sondern um modifizierte Schuppen, die von der Haut gebildet werden.[5] In der Anzahl und der Anordnung der Knochen in den Flossen der Fleischflosser gibt es bei den einzelnen Arten eine hohe Vielgestaltigkeit.

5 Clack 2012, S. 218

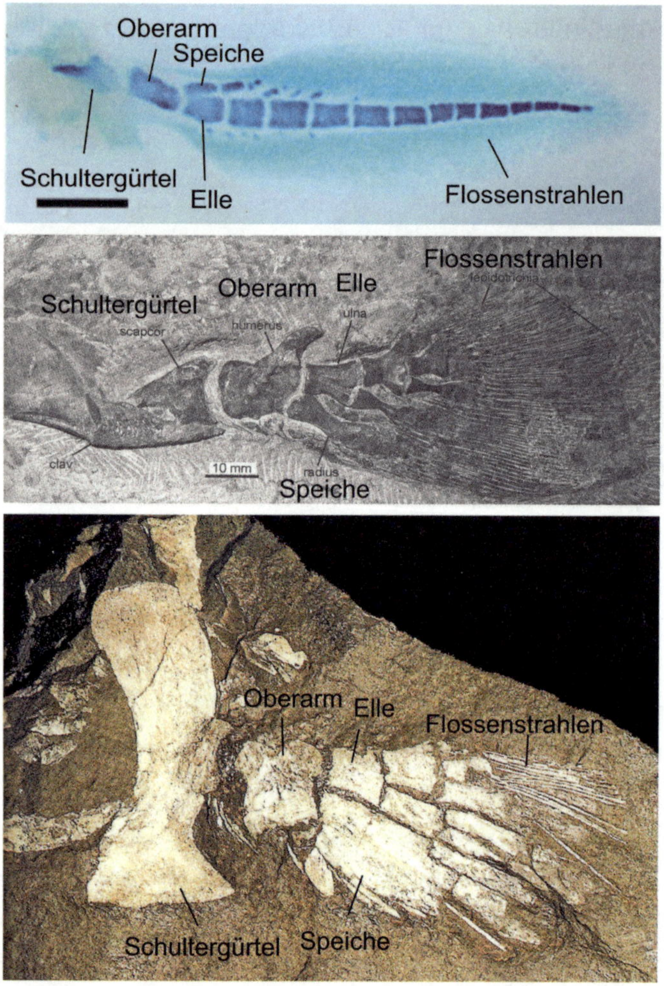

Abb. 6: Gestielte Flossen verschiedener Fleischflosser. Oben: Brustflosse eines heutigen Lungenfisches (*Neoceratodus forsteri*), frühes Entwicklungsstadium. Die Strukturen sind blau angefärbt, Maßstab 1 mm (aus Johanson et al. 2007). Mitte: Die fossile Brustflosse von *Eusthenopteron*, mittleres Erdaltertum (spätes Devon), aus dem heutigen nordamerikanischen Quebec (aus Clack 2012, S. 79, mit freundlicher Genehmigung von Jenny Clack und Indiana University Press). Unten: Brustflosse von *Sauripterus halli* (Oberdevon), aus Pennsylvania, USA (aus Long 1995, S. 191).

Die Knochen des Flossenstiels sind mit Muskeln umgeben, die die Flossen, im Gegensatz zu den dürren Flossen der Strahlenflosser, zu fülligen, muskelfleischbepackten Organen machen (Abb. 3) – daher der Name Fleischflosser für diese Fische.

Durch die Reduktion der proximalen (körpernahen) Skelettelemente auf ein Element, das Metapterygium, das mit Schulter bzw. Becken verbunden ist, wurde die Flosse der Fleischflosser sehr beweglich. Sie konnte nicht nur hin- und herbewegt, sondern auch um die Längsachse gedreht werden. Der heute lebende Fleischflosser *Latimeria* kann seine Brustflossen 300° um die Längsachse drehen und die After- und zweite Rückenflosse immerhin noch um 180°.[6] Die damit mögliche umfangreiche Manövrierfähigkeit unterstützt das langsame Schwimmen in Bodennähe. Auf diese Weise kann *Latimeria* Hindernisse wie Felsen, große Steine und Riffe geschickt umschwimmen. *Latimeria* bewohnt in etwa 300 m Tiefe einen Steilabhang an den Komoren im Indik. Sie setzt die Flossen beim langsamen Schwimmen, beim Vor- und Rückwärtsmanövrieren sowie zum gelegentlichen Kopfstand im Wasser ein, was zu ihren hauptsächlichen Bewegungsformen gehört, auch wenn sie zu schnellem Beschleunigen unter Hin- und Herschlängeln des Körpers in der Lage ist.[7]

Das Erstaunliche ist, dass sich ein Teil der Skelettstäbe an der Basis der paarigen Brust- und Bauchflossen der Knochenfische, insbesondere der Fleischflosser, mit den Gliedmaßenknochen der Landwirbeltiere homologisieren lässt. Das heißt, über eine Reihe von fossilen Stadien lassen sich viele der Gliedmaßenknochen der Landwirbeltiere aus den Skelettstäben in den Flossen herleiten.[8] Das

6 Herkner 1999

7 Herkner 1999

8 Clack 2012

oben erwähnte Metapterygium, das schon bei den frühen Knochenfischen auftrat und bei den Fleischflossern das einzige mit Schultergürtel bzw. Becken artikulierende Element ist, entspricht dem Oberarm bzw. Oberschenkel der Landwirbeltiere. Die Homologie lässt sich auch für Elle und Speiche bzw. Schienbein und Wadenbein und die mit diesen direkt gelenkig verbundenen Hand- und Fußknochen nachweisen (Abb. 6 und 7). Für den Großteil der Hand- und Fußknochen ist die Homologisierung jedoch schwieriger. Es gibt aber eine Reihe von Indizien, dass sich auch die Knochen der Finger- und Zehenglieder aus Skelettstäben der Fleischflosser herleiten.[9]

Für die meisten Gliedmaßenknochen konnte die Homologisierung durch Untersuchungen an Embryonen heutiger Wirbeltiere untermauert werden. Während der Embryonalentwicklung durchlaufen die Gliedmaßen verschiedener Wirbeltiere und des Menschen Stadien, in denen die Anordnung der Knochen dem Verzweigungsmuster, wie man es etwa bei *Eusthenopteron* findet, ähneln.[10]

Unter den fossilen Fleischflossern ist das Flossenskelett von *Eusthenopteron* den späteren Tetrapoden besonders ähnlich (Abb. 6). Es zeigt eine primäre Achse, von der nach vorne Skelettstäbe abgehen, ähnlich der Anlagen in der Embryonalentwicklung der Landwirbeltiere, wenn die Anlagen von Finger- und Zehenstrahlen unberücksichtigt bleiben. Am Flossenskelett von *Sauripterus* wurde das Prinzip der Verzweigung beibehalten, die Unterschiede z. B. zu *Eusthenopteron* zeigen aber die Vielgestaltigkeit der damaligen Formen an (Abb. 6). Beim heute lebenden Fleischflosser *Neoceratodus* ist die primäre Achse gerade, und die nach vorne gerichteten Skelettstäbe sind sehr schmal (Abb. 6).

9 Shubin & Alberch 1986, Johanson 2007, Clack 2012

10 Z. B. Shubin & Alberch 1986

Für *Eusthenopteron* konnte eine Fortbewegung auf dem Grund der Gewässer oder auf dem Land nicht nachgewiesen werden. Gegen einen Landgang dieses Tieres spricht die unpaare Analflosse, die, wie gesagt, ebenso mit Knochen ausgestattet ist wie Brust- und Bauchflossen. Auch die Morphologie des Schwanzes spricht dagegen.[11] Die Tatsache, dass die Skelettstäbe bei diesen Fleischflossern auch in den unpaaren Rückenflossen und der Afterflosse auftreten, zeigt, dass sich die Skelettstäbe und ihre Stützelemente nicht im Zusammenhang mit dem Laufen oder Abstützen auf dem Grund der Gewässer gebildet haben. Sie ermöglichten ihnen vielmehr ein flexibles, langsames Schwimmen. Durch die Vielzahl der Knochen in den Flossen der Fleischflosser und die starken Muskeln, die vom Körperstamm auf die Flossen übergreifen, sind diese Tiere beim langsamen Schwimmen besonders manövrierfähig.[12] Die auftretenden Veränderungen bei den Fleischflossern standen also vermutlich nicht mit dem Abstützen und auch nicht mit einer besonders schnellen Schwimmleistung in Zusammenhang, sondern mit einer Flexibilisierung ihrer Beweglichkeit, ihrer Manövrierfähigkeit in einem küstennahen Lebensraum.[13]

2.2 *Erste Bewegungen an Land*

Unter den Fleischflossern entwickelte sich ein nächstes Stadium, zu dem *Panderichtys* und *Tiktaalik* gehören (Abb. 7). *Tiktaalik* ist ein Fossil, das von Shubin und seinen Kollegen in Schichten eines oberdevonischen Flussdeltas gefunden worden ist, als sie auf der Suche nach einer Übergangsform zum Landleben waren.[14] Sie fanden tat-

11 Clack 1997

12 Herkner 1989

13 Herkner 1999

14 Shubin 2015

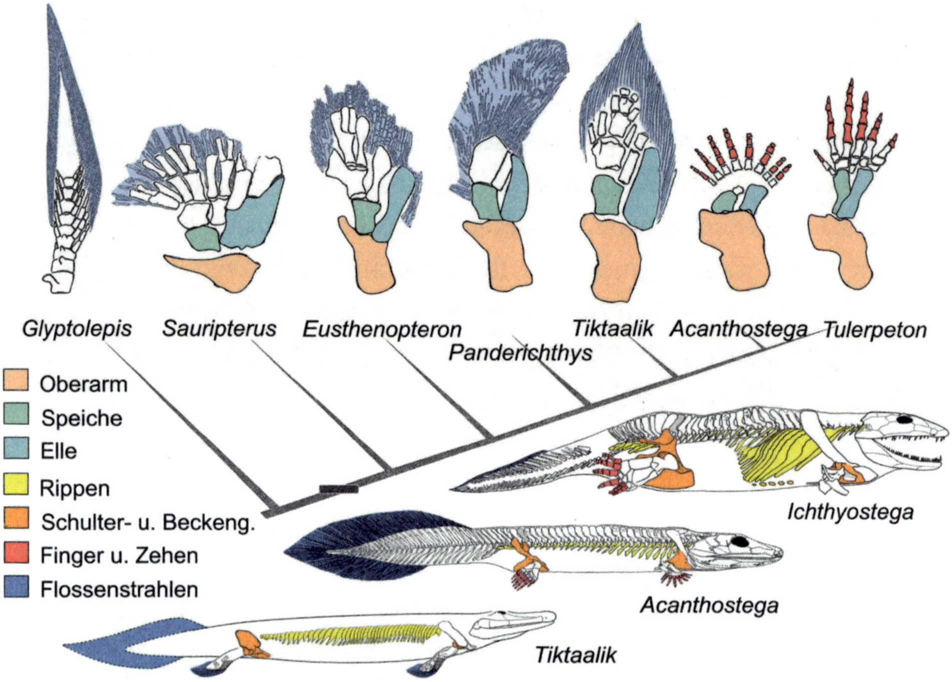

Abb. 7: Die Brustflossen der fossiler Fleischflosser und die Gliedmaßen der ältesten Vierfüßer (Tetrapoda). Die Balken zeigen die Abfolge der Formen größter Ähnlichkeit an. Unten sind die Skelette von *Tiktaalik* (etwa 2,5 m lang), *Acanthostega* und *Ichthyostega* (etwa 1 m Länge) dargestellt (aus Shubin et al. 2006 und Ahlberg 2018, jeweils verändert).

sächlich ein Tier, von dem man erste Ausflüge an Land vermuten kann. Darauf verweist in erster Linie die Tatsache, dass das Tier offensichtlich keine Afterflosse und keine Rückenflossen besaß. Der Schädel ist abgeflacht, und die großen Augen lagen oben auf dem Schädeldach wie bei einem Krokodil, das schwimmend aus dem Wasser schauen kann. Die Gelenke in den Knochen der paarigen Brust- und Bauchflossen lassen eine für eine einfache Fortbewegung an Land nötige Rotation zu. Auf die vorderen Flossen konnte sich *Tiktaalik* aufstützen, und diese konnten sich bei der Abrollung der Längsachse nach in sich verdrehen, sodass eine geringfügige Manövrierfähigkeit an Land vorhanden gewesen sein musste. So gehen Shubin et al.[15] davon aus, dass *Tiktaalik* im Küstenbereich lebte und sich zwischen Rinnen, flachem Wasser und über trockengefallenen Schlickflächen bewegen konnte. Das können aber nur kurze Ausflüge gewesen sein, denn seine sonstige Physiologie machte das Tier stark vom Wasser abhängig (z. B. sein Seitenlinienorgan[16]). Da die Rücken- und die Afterflossen verschwunden sind, ist zu vermuten, dass das Tier gegenüber seinen Vorläufern mit der neu errungenen Beweglichkeit an Land etwas an Schwimmfähigkeit eingebüßt hatte. Hier wird wieder deutlich, dass in der Evolution der Tiere, die nach und nach das Land eroberten, nicht eine besonders schnelle Schwimmleistung im Mittelpunkt stand, sondern eine Flexibilisierung der Lebensweise und Bewegungsweise. Durch die gelegentlichen Ausflüge an Land konnte das Tier seinen Lebensraum hinsichtlich der Vielfalt der Biotope immens erweitern.

Im Gegensatz zu *Tiktaalik* weisen die Formen des nächsten evolutiven Stadiums, *Acanthostega* und *Ichthyostega*, Finger und Zehen auf, und die äußeren Flossenstrahlen sind verschwunden (Abb. 7 und 8). Die Forscher staunten nicht schlecht, als diese fossilen Tiere in Grönland gefunden wurden, da *Acanthostega* acht Finger und Zehen und *Ichthyostega* sieben Zehen aufweist (Fingeranzahl nicht bekannt). Außer den Fingern und Zehen trat hier als große Neuerung eine Loslösung des Schultergürtels vom Schädelskelett auf. Dies ermöglichte eine freiere Kopfbewegung als bei den Vorläufern. Der Beckengürtel hat sich hingegen über die Rippen mit der Wirbelsäule verbunden und hat sich auch sonst sehr ausgedehnt, sodass die dort

15 Shubin et al. 2014

16 Ahlberg 2018

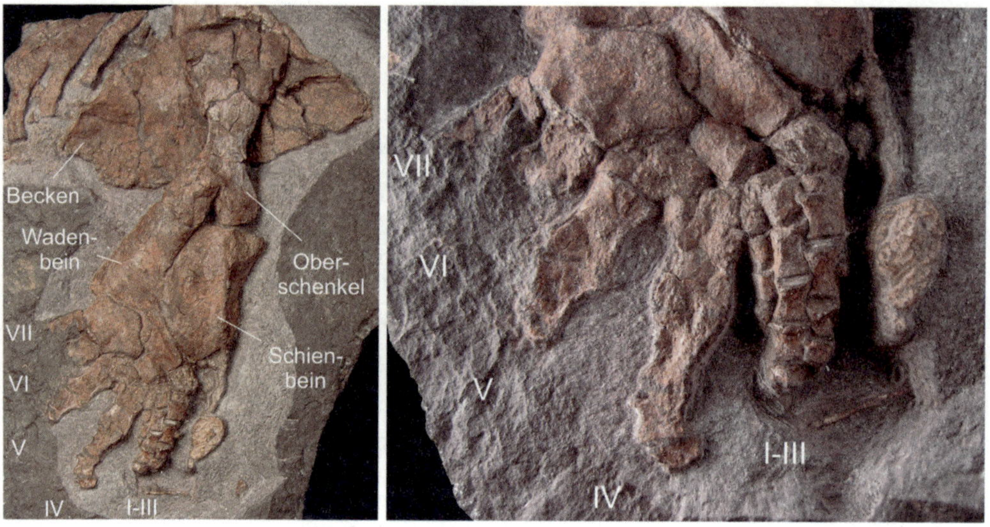

Abb. 8: Hintergliedmaße von *Ichthyostega*. Bein und Fuß sind zusammen etwa 15 cm lang (Foto: SK mit freundlicher Genehmigung von Jenny Clack, Cambridge).

ansetzenden und die Gliedmaßen stützenden Muskeln sehr kräftig gewesen sein müssen. Beides spricht für einen gelegentlichen Landgang.[17] Allerdings weisen die Füße von *Ichthyostega* seitlich nach hinten. Die Knochen liegen eng aneinander ohne viel Bewegungsspielraum (Abb. 8). Daher geht Clack[18] davon aus, dass *Acanthostega* und *Ichthyostega* im Wasser lebten und sich nur vorne mit den Gliedmaßen abstützen konnten.

Es gibt allerdings fossile Fußspuren solcher oder ähnlicher Tiere. Zum einen findet sich in Australien, am Genoa River, eine Spur eines vermutlich *Acanthostega*-ähnlichen Tieres, die sehr wahrscheinlich in flachem Wasser entstand. Die Finger und Zehen sind hier zur Seite und schräg nach unten gerichtet. In den Trittsiegeln der Spur sind je-

17 Carroll et al. 2005

18 Clack 2012

weils die Eindrücke von fünf Fingern oder Zehen sichtbar. Finger und Zehen können aber am Tier mehr gewesen sein.[19] Die Spur zeigt, dass Gehen – und sei es im flachen Wasser – durchaus zum Repertoire solcher Tiere gehörte. Zum anderen gibt es eine Spur aus Zachełmie, Polen. Sie hat das Puzzle der Landnahme völlig durcheinandergeworfen.[20] Diese Spur ist einem Vierfüßer (Tetrapoden) zuzuordnen. Sie ist 18 Millionen Jahre älter als die ältesten Körperfossilien der Vierfüßer, also *Ichthyostega*- und *Acanthostega*-ähnliche Fossilien, die noch etwas früher auftraten als Letztere, aber wegen ihrer Unvollständigkeit hier nicht erwähnt wurden. Die Spuren aus Zachełmie sind sogar auch noch um 10 Millionen Jahre älter als die Übergangsfossilien wie *Tiktaalik* und *Panderichtys*. Die Tiere, die diese frühen Spuren hinterließen, waren bis zu 2,5 m lang und sind, nach den Sedimenten zu urteilen, in einer flachen Lagune herumgelaufen. Ihre Hand- und Fußabdrücke zeigen Finger und Zehen ohne Flossenstrahlen und Schwimmhäute und könnten durchaus von einem Fuß eines *Ichthyostega*-ähnlichen Vierfüßers stammen. Der Körper des Spurenverursachers war vom Boden abgehoben, da keine Abdrücke vom Bauch oder Schwanz zu sehen sind.

Diese Spuren machen deutlich, dass sich sehr frühe Vierfüßer mit einem *Ichthyostega*-ähnlichen Fuß im Kreuzgang an Land bzw. im ganz flachen Wasser bewegen konnten. Sie zeigen weiterhin, dass die oben erwähnten Tiere alle sehr wahrscheinlich Nachfahren der Tiere sind, von denen letztlich die Vierfüßer an Land abstammen. Es ist daher wahrscheinlich, dass in Zukunft in noch älteren Schichten *Tiktaalik*- und *Ichthyostega*-ähnliche Fossilien gefunden werden.[21]

19 Clack 1997, S. 236, 2012

20 Janvier & Clement 2010, Niedzwiedzki et al. 2010, Ahlberg 2018

21 Ahlberg 2018

Möglicherweise sind *Ichthyostega* und *Acanthostega* sogar wieder mehr wasserliebend als ihre Vierfüßer-Vorfahren, denn bei *Acanthostega* ist man sich heute ziemlich sicher, dass er sekundär wieder vollständig zum Wasserleben übergegangen ist.[22] Und vielleicht erklärt eine sekundär stärkere Nähe zum Wasser auch die äußerst geringen Bewegungsspielräume in den Gelenken der Hintergliedmaße von *Ichthyostega* (Abb. 8).

Das den frühen bekannten Vierfüßern wie *Ichthyostega* folgende evolutive Stadium wird durch das Fossil *Tulerpeton* repräsentiert (Abb. 7). Es zeigt sechs Finger und sechs Zehen. Während in diesem Evolutionsstadium also ein oder zwei Finger bzw. Zehen verloren gegangen sind, sind weitere Finger- und vermutlich auch Zehenglieder hinzugekommen. Die Knochenanzahl der Finger und Zehen entspricht etwa jener der ersten Amnioten (Amnioten sind Reptilien und Säuger samt ihren Vorläufern) an Land. *Tulerpeton* hatte im Vergleich zu *Ichthyostega* bessere Fähigkeiten, sich an Land zu bewegen, auch wenn die Hintergliedmaßen deutliche Paddeleigenschaften beibehielten. Auf *Tulerpeton* folgen im Fossilbericht die frühesten vorwiegend landlebenden Amphibien und Amnioten. Sie wiesen nun nach vorne gerichtete Hände und Füße auf. Finger und Zehen haben sich auf fünf reduziert, eine Finger- und Zehenanzahl, die in der weiteren Evolution sehr stabil sein sollte.[23] Auch bei diesem Evolutionsschritt traten noch neue Knochen auf, und zwar einige Hand- und Fußwurzelknochen.[24] Bei den Wirbeltieren jedoch, die dann vollständig das Wasser verlassen haben, kam es – wenn man von kleinen Knöchelchen in der Handwurzel bei Einzeltieren und den Sesambeinen absieht – zu

22 Ahlberg 2018

23 Carroll et al. 2005, Carroll & Holms 2007

24 Carroll & Holms 2007

keiner Knochenneubildung in den Gliedmaßen mehr. Mit dem Landgang änderte sich also der Evolutionsmodus. Die Evolution des Landgangs war insgesamt von der Bildung neuer Knochen und Strukturen geprägt, der immer gleich eine Restrukturierung unter Knochenabbau folgte. Die ursprüngliche Vielfalt der Flossen reduzierte sich auf die paarigen Brust- und Bauchflossen, die sich allmählich zu Gliedmaßen entwickelten. Es entstand eine Vielzahl an Knochenstäben in den Flossen bei den verschiedenen Gattungen, die später auf dem Weg zum Landgang zum Teil wieder reduziert wurden. Nach dem Landgang jedoch kam es nur noch zu Reorganisationen ohne die Beteiligung neuer Knochenbildungen.

In der Evolution des Landgangs trat die Vielfalt wie in einem Experimentierfeld auf, in dem die Ausbildung von Stützelementen sehr plastisch ablief. Evolutiv folgte in der betrachteten Evolutionslinie zu den Vierfüßern eine Reduktion von Elementen und eine Stabilisierung eines einheitlichen Typus.[25] So stabilisierte sich nach und nach von proximal nach distal erst ein einzelnes Element (Oberarm bzw. Oberschenkel) als Verbindungselement zum Schultergürtel bzw. Becken, dann zwei Knochen, die gelenkig mit diesem verbunden sind und an deren distalem Ende Hand und Fuß sitzen. Auch die Gruppierung vieler kleiner Knöchelchen in Hand- und Fußwurzel, an die sich distal fünf Finger- und Zehenstrahlen anschließen, ist seit dem Karbon die dominante Anordnung in den Wirbeltiergliedmaßen.[26]

2.3 *Autonomieschritte auf dem Weg zum Vierfüßer*

Dieser Evolutionsweg zu den Landwirbeltieren ist von einer Reihe von Autonomieschritten gekennzeichnet. An erster Stelle wurde

25 Clack 2012, S. 253, 216, Carroll et al. 2005

26 Hopson 1995, Kümmell 2009

die Beweglichkeit bei der Entstehung der Knochenfische, durch den Abbau der Panzerung und die teilweise Verknöcherung des Innenskelettes, deutlich erhöht. Innerhalb der Knochenfische nahm die Beweglichkeit mit der Entstehung der Fleischflosser und ihrer gestielten Flosse mit dem einfachen Verbindungsglied zum Stützelement und den vielen sich anschließenden Knochen mit ihren Muskeln, enorm an Manövrierfähigkeit und Flexibilität zu. Die Fleischflosser konnten so in die verschiedensten unwegsamen Küstenbereiche vordringen. Da sie durch die Schlängelbewegungen des Körpers auch zu schnellem Schwimmen in der Lage waren, konnten die verschiedenen Schwimmmethoden je nach Situation optional eingesetzt werden. Durch ihre Lunge vermochten die Fleischflosser auch in an Sauerstoff verarmte Becken oder in besonders flaches Wasser vorzudringen, sodass neue Biotope erschlossen wurden. Die Lunge half zudem, das Tier vor dem Absinken zu bewahren, wirkte also einem Absinken entgegen, und nahm diese Arbeit den Flossen ab, die dadurch ihrer spezifischen Funktion besser genügen konnten.

Vor allem auf dem Evolutionsniveau von *Tiktaalik*, bei dem Afterflosse und die Rückenflossen zurückgebildet sind, wurde ein Bewegen an Land anfänglich möglich. Damit erhöhte sich die Flexibilität im Aufsuchen verschiedener Lebensräume, auch wenn das Schwimmen damit sicherlich nicht mehr so effizient durchgeführt wurde wie vorher. Es gibt keinen sicheren Nachweis, dass diese Tiere Insekten, die inzwischen das Land bewohnten, gejagt haben. Aber es ist anzunehmen, dass sie an Land auch Nahrung suchten, auch wenn sie vorwiegend fischfressend waren.[27]

Temperaturunterschiede z. B. zwischen Tag und Nacht, zwischen sonnenbeschienener Fläche und Schatten, sind in der Regel an Land

27 Ahlberg 2018

sehr viel größer als im Wasser. Obwohl die Tiere damals in den Tropen oder nahe den Tropen lebten, sodass jahreszeitliche Schwankungen auch an Land vermutlich gering waren, mussten sie mit den tageszeitlichen Temperaturschwankungen umgehen können, ehe sie längere Zeit an Land verbrachten. Mit zunehmender Landnahme wurde es ihnen möglich, diese Vielfalt an verschiedenen Temperaturen auch zu nutzen. An Land gab es die Option, sich in der Sonne zu erwärmen und damit den Stoffwechsel und die Bewegungsmöglichkeiten zu aktivieren, im Wasser konnten sie sich wieder abkühlen.[28] Neben der Vielfalt an Biotopen eröffnete sich für sie also auch eine Vielfalt verschieden temperierter Orte.

Trotz des Landgangs blieben die ersten Tetrapoden vermutlich zeitlebens vom Wasser abhängig. Zum einen lief die Entwicklung ihrer Larven im Wasser ab, und zum anderen musste ihre Haut immer angefeuchtet sein, sodass die Ausflüge an Land sicherlich nicht allzu lange dauerten und sie vorwiegend ihre Zeit im Wasser zubrachten.[29] Dies zeigt aber auch, dass sie, obwohl sich ihre Schwimmfähigkeiten im Zuge der Landnahme mehr und mehr vermindert hatten, sehr gut im Lebensraum Wasser zurechtkamen. Die Eroberung des Landes hat sie nicht vom Lebensraum Wasser abgeschnitten. Sie lebten die Flexibilität, die sich im Wechsel von Wasser und Land ergab.

Die ersten Amnioten (Reptilien und Säuger samt ihrer Vorläufer) erlangten dann die Fähigkeit, den eigenen Wasserhaushalt zu stabilisieren und vom Wasser, bis auf die Flüssigkeitsaufnahme, völlig unabhängig zu werden.[30] Eine einfache Schwimmfähigkeit blieb ihnen

28 Carroll et al. 2005

29 Ahlberg 2018

30 Schad 1971, Rosslenbroich 2014

vermutlich erhalten, da Schwimmfähigkeit unter den Vierfüßern an Land sehr verbreitet ist. Die meisten Vierfüßer an Land können so die Flexibilität, die die ersten Landgänger errungen hatten und die ihnen ein Leben im Wasser und an Land ermöglichte, bis heute zumindest eingeschränkt nutzen, indem sie Flüsse oder kleine Meeresarme auf Wanderungen durchschwimmen können. Evolutiv ist dies sehr bedeutungsvoll, denn dadurch haben die Vierfüßer an Land einschließlich der Vögel gute Voraussetzungen für eine Lebensweise, die sowohl wasser- als auch landlebend ist (semiaquatisch), die sich in großer Fülle in allen Wirbeltierklassen entwickelt hat. Man denke z. B. an Otter, Biber, Robben, Pinguine, viele Schildkröten etc. Auch treten, mit Ausnahme der Vögel, in allen Klassen der Landwirbeltiere vollaquatische Formen auf wie die Wale, Plesiosauria, Seeschlangen etc.

So war die Flexibilisierung der Bewegungsweise und die Nutzung verschiedenster Lebensräume ein bestimmendes Motiv des Landgangs.

Was ergab sich für die Tiere durch den Landgang? Sie entwickelten ganz neue allgemeine Fähigkeiten wie das Abstützen, das Tragen des Körpergewichtes gegen die Schwerkraft,[31] das Abrollen der Gliedmaßen beim Laufen, ohne dabei ihre Schwimmfähigkeiten einzubüßen. Carroll et al.[32] sprechen auch von der Fähigkeit der terrestrischen Lokomotion (bodenlebende Fortbewegung) *per se*. Die Knochenfische im Wasser konnten ihre Lungen oder Schwimmblasen – wie oben geschildert – als hydrostatisches Organ benutzen und waren damit im Gleichgewicht mit ihrer Umgebung, sie waren im Wasser ihr eigenes Zentrum. Die Knochen in der gestielten Flosse wuchsen von diesem Zentrum aus in die Peripherie. Die Autonomie-

31 Rosslenbroich 2014, Kümmell 2011

32 Carroll et al. 2005

schritte bei diesen Tieren waren mit dem Herauswachsen der Knochen und ihrer Restrukturierung verbunden. Während des Landgangs mussten sich die Tiere mit der Schwerkraft auseinandersetzen. Die gestielte Flosse konnte jetzt der Verankerung auf dem Boden dienen, bedurfte dafür aber einer graduellen Umwandlung.

Seit dem Auftreten der ersten vom Wasser unabhängigen Landtiere hingen die weiteren Autonomieschritte nun nicht mehr mit Knochenneubildungen, sondern mit einer Reorganisation der vorhandenen Strukturen zusammen, einer Reorganisation in der Auseinandersetzung mit der Schwerkraft, die schon während der Landnahme stattfand und die folgende Evolution an Land bestimmte.

3. Nach dem Landgang: Vom Spreizgang zur körperparallelen Gliedmaßenbewegung

3.1 Konsolidierung

Wie beschrieben, stabilisierte sich die Finger- und Zehenanzahl bei den frühen Tetrapoden auf fünf. *Tulerpeton*, der sechs Finger und Zehen aufweist, zeigt in den ersten fünf Fingern und Zehen eine Anzahl an Knochengliedern, wie sie auch derjenigen der ersten Säugervorläufer entspricht, mit einer Anordnung von 2-3-4-5-4 (Abb. 7). Die Formel gibt jeweils die Knochenglieder pro Finger/Zeh an, beim ersten begonnen. Unter den frühen Vierfüßern findet sich die volle Anzahl an Fußwurzelknochen bei *Greererpeton*, aus dem Unterkarbon, der im Wasser lebte. Die volle Anzahl der Hand- und Fußwurzelknochen war also sehr wahrscheinlich auch in der amphibischen Phase der ersten Vierfüßer entstanden. Wie auch die mit dem Stützelement verbundenen Knochenstäbe in der Flosse der Knochenfische, traten die Hand- und Fußwurzelknochen in einer großen Fülle auf und

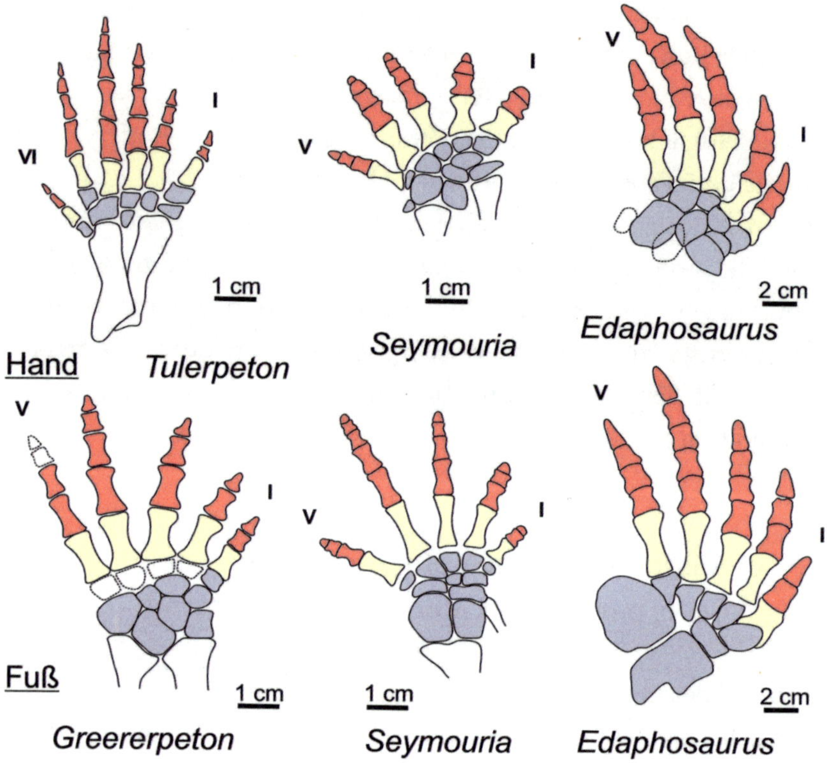

Abb. 9: Hände und Füße der frühen Vierfüßer *Tulerpeton* und *Greererpeton* (Unterkarbon), dem frühen Amnioten *Seymouria* (Unterperm) und dem frühen Säugervorläufer *Edaphosaurus* (Unterperm). Bei *Tulerpeton* und *Edaphosaurus* handelt es sich um dieselben Fossilien wie in Abb. 7 bzw. 25.

stabilisierten sich dann in einer etwas geringeren Anzahl z. B. in der Linie der Säugervorläufer (Abb. 9).

Die darauffolgende Reorganisation der Gliedmaßen nach dem Landgang stand im Zusammenhang mit der Bewegungsweise der Tiere und deren evolutiven Veränderung. Daher soll hier zuerst die Lokomotion der Tiere und dann die Veränderung der Strukturen im Detail betrachtet werden. Nach dem Landgang ging es dabei nicht in erster Linie um die grundsätzlichen Herausforderungen verschiedener Lebensräume wie beim Übergang vom Wasser zum Land, sondern um die Evolution des Laufens *per se*.

Die frühen Amnioten bewegten sich als Spreizgänger fort, das heißt, ihre Gliedmaßen waren – wie bei heutigen Eidechsen – zur Seite abgespreizt. In der Evolution zu den Säugern entwickelte sich eine weitgehend aufrechte Gliedmaßenstellung, indem die Beine nach und nach unter den Körper gestellt wurden. Die Tendenz der Aufrichtung der Gliedmaßen findet sich auch als parallele Evolution in anderen Linien der Säugervorläufer.

Anders als bei den Reptilien gibt es heute keine Spreizgänger mehr unter den lebenden Säugern, von sekundären Spreizgängern wie den grabenden Eierlegenden Säugetieren (Monotremen) und dem grabenden Maulwurf abgesehen.[33] Die heutigen Reptilien sind hingegen Spreizgänger. Allerdings gab es unter den Reptilien eine Linie, die auch eine weitgehend aufrechte Gliedmaßenstellung entwickelte, und das sind die Dinosaurier einschließlich der Vögel, mit ihren Vorläufern, den Archosauriern. Während die Archosaurier mit zunehmender Aufrechte der Gliedmaßen größer wurden und dann die großen Dinosaurier entstanden, wurden die Säugervorläufer zu den Säugern hin mit zunehmender Aufrechte kleiner.

Die Entwicklung der Aufrechte hat sich also in verschiedenen Linien bei Tieren ganz unterschiedlicher Größe und in verschiedenen Lebensräumen abgespielt – wieder eine Form von Experimentieren in der Evolution. Im Folgenden wird der Fokus allein auf die Linie zu den Säugern und da insbesondere auf die Linie zu den plazentalen Säugern gerichtet. Bei Letzteren handelt es sich um die *Plazentatiere*, alle Säuger außer den Beuteltieren und den Eierlegenden Säugern

33 Pridmore 1985, Kümmell 2009

(Monotremen). Wie ist diese Entwicklung genau abgelaufen? Was hat sich dabei an den Gliedmaßenproportionen und den Gelenken verändert, wie wurden die Gliedmaßen also reorganisiert?

3.2 Der Spreizgang

Zunächst kehren wir wieder zurück zu den Spreizgängern nach dem Landgang. Viele von ihnen stemmten im Spreizgang den Körper vom Boden ab, auch wenn heute eine Reihe von Spreizgängern unter den Reptilien und Amphibien auf dem Bauch kriechen (wie Skinke und Salamander). Ein Abstemmen des Körpers vom Boden war auch schon auf dem Evolutionsniveau von *Ichthyostega* möglich und fand sich selbst in der ersten Tetrapodenspur von Zachełmie. Auch *Orobates*, ein früher Amniote, zeigte eine solche Bewegungsweise, auch wenn er in dem gezeigten Fossil auf dem Bauch liegend fossilisiert wurde (Abb. 10). Spreizgänger sind in der Bewegung nicht nur durch die abgespreizten Gliedmaßen gekennzeichnet, sondern vor allem durch die schlängelnde Bewegung des Körperstammes, die sie von den Fischen ererbt hatten. Eine solche Krümmung der Wirbelsäule ist in dem Fossil von *Orobates* erhalten (Abb. 10).

Im späten Erdaltertum (Karbon) trennten sich in der Gruppe der Amnioten die Linien zu den Reptilien wie den Dinosauriern und Schildkröten auf der einen Seite und den Säugern und ihrer Vorläufer (*Synapsida*) auf der anderen Seite. Auch die frühen Synapsida waren wie die frühen Amnioten Spreizgänger mit vom Boden abgestemmtem Körper. Die seitlichen Bewegungen des Körpers wurden von den Gliedmaßen durch eine geringfügige Vor-und-Zurück-Bewegung unterstützt. Dabei waren Oberarm und Oberschenkel ungefähr waagerecht abgespreizt und Unterschenkel und Unterarm schräg nach außen gerichtet (Abb. 11). Während des Laufens bewegte sich mit dem Schlängeln der Wirbelsäule und den dazu in Phasen

Abb. 10: *Orobates pabsti* ist ein früher Amniote (Diadectidae; aus Nyakatura et al. 2015).

stehenden Bewegungen von Arm und Bein das ganze Tier einschließlich des Schwanzes und des Kopfes als eine funktionelle Einheit (Abb. 12). Wirbelsäule und Gliedmaßen bewegten sich gekoppelt. So ist bei der Bewegung während des Laufens bei den Spreizgängern der ganze Körper mit allen seinen Muskeln beteiligt.

Die schlängelnde Fortbewegungsweise der Spreizgänger ist nicht zu unterschätzen, denn die Tiere haben durch die weit abgespreizten Arme und Beine einen sehr stabilen Stand.[34] Die Bewegungsmöglichkeiten des Spreizgangs sind so generell, dass sie vielfältig eingesetzt werden können. So lässt sich beobachten, dass kleine Krokodile und Warane auf Bäume klettern. Viele Spreizgänger können zudem schwimmen und graben. Spreizgänger mit vom Boden abgestemmtem Körper sind also in der Regel von ihrer Bewegung her Generalisten.

34 Preuschoft & Christian 1999

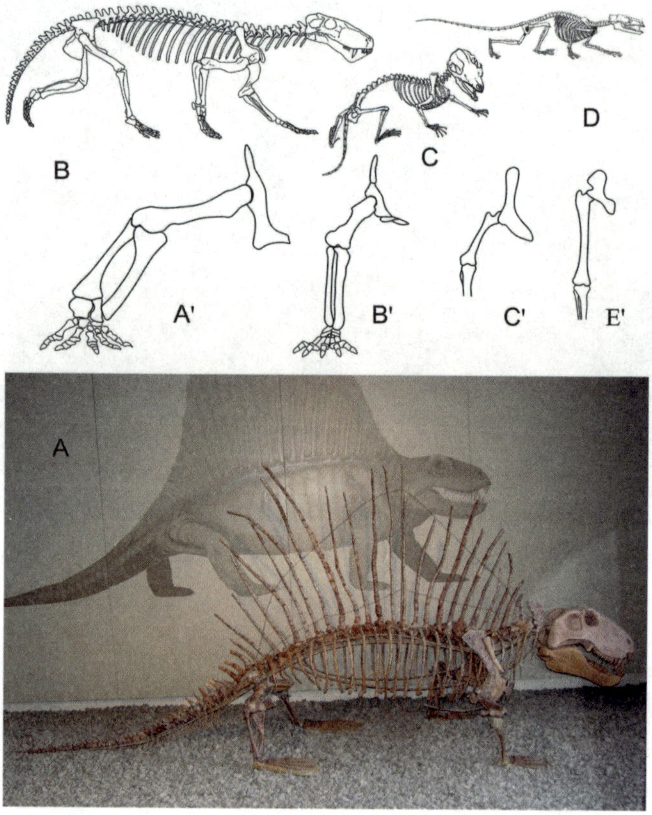

Abb. 11: Rekonstruierte Gliedmaßenstellungen von Säugervorläufern und dem erdmittelalterlichen Säuger *Eomaia*. A: *Dimetrodon* (Kopf-Rumpf-Länge etwa 1,50 m), frühes Perm (ausgehendes Erdaltertum), Texas. B: *Lycaenops*, etwa so groß wie ein Wolf, lebte im oberen Perm, Südafrika (gezeichnet nach Colbert 1948, S. 393). C: *Morganucodon*, etwa von der Größe einer Maus, lebte im beginnenden Erdmittelalter, England (aus Carroll 1993, S. 413, verändert). D: *Eomaia*, Mausgröße, aus dem ausgehenden Erdmittelalter (späte Unterkreide), Liaoning, China (aus Ji et al. 2002, S. 817, verändert). A′: Stellung der Hintergliedmaße eines frühen Synapsiden (‹Pelycosauria›) von vorne gesehen (nach Jenkins 1971a und Reisz 1980). B′: Stellung der Hintergliedmaße von einem Cynodontia (nach Jenkins 1971a und Oliveira et al. 2010, S. 123, Fuß ergänzt). C′: Beinstellung eines frühen Säugerähnlichen (Mammaliamorpha; nach Jenkins 1971a und b). D′: Beinstellung eines Hundes (nach Szunyoghy & Fehér 1996, modifiziert).

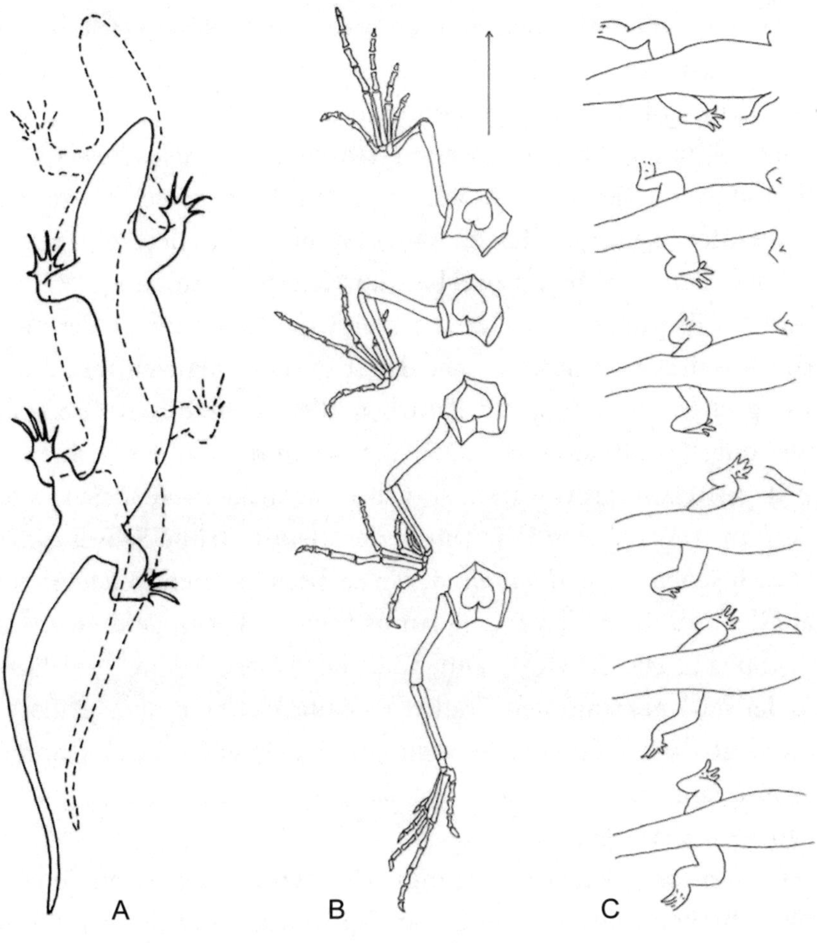

Abb. 12: Spreizgang. A: Spreizgänger mit schlängelnder Wirbelsäule (gezeichnet nach Gambaryan 1974). B: Schritt der Hintergliedmaße eines Leguans von oben gesehen, dargestellt am Skelett (gezeichnet nach Brinkman 1980b). C: Spreizgang von *Caiman crocodilus* (gezeichnet nach Brinkman 1980a).

Nur wenn Laufen an Land eine untergeordnete Rolle spielte, dann entwickelten sich häufig auch unter Spreizgängern Spezialisten wie Chamäleons, die im Geäst greifklettern.

Die meisten Spreizgänger weisen damit ein generelles Bewegungsrepertoire auf. Dies trifft insbesondere auf die meisten frühen Säugervorläufer (‹Pelycosauria›) zu. Diese waren nun in der Regel relativ groß, z. B. *Dimetrodon* mit zwei bis drei Metern Gesamtlänge (Abb. 11 A und A′). Es gab noch größere Formen wie *Edaphosaurus*, der nicht mehr Allesfresser, sondern einer der frühesten Pflanzenfresser war. Diese großen Formen hatten natürlich allein wegen ihrer Größe an Bewegungsflexibilität eingebüßt. Auch wenn die frühen Formen in der Regel relativ groß waren, so gab es auch kleine Formen unter ihnen. Im vergangenen Jahr wurde der kleinste frühe Säugervorläufer beschrieben, *Ascendonanus*, der in Sachsen in einem versteinerten Wald des ausklingenden Erdaltertums (unteres Perm) gefunden wurde (Abb. 13). Dieser wurde anhand seiner langen Hände und Füße und der stark gekrümmten Krallen als Baumkletterer rekonstruiert.[35] Dies zeigt die vielfältigen Bewegungsmöglichkeiten, zu der Spreizgängerorganisationen in der Lage sind, bei nur geringen proportionalen Veränderungen.

Eine weitere generelle Bewegungsweise ist unter den Spreizgängern sehr verbreitet, und das sind Greifmöglichkeiten mit der Hand und z. T. auch mit dem Fuß. Sie treten z. B. bei kleinen Kletterern unter heutigen Eidechsen und Fröschen auf, die kleine Äste umgreifen können, finden sich aber auch im Zusammenhang mit der Nahrungsaufnahme.[36] Greifmöglichkeiten waren unter den Säugervorläufern im ausklingenden Erdaltertum und dem beginnenden Erdmittelalter

35 Spindler et al. 2018

36 Abdala et al. 2009, Manzano et al. 2008, Iwaniuk & Whishaw 2000

Abb. 13: *Ascendonanus nestleri*, ein früher Säugervorläufer (varanopid ‹Pelycosauria›) aus einem fossilen Wald von Chemnitz aus dem ausklingenden Erdaltertum (unteres Perm). Dieses Fossil war sehr wahrscheinlich ein Baumkletterer. Es zeigt Hauterhaltung, was sehr selten ist (aus Spindler et al. 2018, verändert). Größe: Kopf-Rumpf-Länge (ohne Schwanz): 14 cm.

(Perm und Trias) z. T. sehr ausgeprägt und dienten hier vermutlich dem Ausgraben von Nahrung oder dem Fixieren von Beute.[37] Dies wirft ein weiteres Licht auf die generelle Bewegungsform des Spreizganges, denn die leichten Oppositionsbewegungen von Daumen bzw. erstem Zeh dieser Tiere unterstützten auch die Abrollbewegungen von Hand und Fuß im Spreizgang.[38]

37 Kümmell & Frey 2014

38 Kümmell & Frey 2014

3.2 Auf dem Weg zur körperparallelen Gliedmaßenstellung

Die Fortbewegungsweise der Spreizgänger stellt an die Gelenke in den Gliedmaßen hohe Ansprüche. Dies wird sofort deutlich, wenn man sich klarmacht, dass Hand und Fuß beim Laufen im Spreizgang seitlich des Körpers auf dem Boden verankert werden und der Körper sich seitlich an ihnen vorbeibewegt. Dadurch wird der etwa waagerecht stehende Oberarm bzw. Oberschenkel wie ein seitlicher Hebel um den Fixpunkt Hand und Fuß bewegt und überträgt so eine Drehung auf den Unterarm und den Unterschenkel. Ein Großteil dieser Drehung wird dann an Hände und Füße weitergegeben. So werden Hand und Fuß während des Laufens in sich verdreht (Abb. 12).

Die Gliedmaßengelenke der Spreizgänger müssen also zu einer Vielzahl von Bewegungen in der Lage sein, sie müssen sich nicht nur öffnen und schließen für den Vorwärtsschub, sondern auch noch Rotation zulassen können. Um in jeder Gelenkstellung die entsprechende Bewegung ausführen zu können, sind die Gelenke der Spreizgänger in der Regel sehr komplex. Zu den Säugern des ausklingenden Erdmittelalters hin wurden die Gelenke einfacher, und viele Kugel- oder Scharniergelenke entstanden, was zeigt, dass diese Tiere den Spreizgang mit seinen komplexen Gelenkbewegungen in der Regel nicht mehr ausführen konnten.

Über die Gelenkformen lässt sich der relative Grad an möglicher Rotation abschätzen, der von den Gliedmaßen auf Hände und Füße übertragen werden kann. Darüber können Rückschlüsse auf die Gliedmaßenstellung gemacht werden, was wir in einer ausführlichen Studie durchgeführt haben.[39]

Schon bei den frühen Formen der Säugervorläufer (‹Pelycosauria›)

39 Kümmell et al. (im Druck)

Abb. 14: «*Scymnognathus*» *parringtoni*, ein Räuber von der Größe eines Schäferhundes (Schädellänge 27,5 cm) aus der Sammlung des geologischen Instituts Tübingen.

finden sich unter den großen Raubtieren erste Tendenzen einer zunehmenden Aufrichtung der Gliedmaßen[40] (Abb. 11). Für die meisten Vertreter der evolutiv folgenden Gruppe, der ‹Therapsida› (Abb. 11, 14 und 15) hat Kemp[41] die Theorie aufgestellt, dass sie zu zwei Gangarten in der Lage waren (dual-gait-Theorie). Während der langsamen Fortbewegung benutzten sie danach einen Spreizgang, wie er auch bei den frühen Formen der Säugervorläufer vorhanden war. Während

40 Reisz 1980

41 Kemp 1982, 2005

Abb. 15: Zwei nicht vollständig erwachsene Exemplare von *Thrinaxodon* (Cynodontia) liegen nahe beieinander in ihrem Bau. Oben links: Kopf eines adulten Tieres (aus Jasinoski & Abdala 2017). Oben rechts ein adultes Tier, Kopf-Rumpf-Länge etwa 35 cm. *Thrinaxodon* lebte im Gebiet des heutigen Südafrika zu Beginn des Erdmittelalters (untere Trias).

der schnellen Fortbewegung bewegten sich, nach dieser Theorie, die Hintergliedmaßen weitgehend aufrecht, während die Vordergliedmaßen den gespreizten Gang beibehielten.

In unserer Studie konnten wir die dual-gait-Theorie für die direkten Vorläufer der Säuger (‹Cynodontier›; Abb. 15) nicht bestätigen. Nach unserer Interpretation hat hier eine weitgehend kontinuierliche Zunahme an Aufrechte der Gliedmaßen, wie sie auch von anderen Autoren für einzelne Arten beschrieben worden ist, in der Hauptlinie zu den Säugern stattgefunden (Abb. 11), da die Gelenkformen von Hand und Fuß eine relativ kontinuierliche Abnahme an möglichem Ausgleich der von den Gliedmaßen übertragenen Rotation zeigen. Am Ende des Erdmittelalters zeigen die Gelenke

Abb. 16: Kleine Säuger der Kreidezeit (oberstes Erdmittelalter), *Ukhaatherium* (links) und *Eomaia* (rechts). Beide gehören zu den Vorläufern der Plazentatiere, und beide stammen aus Ostasien (Mongolei und China), wo die Wiege der Beuteltiere und Plazentatiere liegt. Sie sind zwischen Becken und Schulter etwa 5 cm lang (Foto von *Eomaia* von Laikayiu, GNU-Lizenz für freie Dokumentation).

bei einem Teil der Säuger, die die Vorläufer der heutigen Plazentatiere sind (Eutheria), dass keine Rotation mehr ausgeglichen werden konnte. Daher ist es sehr wahrscheinlich, dass sich hier die Gliedmaßen in einer körperparallelen Ebene bewegten, wie das bei heutigen Säugern weitgehend der Fall ist. Diese Tierchen (frühe Eutheria) waren etwa mausgroß und zeigten eine zwar weitgehend körperparallele, aber geduckte Gliedmaßenstellung, wie dies auch für heutige kleine Säuger zutrifft (Abb. 11 und 16).

3.3 *Gelenkentwicklung*

Es wurde schon erwähnt, dass die Gelenke der Säugervorläufer sehr komplex waren. Sie schafften es, die komplizierten Bewegungsfiguren im Schrittzyklus eines Spreizgängers in einem gewissen Rahmen vorzugeben. Um einen Eindruck vom Bewegungsablauf zu erhalten, wie er in den Gelenken der Säugervorläufer während des Spreizgangs stattfand, seien zwei Beispiele angeführt.

Das Schultergelenk von *Dimetrodon* zeigt am Kopf des Oberarms eine schraubenförmige Gelenkfläche (Abb. 17). Am Schulterkom-

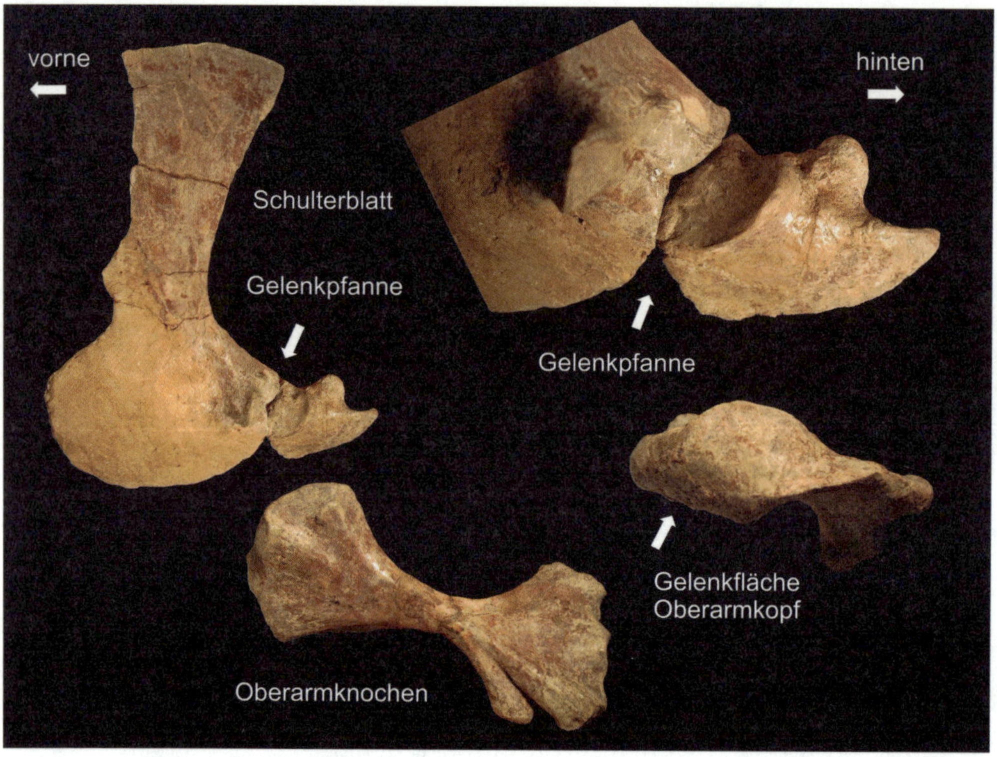

Abb. 17: Schultergelenk von *Dimetrodon* (‹Pelycosauria›) aus dem ausklingenden Erdaltertum (Unterperm), Texas. Es handelt sich um Schulterblatt und Oberarmknochen des Skeletts aus Abb. 11, das aus verschiedenen Individuen zusammengesetzt wurde und im geologischen Museum der Universität Tübingen besichtigt werden kann. Größe: Die Oberarmlänge beträgt 18 cm, die Gelenkfläche des Oberarmkopfes ist 4,4 cm breit und die Pfanne 5,7 cm.

plex ist die korrespondierende Pfanne oval, aber verzerrt und etwas kleiner als der Oberarmkopf. Während des Laufens bewegte sich der Oberarm etwa horizontal in seiner Verankerung in der Pfanne des Schulterkomplexes in einem Kreisbogen nach hinten. Dabei glitt der Oberarmkopf in der Pfanne. Durch die komplexe Gelenkgeometrie wurde er in der Pfanne zwangsgeführt und vollführte zu der Rück-

Abb. 18: *Asiatherium* (Abguss) aus dem obersten Erdmittelalter (oberste Oberkreide) der Mongolei gehört zu den Vorläufern der Beuteltiere und besitzt einen weitgehend kugelförmigen Oberarmkopf (Pfeile). Das Tierchen ist zwischen Schulter und Becken etwa 6 cm lang.

wärtsbewegung automatisch eine Drehung um seine Längsachse und leichte Oben-/Unten-Bewegungen.[42] Diese teilweise Zwangsführung in der Gelenkung gab den Bewegungsablauf des Oberarms während des Laufens weitgehend vor.

Aus dem komplexen Schultergelenk der frühen Säugervorläufer (‹Pelycosauria›) entwickelte sich über viele Stufen im mittleren Erdmittelalter ein Kugelgelenk, das sich bei den frühen Säugern vorfindet.[43] Als Beispiel sei hier *Asiatherium*, ein Beuteltiervorläufer aus der obersten Kreide der Mongolei, angeführt (Abb. 18). Anders als beim Schultergelenk von *Dimetrodon*, war der Arm der kleinen

42 Jenkins 1971a

43 Siehe auch Guignard et al. 2019

Säuger des Erdmittelalters, die ein Kugelgelenk in der Schulter besaßen, in der Bewegung nicht zwangsgeführt, sondern konnte sich im Schultergelenk in alle Richtungen bewegen und sogar der Längsachse nach drehen.

Das zweite Beispiel betrifft das Mittelgelenk der Finger bzw. Zehen, welches das Gelenk zwischen dem ersten und dem mittleren Finger- oder Zehenglied der Finger bzw. Zehen II-V darstellt. Seine Evolution zu jenem der modernen Säuger lässt sich in vielen kleinen Schritten durch die Fossilfunde dokumentieren. In Abb. 19 ist das erste Finger- bzw. Zehenglied mit seinem Gelenkkopf zu sehen.

Bei der frühen Form *Titanophoneus* (Abb. 19A) ist die Gelenkfläche des Kopfes nach vorne gewölbt mit einer vorne herausstehenden kleinen Vorwölbung. Das gebeugte Gelenk hat den Charakter eines Scharniergelenkes und war sehr stabil gegen äußeren Druck oder Zug. Mit zunehmendem Öffnungsgrad des Gelenkes wurde der Gelenkkontakt der Gelenkflächen verringert, und seitliche Bewegungen wurden in dem Gelenk möglich. Wurde in der Laufbewegung das Gelenk nach innen abgewinkelt, so fand gleichzeitig eine Zwangsrotation in dem Gelenk statt, während der das basale Finger-/Zehenglied um seine Längsachse rotierte, ähnlich wie das für das Schultergelenk von *Dimetrodon* galt. Wurde der Finger oder Zeh am Ende des Schrittes kurz vor dem Abheben von Hand bzw. Fuß maximal gestreckt, so bewegte sich der verjüngende vordere Teil des Gelenkes in die Gelenkpfanne des mittleren Finger- bzw. Zehengliedes. Der Gelenkkontakt war dann sehr gering, die passive Beweglichkeit in dem Gelenk sehr hoch, sodass es während des Abhebens leicht passiv bewegt werden konnte.

Bei den späteren Formen (Abb. 19 B + C) sieht man, wie die passive Beweglichkeit des Gelenkkontaktes im geöffneten Gelenk abnahm, indem die vordere Auswölbung am Gelenkkopf verschwand. Die

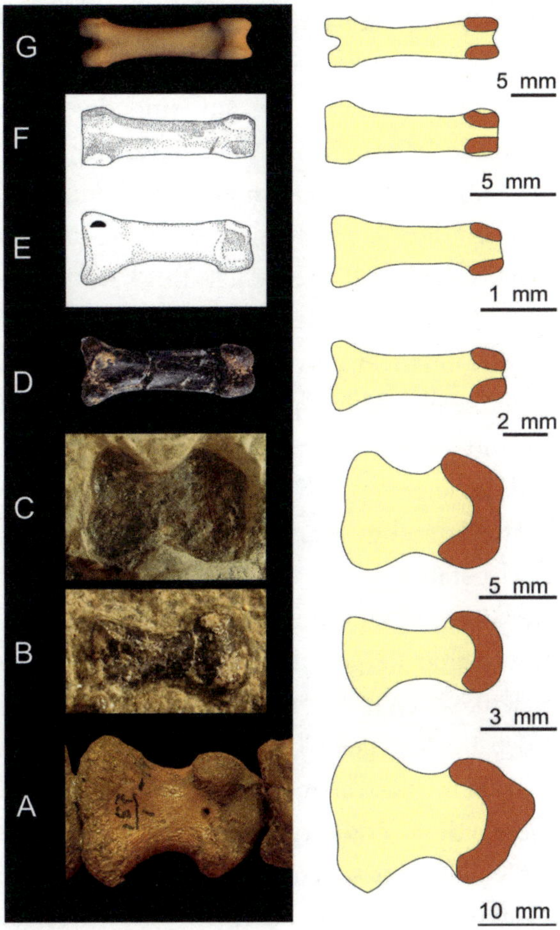

Abb. 19: Gelenkfläche des basalen Finger- bzw. Zehengliedes in einer Reihe von Säugervorläufern und frühen Säugern, Ansicht von unten. A: *Titanophoneus*, spätes Perm, Russland, II. Finger der linken Hand. B: *Thrinaxodon*, frühe Trias, Südafrika, II. Finger der linken Hand. C: *Chiniquodon*, mittlere bis späte Trias, Südamerika, II. bis V. (?) Finger oder Zeh. D: *Oligokyphus*, oberste Trias - unterer Jura, England, II. bis V. (?) Finger oder Zeh. Das Foto wurde dankenswerterweise mit der Hilfe von Michael Day und dem Fotolabor des British Museum of Natural History, London, erstellt. E: *Eozostrodon*, oberste Trias - unterer Jura, England, II. bis V. (?) Finger oder Zeh. F: *?Eucosmodon*, Paläozän, frühes Tertiär, New Mexiko, II. bis V. Zeh. G: Fuchs, modern, Deutschland, wahrscheinlich III. oder IV. Zeh.

beiden seitlichen Zweige der vordem nach vorne gewölbten Gelenkfläche erweiterte sich nach vorne. Ab der Stufe D in Abb. 19 brach der Bogen der Gelenkfläche vorne auf, und die beiden seitlichen Flügel der Gelenkfläche wurden immer paralleler, eine Gelenkrolle war entstanden. Eine Gelenkrolle in einer passenden Pfanne ist ein Scharniergelenk. In der oberen Kreide mit *?Eucosmodon* (Abb. 19 F) war das Scharniergelenk voll entwickelt. Ein Lauftier wie der moderne Fuchs zeigt im Vergleich zu den Vorläufern aus dem Erdmittelalter noch eine stärkere Stringenz in der Parallelität der beiden Gelenkflächen der Gelenkrolle (Abb. 19 G). In einem Scharniergelenk sind nur noch Auf-und-Zu-Bewegungen möglich, seitliche Bewegungen, Rotationen und die leichte passive Beweglichkeit sind verschwunden. Das Gelenk ist vollständig zwangsgeführt in der einen Bewegungsrichtung und sehr stabil.

Im Erdmittelalter entwickelten sich in den Gliedmaßen verschiedene Gelenke zu Scharniergelenken oder Kugelgelenken. Annähernde Scharniergelenke entstanden, neben den Mittelgelenken der Finger und Zehen, noch im Kniegelenk und oberen Sprunggelenk, welches das Gelenk zwischen Unterschenkel und Fuß ist. Kugelgelenke entwickelten sich, neben dem Schultergelenk, auch im Hüftgelenk, und mit Ausnahme der vollterrestrischen kleinen Flitzer unter den Säugern des Erdmittelalters entwickelten sich Ei- oder Kugelgelenke an der Finger- und Zehenbasis.

Diese Verteilung von Kugel- und Scharniergelenken kennen wir auch von uns Menschen. Das menschliche Schultergelenk mit dem runden Oberarmkopf ist extrem beweglich (Abb. 20). Der Oberarmkopf gleitet in einer kleinen Pfanne des Schulterblattes. Gerade unser Schultergelenk zeigt eine hohe Muskelführung und keine enge Pfanne, was die Beweglichkeit erhöht. Kugelgelenke können aber auch eine sehr gute Passung des Gelenkkopfes in einer großen Pfanne aufweisen, wie z. B. unser Hüftgelenk, und besitzen dann schon allein von der knöchernen Grundlage her eine hohe Stabilität. Sie können einen sehr großen Bewegungsumfang in alle Richtungen haben, wie das vor allem für unser Schultergelenk gilt. Der Bewegungsumfang des Oberarms, wenn sich auch das Schlüsselbeingelenk mitbewegt, ist deutlich über 180° bei einer Bewegung des Arms von unten nach oben, sowohl über vorne als auch über die Seite. Auch eine Drehung um die Längsachse ist um 190° möglich.[44] Die Kugelgelenke zeigen vor allem, im Gegensatz zu den Gelenken der Säugervorläufer, keine Zwangsführung. Wir können unsere Gliedmaßen innerhalb des Bewegungsumfanges in Schulter oder Hüftgelenk in diesen Gelenken aus jeder Stellung in jede andere bewegen und die Gliedmaßen dabei drehen. Bei unserer Hand ist die Drehbewegung besonders hoch, sodass wir sie im gestreckten Arm, unter Zuhilfenahme mehrerer Gelenke, um fast 360° drehen können. Bei den kleinen Säugern des späten Erdmittelalters war der Bewegungsumfang des Armes vermutlich etwas geringer als beim Menschen heute, aber ihr Arm war prinzipiell ähnlich in alle Richtungen beweglich und drehbar.

Bei den Scharniergelenken der Säuger hat sich hingegen die Bewegungsvielfalt der Gelenke ihrer Vorläufer massiv eingeschränkt. Solch ein Scharniergelenk ist mit seiner einfachen Bewegungsrichtung maximal zwangsgeführt. Damit ist es aber auch sehr stabil. Beim Mittelgelenk und beim Kniegelenk besteht es aus zwei parallelen Gelenkrollen, die in zwei Gelenkpfannen gleiten. Beim oberen Sprunggelenk des Menschen ist der Gelenkkopf am Sprungbein fast walzenförmig, wird hier jedoch durch die Fußknöchel vom Schien- und Wadenbein wie eine Spange umgriffen (Abb. 20). Der Bewegungsumfang in der einen möglichen Ebene kann bei einem

44 Drenckhahn & Zenker 1994

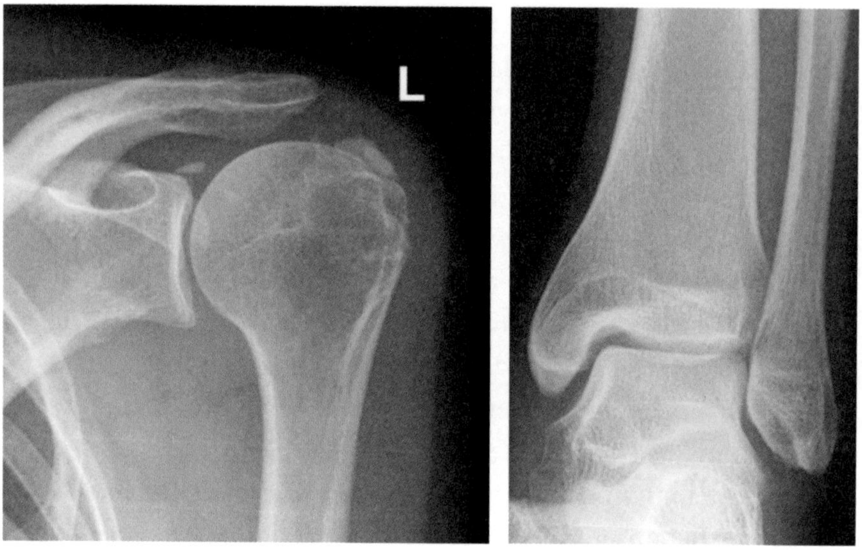

Abb. 20: Röntgenbilder von Gelenken des Menschen. Links: linkes Schultergelenk von vorne gesehen, rechts: rechtes oberes Sprunggelenk von hinten gesehen. Das obere Sprunggelenk ist das Gelenk zwischen Unterschenkel und Fuß.

Scharniergelenk höher sein als bei einem komplexen Gelenk der Vorläufer mit teilweiser Zwangsführung. So nahm der Bewegungsumfang des Öffnens und Schließens im Mittelgelenk in der Evolution von *Titanophoneus* bis zu den Säugern im späten Erdmittelalter (Abb. 19) von etwa 40° auf etwa 80° zu.[45]

Durch die vielen Scharniergelenke in den Gliedmaßen der Säuger könnte man meinen, die Beweglichkeit der Tiere hätte in der Evolution zu den kleinen Säugern des späten Erdmittelalters hin insgesamt abgenommen. In Bezug auf die Rotationsbewegung, die von der Gliedmaße auf die Hand und den Fuß übertragen wird, war das auch der Fall. Die mögliche Gesamtbeweglichkeit der

45 Kümmell & Frey 2012

Gliedmaßen in die verschiedenen Richtungen hatte jedoch potenziell zugenommen. Das liegt vor allem an den Kugelgelenken an der Basis der Gliedmaßen. Kugelgelenke und Scharniergelenke arbeiten zusammen, z. B. das Hüft- und Kniegelenk oder das Ei- bzw. Kugelgelenk an der Finger- oder Zehenbasis mit dem Mittelgelenk der Finger und Zehen. Das Bein kann z. B. an seiner Basis in jede Richtung bewegt werden und das Knie so in verschiedene Positionen bringen, wo es dann gekrümmt werden kann. Beim Klettern benutzen wir ganz verschiedene Beinstellungen, aus denen dann der Körper durch Strecken des Knies hochgestemmt werden kann. Da sowohl die Scharniergelenke als auch die Kugelgelenke viel größere Bewegungsumfänge aufweisen können als die komplexen Gelenke der Vorläufer, kann insgesamt der Bewegungsumfang der Gliedmaße als ganzer zunehmen.

In Bezug auf das obere Sprunggelenk ist der Fall noch anders. Hier entwickelten sich gleichzeig aus dem ursprünglichen Sprunggelenk, in dem neben der Beugung und Streckung auch Rotation eine Rolle spielte, zwei sehr stabile Gelenke, das obere und das untere Sprunggelenk. Auch das untere Sprunggelenk fungiert, ähnlich wie das obere Sprunggelenk, annähernd wie ein Scharniergelenk. Der Fuß des Menschen kann mithilfe beider Sprunggelenke eine Kreisbewegung vollziehen und so sich vielfältig bewegen. Dies wird unten noch genauer ausgeführt.

Neben der Erhöhung des Bewegungsumfanges der Gliedmaßen ist es vor allem die Zunahme an nicht zwangsgeführter Bewegung in den Kugel- und Eigelenken, die die Bewegungsflexibilität der kleinen Säuger gegenüber ihren Vorläufern deutlich erhöhte. Individuelle Bewegungsmöglichkeiten in die verschiedenen Richtungen hatten zugenommen. Die gesteigerten Möglichkeiten einer flexibleren Bewegung hingen auch mit einem verbesserten Lernvermögen zusammen, das bei den frühen Säugern weiter entwickelt war als bei den rezenten Reptilien und vermutlich den Säugervorläufern.[46] Die abnehmende Zwangsführung und die höhere individuelle Bewegungsmöglichkeit bedurften einer höheren Lernfähigkeit, sodass diese Freiräume durch zumindest ansatzweise eingeübte Bewegungen ergriffen und stärker durch das Individuum geführt werden konnten.

Eomaia (Abb. 16) aus der Kreidezeit von China ist einer der ersten bekannten direkten Vorläufer der Plazentatiere. Bei einer Lebensweise, wie sie für *Eomaia* von seiner Morphologie her rekonstruiert werden kann, spielte die neu errungene Bewegungsflexibilität eine große Rolle.[47] *Eomaia* lebte vermutlich in Wald, Gebüsch und Unterholz. Von seiner morphologischen Ausstattung her gesehen konnte es gut klettern, aber sich auch geschickt auf dem Boden in unebenem Gelände bewegen. Auf dem Boden benutzte es eine körperparallele Gliedmaßenbewegung, während die Arme beim Klettern auf dicken Baumstämmen vermutlich etwas abgespreizt wurden, wie man dies in noch extremerem Maße bei Eichhörnchen beobachten kann. *Eomaia* kletterte dann mit den scharfen, gekrümmten Krallen die Baumstämme hinauf, wobei die Sohlen sicherlich auch Hafteigenschaften hatten und so bei glatten Baumstämmen das Klettern unterstützt haben werden. *Eomaia* konnte jedoch vermutlich – zumindest von den Gegebenheiten seiner Hände und Füße her gesehen – auch in die äußersten Astbereiche der Büsche und Baumkronen hineinklettern und dort, wo die Krallen und Sohlenpolster im feinen Geäst keinen Halt mehr fanden, greifklettern. Es war also sehr wahrscheinlich ein vielseitiger und geschickter kleiner Kletterer.

Die Zunahme an Beweglichkeit und Flexibilität während des

46 Striedter 2005

47 Kümmell 2009, Luo et al. 2003

Erdmittelalters hing mit der zunehmenden körperparallelen Gliedmaßenbewegung zusammen. Wenn wir jetzt nicht die Bewegungen der Gliedmaßen in den Gelenken im Allgemeinen anschauen, sondern gezielt die Fortbewegung, so finden sich auch hier Tendenzen der Zunahme an Flexibilisierung und Vielseitigkeit.

3.4. Funktionelle Trennung von Wirbelsäulen- und Gliedmaßenbewegung

Während in der Evolution der Plazentatiere die Gliedmaßen in der Fortbewegung immer weiter an den Körper herangestellt wurden, nahm die Bedeutung der Wirbelsäule mit ihren seitlichen Schlängelbewegungen als Antriebsorgan ab. Die Fortbewegung wurde zunehmend von den Gliedmaßen übernommen, während die Wirbelsäule vorwiegend die Aufgaben des Tragens und der Schubübertragung übernahm. So konnte es zu einer weitgehenden Funktionstrennung beider Bereiche in der Fortbewegung kommen, die einzelnen Körperabschnitte wurden funktionell unabhängiger voneinander.

Es sei gleich angemerkt, dass bei einer Reihe von Säugern die Wirbelsäule sekundär wieder eine dem Antrieb dienende Bewegung erlangt hat. Es kam hier zu einer sekundären funktionellen Kopplung. Dabei bewegt sich allerdings die Wirbelsäule nicht wie beim Schlängeln der Spreizgänger in der Horizontalen, sondern in der Vertikalen. Die Wirbelsäule wird nach unten gekrümmt oder wieder gestreckt. Dies ist z. B. der Fall beim Hoppeln vieler kleiner Tiere oder beim Galopp von Pferd und Gepard (Abb. 21 und 22). In den meisten Fällen beherrschen diese Säuger jedoch auch andere Gangarten, in denen die Wirbelsäule keine Antriebsfunktion hat, z. B. den Schritt und Trab des Pferdes.

Die Entkopplung von Wirbelsäulenbewegung und Gliedmaßenbewegung bei einer körperparallelen Gliedmaßenbewegung führte

Abb. 21: Schrittzyklus im Galopp des Pferdes (oben) und des Geparden (unten). Pro Schrittzyklus tritt beim Pferd eine Flugphase während der Beugungsphase der Gliedmaßen auf. Beim Geparden sind es zwei, eine bei der Streckphase der Gliedmaßen und die zweite bei der Beugephase (aus Gambaryan 1974, S. 33 und 36, verändert).

zum Aufbrechen der funktionellen Einheit der Bewegung im Spreizgang. Die Trennung birgt hohe Potenziale der Autonomiezunahme in der Fortbewegung. Hierzu gehört z.B. die Möglichkeit, zwischen symmetrischen und asymmetrischen Gangarten in der Fortbewegung wechseln zu können.

Alle Spreizgänger benutzen symmetrische Gangarten. Das ist im Prinzip ein Kreuzgang, das heißt, die diagonal zueinanderstehenden Gliedmaßen bewegen sich miteinander in Phase mit der sich schlängelnden Wirbelsäule (Abb. 12). Durch die weitgehende funktionelle Trennung von Gliedmaßen und Wirbelsäule bei den Tieren mit

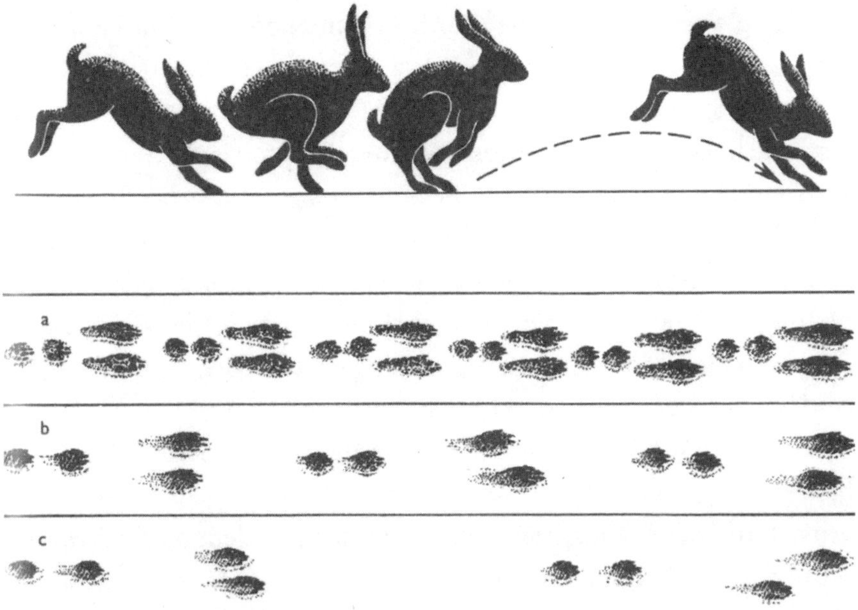

Abb. 22: Hase beim Hoppeln und die Spuren, die er hinterlässt. Der Hase krümmt und streckt beim Hoppeln die Wirbelsäule in der Vertikalen. Die Spuren zeigen, dass die Bewegung der rechten Seite nicht ganz jener der linken gleicht, die Vordergliedmaßen werden nacheinander aufgesetzt, die Hintergliedmaßen weitgehend zusammen. Die Spuren von a–c zeigen jeweils schnellere Gangarten an (aus Bouchner 1997, verändert).

körperparalleler Gliedmaßenbewegung kann es zu den sogenannten asymmetrischen Gangarten kommen wie Hoppeln und Galopp, bei denen dann die vertikale Bewegung der Wirbelsäule eine Rolle spielt. Hier ist die zweite Hälfte des Schrittzyklus nicht die symmetrische Wiederholung der ersten Hälfte (deshalb heißen sie asymmetrisch), so bewegen sich erst die Vordergliedmaßen, dann die Hintergliedmaßen. Zudem bewegen sich beide Seiten oft in einem leicht unterschiedlichen Rhythmus.[48] Beim Hoppeln des Hasen setzen z. B. die Hinterglied-

48 Gambaryan 1974

maßen gleichzeitig auf, die Vordergliedmaßen aber nacheinander (Abb. 22). Die Spuren der Säugervorläufer zeigen symmetrische Gangarten von Spreizgängern an. Eine der frühesten Spuren unter den Säuger- und Säugervorläuferspuren, die eine asymmetrische Gangart, und zwar ein Hoppeln, aufzeigt, ist die Spur *Ameghinichnus* aus dem mittleren Erdmittelalter (Jura) von Argentinien. Das Tierchen, das diese Spur hervorgebracht hat, konnte sowohl hoppeln als auch sich in der für die Vorläufer typischen symmetrischen Gangart bewegen. Beide Spurvarianten, die symmetrische Gangart und die asymmetrische, sind auf der Steinplatte in Abb. 23 dokumentiert.

Beim Hoppeln oder im Galopp werden in die Schrittfolge Flugphasen eingebaut. Das ist eine weitere Neuerung, die neben der Entstehung der asymmetrischen Gangarten mit dem Nachlassen der seitlichen Wirbelsäulenbewegung einhergeht. Zwar können Spreizgänger springen, sie können die Sprünge jedoch, mit Ausnahme des Krokodils, nicht in den Schrittzyklus einbauen.[49] Das wird erst bei Tieren möglich, deren Gliedmaßen weitgehend körperparallel bewegt werden. Ein Strecken der Gliedmaßen am Ende der Schrittphase führt hier zu einem Vorwärtsschub, der den Absprung einleiten kann. Bei einem Spreizgänger hingegen dreht das Knie während des Schreitens aus der Ebene der Vorwärtsbewegung hinaus und weist am Ende des Schrittes eine seitliche Ausrichtung auf. Eine vollständige Streckung des Knies und des Fußgelenkes vor dem Abheben des Fußes würde hier einen starken seitlichen Schub induzieren. Die seitliche Bewegungskomponente ist bei der körperparallelen Gliedmaßenbewegung verschwunden. Flugphasen sind dann ein adäquates Mittel, die Geschwindigkeit einer bestimmten Gangart deutlich zu erhöhen. Mit den asymmetrischen Gangarten und den eingebauten Flug-

49 Rewcastle 1983, Kümmell 2017

Abb. 23: Die Spur *Ameghinichnus* aus dem mittleren Erdmittelalter (Jura) von Argentinien, hoppelnde (unten) und symmetrische (oben) Gangart. Abkürzungen: H Handabdruck, F Fußabdruck (Foto mit freundlicher Genehmigung von Silvina de Valais, Hintergrund verändert).

phasen entstand also eine Vielzahl neuer Bewegungsmöglichkeiten, die je nach Situation individuell genutzt werden konnten.

Neben der zunehmenden Bewegungsflexibilität durch die verschiedenen möglichen Gangarten mit ihren Flugphasen bildete sich bei den Säugern im Zuge der Entwicklung der körperparallelen Gliedmaßenbewegung eine weitere sehr wichtige Fähigkeit heraus, und das ist die Möglichkeit zu lang anhaltenden Aktivitätsphasen. Spreizgänger ermüden nach einem Sprint sehr schnell und bedürfen dann einer Erholungsphase. Unter den Säugern hingegen gibt es heute eine Reihe ausgesprochen ausdauernder Tiere. Hierzu gehören z. B. viele Huftiere wie Gazellen, aber vor allem die Kängurus. Kängurus können über Stunden durch die Steppe hüpfen, ohne zu ermüden. Wie ist das möglich? Diese Frage ist nicht restlos geklärt, aber man kennt heute Teilerklärungen.

Gegenüber einem Reptil, das sich als Spreizgänger fortbewegt, hat ein Säugetier einen sehr viel effizienteren Stoffwechsel, indem es mehr Mitochondrien in den Zellen besitzt, jene Zellorganellen also, die die Kraftwerke der Zelle darstellen. Auch arbeiten die Lungen effizienter,

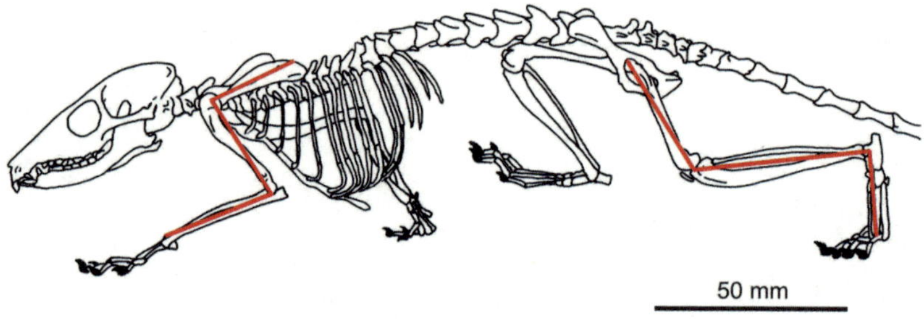

Abb. 24: Dreigliedrige Z-Konfiguration im Gliedmaßenskelett von *Tupaia glis* (nachgezeichnet von Schilling & Fischer 1999, S. 131).

wenn der Körperstamm nicht ständig hin- und hergeschlängelt wird und dabei jeweils die Lungenflügel der einen Seite eindrückt werden.[50] In Bezug auf die Gliedmaßen kommt hinzu, dass sie bei körpernaher Gliedmaßenstellung wie Sprungfedern arbeiten können. Wie oben beschrieben, bewegen sich die Gliedmaßen zwar körperparallel, sind aber in der Regel nicht völlig gerade orientiert, sondern etwas geduckt, sie zeigen eine Zickzack-Anordnung. Eine solche Beinstellung, wie sie fast alle Säuger aufweisen, nennt man auch dreigliedrige Z-Konfiguration (Abb. 24).[51] Bei den meisten Säugern ist die Zickzack-Stellung deutlich ausgeprägt, sodass bei der Hintergliedmaße die Ferse nach hinten hinaussteht und das Knie nach vorne weist. Bei der Vordergliedmaße ist die Zickzack-Stellung nicht so deutlich, da hier das bewegliche Schulterblatt einbezogen ist, dessen Bewegung von außen nur bedingt sichtbar ist (Abb. 24). Eine solche Konfiguration wirkt mit den zugehörigen Muskeln und Sehnen wie eine Sprungfeder. Wenn also das Känguru landet, dann beugen sich die Gelenke

50 Biewener 2003, Alexander 1992, 2005, Herkner 1989

51 Fischer & Blickhan 2006, Fischer & Witte 2007

der Hintergliedmaßen, das Knie und das obere Sprunggelenk. Dabei werden die Sehnen gespannt. Springt das Tier nun sofort wieder hoch, so entlädt sich die Spannung der Sehnen und trägt zur Energie des Absprungs bei. Ein Känguru spart dadurch 50 % seiner Energie bei einer Fortbewegungsgeschwindigkeit von etwa 20 km/h ein und noch mehr bei einer noch schnelleren Fortbewegung.[52] Durch die hohe Energieersparnis des Federvorgangs kann das Känguru viel länger hüpfen als ohne die Federwirkung der Sehnen.

Das Känguru und viele Huftiere sowie der Mensch benutzen ihre Gliedmaßen durch die Federwirkung der Sehnen als Sprungfedern beim Rennen und können so ausdauernder rennen oder hüpfen. Eine der wesentlichen Grundlagen dafür, nämlich die körperparallele Gliedmaßenbewegung, entwickelte sich bei den kleinen Säugern des Erdmittelalters. Bei diesen ist die Federwirkung der Gliedmaßenstellung allerdings auf die Dehnung der Muskeln zurückzuführen, nicht der Sehnen. Erst bei den größeren Säugern in der Erdneuzeit kamen dann die Sehnen ins Spiel.[53]

Das Aufbrechen der funktionellen Einheit im Laufen, die Entkopplung von Gliedmaßen und Wirbelsäulenbewegung durch die Evolution der körperparallelen Gliedmaßenstellung, barg also viele Möglichkeiten einer flexibleren Fortbewegung. So wurden dann verschiedenste Gangarten möglich, zu den symmetrischen auch die asymmetrischen Gangarten und Flugphasen konnten in den Schrittzyklus eingebaut werden. Dies ist z. B. eine Grundvoraussetzung für die schnellen Sprints vieler Raubtiere heute, wo z. B. beim Geparden zwei Flugphasen pro Schrittzyklus auftreten. Die Aktivitätsphasen der Tiere mit körperparalleler Gliedmaßenbewegung verlängerten

52 Biewener 2003

53 Fischer & Witte 1998

sich durch die ausdauernde Bewegungsmöglichkeit um ein Vielfaches. Dies bildete auch eine Basis für die Entwicklung ausgedehnter Herdenwanderungen bei modernen Tieren.

3.5. Reorganisation von Hand und Fuß beim Verschwinden der Außenrotation

Ebenso wie beim gesamten Organismus die funktionelle Einheit auseinanderbrach und in der Fortbewegung die Gliedmaßen und die Wirbelsäule unabhängiger voneinander eingesetzt werden konnten, finden sich auch funktionelle Trennungen in den einzelnen Abschnitten von Hand und Fuß. Im Zuge der Entwicklung der körperparallelen Gliedmaßenstellung verloren Hand und Fuß die Aufgabe, die von den Gliedmaßen übertragene Außenrotation auszugleichen, wodurch sie im terrestrischen Laufen fast ausschließlich der Abrollung nach vorne dienten. So veränderte sich die gesamte Konfiguration der Hände und Füße.

Morphologisch waren mit dem Landgang schon drei Bereiche angelegt: die Finger und Zehen, die Mittelhand und der Mittelfuß und die Hand- und Fußwurzel, die die vielen kleinen Knochen an der Basis von Hand und Fuß bergen. Letztere bilden zusammen mit den Mittelhand- und Mittelfußknochen in Gewebe eingebunden die Hand- und Fußfläche. Die verschiedenen Bereiche von Hand und Fuß können nun durch die körperparallele Gliedmaßenbewegung deutlichere Eigenfunktionen entwickeln als im Spreizgang. Dabei stellen Finger und Zehen den Bewegungspol von Hand und Fuß dar. Die einzelnen Finger bzw. Zehen sind durch ihre Separation und die vielen Gelenke zwischen ihren einzelnen Finger- und Zehengliedern am beweglichsten.

Im Bild könnte man sagen, Finger und Zehen stellen den Gliedmaßenpol von Hand und Fuß dar.

Mittelhand und Mittelfuß tragen bei vielen ursprünglichen Säugern und ihren Vorläufern das Körpergewicht, hier wird das Körpergewicht maßgeblich abgefedert. Dieser Bereich hat also eine rhythmisch ausgleichende Funktion, wie unten näher erläutert wird. Die Bewegungen von Hand und Fuß werden vom Hand- bzw. Fußgelenk her über die Muskeln mit ihren Sehnen, die an den Hand- und Fußwurzelknochen ansetzen, dirigiert. Damit haben die Hand- und Fußwurzelknochen am meisten Steuerungsfunktion der gesamten Hand bzw. des gesamten Fußes. Im Bild könnte man sagen, Hand und Fuß sind hier am meisten kopfartig.[54]

Der Bewegungspol von Hand und Fuß, die Finger und Zehen, waren bei den Säugervorläufern außen sehr viel länger als innen (Abb. 25). Die äußeren Finger und Zehen enthielten mehr Knochenglieder als die inneren. Diese Asymmetrie half, die von den Gliedmaßen auf Hände und Füße übertragene Außenrotation während der Abrollung auszugleichen. Schon sehr früh – im ausgehenden Erdaltertum (oberes Perm) – kam es zur Längenangleichung der Finger und Zehen. Hier verschwanden oder verwuchsen die mittleren Finger-/Zehenglieder (dunkelrot in Abb. 25), sodass nur die säugertypische Anzahl von drei Finger- oder Zehengliedern in allen Fingern bzw. Zehen übrigblieb. Nur der Daumen bzw. I. Zeh hatte eine Anzahl von zwei Finger- bzw. Zehengliedern. Insgesamt entstand also die Finger- bzw. Zehengliederanzahl von 2-3-3-3-3, wie wir sie von uns heute kennen.[55]

Die Finger/Zehen der Säugervorläufer bildeten vorne an Hand bzw. Fuß ein Vorgewölbe, einen nach unten gekrümmten Bogen (Abb. 26). Wie die Gliedmaßen insgesamt, sind auch die ersten und zweiten

54 Für eine genaue Beschreibung der drei Hand- und Fußbereiche s. Kümmell 2008 und Paede 2001.

55 Kümmell 2008, Hopson 1995, Kümmell 2009

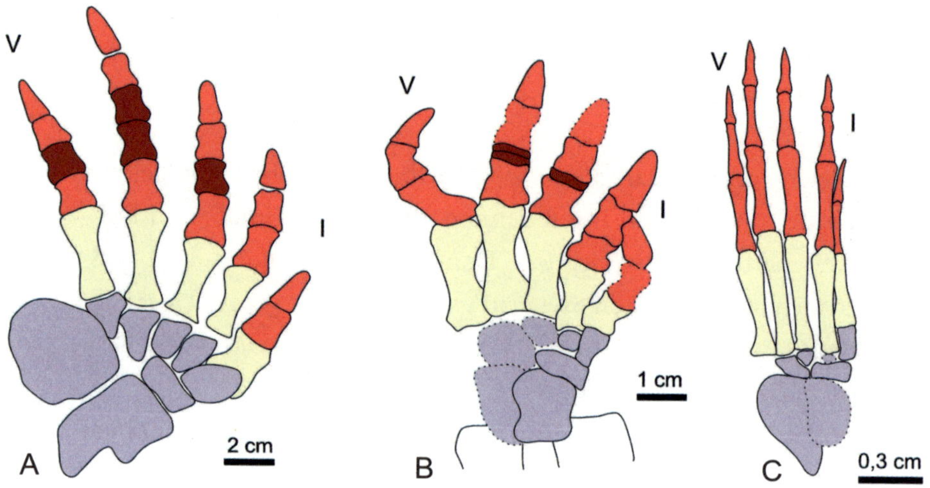

Abb. 25: Angleichung der Längen von Zehen und Mittelfußknochen der Säugervorläufer und frühen Säuger. A: *Edaphosaurus* (Abguss), linker Fuß, unteres Perm, Texas. B: *Viatkogorgon*, rechter Fuß gespiegelt, oberes Perm, Russland. C: *Megazostrodon*, linker Fuß, unterer Jura, Lesotho.

Finger- und Zehenglieder samt den Mittelhand- und Mittelfußknochen in einer Zickzackstellung angeordnet. Auch die Zehen weisen wie die Gliedmaßen den Charakter von Sprungfedern auf.[56] Diese Sprungfedern sind vor allem in der Schlussphase eines Schrittzyklus beim Rennen wichtig. Diese Federeigenschaften der Finger bzw. Zehen entwickelten sich verstärkt mit den präziser werdenden Finger- und Zehengelenken und mit der Abnahme an Asymmetrie im Finger- und Zehenbereich.

Da mit der körperparallelen Gliedmaßenstellung die Gelenke und die Längenproportionen von Finger und Zehen die Aufgabe verloren haben, die Rotation, die von den Gliedmaßen übertragen wurde,

56 Kümmell & Frey 2012

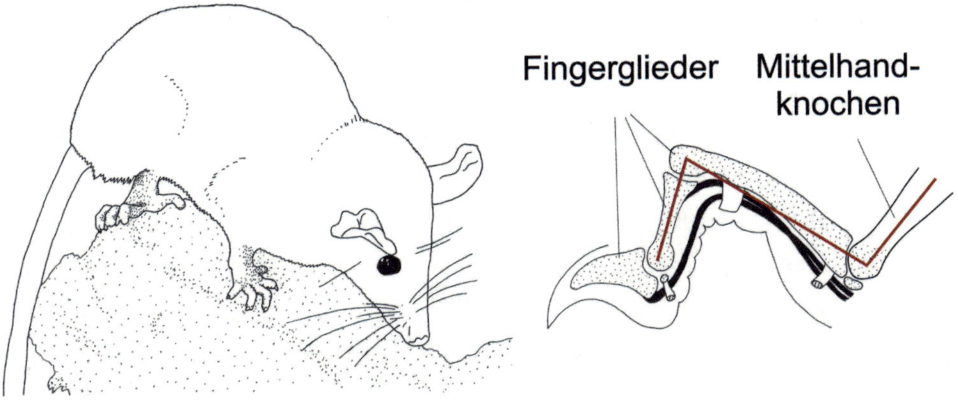

Abb. 26: Z-Konfiguration von Finger/Zehen mit den Mittelhand- bzw. Mittelfuß-knochen. Links: Maus-Zwergbeutelratte mit einem deutlichen Vorgewölbe in Fingern und Zehen (gezeichnet nach einem Foto in Grzimek 1988, Vol. I, S. 245). Rechts: Finger eines kleinen Säugers wie die Haselmaus oder Zwergbeutelratte (nachgezeichnet nach Haffner 1996, S. 223, verändert). Für die kleinen Säuger des Erdmittelalters konnte eine ähnliche Finger- oder Zehenstellung rekonstruiert werden.

auszugleichen, können die Finger und Zehen anderen Anforderungen besser genügen als vorher. Dazu gehört, dass die Federwirkung der Finger und Zehen samt der Mittelhand und dem Mittelfuß evolutiv verbessert wurde. Vermutlich waren hier auch die Greifmöglichkeiten weiter entwickelt. Das machte ihre Bewegung wiederum flexibler.

Die Abnahme der Außenrotation in Händen und Füßen eröffnete aber nicht nur evolutive Entwicklungen zu mehr Flexibilität, es wurde auch möglich, dass Finger und Zehen der jeweiligen Lebensweise eines Tieres besser entsprachen als zuvor. Bei den Kletterern wurden die Finger oft sehr lang, bei vielen Gräbern hingegen sehr kurz. Und die Grundgelenke an der Basis der Finger bzw. Zehen wurden zu beweglichen Kugelgelenken bei vielen Kletterern oder zu bewegungslimitierten Walzengelenken bei vielen terrestrischen Läufern. So änderten sich die Längenproportionen und Gelenke entsprechend der jeweiligen Lebensweise deutlicher als zuvor, als ihre Längenproportionen und die Gelenksgeometrie durch die von den Gliedmaßen übertragene Außenrotation stärker vorgegeben waren.

Doch nicht nur die Längenproportionen konnten sich jetzt ändern, sondern auch die Fingeranzahl.[57] Beim Laufen der Spreizgänger werden während der Außenrotation in der Abrollung die Finger bzw. Zehen nacheinander abgehoben, bis sie über die innersten Finger/Zehen abrollen (Abb. 12). Mit weniger als vier Fingern bzw. Zehen würde dies nicht geschmeidig ablaufen. Wenn sich also die Gliedmaßen körperparallel bewegen und Hände und Füße nicht mehr die Außenrotation von den Gliedmaßen abfangen müssen, können Finger und Zehen verloren gehen, wie z. B. bei den Huftieren der Erdneuzeit, bei denen nur ein oder zwei Finger/Zehen pro Gliedmaße übrig geblieben sind.[58]

Ähnlich wie die Entwicklung in Finger und Zehen war jene der Mittelhand- und Mittelfußknochen. Mittelhand- und Mittelfußknochen jeweils einer Gliedmaße glichen sich etwa einer Länge an. Dieser Trend entwickelte sich etwas später als derjenige der Finger und Zehen (Abb. 25) und stand noch unmittelbarer mit dem Nachlassen der von den Gliedmaßen übertragenen Außenrotation im Zusammenhang als die Längenangleichung von Fingern und Zehen.[59] Gleichzeitig mit der Längenangleichung von Mittelhand und Mittelfuß bildeten sich das Quergewölbe und das Längsgewölbe weiter aus (Abb. 27), wobei sich das Längsgewölbe im Fuß ausgeprägter entwickelte als in der Hand. Das Quergewölbe lässt sich an den nach unten keilförmig schmaler werdenden Keilbeinen der Hand- und Fuß-

57 Kümmell 2011, Kümmell et al. (im Druck)

58 Kümmell 2011, Kümmell et al. (im Druck)

59 Kümmell 2009

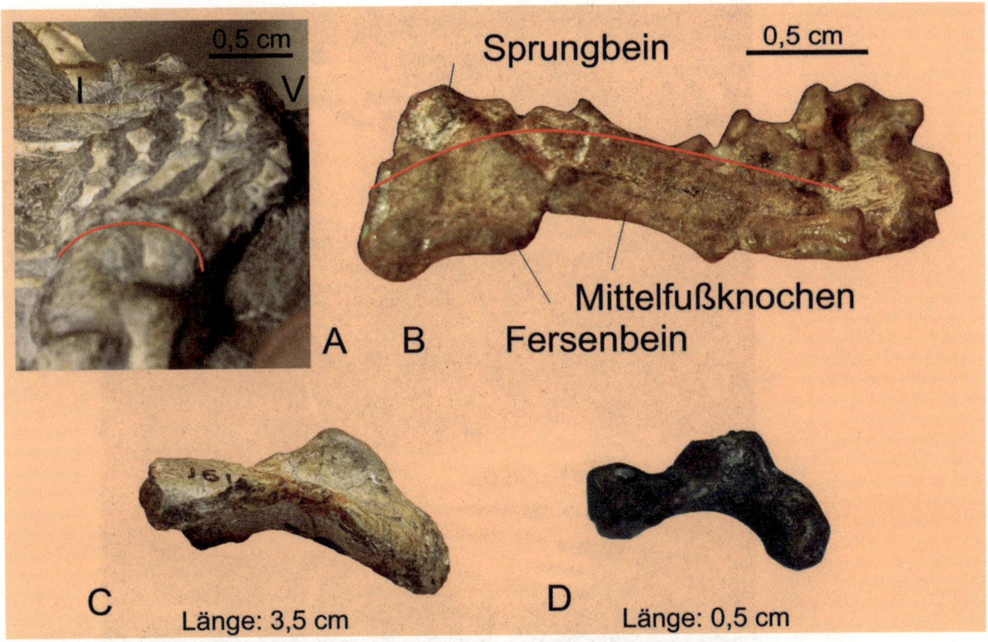

Abb. 27: Gewölbestruktur von Mittelhand und Mittelfuß und Hand- und Fußwurzel. A: *Ictidosuchoides* (oberes Perm – untere Trias, Südafrika) mit einem deutlichen Quergewölbe in Mittelhand und Handwurzel. B: Längsgewölbe im Fuß eines Regisauriden (untere Trias, Südafrika). C: Fersenbein von *Diademodon* (untere – mittlere Trias, Südafrika) und D: Fersenbein von *Eozostrodon* (obere Trias, England). Beide Fersenbeine zeigen eine deutlich nach unten gebogene Ferse, die auf der Abbildung jeweils das rechte Ende des Fersenbeins darstellt. *Eozostrodon* ist ein ziemlich direkter Säugervorläufer. Die anderen Fossilien gehören nahe verwandten Nebenlinien an.

wurzel sehr gut ablesen, die im Falle des Fußes das Gewölbe wie einen Kuppelbau abschließen.[60] Ein Quergewölbe tritt in verschiedenen Linien der Säugervorläufer auf. Diese zeigen zudem eine stark nach unten gekrümmte Ferse, die das Längsgewölbe des Fußes verstärkte (Abb. 27).

60 Kümmell & Frey 2014

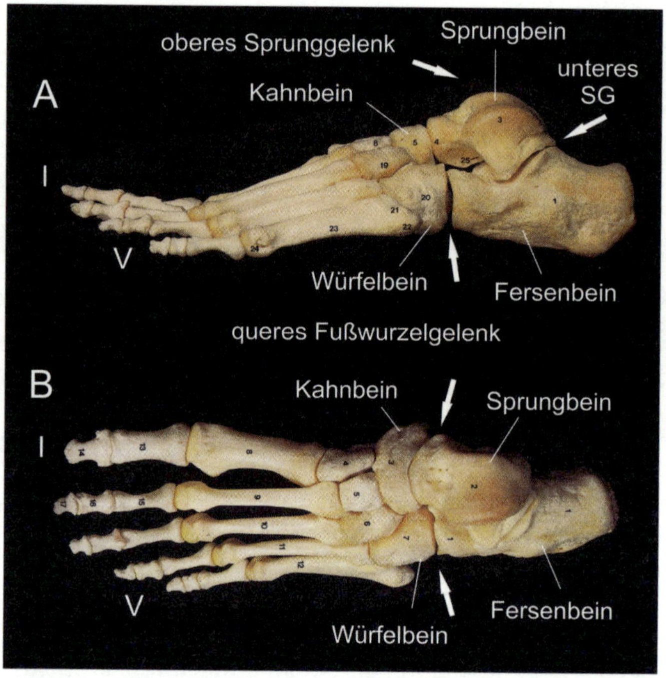

Abb. 28: Menschliches Fußskelett von der Außenseite (A) und von oben (B) mit der Gelenkrolle des oberen Sprunggelenkes auf dem Sprungbein, dem unteren Sprunggelenk (SG) zwischen Sprung- und Fersenbein und dem queren Fußwurzelgelenk zwischen Sprung- und Fersenbein auf der einen und dem Kahnbein und Würfelbein auf der anderen Seite. Aus McMinn et al. 1985, verändert.

Bei den Sohlengängern unter den Säugern ist in der körpernahen Gliedmaßenstellung das Fußgewölbe für die Federung des Schrittes sehr wichtig. Unter heutigen Säugern zeigt der Mensch ein besonders ausgeprägtes Längs- und Quergewölbe. Beide Füße des Menschen nebeneinandergestellt bilden mit der Fußsohle eine hohle Kuppel. Außen liegen die Fußränder auf dem Boden auf, innen schließen sich die inneren Fußränder an die Halbkuppel des anderen Fußes an. Diese Kuppel senkt sich beim Laufen während der Belastung beim Menschen um etwa einen Zentimeter ab. Sie ist durch eine

Sehnenplatte, durch Bänder und Muskeln stabilisiert und schnellt beim Abheben des Fußes wieder in ihre Ausgangslage zurück. So kann das Längs- und Quergewölbe als Stoßdämpfer dienen. Hieran wird der mittlere, rhythmische Charakter der Mittelhand und des Mittelfußes besonders deutlich, indem die Gewölbestruktur rhythmisch und ausgleichend den Kontakt zum restlichen Körper herstellt.[61]

Nachdem die Säuger des Erdmittelalters die körperparallele Gliedmaßenbewegung weitgehend erlangt hatten, wurde es möglich, dass sich die Mittelfußknochen – ebenso wie die Finger und Zehen – gegenüber den typischen Längenproportionen der Spreizgänger deutlich veränderten. So sind verlängerte Mittelfußknochen typisch für viele schnelle Säuger; oft hat ihre Verlängerung einen Anteil an der hohen Geschwindigkeitsleistung dieser Säuger.[62]

Im Fuß wurde durch die Entwicklung der körperparallelen Gliedmaßenbewegung auch der Steuerungscharakter im Fersenbereich verstärkt. Dies geschah weitgehend durch das Zusammenspiel des oberen und des unteren Sprunggelenkes. Das obere Sprunggelenk ist wie gesagt ein Scharniergelenk zwischen Unterschenkel und Fuß, wobei Schienbein und Wadenbein die Gelenkrolle des Sprungbeins spangenartig umgreifen (Abb. 20). Das Sprungbein wiederum liegt dem Fersenbein auf (Abb. 28). Im Gelenk zwischen Sprungbein und Fersenbein, dem unteren Sprunggelenk, können wir unseren Fuß nach außen und innen abwinkeln, gekoppelt mit einer leichten Drehung in der Längsachse des Fußes. Bei Aktivierung beider Sprunggelenke kann der Fuß insgesamt eine kreisende Bewegung ausführen.

61 Paede 2001

62 Hildebrand & Goslow 2004, S. 495, Garland & Janis 1993, S. 147

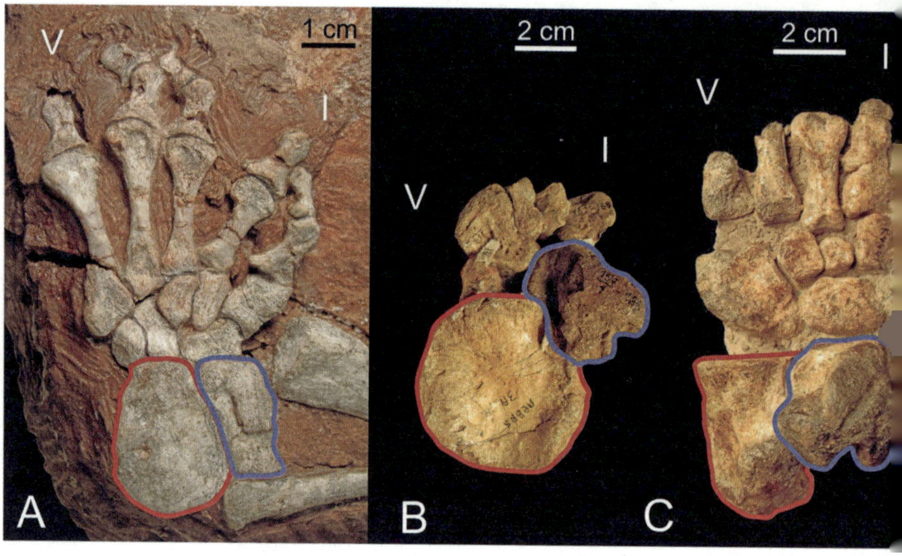

Abb. 29: Fersenentwicklung von oben gesehen. A: *Dimetrodon*, unteres Perm, Deutschland; B: *Titanophoneus*, oberes Perm, Russland; C: *Gorgonopside* SAM-PK-K4441, oberes Perm, Südafrika; D: *Diademodon*, oberes Perm, Südafrika; E: *Oligokyphus*, obere Trias – unterer Jura, England; F: *?Eucosmodon*, Paläozän, frühes Tertiär, südliche USA (aus Granger & Simpson 1929); G: *Zalambdalestes*, oberste Kreide, Mongolei (aus Kielan-Jaworowska 1978).

Bei den frühen Säugervorläufern lagen das Sprungbein und das Fersenbein nebeneinander. Über den Zeitraum des gesamten Erdmittelalters hinweg wanderte das Sprungbein langsam auf das Fersenbein hinauf (Abb. 29), wobei sich das untere Sprunggelenk weiterentwickelte. Am Ende des Erdmittelalters (obere Kreidezeit), als die Gliedmaßen bereits weitgehend körperparallel arbeiteten, lag das Sprungbein vollständig über dem Fersenbein. Gleichzeitig wuchs die Ferse des Fersenbeins nach hinten aus (Abb. 29). Während das obere Sprunggelenk anfangs verschiedene Bewegungsrichtungen zuließ, wurde die Bewegung mit der Zeit immer weiter auf die einfache Vor- und Zurückbewegung eingeengt, durch die die Vorwärtsbewe-

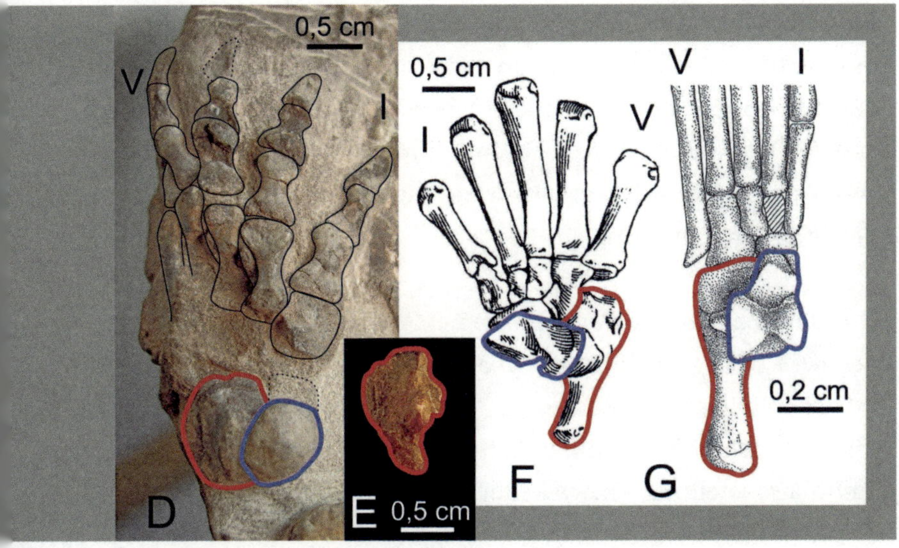

gung abläuft. Wie im Falle des Mittelgelenkes entstand am Ende des Erdmittelalters in diesem Gelenk ein Scharniergelenk mit einer klaren und stabilen Gelenkführung.[63]

Die möglichen Seit- und Rotationsbewegungen, die das obere Sprunggelenk bei den Vorläufern erlaubt hatte, wurden jetzt vom unteren Sprunggelenk, dem Gelenk zwischen Sprung- und Fersenbein, übernommen. Die vormals vielfältige Bewegung trennte sich funktionell auf zwei Gelenke auf, das obere und das untere Sprunggelenk. So kann die Laufbewegung im oberen Sprunggelenk stabil ablaufen, während das untere Sprunggelenk frei ist, den Fuß zu positionieren. Je nach Gelände kann er dann schräg gestellt oder abwinkelt werden. Die Laufbewegungen werden dabei nicht durch die Unebenheiten des Geländes maßgeblich beeinträchtigt, sodass die Steuerungsmöglichkeiten im Fuß erhöht wurden.

63 Horovitz 2000, Szalay 1993

Durch das Aufhören der von den Gliedmaßen auf Hände und Füße übertragenen Rotation im Laufen bildeten sich also die einzelnen Funktionen der verschiedenen Bereiche von Hand und Fuß klarer heraus. Das Tier konnte sich individueller und flexibler bewegen. Seine Autonomie nahm zu, während die einzelnen Körperabschnitte selbstständiger wurden.

3.6 Zusammenfassung der Autonomieschritte nach dem Landgang bis zur Erdneuzeit

Wir haben bisher eine Reihe von Autonomieschritten besprochen, die sich im Zuge der Evolution vom Spreizgang zu einer körperparallelen Gliedmaßenstellung entwickelten. Sie hingen mit dem Aufbrechen der funktionellen Einheit des Spreizganges zusammen. Dadurch veränderten sich die Gliedmaßengelenke, die nicht mehr der komplexen Bewegungsabfolge im Spreizgang genügen mussten. Die komplexen, teilweise zwangsgeführten Gelenke entwickelten sich zumeist zu einfachen Kugel-, Ei- oder Scharniergelenken, die insgesamt den Gliedmaßen einen höheren Bewegungsspielraum erlaubten. Die Kugelgelenke in Schulter und Hüfte und die Zusammenarbeit der beiden Sprunggelenke ermöglichten insgesamt eine weniger zwangsgeführte und freiere, individuellere Bewegung als jene der Vorläufer, eine Entwicklung, die mit erhöhten Lernmöglichkeiten der Säuger korrelierte.

In der Fortbewegung war vor allem bedeutsam, dass es durch das Aufbrechen der funktionellen Einheit im Spreizgang zu funktionellen Trennungen kam. Dazu gehört die Entkopplung der Wirbelsäulenbewegung und der Gliedmaßenbewegung. In Händen und Füßen gehört dazu das Aufhören des Ausgleichs der von den Gliedmaßen übertragenen Außenrotation, sodass Hände und Füße in der körperparallelen Gliedmaßenbewegung weitgehend nur nach vorne abrollten. Beides eröffnete vielfältige Möglichkeiten. Neben den symmetrischen konnten nun auch asymmetrische Gangarten eingesetzt werden, und Sprungphasen konnten in den Schrittzyklus eingebaut werden. Dies führte zu einer zunehmenden Flexibilisierung der Fortbewegungsweise, die zudem ausdauernder wurde. In Händen und Füßen verbesserten sich die verschiedenen Funktionen der verschiedenen Abschnitte. In den Fingern und Zehen konnten sich die Sprungfedereigenschaften verstärken und vermutlich das Greifvermögen ausgeprägter entwickeln. In Mittelhand und Mittelfuß verstärkten sich das Quer- und das Längsgewölbe und im Fersenbereich die Steuerungsmöglichkeiten durch die Funktionstrennung in oberes und unteres Sprunggelenk. Auch dies ermöglichte eine flexiblere Bewegung.

Neben den Autonomieschritten kam es im Zuge der funktionellen Trennungen jedoch auch zu verstärkten Spezialisierungsprozessen. Die Knochenproportionen in Hand und Fuß und die Gelenksgeometrie konnte in einem höheren Maße als zuvor der spezifischen Lebensweise der einzelnen Tiere entsprechen. Dieser Prozess begann schon im Erdmittelalter und entfaltete sich in der Erdneuzeit.

4. Das Ende der funktionellen Einheit des Spreizgangs: Entwicklung der großen Säugetiervielfalt

4.1 Spezialisten unter den frühen Säugern und Säugervorläufern

Die Spreizgänger unter den Säugervorläufern behielten in der Regel einen relativ generellen Bauplan ihrer Gliedmaßen bei. Sie können zwar sehr robust sein oder sehr grazil. Jedoch wiesen sie fast alle fünf Finger und Zehen auf, und die Längenproportionen der einzelnen Abschnitte in Hand und Fuß waren sehr konservativ. Wie dargestellt, hängen die konservativen Längenproportionen mit der im Spreizgang auf Hände und Füße übertragenen Außenrotation zusammen.

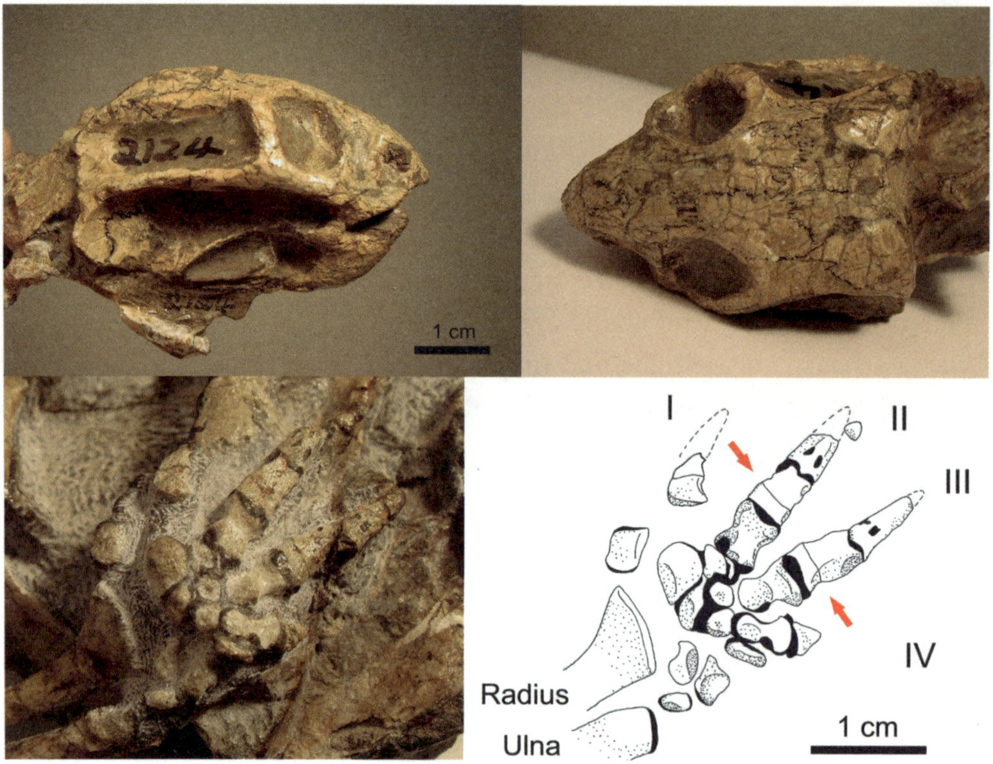

Abb. 30: Das Fossil *Cistecephalus* aus dem ausklingenden Erdaltertum (Oberperm) von Südafrika. Oben: Kopf (BP/1/2124) von der Seite und von oben. *Cistecephalus* besaß einen Hornschnabel und zwei Hauer im Oberkiefer. Unten: Vierfingrige Schaufelhand von *Cistecephalus* (BP/1/2915) mit langen Endgliedern, die die langen Krallen trugen. Die roten Pfeile markieren das verwachsene Mittelgelenk im II. und III. Finger. *Cistecephalus* hatte sehr kurze Beine, einen langen Körper und hat vermutlich ähnlich wie ein Maulwurf gelebt (Kümmel 2009).

Aber es gibt Ausnahmen. Wenn terrestrisches Laufen eine ganz untergeordnete Funktion darstellte, war es möglich, dass sich die Hände massiv umformten. Ein Beispiel ist der Schaufelgräber *Cistecephalus* (oberes Perm), der einem Maulwurf ähnelt und in seiner schaufelförmigen, nur vier Finger tragenden Hand, sehr kurze, ver-

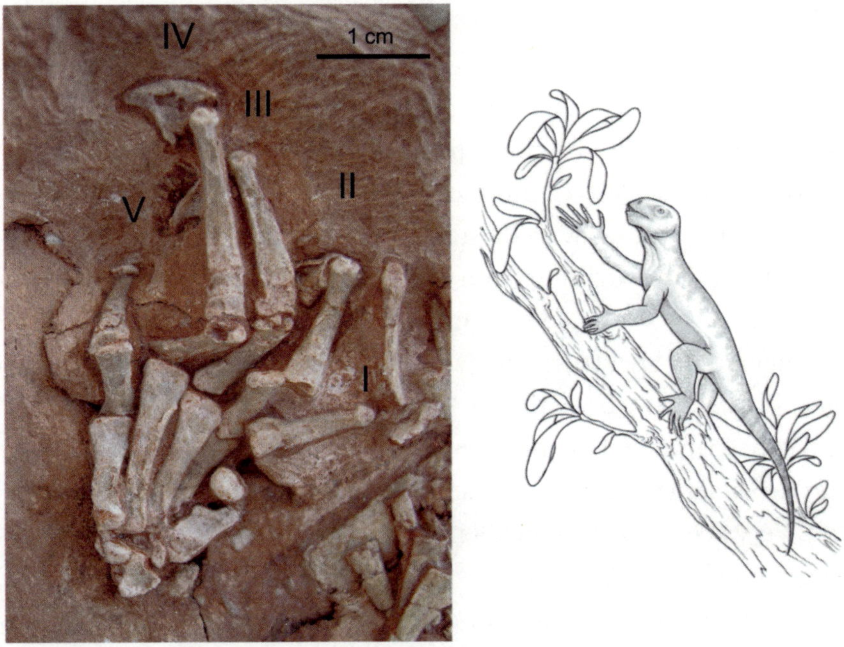

Abb. 31: *Suminia,* aus dem Oberperm von Russland. Rechts linke Hand mit den langen, schmalen Fingergliedern, links eine Rekonstruktion von Fröbisch & Reisz (2009).

wachsene Fingerglieder aufweist (Abb. 30). Veränderungen dieses Ausmaßes sind untypisch für Säugervorläufer des Perm und des Erdmittelalters.[64] Ein anderes Beispiel ist *Suminia*, ein Kletterer aus dem ausgehenden Erdaltertum (oberes Perm), der besonders lange Finger hat (Abb. 31). Das Tierchen war in seiner Ernährung auf Blätter spezialisiert und hat vermutlich die meiste Zeit in Bäumen gelebt.[65]

64 Kümmell 2009, Cluver 1978

65 Fröbisch & Reisz 2009

Da mit zunehmender körperparalleler Gliedmaßenbewegung Gelenke und Längenproportionen in Hand und Fuß immer weniger die Außenrotation ausgleichen mussten, wurden ab dem mittleren Erdmittelalter (Jura) die verschiedenen Lebensformen der frühen Säuger deutlicher im Skelett erkenntlich, und vermutlich wurden die Lebensformen selbst auch vielfältiger (Abb. 32). So zeigen die verschiedenen Längenproportionen von Finger- und Zehenstrahlen ab dem Evolutionsniveau der Säugerähnlichen (Mammaliamorpha) im Jura ein ungefähres Spektrum wie jenes kleiner, heute lebender fünffingriger Säuger.[66] Am Ende des Erdmittelalters (oberste Kreidezeit), als die körperparallele Gliedmaßenbewegung vollständig etabliert war, kam es bei dem terrestrischen, schnellen Säuger *Zalambdalestes* sogar zum Verwachsen von Schienbein und Wadenbein, das unter Spreizgängern nicht möglich wäre.

Ab diesem Evolutionsniveau der Vorläufer der Plazentatiere (Eutheria) am Ende des Erdmittelalters (Oberkreide) waren erhebliche Veränderungen in den Gliedmaßen möglich. Es ist die Zeit, in der die Dinosaurier bis auf die Vögel ausstarben. So wurden gleichzeitig mit dem vollen Erreichen der körperparallelen Gliedmaßenbewegung bei den Säugern viele Habitate frei. Die Säuger erlebten eine große Radiation in der beginnenden Erdneuzeit,[67] in der sich die großen Gruppen unserer heutigen Säugerwelt mit ihren vielen verschiedensten Gestalten von Händen und Füßen zu entfalten begannen.

Die Erdneuzeit ist vor allem durch Neuerungen in der Lebensweise und dem Verhalten charakterisiert, die jetzt mit massiven Änderungen im Skelett in Zusammenhang stehen können. Darauf verwies

66 Kümmell 2009

67 O'Leary et al. 2013

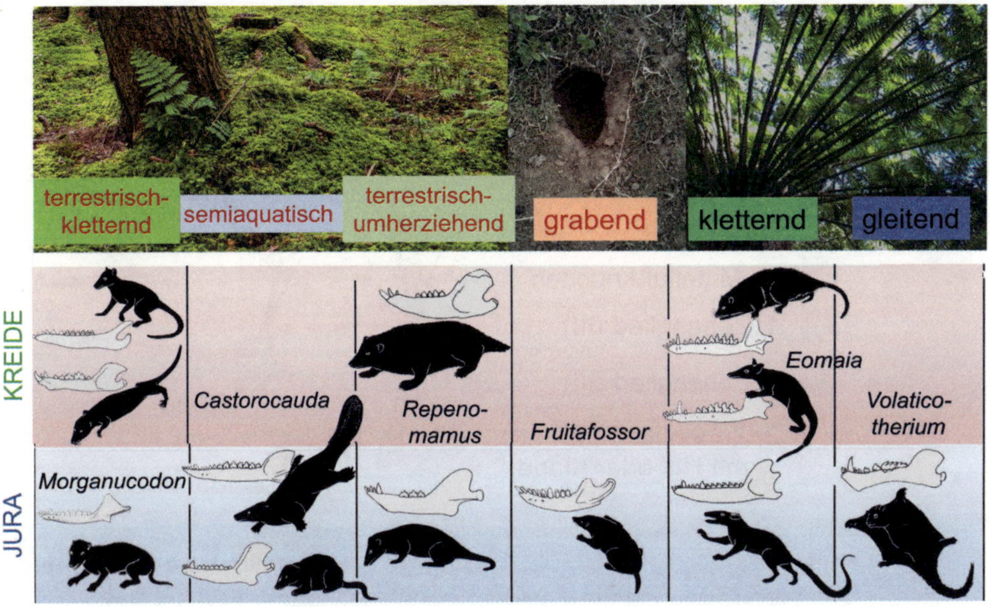

Abb. 32: Kleine maus- bis hasengroße Säuger des mittleren (Jura) und ausklingenden (Kreide) Erdmittelalters (aus Luo 2007, verändert).

schon Wesson[68] in einem Kapitel über die «Entwicklung der Evolution», in dem er beschrieb, dass sich die Evolution mehr und mehr auf das Verhalten verlagerte. Dies birgt die Möglichkeit, insbesondere auf der Verhaltensebene neue Autonomieschritte zu entwickeln. Es können sich jedoch in der Erdneuzeit deutliche Vereinseitigungen in der Evolution einzelner Linien bilden, wobei einzelne Bereiche des Organismus und damit einzelne Fähigkeiten besonders betont und entwickelt werden, während dabei eine Reihe von allgemeinen Fähigkeiten in der Regel verkümmern oder sogar verschwinden.

68 Wesson 1995, S. 356

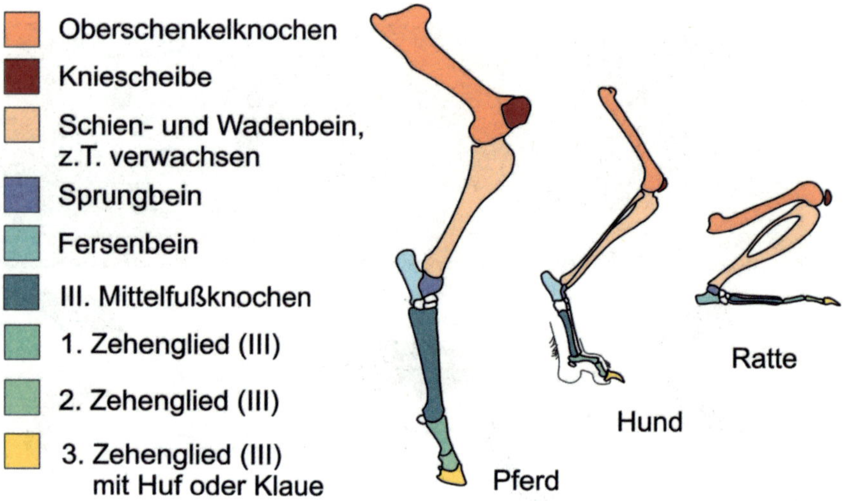

Abb. 33: Gliedmaßenknochen von Pferd, Hund und Ratte im Vergleich. Es ist jeweils der dritte Strahl dargestellt. Während das Pferd nur den dritten Strahl im Fuß besitzt, hat der Hund hinten vier funktionale Zehen, die Ratte fünf.

4.2 *Huftiere*

Besondere Fähigkeiten, aber auch deutliche Einseitigkeiten zeigen sich unter den heutigen Säugern bei den Huftieren, die sich in der Erdneuzeit entwickelten. Diese Einseitigkeiten treten gerade auch bei Hand und Fuß zutage. Huftiere sind Zehenspitzengänger, stehen also auf einem oder zwei Fingern bzw. Zehen. Während das Pferd nur einen einzelnen, und zwar den III. Finger bzw. Zeh evolutiv behalten hat (Abb. 33), weisen z.B. Antilopen, Büffel, Kamele und Schafe zwei Finger bzw. Zehen pro Gliedmaße auf (III und IV).

Bei den Huftieren findet sich eine besondere Betonung des Finger- bzw. Zehenanteils von Hand oder Fuß. Dies gilt selbstverständlich nicht für die Greif- und Tastfähigkeiten von Finger und Zehen, die bei den Huftieren mit ihren Hufen verschwunden sind, sondern für ihren Bewegungsanteil in der Fortbewegung. Wie oben beschrieben, sind Finger und Zehen der Bewegungspol von Hand und Fuß, sie zeigen innerhalb von Hand und Fuß am meisten Gliedmaßencharakter. So wie die Finger und Zehen nur eine einzelne Gliederkette darstellen, haben die Hände und Füße der Huftiere ihre Sohlenflächen verloren und ähneln damit insgesamt den Fingern und Zehen. Das Typische für den mittleren Hand- und Fußbereich, das Quergewölbe mit den potenziellen Federeigenschaften, ist bei den Huftieren verschwunden. Auch die Entwicklung im Fersenbereich der frühen Säuger, wo das Zusammenspiel des oberen und unteren Sprunggelenkes eine vielseitige Positionierung des Fußes ermöglichte, ist verschwunden. Bei allen Huftieren ist die Drehung (Pronation und Supination) des Fußes, die bei den anderen Säugern hauptsächlich im unteren Sprunggelenk stattfindet, nicht mehr möglich.[69]

Das untere Sprunggelenk ist bei den Paarhufern ebenso ein Scharniergelenk wie das obere Sprunggelenk, mit einer fast gleichen Achsenorientierung. Beide Sprunggelenke sind in der Bewegung gekoppelt und arbeiten nicht mehr weitgehend unabhängig voneinander wie bei den kleinen Säugern am Ende des Erdmittelalters.[70] Bei den Paarhufern fand also evolutiv eine sekundäre Kopplung beider Gelenke statt, die in diesem Falle die freie Positionierfähigkeit des Fußes einschränkte. Die Rückbildung der Drehfähigkeit gilt bei den Huftieren nicht nur für die Hinterhand, sondern auch für die Vorderhand. So sind die Charakteristika von Mittelfuß und Mittelhand sowie des Fersenbereiches, die Hand und Fuß der kleinen Säuger des Erdmittelalters ausgezeichnet haben, bei den Huftieren verschwunden und das Charakteristische der Finger und Zehen – ihre schnelle Beweglichkeit – in Hand und Fuß betont.

69 Schaeffer 1947

70 Schaeffer 1947

Durch den Verlust der Drehfähigkeit von Hand und Fuß wird die Bewegung der Gliedmaßen bei den Huftieren nicht nur in der Fortbewegung, sondern insgesamt weitgehend auf die körperparallele Ebene beschränkt. Schulter- und Hüftgelenk sind keine reinen Kugelgelenke mehr, sondern weitgehend Eigelenke, die die Bewegung in der körperparallelen Ebene stärker unterstützen als eine seitliche Bewegung der Gliedmaße. Alle anderen Gelenke in Vorder- und Hintergliedmaßen sind Scharniergelenke mit einer einfachen Bewegungsrichtung. Durch diese vielen auf eine einfache Bewegung spezialisierten Gelenke weisen die Gliedmaßen der Huftiere eine ausgeprägte Stabilität und strikte Gelenkführung in der Bewegung auf, die Gliedmaßen sind in hohem Grade während der Fortbewegung zwangsgeführt. Daher müssen Pferde ihre einfache Laufbewegung auch nicht lange üben. Neugeborene Pferde können unter diesen organismischen Voraussetzungen ziemlich schnell nach der Geburt mit der Herde mitlaufen.

Wird nur die konkrete Bewegung in den Gelenken betrachtet, so ist mit diesen zwangsgeführten Gelenkbewegungen die Bewegung von Huftieren ziemlich eintönig. Beim Betrachten der verschiedenen Gangarten jedoch zeigen sich eine besondere Vielfalt und große individuelle Unterschiede. Da gibt es die erwähnten symmetrischen (Schritt, Trab) und asymmetrischen Gangarten (z. B. Galopp), und allein bei nur einem Schrittzyklus vom Galopp lassen sich bei Pferden sechzehn verschiedene Phasen unterscheiden, in denen z. B. der Kontakt der Gliedmaßen mit dem Boden wechselt (Abb. 21).[71] Beim Galopp kommt dann noch die sekundäre Kopplung mit Bewegungen im Lendenbereich der Wirbelsäule hinzu.[72] Die sechzehn

71 Hildebrand 1959

72 Carl et al. 2004, Witte et al. 1999

verschiedenen Phasen des Galopps können nun individuell sehr stark variieren mit nochmals deutlichen Unterschieden bei einem einzelnen Tier innerhalb eines länger anhaltenden Galopps.[73] Das Pferd und viele andere Huftiere sind im Spiel mit den Gangarten Fortbewegungskünstler.

Pferde sind bei der Fortbewegung nicht nur vielfältig in den Gangarten, sondern auch extrem ausdauernd und schnell. Hildebrand[74] schreibt, dass das Pferd vermutlich das effizienteste Lauftier sei. Die ausdauerndsten Pferde laufen mit 20 km/h – unterbrochen von kurzen Vorpreschphasen, in denen sie gut 30 – 40 km/h schnell sind – eine Strecke von 160 km[75] am Stück. Auch der Asiatische Wildesel zeigt hohe Leistungen. Ein Exemplar wurde beobachtet, das 47 km weit lief, wovon es 26 km sogar mit 48 km/h zurücklegte, den Rest mit etwas geringerer Geschwindigkeit.[76] Heutige Rennpferde schaffen eine maximale Geschwindigkeit von bis zu 72 km/h.[77] Diese Eigenschaften der Schnelligkeit und Ausdauer kommen vor allem in den großen Graslandschaften, der Prärie und der Steppe, zum Tragen, in denen die Pferde, beispielsweise die Wildpferde der Mongolei, beheimatet sind.

Die Ausdauer großer Säuger hängt, wie in Bezug auf das Känguru schon erwähnt, u. a. mit den besonderen Federeigenschaften der Sehnen zusammen. Auch das Federsystem der Huftiere betont die Finger und Zehen innerhalb von Hand und Fuß, denn es nutzt die

73 Hildebrand 1959

74 Hildebrand 1959

75 Ricard et al. 2017

76 Hildebrand 1959

77 Sharman & Wilson 2015; https://www.spiegel.de/wissenschaft/natur/rennpferde-werden-immer-schneller-studie-a-1040284.html

charakteristische Zickzackstellung der Finger- und Zehenstrahlen.[78] Dies ist auf Abb. 34 zu sehen, wo das Pferd im Springen das Grundgelenk des Zehs nach oben überstreckt und das Mittelgelenk beugt. Dadurch spannen sich die Sehnen und Bänder am Fuß an, und die Spannung kann sich beim nächsten Absprung entladen.[79]

Sehnen und Bänder fungieren hier in der Gliederkette in Zickzackstellung, also als passive Sprungfedern, wie dies oben am Beispiel des Kängurus erwähnt wurde. Bei den Pferden hat sich das Federsystem der Sehnen besonders mächtig ausgebildet, wie dies Charles Camp und Natasha Smith 1942 anhand der Sehnenansatzstellen an fossilen Fingern und Zehen von Pferden ausgearbeitet haben (Abb. 35). Die Neuentwicklung und Verstärkung der Finger- und Zehenbänder in der Evolution der Pferde verstärkte die elastische Federung von Hand und Fuß, während die dicken Hand- und Fußpolster, die die Pferdevorläufer hinter den Hufen aufwiesen, vollständig zurückgebildet wurden. Das Federsystem von Hand und Fuß spielt vor allem bei der schnellen Bewegung, dem Trab und Galopp, sowie beim Springen eine Rolle. Beim Aufprall werden die Sehnen passiv gedehnt und schnellen dann in ihre Ausgangslage zurück, wobei sie das Gelenk wieder strecken und den Körper vorwärtskatapultieren. Dadurch werden Kräfte mobilisiert, die ohne jegliche Energiezufuhr aus dem Stoffwechsel auskommen.[80]

Die Gliedmaßen der Pferde insgesamt wurden in der Evolution zunehmend sehnig. Diese «Versehnung» der Gliedmaßen hängt mit einem evolutiven Abbau der Muskeln zusammen, die ehemals die vielen verschiedenen Finger und Zehen bedient haben, sowie

78 Kümmell & Frey 2012, Camp & Smith 1942

79 Camp & Smith 1942, Franzen 2007

80 Alexander 1992

Abb. 34: Ein Mongole reitet ein nicht eingerittenes Pferd, das sich durch Sprünge gegen den Reiter wehrt. Die Bänder, die an den Zehengliedern ansetzen (kleines Bild), spannen sich durch Überstreckung des Grundgelenkes und Beugen des Mittelgelenkes vor dem Absprung an. Beim Absprung kann sich die aufgebaute Spannung entladen (Foto mit freundlicher Genehmigung von Min-Chor Wi).

mit einer Verlagerung der für die Fortbewegung wichtigen Muskeln in eine körpernahe Position. Bei Antilopen und Pferden sind die Bänder, die als Sprungfedern fungieren, enorm lang und deren körpernah gelegene Muskeln sehr kurz.[81] Diese verstärkte Nutzung der Sehnen als Sprungfedern ermöglicht den Huftieren eine energiearme Lokomotion und damit eine ausdauernde Fortbewegung. Der

81 Alexander 1992

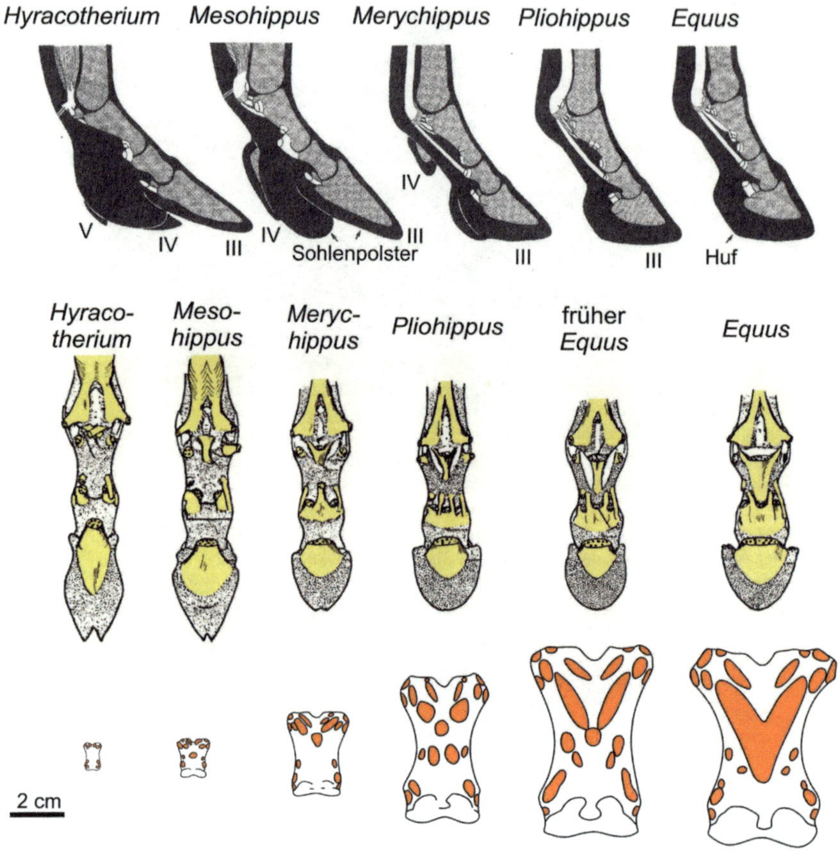

Abb. 35: Entwicklung der linken Vorderhand der Pferde von der frühen Erdneuzeit (Eozän) bis heute. Oben: Dargestellt sind das Ende des III. Mittelhandknochens und die drei Fingerglieder des III. Fingerstrahls sowie die Andeutung vom IV. und V. Finger. Die Polster werden allmählich durch Hufe ersetzt. Die Abbildungen sind auf eine Größe gebracht. Mittig: Evolutive Zunahme an Sehnen und Sehnendicke im III. Strahl. Unten: Das Grundfingerglied mit den Ansatzstellen für die Sehnen, hier in realen Größenverhältnissen (aus Franzen 2007, S. 85 und Camp & Smith 1942, Tafel 8, verändert).

körperferne Anteil des Beines bei diesen Tieren ist durch den Abbau an Fingern und Zehen und deren zugehöriger Muskelmasse leicht und kann daher ohne großen Energieaufwand in hoher Frequenz hin und her bewegt werden, was ihnen eine hohe Geschwindigkeit ermöglicht.

Im Vergleich zu anderen Säugern wird der niedrige Energieverbrauch des Pferdes besonders deutlich. Der Energieverbrauch eines Hundes oder eines Menschen beim Transport gleicher Masse, also z. B. einem Kilogramm Körpermasse, über eine gleich große Strecke ist ungefähr zehnmal höher als bei einem Pferd. Bei einer Maus ist der Energieverbrauch wiederum um den Faktor 10 gegenüber Hund und Mensch erhöht.[82] Das Pferd kann sich also besonders energiesparend bewegen und kann so lange Strecken unter hohem Tempo durchhalten.

Dieser Vergleich heißt jedoch nicht, dass kleinere Säuger sich nicht ausdauernd fortbewegen könnten. Es ist noch etwas komplexer, denn die Größe eines Tieres hat einen bedeutenden Einfluss auf die Fortbewegung. Einer Maus stehen sehr viel mehr Muskelkräfte zur Verfügung als einem großen Säuger.[83] Sie kann relativ ausdauernd herumrennen, auch mit einem hohen Energieverbrauch. Dies liegt daran, dass das Körpergewicht bei Größenzunahme in der dritten Potenz anwächst, während die Muskelkraft, die abhängig ist vom Muskelquerschnitt, nur in der zweiten Potenz größer wird. Große Tiere brauchen daher im Verhältnis zu ihrer Länge dickere Muskeln und auch dickere Knochen als kleine Tiere, sie sehen robuster aus. Statt jedoch alle Muskeln mit der Größenzunahme zu vergrößern, findet sich bei großen Tieren oft eine Reduktion von Knochen und

82 Schmidt-Nielsen 1977

83 Preuschoft & Christian 1999

Muskeln und eine Vergrößerung der verbliebenen. Große Tiere können sich nur ausdauernd und schnell fortbewegen, wenn sie evolutiv Muskelkräfte einsparen.

Huftiere wie Pferde und Antilopen haben also den fortbewegungsrelevanten Anteil von Hand und Fuß besonders betont, vor allem unter Weiterentwicklung von Sehnen und Bändern und der Limitierung auf eine Bewegungsrichtung. Sie sind auf eine schnelle und ausdauernde Fortbewegung spezialisiert, die häufig mit dem Leben in einem besonderen Habitat verbunden ist, hier dem offenen Gelände der Savanne oder der Steppe.

Obwohl Huftiere in den Gliedmaßen zumeist zwangsgeführte Gelenke aufweisen, zeigen sie diese große Vielfalt an Gangarten und Sprungmöglichkeiten, die je nach Geschwindigkeit und Verhaltensausdruck gewählt werden können. Rosslenbroich[84] spricht wegen ihrer Ausdauer und Geschwindigkeit bei der Bewegungsfähigkeit der Pferde von einer speziellen Form der Autonomie, von einseitig ausgeprägten Freiheitsgraden dieser Lebewesen. Es handelt sich um eine Autonomie, die mit dem Verlust einer ganzen Reihe allgemeiner Fähigkeiten erkauft wurde. Von den Autonomieschritten, die sich im Erdmittelalter in Hand und Fuß entwickelten, wurde die Z-Konfiguration der Finger und Zehen mit ihren Federeigenschaften weiterentwickelt. Die manipulativen Fähigkeiten, die potenziellen Federeigenschaften des Quergewölbes und die Möglichkeit, den Fuß im unteren Sprunggelenk unabhängig von der Laufbewegung in verschiedensten Stellungen zu positionieren, sind vollständig zurückgebildet. Mit der Steigerung der Ausdauer und vermutlich der Geschwindigkeit verloren die Pferde an allgemeiner Bewegungsflexibilität.

84 Rosslenbroich 2018

4.3 Katzenartige

Im Gegensatz zu den Huftieren ist bei den Katzenartigen der mittlere Bereich von Hand und Fuß betont. So liegt ihr Hauptgewicht im Stand und in der Lokomotion auf den Mittelhand- und Mittelfußknochen und den diese unterlagernden weichen Grundpolstern. Die Zehen liegen mit den Endpolstern auch dem Boden auf (Abb. 36). Daher bezeichnet man sie als Zehengänger. Sie ähneln in dieser Hinsicht den Hunden, wie in Abb. 33 dargestellt.

Die Beweglichkeit der einzelnen Finger und Zehen ist gegenüber jener bei den kleinen Säugern des Erdmittelalters zurückgegangen. Stattdessen weisen auch die Endpolster unter dem Endgelenk von Fingern und Zehen die ausladende, weiche Polsterung auf, die typisch ist für die Grundpolster (Abb. 36). Grundlegende manipulative Fähigkeiten, z. B. beim Erfassen der Beute, was vorwiegend mit den Krallen erfolgt, blieben aber erhalten. Wenn Katzenartige im Rennen die Pfoten aufsetzen, so geschieht dies mit der Mittelhand oder dem Mittelfuß zuerst, dann erst setzen die Finger- und Zehenendpolster auf. Die Federung des Körpergewichtes in Hand und Fuß erfolgt über die Absenkung der Mittelhand- bzw. Mittelfußknochen[85] und die sie unterlagernden weichen Sohlenpolster. Während die Drehung (Pronation und Supination) der Hand weiterhin möglich ist, ist sie bei den terrestrischen Formen im Fuß gegenüber jener der Vorläufer reduziert.[86]

Haben die Huftiere die Ausdauer besonders entwickelt, so die Katzenartigen, insbesondere der Gepard, die Beschleunigungsleistung. Geparden sind darin allen anderen Säugern überlegen. Sie zeigen hingegen kaum Ausdauer. Der Gepard ist auf eine hohe

85 Cheetahs on the Edge (Director's Cut).ogv

86 Polly 2008

Abb. 36: Vordertatze des Tigers mit dem breiten Grundpolster, das bei den Zehengängern besonders betont ist, und den vier kleineren Endpolstern unter den Finger- und Zehenendgelenken II-V. Die Kralle des sehr kurzen ersten Fingers ist im Fell auf der Innenseite der Pranke zu sehen, weiterhin ein kleines Polster unter der Handwurzel. Aus: https://commons.wikimedia.org/wiki/File:Panthera_tigris11.jpg.

Geschwindigkeitssteigerung in der Beschleunigung und eine hohe Maximalgeschwindigkeit spezialisiert. Er erreicht maximal 110 km/h und ist damit das schnellste Landtier der Welt.[87] Dabei helfen ihm lange Beine und die Tatsache, dass bei ihm die Krallen nicht vollständig eingezogen werden können wie bei anderen Katzen. Die Krallen verankern sich beim Laufen und insbesondere beim schnellen Galopp im Boden und verbessern die Bodenhaftung. Dadurch werden sie stärker abgenutzt als bei anderen Katzenartigen.[88] Auch zeichnet er sich im Vergleich zu anderen Katzenartigen gleicher Größe durch einen relativ kleinen Kiefer aus. Dies trägt auch zu seiner insgesamt schlanken und leichten Erscheinung bei, was eine hohe Geschwindigkeit gewährleisten kann, aber auch die Beißkraft herabsetzt.

87 https://www.welt.de/wissenschaft/umwelt/article117136557/Geparde-beschleunigen-schneller-als-ein-Ferrari.html

88 Russell & Bryant 2001

Abb. 37: Flugphasen im Galopp des Geparden. Nach dem Absprung durch die Hintergliedmaßen fliegt der Körper mit durchgestreckter Wirbelsäule, nach dem Absprung durch die Vordergliedmaßen mit gekrümmter Wirbelsäule. Screenshots aus: Cheetahs on the Edge (Director's Cut).ogv.

Bei seinen Sprints benutzt der Gepard, anders als das Pferd, zwei Flugphasen pro Schrittzyklus. Eine findet in der Streckphase der Wirbelsäule, die andere in der Krümmungsphase statt (Abb. 37 und 21). Der Anteil der Flugphasen beim Gepard ist pro Schrittzyklus nahezu doppelt so groß wie beim Pferd.[89] Wie der Hase beim Hoppeln oder das Pferd beim Galopp, benutzt der Gepard eine Oben-Unten-Bewegung der Wirbelsäule bei seinen Sprints – nur viel extremer.

89 Hildebrand 1959

In der Streckphase entsteht zwischen Becken und Schulterblatt ein Winkel von 150°, 70° mehr als beim Pferd. Die Wirbelsäulenbewegung lässt den Ausschlag der Gliedmaßen sehr viel größer werden. Dies ist ähnlich der Situation bei den Spreizgängern, bei denen die laterale Bewegung der Wirbelsäule die Eigenbewegung der Gliedmaßen verstärkte, nur dass es jetzt keine seitliche Bewegung der Wirbelsäule ist, sondern eine Oben-Unten-Bewegung. Es handelt sich also um eine sekundäre Kopplung der Wirbelsäulenbewegung und der Gliedmaßenbewegung. Die Wirbelsäule mit all ihren Muskeln trägt hier zur Beschleunigung bei.[90] Auch die Gliedmaßen weisen im Vergleich zu den Huftieren relativ viele Muskeln auf und tragen erheblich zum Antrieb bei.[91]

Diese Form der Fortbewegung beim Geparden, bei der sehr viele Muskeln involviert sind, ist keineswegs sparsam wie jene der Huftiere. Der Gepard ist nach einem Sprint von etwa 400 m ermüdet. Ein Gepard rennt selten mehr als einige hundert Meter. Wenn er die Antilope während der Beschleunigungsphase nicht erlegen kann, läuft sie ihm davon. Sie kann zwar nicht so schnell rennen wie der Gepard, ist, wie gesagt, aber sehr viel ausdauernder. Die Katzenartigen sind rhythmische Läufer, nach der Jagd wird gefressen und dann lange ausgeruht, ehe eine neue Jagd beginnt.

Anders als bei den Spreizgängern, die die Wirbelsäule nur seitlich bewegen konnten, kann der Gepard seine Wirbelsäule in alle Richtungen bewegen. Er setzt die sekundäre Kopplung der Wirbelsäule mit der starken Oben-Unten-Bewegung nur optional bei der schnellen Fortbewegung ein. Wenn er sich langsamer bewegt, kann er mit der Wirbelsäule auch seitliche Bewegungen sowie Drehungen

90 Hildebrand 1959

91 Frey 2002, Herkner 1989, Pflumm 1995

machen. Bei Maximalgeschwindigkeit geht allerdings die Manövrierfähigkeit verloren. Hohe Geschwindigkeiten gehen auf Kosten der Flexibilität in der Bewegung. Der Gepard nutzt daher in der allerletzten Phase der Jagd eine geringere Geschwindigkeit als die Maximalgeschwindigkeit. Überhaupt laufen die meisten Jagden unter einer Geschwindigkeit von etwas über 50 km/h,[92] also weit unterhalb der Maximalgeschwindigkeit ab. Er kann auch erstaunlich gut abbremsen und seinen Kurs ändern.

Der Gepard weist aber auch die z. T. schon erwähnten Spezialisierungen an das Rennen mit hohen Geschwindigkeiten auf, die sein Beutegreifverhalten etwas weniger flexibel machen als jenes anderer Großkatzen. So ist sein Ellbogen- und Handgelenk weniger beweglich als das anderer Großkatzen, und die Finger können weniger gespreizt werden und weisen zudem weniger scharfe Krallen auf. Die Hände besitzen kaum manipulative Fähigkeiten. Daher werden sie nicht zum Fixieren der Beute beim Fressen eingesetzt und nur selten beim Reißen.[93] Durch die verminderte Beißkraft jagt der Gepard kleinere Beutetiere als andere Großkatzen und erstickt sie dann meist.[94] Dies sind alles Faktoren, die das Beutegreifverhalten der Geparden zwar sehr effizient, aber etwas weniger flexibel machen als jenes z. B. des Leoparden. Bei ihrer Jagdweise brauchen sie die Flexibilität eines Leoparden nicht, denn bei den hohen Geschwindigkeiten können sie die Beute mit einem Schlag der Pranke zu Fall bringen und das erschöpfte Tier dann an der Kehle packen. So ist der Gepard, trotz der genannten Einschränkungen, ein sehr geschickter Jäger mit hohen Erfolgsaussichten pro Jagdgang.

92 Wilson et al. 2013

93 Russell & Bryant 2001, van Valkenburgh 1996

94 Grzimek 1987

Wir finden bei den Katzenartigen eine Betonung der Mitte des Organismus, sowohl hinsichtlich der beweglichen Wirbelsäule als auch der Betonung von Mittelhand und Mittelfuß. Innerhalb dieser Gruppe ist der Gepard eher ein Lauftier und als solches an die offenen Räume der Savanne gebunden. Seine ungeheure Schnelligkeit und die Beschleunigungsleistung können als spezielle Autonomie bezeichnet werden. Insgesamt zeigt der Gepard nur einen geringen Rückgang allgemeiner Fähigkeiten, keinen vollständigen Verlust, wie dies bei den Huftieren zu finden ist. Seine Spezialisierungen, die die enorme Schnelligkeit unterstützen, vermindern jedoch etwas seine Bewegungsflexibilität im Vergleich zu anderen Großkatzen.

4.4 Kleine Kletterer

Während in der Bewegung der Katzenartigen jeweils der mittlere Bereich von Hand und Fuß betont ist, findet sich bei vielen kleinen, kletternden Nagern (z. B. bei Gartenschläfern, Eichhörnchen, vermutlich auch bei Gleitern und kletternden Mäusen) sowie bei anderen kleinen kletternden Tieren (Wickelbär, Spitzhörnchen), eine besondere Entwicklung im Bereich der Fußwurzel. Diese Tiere haben vom Fuß her gesehen die Fußwurzel besonders betont. Hierzu gehört, dass sie erstens in der Ruheposition plantigrad sind, das heißt, sie setzen in dieser Phase die ganze Fußsohle samt der Ferse auf dem Boden auf (Abb. 33). Darüber hinaus haben sie eine extrem bewegliche Fußwurzel. So können sie mit dem Kopf voran vom Baum herunterklettern, indem sie die Füße nach hinten drehen und so mit den Krallen Halt finden (Abb. 38). Dies erreichen sie nicht durch ein grundsätzlich neues Gelenk, sondern durch die Reorganisation der vorhandenen Gelenke.

Die Fußgelenke reagieren bei extremer Beugung des Fußes im oberen Sprunggelenk, wenn also der Fuß nahezu eine gerade Fortsetzung

Abb. 38: Der Gartenschläfer* und ein Eichhörnchen** klettern mit nach hinten gedrehten Füßen einen Stamm hinab.
*Foto von Pascal Dubois: http://pdubois.free.fr/mammiferes/images/EliomysQuercinus.jpg
**Foto mit Erlaubnis von iStock-485942062, yhelfman

des Schienbeins bildet, mit einer zwangsgeführten Drehung nach außen, sodass die Fußflächen nach innen gedreht werden. Jetzt kann sich das Tierchen mit den Füßen um Äste klammern und kopfüber nach unten hangeln und hier z. B. nach Essbarem greifen. Befindet es sich auf einem dicken Stamm und möchte hinabklettern, so kann es die Füße noch weiter nach außen und hinten drehen, sodass sie aus ihrer ursprünglichen, nach vorne gerichteten Position um 180° nach hinten gedreht sind, obwohl die Knie weiterhin nach vorne zeigen (Abb. 38 und 39).

Diese Fähigkeit entwickelte sich bei den verschiedenen Gruppen unabhängig voneinander auf unterschiedlichen Wegen. Bei den Arten

Abb. 39: Ein Wickelbär hängt an einem Ast. Aus: https://www.oceanpark.com.hk/en/education-conservation/conservation/animal-and-plant-guide/kinkajou

der didelphiden Beuteltiere[95] verdreht sich der nach hinten weisende Fuß vorwiegend im oberen Sprunggelenk, bei Plazentatieren vorwiegend im unteren Sprunggelenk und im queren Fußgelenk (transversalen Tarsalgelenk; Abb. 28). Jenkins & McClearn[96] haben diese Fähigkeit insbesondere beim Wickelbären und beim Eichhörnchen untersucht, bei denen der Vorgang sehr ähnlich abläuft: Es kommt während der Beugung des Fußes im oberen Sprunggelenk zu einer zwangsläufigen Verdrehung und Abwinkelung im unteren Sprunggelenk und im transversalen Tarsalgelenk nach innen (Abb. 40). Beide Bewegungen sind gekoppelt und zwangsgeführt.

Die Zwangsführung, unter der diese Drehung nach hinten mit zunehmender Beugung des Fußes auftritt, wurde schon als

95 Die Didelphidae sind eine Gruppe der Beuteltiere, z. B. das Oppossum.

96 Jenkins & McClearn 1984

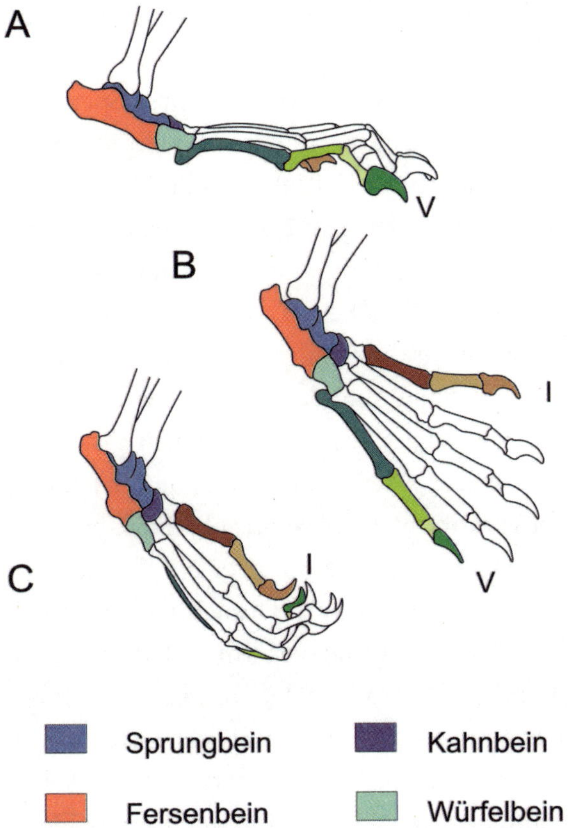

Abb. 40: Fuß beim Wickelbär (Potos flavus) stufenweise nach hinten gedreht. A: Normalposition, B und C: zwangsgeführte Verdrehung während der Beugung des Fußes, bis die Fußsohle unter den Zehen fast um 180° verdreht ist. Nachgezeichnet nach Jenkins & McClearn 1984, S. 201.

charakteristisch für einige der Gelenke der Säugervorläufer und bei der Bewegung der Huftiere beschrieben. Im Gegensatz zu den Huftieren gehen bei diesen kleinen kletternden Tierchen jedoch keine allgemeinen Fähigkeiten verloren, sondern sie erhalten durch die Ausweitung der Gelenkfähigkeiten zusätzliche Möglichkeiten beim Klettern in den Bäumen und im Unterholz am Boden. Auch wenn die Fähigkeit, kopfüber vom Baum zu klettern, sehr eng an ein spezielles Biotop gebunden ist, wird ihre Beweglichkeit insgesamt durch diese Fähigkeit erhöht. Insofern verläuft diese Spezialisierung unter Zunahme von Bewegungsflexibilität und beschränkt diese Tiere nicht auf ein spezielles Biotop. Vielfältigkeit in den Bewegungsmöglichkeiten und ein flexibler Umgang mit den verschiedenen Eigenschaften von Boden, Sträuchern, Stämmen und dünnem Geäst zeichnen viele kleine Tiere mit Kletterfähigkeiten aus.

Besonders flexibel sind die Bilche – Nagetiere, zu denen der Gartenschläfer (Abb. 38 oben) und der Siebenschläfer gehören. Sie haben etwa die Größe einer Maus, sehen auch ähnlich aus, weisen aber einen behaarten Schwanz auf. Die Biotopvielfalt, in welcher der nachtaktive Gartenschläfer vorkommt, zeigt seine hohe Flexibilität und hohe ökologische Plastizität. Je nach Biotop ist er ein Teil seiner wachen Zeit auf dem Boden oder kletternd in Bäumen oder Felsen zu finden. Er kommt in Nadel- und Laubwäldern vor, sofern ein bisschen offenes Gelände vorhanden ist. Man findet ihn zudem in fast vegetationslosen Dünen, in Karstlandschaften und Felswüsten des Hochgebirges. Er ist weiterhin ein Kulturfolger und findet sich als solcher in Acker-, Obst- und Weinbaugebieten sowie innerhalb von Städten.[97] Während des Jahres wechselt er häufig das Habitat.

Die Bilche sind beim Klettern zwar nicht so geschickt und schnell wie das Eichhörnchen, zeigen dafür aber eine besonders hohe Vielseitigkeit. So sind sie vorwiegend Krallenkletterer, die mithilfe ihrer Krallen an Stämmen mit einer rauen Rinde hinauf- und hinabklettern können. Die Krallen sind jedoch nicht so lang wie beim Eichhörnchen, sodass sie in der Peripherie der Bäume die Ästchen mit den Fingern und Zehen umgreifen können, hier also als Greif-

97 Vaterlaus 1998

kletterer klettern. Darüber hinaus haben Bilche die Fähigkeit zum Haftklettern. Die Sohlenpolster besitzen ein Sekret, dass die Haftung erhöht, sodass sie am Glas von Aquarienecken, wo ein geringer Druck seitlich aufgebaut werden kann, hinaufklettern können.[98] Eine Bilch-Art, der türkische Baumschläfer (*Dryomys laniger*), kann sogar allein mithilfe der Polster an Höhlendecken entlangklettern.[99]

Die Bilche beherrschen also die verschiedensten Formen des Kletterns, selbst so spezielle Klettervarianten wie das Abwärtsklettern auf Stämmen mit nach hinten gedrehten Füßen. Sie sind regelrecht auf Flexibilität spezialisiert. Dies gilt für viele kleine bis mittelgroße Säuger, insbesondere unter den Nagern, die insgesamt eine beachtliche Diversität in ihren Bewegungs- und Verhaltensweisen aufzeigen. Selbst wenn verschiedene Nager in einer Hinsicht hochgradig spezialisiert sind, können sie doch umgehend zu anderen Bewegungsformen wechseln, wenn dies in einem Habitat nötig ist.[100]

Insgesamt lässt sich damit über kleine Säuger sagen, dass sich durchaus im Detail Unterschiede in den Händen und Füßen bei verschiedenen Lebensweisen nachweisen lassen[101] und auch sehr spezielle Lokomotionsformen auftreten können, dass aber gleichzeitig in den meisten Fällen eine hohe Flexibilität in der Bewegung bewahrt bleibt oder gerade durch mehrere verschiedene spezielle Lokomotionsformen ermöglicht wird. Die Veränderungen im Skelett sind dabei in der Regel nicht so gravierend wie jene, die bei großen Tieren auftreten. Kleine Tiere stehen im Unterholz und Buschwerk oder allgemein in unebenem Gelände häufig vor vielfältigen Herausforderungen, sodass

98 Kahmann 1931
99 Spitzenberger & Eberl-Rothe 1974
100 Ginot et al. 2016
101 Kümmell 2009

sie einer großen Verhaltensflexibilität in vielen Lebensräumen bedürfen.[102] Ihnen steht aber auch sehr viel Muskelkraft in Relation zu ihrer Körpergröße zur Verfügung, wie das oben erläutert wurde. In Relation zu ihrem Körpergewicht oder zu ihrer Körperlänge finden sich daher gerade unter kleinen Tieren die großen Spitzenleistungen von Säugern. Zum Beispiel kann der kleine Halbaffe *Galago* (250 g) aus der Hocke 2 m vertikal nach oben springen, und er überspringt eine Strecke des Vierzehnfachen seiner Körperlänge (ohne Schwanz).[103] Absolut gesehen werden sie dabei natürlich von mittelgroßen Tieren übertroffen wie dem Rothirsch, der etwa 11 m weit springen kann, was aber nur das 4,5-fache seiner Körperlänge beträgt.[104] Absolut gesehen ist daher Versatilität das besondere Charakteristikum der Bewegung vieler kleiner Säuger.

Im Sinne von Bewegungs- und Verhaltensflexibilität zeigen also viele kleine Säuger mit Kletterfähigkeiten eine hohe Autonomie. Kleine Tiere sind in der Regel sehr sinneswach und eher nervös als große Tiere, die mehr in sich ruhend sind.[105] Kleine Säuger bewegen sich meist in der Deckung von Pflanzen oder in Ritzen im Boden. So bauen sie häufig Unterschlüpfe in Form von Gängen oder Nestern, wo Winterschläfer auch ihren Winterschlaf zubringen können.

Rosslenbroich[106] führt aus, dass im Vergleich zu großen Formen bei kleinen Tieren Einschränkungen in der Autonomiefähigkeit durch das hohe Oberflächenverhältnis zur Körpermasse besteht. Kleine Tiere weisen eine sehr viel größere Oberfläche im Verhältnis

102 Jenkins 1974
103 Hildebrand & Goslow 2004
104 Flindt 2006
105 Schad 2012
106 Rosslenbroich 2014, 2018

zu ihrer Körpermasse als große Tiere auf. Sie haben dadurch eine hohe Abstrahlung ihrer Körperwärme. Daher sind kleine Säuger auf sehr energiehaltige Nahrung, z. B. Nüsse, angewiesen und sind lange Perioden der wachen Phase mit Nahrungsaufnahme beschäftigt. Die kleine Rotzahnspitzmaus (*Sorex*) frisst z. B. täglich die Menge ihres Körpergewichtes (1,5-14g).[107] Dies macht natürlich für viele kleine Tiere das Leben im Winter der höheren Breiten äußerst schwierig, wodurch Winterschlaf oder Winterruhe unter den kleinen Tieren dieser Regionen sehr verbreitet ist. Gerade die Bilche, zu denen der Gartenschläfer und der Siebenschläfer gehören, halten einen sehr langen Winterschlaf, der Siebenschläfer bis zu acht Monate, der Gartenschläfer bis zu sechs. Bei den Bilchen geht also die sehr flexible Lokomotion, die in dieser Form mit der kleinen Körpergröße zusammenhängt, in unseren Breiten gleichzeitig mit einem halben Jahr fast völliger Inaktivität einher. So zeigen kleine Tiere in ihrer geringeren Umweltabgrenzung eine geringere Autonomiefähigkeit als größere Tiere. Diese Form der Einschränkung von Autonomiefähigkeit beruht, anders als bei den bisher besprochenen Formen mit den speziellen Lokomotionsweisen, nicht auf einem Verlust von Fähigkeiten. Werden Tiere evolutiv größer, so verschwindet in der Regel diese Einschränkung.

4.5 *Mensch*

Wie die bisher besprochenen Säuger, zeigt auch der Mensch Betonungen bestimmter Bereiche von Hand und Fuß. Jedoch trat bei ihm etwas Neues auf, das den Modus der Funktionstrennungen im Erdmittelalter fortsetzte, und zwar die im Zuge der aufrechten Körperhaltung auftretende funktionelle Trennung von Händen und Füßen:

107 Grzimek 1988, Bd. 1

die Füße, die im aufrechten Gang das ganze Körpergewicht tragen, und die Hände, die greifen und handeln können.

Diese Trennung begann sich bei den frühen Primaten aus der frühesten Erdneuzeit (Paläozän) schon herauszubilden, indem bei ihnen einerseits die Hände und Füße sehr viel bessere Greiffähigkeiten erlangten als jene der kreidezeitlichen Säuger wie *Eomaia*. So konnten diese frühen Primaten mit langen Fingern und Zehen und opponierbaren Daumen und I. Zeh[108] Äste umgreifen und vermutlich Gegenstände mit einer Hand ergreifen. Die Hand wurde bei den Primaten «handartiger». So wurden auch die Füße «handartiger» in Bezug auf das Greifen, wurden aber andererseits auch dominanter beim Tragen des Körpergewichtes, da sich der Körperschwerpunkt bei den Primaten mehr und mehr nach hinten verlagerte.[109] Vom Tragen des Körpergewichts her gesehen wurden die Füße der Primaten also «fußartiger». Die Arme sind bei Primaten häufig länger als die Beine, sodass die Wirbelsäule im Stehen und Gehen nach vorne ansteigt. Die Wirbelsäule nimmt häufig eine noch aufrechtere Haltung ein, wenn Primaten im Baum oder auf dem Boden sitzen, wo sie bei einzelnen Arten, z.B. den Katta-Lemuren, vollständig aufgerichtet sein kann (Abb. 41). Im Sitzen sind die Arme dann frei, sodass sie hantieren können, Früchte und Blätter pflücken und zum Mund führen.

Die frühesten bekannten aufrecht gehenden Menschenvorformen waren *Sahelanthropus* und *Ardipithecus*, die vor sieben bzw. vier Millionen Jahren gelebt haben. *Ardipithecus* zeigt in Händen und Füßen deutliche Klettermerkmale wie lange Zehen und eine abgespreizte Großzehe (vom *Sahelanthropus* sind Hände und Füße nicht bekannt).

108 Bloch & Boyer 2002

109 Preuschoft 2002, Witte et al. 2003

Abb. 41: Ein Katta-Lemur sitzt auf einem Felsen in Madagaskar (Foto mit freundlicher Genehmigung von Aylin Krieger). https://todaywetravel.de/madagaskar-lemuren-anja/?unapproved=18316&moderation-hash=cc5e89a6822ad16fd088a-317b699e628#comment-18316

Die klare Funktionstrennung von Hand und Fuß des heutigen Menschen hat sich also allmählich entwickelt.

Durch diese Funktionstrennung kommt es bei Hand und Fuß des Menschen evolutiv jeweils zu Einseitigkeiten. Da sich Hand und Fuß in diesem Falle jedoch in verschiedene Richtungen entwickeln, ergänzen sich die Einseitigkeiten. Der Fuß mit dem ausgeprägten Fersen- und Mittelfußbereich ist auf Stabilität, die elastische Abfederung des Körpergewichtes und das aufrechte Gehen ausgerichtet.[110] Die Zehen sind zurückgenommen. Bei der Hand mit den relativ langen Fingern sind die Greif- und Handlungsmöglichkeiten sehr entwickelt, während Stabilität, vor allem im Handgelenk, zurückgenommen ist.

110 Siehe auch Rohen & Lutjen-Drecoll 2006

Werden Hand und Fuß zusammen betrachtet, so sind in der Evolution des Menschen keine allgemeinen Bewegungsoptionen verloren gegangen, auch wenn im Fuß die Greiffähigkeit weitgehend verschwunden ist und die Hand evolutiv an Länge und an Stabilität im Handgelenk eingebüßt hat. Das Quer- und Längsgewölbe des Fußes, das im Erdmittelalter schon weit entwickelt war, wurde in der Evolution des aufrechten Ganges weiter ausgeprägt, vor allem im Vergleich zu den frühen Hominini (aufrechten Menschenvorfahren)[111] und frühen Primaten mit ihrer abgespreizten Großzehe. Das Fußgewölbe des Menschen kann das volle Körpergewicht bei senkrechter Belastung abfedern. Dabei senkt sich der Gewölbebogen unter Belastung ab und geht bei Entlastung durch die vielen Bänder, Sehnenplatten und Muskeln, durch die es gehalten wird, wieder in die Ausgangslage zurück. Die freie Positionierbarkeit des Fußes, wie sie sich im Zusammenspiel der beiden Sprunggelenke im Erdmittelalter entwickelt hat, ist beim Menschen weit ausgebildet. So kann der Fuß beim Laufen über unebenes Gelände entsprechend positioniert oder verschiedenste Fußpositionen beim Tanzen oder Klettern eingenommen werden.

Noch mehr als der Fuß kann die Hand in unterschiedlichster Stellung im Raum frei bewegt werden. Der Raum, der von der Hand eingenommen werden kann, entspricht in etwa unserem Sehraum unter Einbezug der Kopf- und Oberkörperdrehung. An der Hand sind besonders die Fingerfertigkeiten entwickelt. Jeder Finger kann individuell bewegt werden, und verschiedenste Griffe und das virtuose Spiel eines Pianisten sind möglich.

Im Gegensatz zu vielen Tieren ist die menschliche Bewegung in hohem Grade erlernt. Jeder kennt dies von verschiedenen Sportarten

111 Lovejoy et al. 2009

oder dem Spiel von Instrumenten, wo die entsprechenden Bewegungen lange erübt werden müssen. Ohne Vorbilder in der frühen Kindheit und langem Üben lernen wir auch den aufrechten Gang und viele Greif- und Hantiermöglichkeiten nicht. Die Lernfähigkeit spielt insgesamt bei Säugern eine große Rolle, ist aber beim Menschen besonders ausgeprägt.[112] Dies steht auch im Zusammenhang mit der langen Lebenszeit des Menschen, die diejenige gleich großer Säuger weit übertrifft.[113] Im Zuge der langen Kindheit und Jugendzeit ist es dem Menschen möglich, über lange Zeit heranzureifen und individualisierte Bewegungsabläufe zu erlernen.

Die weitgehend freie Positionierbarkeit von Hand und Fuß im Raum, die Befreiung der Hände von der Fortbewegung und die Notwendigkeit, die Bewegungsabläufe zu erlernen, zeigen, dass bei der menschlichen Bewegung ein besonderer Fokus auf frei gestalteter, individualisierter Bewegung vorliegt.

Diese individualisierte Bewegungsmöglichkeit, die wir aus dem Alltag kennen, lässt vermuten, dass zwangsgeführte Bewegungen und gekoppelte Bewegungen, die mit Bewegungslimitierungen einhergehen, beim Menschen keine große Rolle spielen.

Scharniergelenke, wie sie das menschliche Knie und das obere Sprunggelenk annähernd darstellen, sind durch die Beschränkung auf eine Bewegungsrichtung zwangsgeführt. Wie jedoch im Kapitel über die Gelenkentwicklungen und die Fußentwicklung im Erdmittelalter dargelegt wurde, haben sich schon im Erdmittelalter Kugelgelenke in der Schulter und der Hüfte entwickelt, die sich bei vielen Säugern vorfinden lassen. Ist das Kugelgelenk sehr beweglich, so kann es die Gliedmaßen in alle Richtungen bewegen, wodurch ein

112 Rosslenbroich 2014, 2018

113 Kipp 1980, Kümmell 2015

nachgeschaltetes Scharniergelenk nicht limitierend auf die Gesamtbewegung wirkt. Dabei ist der Bewegungsumfang im menschlichen Arm gerade im Vergleich mit Lauftieren im Schultergelenk sehr hoch. Auch die Zusammenarbeit der beiden Sprunggelenke wurde schon besprochen, die den beiden annähernd wie Scharniergelenke arbeitenden Gelenken eine hohe Gesamtbeweglichkeit erlaubt.

Eine einschränkende Bewegung durch Bewegungskopplung mit Zwangsführung tritt beim Menschen z. B. bei den Zehen auf. Wenn wir die Zehen nach oben bewegen, dann werden sie gespreizt, bewegen wir sie nach unten, dann bewegen sie sich aufeinander zu.[114] Man kann die Zehen bei der Bewegung nach oben nicht aufeinander zu bewegen und in der Beugung auch nicht spreizen. Auch kann ein einzelner menschlicher Zeh gegen seitlichen Druck wenig ausrichten und zeigt hier eine hohe passive Beweglichkeit. Gegenüber den Vorläufern, bei denen längere und sicherlich individuell beweglichere Zehen vorgelegen haben, finden sich hier Bewegungslimitationen. Die Zehen des Menschen sind nicht nur morphologisch, sondern auch funktionell rückgebildet. Bewegungskopplungen finden sich weiterhin bei einer sehr grundlegenden Bewegungsart des Menschen, und zwar beim aufrechten Gehen.

Von seinem Körperbau her ist der Mensch für seine allgemeine Fortbewegungsart, das ausdauernd aufrechte Gehen, besonders geeignet.[115] Wie bei den Gliedmaßen der Pferde sind auch beim menschlichen Bein evolutiv Muskeln zum Körperstamm hin verlagert worden, was mit der evolutiven Verkürzung der Zehen des Menschen in Zusammenhang steht.[116] Diese Verlagerung ist nicht so extrem ausge-

114 Drenckhahn & Zenker 1994

115 Witte et al. 1999, 2003

116 Witte et al. 1999, 2003

bildet wie bei den Pferden, aber sie unterstützt auch beim Menschen die ausdauernde Fortbewegung.

Obwohl die oberen Gliedmaßen durch den aufrechten Gang von der Laufbewegung befreit sind, spielen die Arme und insbesondere die Wirbelsäule beim aufrechten Gehen eine Rolle. So schwingen die Arme, wenn sie während des Gehens frei hängen, im Rhythmus des Gehens hin und her und stabilisieren den Körper. Die Wirbelsäule schwingt dabei in allen drei Raumrichtungen. Die Verdrehung des Körpers führt vermutlich zur Energiespeicherung in den Muskeln, die wieder freigesetzt werden kann. Zudem kann sie dazu beitragen, die Schrittlänge zu vergrößern.[117]

Wie das jeder von den eigenen Laufbewegungen und der Anschauung anderer Menschen kennt, ist die Drehung des Oberkörpers während des Laufens jedoch nur gering, je nach Geschwindigkeit etwa 5-12°.[118] Diese geringe Drehung unterstützt den Körper beim Gehen. Eine solche geringe Drehung tritt auch in der Beinbewegung während des Gehens auf. Das obere Sprunggelenk ist, wie gesagt, annähernd ein Scharniergelenk. Aber bei genauem Hinsehen hat die Gelenkrolle des Sprungbeins außen einen etwas größeren Radius als innen. Dies führt zu einer leichten Innenrotation des Schienbeins (um 5-12°), die während der Beugung des Fußes gekoppelt auftritt. Bei Fersenauftritt ist das Schienbein leicht nach außen gedreht, dann dreht es sich einwärts und beim Zehenabheben wieder nach außen. Entsprechend schwingt auch der ganze Fuß im unteren Sprunggelenk während der Laufbewegung mit einer geringfügigen Drehbewegung zur Seite (Inversion – Eversion), die etwa 6-10° beträgt (Abb. 42). Auch diese Bewegungen

117 Witte et al. 2003

118 Witte et al. 2003

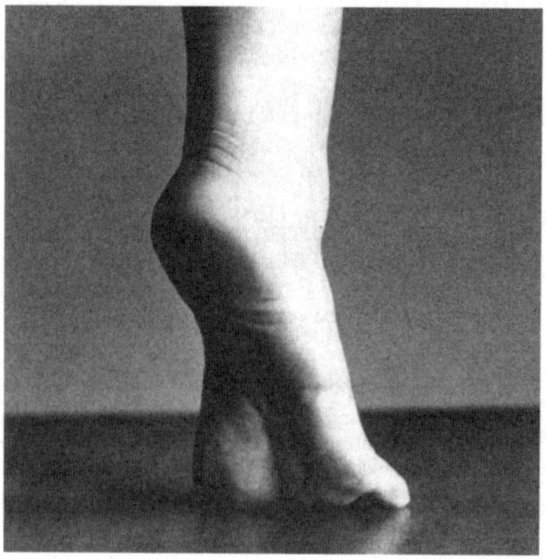

Abb. 42: Innendrehung (Inversion des Fersenbereichs gegenüber einer Außendrehung (Eversion) des Zehenbereichs kurz vor Abheben des Fußes. Aus Drenckhahn & Zenker 1994, S. 383, verändert.

unterstützen die Laufbewegung.[119] Der ganze Körper ist also in Resonanz, er schwingt als Ganzes im Rhythmus der Laufbewegung.

Die Bewegungen des Menschen im Gehen verlaufen also gekoppelt mit dem ganzen Körper. Zeigt dies in der Fortbewegung eine Bewegungslimitierung wie bei den beiden Sprunggelenken der Paarhufer? Oder sinkt die Bewegungsflexibilität durch die Bewegungskopplung wie beim schnellen Lauf des Geparden?

Bei den Sprunggelenken der Paarhufer sind, wie beschrieben, beide Achsen etwa rechtwinklig zur Laufbewegung orientiert. Sie bewegen sich in Abhängigkeit voneinander in die gleiche Richtung. Beim Menschen ist die Achse des oberen Sprunggelenkes auch weitgehend rechtwinklig zur Längsachse des Fußes orientiert. Die Achse des unteren Sprunggelenkes liegt jedoch fast in seiner Längsrichtung, nach vorne ist sie etwas nach innen (23°) und oben (42°) orientiert.[120] Da die gekoppelte Bewegung im Gehen um die Achse des unteren

119 Debrunner & Jacob 1998

120 Debrunner & Jacob 1998

Sprunggelenkes nur um wenige Grad erfolgt, bleibt der hauptsächliche Bewegungsumfang des unteren Sprunggelenkes unabhängig von den Bewegungen des oberen Sprunggelenkes und kann für die Positionierung des Fußes auf unebenem Gelände benutzt werden. Wie das jeder kennt, ist auch bei sehr stark abgewinkeltem oder gedrehtem (in-/evertiertem) Fuß die Laufbewegung möglich, so beim Klettern im Gebirge.

Ähnlich ist es, wenn die Kopplung der Wirbelsäulen- und der Gliedmaßenbewegung betrachtet wird. Da die Wirbelsäulenbewegung während des menschlichen Gehens geringfügig ist, bleiben große Spielräume, mit der Wirbelsäule oder den Armen zusätzliche Bewegungen zu machen. Wenn dies geschieht, macht es vermutlich das Gehen nicht mehr ganz so ausdauernd, aber es wird dadurch besonders charakteristisch für menschliches Gehen, wenn man sich im Gehen z. B. einem Gesprächspartner zuwendet und gestikuliert oder am Rande des Weges im Gehen Beeren pflückt, etwas trägt etc. Wirbelsäule und Arme sind also durch die Schwingungen, die sie beim Gehen ausführen, keineswegs so beansprucht, dass keine weiteren Bewegungen möglich sind.

Die Freiheitsgrade für Variationen in der Gehbewegung kennt jeder aus eigener Erfahrung. Sie lassen sich aber auch schon an dem frühesten Dokument eines menschlichen Ganges vorfinden, den Spuren von Laetoli. Hier sind Spuren dreier aufrecht gehender früher Menschenvorläufer in Vulkanasche konserviert, die auf 3,7 Mio. Jahre datiert wurde (Abb. 43). Die Spuren wurden im heutigen Tansania gefunden und dem *Australopithecus afarensis* zugeordnet. Zwei Spuren laufen nebeneinander, eine etwas größer als die andere. Überraschend ist, dass beide Spuren völlig gleichförmig laufen. Die beiden Menschen liefen im gleichen Rhythmus und mit der gleichen Schrittlänge. Sie liefen so nah beieinander, dass sie sich im Arm gehalten

Abb. 43: Menschliche Spuren von Laetoli, Tansania, die dem *Homo afarensis* zugeordnet werden. Das Alter wurde auf ~3,7 Mio. Jahre datiert (aus Agnew & Demas 2016).

haben müssen. In der größeren Spur findet sich noch eine weitere Spur – ein dritter ist in den Fußspuren des Vorderen gestapft.[121] Hier haben die drei Vormenschen ihre Schrittlänge und ihren Rhythmus aufeinander abgestimmt. Bei den beiden, die sich vermutlich im Arm gehalten haben, muss auch der Rhythmus ihrer Arme und Oberkörper voneinander beeinflusst worden sein. Trotz dieser sozialen Interaktionen während des Laufens zeigen die Spuren von Laetoli keine seitlichen Bewegungen der Ferse und der Zehen an, sodass auch diese Vormenschen beim Gehen eine Körperresonanz aufwiesen, die den Körper stabilisierte[122] und die durch die sozialen Interaktionen nicht außer Kraft gesetzt wurde.

Anders ist es natürlich, wenn es auf Maximalgeschwindigkeit ankommt. Bei einem Sprint laufen auch Bewegungen der Arme und der Wirbelsäule gekoppelt mit der Beinbewegung ab. Die Arme bewegen sich im Ellenbogen angewinkelt und mit gestreckten Händen in der Laufrichtung im Rhythmus der Beine hin und her. Eine beliebige Arm- oder Oberkörperbewegung würde zu deutlichem Geschwindigkeitsverlust führen. Nur Usain Bolt schafft es, die Arme im Lauf zur Seite schauend auszubreiten und dennoch einen Weltrekord zu rennen wie in Peking 2008, als er 100 m in 9,69 Sekunden rannte (Abb. 44). Vermutlich wäre er ohne diese zusätzlichen Bewegungen der Arme und des Oberkörpers noch schneller gewesen.[123] Kommt es beim Rennen auf Maximalgeschwindigkeit an, so müssen Bewegungen der Wirbelsäule und der Arme auf spezifische Weise mit jenen der Beine gekoppelt ablaufen, sodass während des Sprints Bewegungsflexibilität vermindert wird.

121 Robbins 1987, Lockley & al. 2008, Tuttle 1987

122 Witte et al. 2003

123 https://www.telegraph.co.uk/sport/olympics/2776882/Usain-Bolt-could-have-run-9.55-seconds-in-Olympic-final.html

Abb. 44: Usain Bolt rennt in Peking 2008 mit 9,69 Sekunden einen Weltrekord im 100 m-Rennen.

Der menschliche Organismus zeigt auch Strukturen, die dieses schnelle Rennen unterstützen. Beim Rennen hat die Achillessehne eine besondere Federwirkung. Sie dehnt sich bei einem erwachsenen Mann um 1,5 cm beim Aufsetzen des Fußes und schnellt beim Abheben wie ein festes Gummiband in ihre Ausgangslage zurück, sodass das Abheben leichter fällt als ohne den Federvorgang. Die Energieersparnis davon beträgt ein Drittel der Energie des Abhebens. Ebenso trägt das Längsgewölbe des Fußes beim Rennen zur Energieersparnis bei. Es flacht beim Aufsetzen – wie oben schon für die Stoßdämpferwirkung beim Gehen beschrieben – um etwa 1 cm ab. Doch beim Rennen schnellt es beim Abheben in seine Ausgangslage zurück und katapultiert den Körper weiter. Hierüber wird ein Sechstel der aufgewendeten Energie eingespart, sodass beide Federfunktionen zusammen $({}^{1}/_{3} + {}^{1}/_{6} = {}^{1}/_{2})$ die beim Rennen aufzubringende Arbeit etwa um die Hälfte vermindern.[124]

Dies ähnelt Formen der Energieersparnis, wie sie bei vielen auf dem

124 Alexander 1992, 1988

Land (terrestrisch) lebenden Säugern vorkommen, nur sind die Verhältnisse keineswegs so extrem entwickelt wie z. B. bei den Kängurus oder Pferden. Das spiegelt sich auch in der reduzierten Bedeutung wider, die die Sprints und ausdauerndes Rennen in einer ursprünglichen Menschengesellschaft aufwiesen. In Jäger- und Sammlerkulturen sind die Aufgaben sehr vielfältig, und auch beim Jagen mit Pfeil und Bogen, mit Speeren oder Fallen betreffen Sprints in Maximalgeschwindigkeit nur einen Teil der Aufgaben des Jägers. So zeigte auch der prähistorische Mensch ein Bewegungsverhalten von großer Diversität.

Wenn der Mensch mit Maximalgeschwindigkeit rennt, so ist also seine Bewegungsflexibilität während des Sprints herabgesetzt, wie dies auch für den Geparden zutrifft. Anders jedoch als der Gepard zeigt der Mensch keine Merkmale, die im Zusammenhang mit schnellem Laufen entstanden sind und die seine eigene Lebensweise – im Falle des Geparden ist dies das Beutegreifverhalten – weniger flexibel machen würden. Anders als der Gepard ist der Mensch nicht auf schnelles Rennen spezialisiert. Wenn er abbremst, so steht ihm eine hohe Bewegungsflexibilität zur Verfügung. Von den Beinen her gesehen ist der Mensch in erster Linie also ein aufrechter Wanderer, er ist auf das aufrechte Gehen spezialisiert. «Gehen ist die adäquate Belastung, sei es als ‹Spaziergang›, sei es als ‹Wandern›.»[125]

Die alten Chinesen haben das ähnlich dargestellt, indem sie das Zeichen für das große schöpferische Tao-Prinzip als einen Wandernden darstellten. Das Zeichen zeigt einen Kopf und einen Fuß. Die Bedeutung des Fußes in dem Zeichen ist zudem auch «Gehen und wieder innehalten – wandeln». Es beschreibt einen Menschen, der geht, wieder stoppt, dabei seinen Kopf benutzt und sich besinnt

125 Witte et al. 1999, S. 682

Abb. 45: Das chinesische Zeichen Tao (Dao) (aus: Lin 1983, S. 1387).

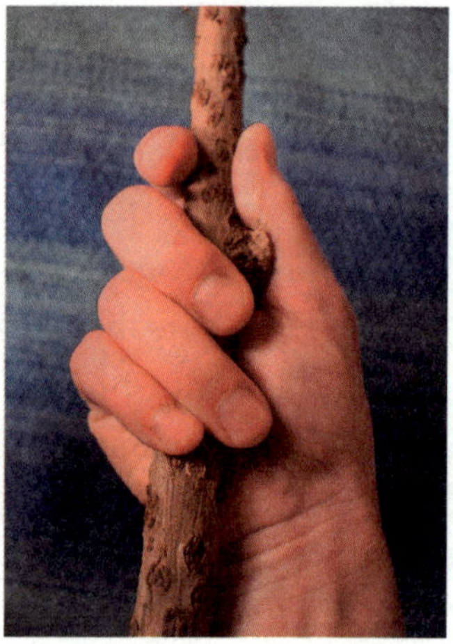

Abb. 46: Schräger Pressgriff. Ein Stab, ein Schwert etc. können in die Längsachse des Arms gebracht werden und als dessen Verlängerung fungieren.

und wieder weitergeht (Abb. 45). Es stellt den Menschen auf seinem Lebensweg dar, als einen Wandelnden, einen, der mit Vernunft geht.[126]

Von den unteren Gliedmaßen her ist der Mensch ein Wandelnder, von den oberen Gliedmaßen her betrachtet ist er ein Handelnder.

Die Beine tragen den Menschen an den gewünschten Ort der Handlung. Und so kann bei den verschiedensten Arbeiten das ausdauernde Gehen vielfältig abgewandelt werden. Die Greiffähigkeiten des Menschen sind im Vergleich zu denjenigen der verschiedenen Wirbeltiere ausgesprochen vielseitig, von sehr präzisen Griffen wie dem Pinzettengriff (Greifen mit den Fingerbeeren von Daumen und Zeigefinger) bis zu Kraftgriffen wie dem schrägen Pressgriff, durch

126 Woo 1969

den wir einen Stab mit den Fingern und der Handfläche schräg umgreifen und durch Abwinkeln des Handgelenkes in die Längsachse des Unterarms bringen können (Abb. 46). Durch den schrägen Pressgriff können wir Schraubenzieher in der Hand drehen, indem wir einfach den Unterarm drehen. Auch Stöcke, Schwerter, Säbel und Lanzen können durch diesen Griff in die Längsachse des Unterarms gebracht werden und wie eine Verlängerung des Armes fungieren, ebenso wie das Messer beim Brotschneiden oder der Pfannenstiel beim Schwenken einer Pfanne.

Der schräge Pressgriff erforderte besonders viele evolutive Entwicklungen seit dem ersten Auftreten der Hominini, so die Möglichkeit, das Handgelenk nach außen deutlich abwinkeln zu können, eine Verlängerung des opponierbaren Daumens und eine ulnare Opposition. Letztere bedeutet die Möglichkeit einer Einwärtsdrehung des äußeren Randes der Hand, des Ringfingers und des kleinen Fingers.[127] Es handelt sich also auch hier um eine Opposition, jetzt nicht des Daumens, sondern der äußeren Handseite.

In Händen und Füßen des Menschen zeigen sich also deutliche Spezialisierungen, die der Lebensweise des Menschen entsprechen. Dabei ist der Mensch nicht auf eine Bewegungsweise in einem bestimmten Habitat spezialisiert, sondern kann sich in vielfältigsten Biotopen bewegen und verschiedenste Dinge ergreifen. Er ist auch nicht auf eine spezielle Bewegungsform ausgerichtet, die sich nur unter prinzipiellem Verlust allgemeiner Bewegungsformen entwickeln konnte. Er ist auf allgemeine Fähigkeiten spezialisiert wie den aufrechten Gang und das Greifen und Handeln.

Von den organismischen Bedingungen der Beweglichkeit des Menschen finden wir nur geringe Einschränkungen wie Zwangs-

127 Wilson 2002

führung und bewegungslimitierende Bewegungskopplung wie in den Zehen. Beim Menschen ist zudem das Lernvermögen sehr ausgeprägt, sodass im Vergleich zu den anderen Säugern bei ihm ein Schwerpunkt auf individuell erlernten Bewegungen liegt.

Damit ist beim Menschen eine hohe Form an Autonomie in Bezug auf drei wesentliche Bereiche entwickelt. Einmal handelt es sich um eine Autonomie gegenüber der Umwelt, da keine habitatgebundenen Bewegungsweisen vorliegen. Zweitens handelt es sich um eine Autonomie in Bezug auf organismische Begrenzungen in der Bewegung, die individuelle Bewegungsmöglichkeiten erschwert wie Zwangsführung und bewegungslimitierende Bewegungskopplung. Weiterhin liegt eine Autonomie in Bezug auf vorgeprägte Verhaltensweisen vor, da der Mensch die meisten Bewegungsformen und Verhaltensweisen individuell erlernen und erüben muss, sie beim Menschen daher zumeist nicht angeboren sind.

Autonomie ist letztlich ein innerer Vorgang. Das Lernen individueller Bewegungsabläufe muss innerlich ergriffen werden. Zunehmende Lernfähigkeit entspricht Graden zunehmender innerer Autonomie. Gleichzeitig mit der zunehmenden Bewegungsautonomie wurde der Mensch selbstbestimmter. Stufen dieser inneren Entwicklung von einem vorgeprägten Verhalten bis zu hochgradig autonomem Verhalten sind ausführlich in Arbeiten von Rosslenbroich[128] beschrieben.

4.6 Spezialisten, Generalisten und die Autonomiefrage

Die Fähigkeiten der Säuger in der Erdneuzeit haben sich sehr viel extremer entfaltet, als dies unter den Säugervorläufern mit ihrem abgestemmten Spreizgang möglich war. Es wurde gezeigt, wie die Gliedmaßen der Pferde für das ausdauernde schnelle Rennen ge-

128 Rosslenbroich 2014 und 2018

eignet sind, wie die Gestalt der Geparden eine hohe Geschwindigkeit ermöglicht und dass die vielen kleinen Kletterer eine besondere Flexibilität unterschiedlicher Bewegungsfähigkeiten im Unterholz und Gebüsch aufweisen. Die primären Fähigkeiten des Menschen sind der aufrechte Gang und das Greifen, was individuell sehr variiert werden kann. Alle diese Formen sind also spezialisiert auf verschiedene Bewegungsformen, sie sind Spezialisten.

Allerdings gibt es unter den Bewegungsformen selbst, auf die die Säuger spezialisiert sind, *spezielle Lokomotionsformen* und *generelle Lokomotionsformen*. Eine Lokomotionsform kann auf zweierlei Weise speziell sein: entweder wenn die Beweglichkeit des Organismus eingeengt ist, z. B. durch Zwangsführung der Bewegung und/oder bewegungslimitierende Bewegungskopplung, wie dies besonders bei den Huftieren der Fall ist. Oder: Lokomotionsformen können auch spezialisiert sein, indem sie nur in einer ganz bestimmten Umgebung möglich sind, wie etwa das Kopfabwärtsklettern kleiner Kletterer. In diesem Falle sind die Tiere in ihrem gesamten Bewegungsverhalten natürlich nicht auf diese Lokomotionsform beschränkt, wodurch die Spezialisierung nicht den Bewegungsraum der Tiere einengt. Andere Säuger zeigen aber durchaus Bewegungsformen, die sie weitgehend an ein bestimmtes Habitat binden wie das Hangeln des Gibbons, der in den Baumkronen von Regen- und Bergwäldern vorkommt. Säuger mit speziellen Lokomotionsformen können also entweder in der Bewegungsvielfalt ihres Organismus eingeschränkt sein oder in ihrer Habitatvielfalt. Oft geht beides miteinander einher.

Diesen speziellen stehen die generellen Lokomotionsformen gegenüber. Unter Letzteren wird hier die Fortbewegung innerhalb der vorwiegend terrestrisch lebenden, vorwiegend kletternden oder schwimmenden Säuger verstanden, bei denen allgemeine Fähigkeiten wie die Fingerfertigkeiten, Drehbewegungen von Hand und Fuß und deren relativ freie Positionierbarkeit im Raum nicht prinzipiell verloren gegangen, sondern erhalten geblieben und möglicherweise fortentwickelt sind. Die Säuger mit generellen Lokomotionsformen sind zudem durch den gelegentlich möglichen Wechsel des Habitats und der Lokomotionsform gekennzeichnet.

In diesem Sinne zeigt ein Bär, der hauptsächlich terrestrisch lebt, gelegentlich aber auch klettert und gut schwimmen kann, unter den terrestrischen Tieren generellere Bewegungsmöglichkeiten als ein Gepard oder Hund und dieser eine nicht so spezialisierte Lokomotion wie ein Pferd. Unter den kletternden Formen zeigt der Schimpanse, der in den Bäumen greifklettert und sich häufig auf dem Boden bewegt, eine geringer spezialisierte Lokomotion als der hangelnde Gibbon. Unter semiaquatischen und vollaquatischen Säugern findet sich eine generellere Lokomotion z. B. beim Otter (der sich auch häufig an Land bewegt) als bei den Robben, deren Beweglichkeit an Land eingeschränkter ist. Noch weiter entfernt von einer generellen Lokomotion der Säuger haben sich die vollaquatischen Formen wie der Pottwal.

Säuger, die sich vorwiegend mit speziellen Lokomotionsformen bewegen, stehen im Diagramm der Abb. 47 auf der linken Seite. Auf der anderen Seite gibt es die Spezialisten, die sich vorwiegend mit generellen Lokomotionsformen fortbewegen. Sie sind im Diagramm eher rechts zu finden. Als Spezialisten für generelle Bewegungsformen sind sie gleichzeitig Generalisten, die eben die generellen Lokomotionsformen besonders ausgeprägt haben.

Säuger, die vorwiegend spezielle Bewegungsformen nutzen, zeigen Autonomie in ihren hohen Leistungen innerhalb der spezialisierten Bewegungsform, haben aber auch evolutiv Autonomieeigenschaften eingebüßt, wie etwa die Nutzung eines vielfältigen Bewegungsrepertoires ihres Organismus. Damit geht Bewegungsflexibilität verloren.

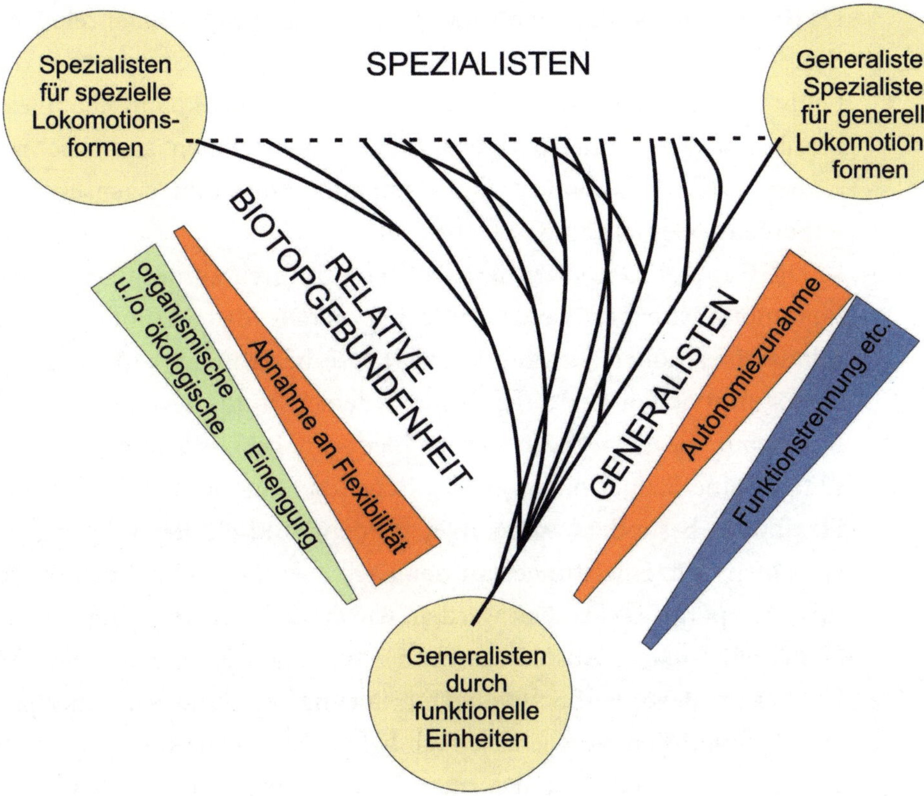

Abb. 47: Generalisten, Spezialisten und die Biotopgebundenheit. Es gibt zwei Formen von Spezialisten: die Spezialisten für spezielle Lokomotionsformen, die eine Beschränkung der organismischen oder ökologischen Flexibilität aufweisen, und die Spezialisten für generelle Bewegungsformen, die dadurch Generalisten sind. Letztere unterscheiden sich von den ursprünglichen Generalisten (Spreizgängern) durch eine Reihe von Autonomieschritten in ihrer Evolution, die auch zu einer Erweiterung der Habitate führen kann (z. B. Eigenwärme). Dadurch zeigen sie eine geringere relative Biotopbegrenzung als die ursprünglichen Generalisten.

Da diese Tiere häufig – wenn auch keineswegs immer – einer relativen Biotopbegrenzung unterliegen, wie das Pferd in der Steppe oder der Gibbon im Geäst, weisen sie auch meist Verluste an ökologischer Flexibilität auf. Tiere mit speziellen Lokomotionsformen kennzeichnet eine spezielle Autonomie.[129] Sie zeigen hohe Autonomieeigenschaften auf einem eingeschränkten Gebiet.

Die Generalisten unter den Säugern mit ihren zumeist generellen Lokomotionsformen weisen hingegen gerade die Autonomieeigenschaft einer hohen Flexibilität auf. Diese bezieht sich auf die hohe Bewegungsvielfalt des Organismus einerseits und die Flexibilität in Bezug auf die Bewegung in verschiedenen Lebensräumen andererseits. Kleine Säuger haben in der Regel die Autonomiefähigkeit der Flexibilität besonders ausgebildet. Zudem sind sie dabei häufig zu extremen Spitzenleistungen in der Lage, wenn diese in Relation zu ihrer Körpergröße gesehen werden, wie etwa die Springfähigkeit des Halbaffen *Galago*. Absolut gesehen sind ihnen jedoch mittelgroße Formen in Bezug auf Schnelligkeit, Sprungweite und Ausdauer pro Strecke überlegen. So wie es jedoch bei großen Formen häufig durch die speziellen Lokomotionsformen Einschränkungen in der Autonomieeigenschaft der Flexibilität gibt, so finden sich auch bei kleinen Säugern Autonomieeinschränkungen wie die geringe Oberfläche zur Körpermasse, durch die sie viel Wärme verlieren können. Wie dargestellt, müssen sie im Verhältnis zu ihrem Körpergewicht sehr viel mehr Nahrung zuführen als große Tiere. Viele von ihnen halten in kühleren Regionen einen Winterschlaf, sodass sie lange Zeit des Jahres inaktiv sind.

Beim Menschen sind generelle Lokomotions- bzw. Bewegungsfähigkeiten des Organismus, wie bipedes Gehen und Greifen,

129 Rosslenbroich 2018

besonders ausgebildet. Die Funktionstrennung von Hand und Fuß ist über das Maß, mit dem sie bei Primaten allgemein auftritt, hinaus entwickelt, und die Hand ist vollständig von der Laufbewegung befreit. Der Mensch ist ein Wanderer und ein Handelnder. Er zeigt nur wenige organismische Einschränkungen in seinen Bewegungen, wie Zwangsführung der Bewegung, und ist auch gegenüber Habitatsbegrenzung sehr autonom. Auf der Abb. 47 ist er daher weiter rechts angesiedelt. Die Bewegungen des Menschen können durch das hohe Lernvermögen und die nur wenigen angeborenen Verhaltensweisen besonders individuell entwickelt werden. Unsere Bewegungen können hochgradig selbstbestimmt sein, wodurch das menschliche Individuum besonders autonom sein kann.

Die heutigen Säuger als Spezialisten verschiedener Bewegungsformen haben sich aus Spreizgängergeneralisten des ausklingenden Erdaltertums und des Erdmittelalters entwickelt. In der Evolution zu den Säugern kam es zu vielen Funktionstrennungen, wie der weitgehenden Entkopplung von Wirbelsäulen- und Gliedmaßenbewegung, die jeweils mit Autonomieschritten der Bewegungsflexibilisierung zusammenhingen. Es gibt also auch zwei Formen von Generalisten, die Säuger mit körperparalleler Gliedmaßenstellung, die vorwiegend generelle Lokomotionsformen ausführen, und die Vorläufer, die sich als Spreizgänger in einer funktionellen Einheit bewegten. Das Aufbrechen der funktionellen Einheit in der Lokomotion im Zuge der Entwicklung der körperparallelen Gliedmaßenstellung machte Vereinseitigungen durch Betonungen einzelner Körperbereiche, z.B. jene in Hand und Fuß, möglich. Die Huftiere zeigen dabei in Hand und Fuß eine Betonung der Finger und Zehen (in Bezug auf ihre Beweglichkeit), die Katzenartigen eine Betonung der Mittelhand, und bei den kleinen Kletterern findet sich eine Betonung des Steuerungspols, der Fußwurzel. Die Linien, in denen sich diese spezialisierten

Lokomotionsformen entwickelten, leiten sich jeweils von den Generalisten ab. Erst muss sich die relative Unabhängigkeit der Körperbereiche entwickeln, dann können sich einzelne Funktionen vereinseitigen, und andere Funktionen verschwinden.

Die Evolution des Menschen ist in vielen Aspekten eine Fortsetzung der Tendenzen der Vorläufer aus dem Erdmittelalter und dem Erdaltertum, wenn hierbei die Linie zu den Plazentaliern angesehen wird.[130] Dies betrifft in erster Linie die Entwicklung der Aufrechte. Die zunehmende Vertikalisierung der Gliedmaßen im Erdmittelalter setzte sich bei den Primaten in einer Verlagerung des Körperschwerpunktes auf die Hintergliedmaßen und einer Aufrichtung der Wirbelsäule im Sitzen fort, bis die ersten Hominini eine völlig aufrechte Körperhaltung erlangt haben. Nach der Aufrichtung kam es zu einer Verbesserung der Greifmöglichkeiten bei den Menschenvorläufern – ein Trend, der zumindest mit der Entwicklung der Primaten begann, vermutlich schon vorher. Die dadurch entstandene Funktionstrennung zwischen Hand und Fuß setzte die Fülle an Funktionstrennungen fort, die für das Erdmittelalter charakteristisch ist. Sie war eine wichtige Basis für die Evolution des Handelns und damit für die kulturelle Entwicklung des Menschen und barg so ein enormes Potenzial für Autonomiezunahme.

Nach dem Landgang entwickelte sich im ausklingenden Erdaltertum und im Erdmittelalter in der Lokomotion der Säugervorläufer und frühen Säuger vor allem die Fähigkeit zum Laufen *per se* und eine Steigerung ihrer Ausdauer in der Bewegung. Dies setzte sich wiederum in der Evolution des Menschen fort, wo jetzt das aufrechte Gehen *per se* evolvierte, wiederum verbunden mit einer Steigerung der Ausdauer.

130 Siehe auch Kipp 1948 und Kümmell 2019

Die lokomotorische Evolution im Erdmittelalter auf der Linie zu den Plazentatieren war zudem durch die zunehmenden Möglichkeiten an individueller Flexibilität der Bewegung gekennzeichnet. Dies spiegelt sich auch in der Größenzunahme des Gehirns (Neocortex) während des Erdmittelalters[131] in der Linie zu den Plazentaliern wider. In der Evolution zum Menschen setzte sich das fort. Das Gehirn (Neocortex) wurde evolutiv größer, was mit der wachsenden Lernfähigkeit des Menschen und der abnehmenden vorgeburtlichen Prägung von Bewegungsabläufen und Verhaltensweisen[132] gekoppelt war.

Durch seine hohe Autonomie ist der Mensch nicht so stark in die Naturprozesse eingebunden wie viele Tiere. Bei seinen Handlungen kann er selbst entscheiden, ob er sie im Sinne der Natur oder nach anderen Gesichtspunkten ausführt. Hier geht die Frage der Autonomie in die Freiheitsfrage des Menschen über, mit der unweigerlich die Frage der Verantwortung verbunden ist.

5. Zusammenfassung

Die Autonomieschritte, die für die Evolution der Fische im Wasser bis zum Landgang beschrieben wurden, hingen mit Knochenneubildungen in den Flossen und ihrer anschließenden Restrukturierung unter Knochenabbau zusammen. Bei den Fleischflossern wurden die vorderen Knochenstäbe in den Flossen zurückgebildet, und nur das Metapterygium blieb als einziges Verbindungselement zum Schultergürtel bzw. Becken. So wurde die Flosse manövrierfähiger. Auf der Evolutionsstufe von *Tiktaalik* waren die Tiere zu kurzen Ausflügen

131 Jerison 1973, Kielan-Jaworowska et al. 2004, Striedter 2005, Kümmell 2019

132 Jerison 1973, Striedter 2005, Kümmell 2019

an Land in der Lage, sichtbar z. B. an den Gelenken der Flossen und dem Abbau von Rücken- und Analflosse. Beim folgenden Evolutionsniveau der ersten Vierfüßer (z. B. *Ichthyostega*) traten sieben bis acht Finger und Zehen auf. Spuren verweisen auf die Fähigkeit der ersten Vierfüßer zu einem Landgang mit abgestemmtem Körperstamm, auch wenn der hauptsächliche Aufenthaltsort das Wasser blieb. Bei den folgenden Stadien wurden die Finger und Zehen auf fünf reduziert, und neue Hand- und Fußwurzelknochen traten auf. Viele dieser Evolutionsschritte hingen mit einer Erhöhung der Bewegungsflexibilität in küstennahen Gewässern oder im Süßwasser zusammen. Hier nahm Autonomie in Bezug auf eine vielfältige Bewegung und das Leben in einer Vielfalt von Habitaten mit unterschiedlichen Temperaturen zu. Charakteristisch für diesen Übergang ist die Neubildung von Knochen in großer Anzahl und Diversität bei den einzelnen Arten, und deren wiederkehrende Reorganisation unter Knochenabbau, durch die sich Strukturen stabilisierten. Mit dem Landgang entstand eine relativ stabile Anzahl und Anordnung der Knochen in den Gliedmaßen der fünffingrigen und fünfzehigen Landwirbeltiere.

Nach dem Landgang änderte sich der Evolutionsmodus, und es entstanden in den Gliedmaßen keine echten neuen Knochen mehr. Es kam zu einer Reorganisation der vorhandenen Strukturen unter dem Einfluss der Schwerkraft, wobei neue generelle Fähigkeiten in der Lokomotion entstanden. Die frühen Säugervorläufer waren Spreizgänger mit vom Boden abgestemmtem Körper, die – wenn sie nicht zu groß und schwer waren – weitgehend Bewegungsgeneralisten waren. Auf der Linie zu den Säugern setzte sich die Reorganisation im Zuge der Evolution der körperparallelen Gliedmaßenstellung fort. Die beschriebenen Autonomieschritte hingen mit dem Aufbrechen der funktionellen Einheit des Spreizgangs zusammen. Es kam zu funktionellen Trennungen, zu denen die Entkopplung der Wirbelsäulen- und Gliedmaßenbewegung gehörte, durch die sich die mögliche Vielfalt der Gangarten erhöhte. In Händen und Füßen wurde die Bewegung weitgehend auf die Abrollung nach vorne beschränkt, indem die Übertragung der Außenrotation von den Gliedmaßen verschwand. Im Zusammenhang damit konnten sich generelle Fähigkeiten wie das Greifvermögen, die Federeigenschaften der Finger-/Zehenstrahlen, die Stoßdämpfereigenschaften von Längs- und Quergewölbe und die freiere Positionierbarkeit des Fußes mithilfe von zwei Sprunggelenken etablieren und verbessern. Aus den komplexen, teilweise zwangsgeführten Gelenken wurden einfache Gelenke, die einen erhöhten Bewegungsumfang erlaubten. So erhöhte sich die Bewegungsflexibilität, und individuelle, erlernte Bewegungsmöglichkeiten nahmen zu. Gleichzeitig wurden die Tiere in ihrer Bewegung sehr viel ausdauernder.

Die funktionelle Einheit der Spreizgänger im terrestrischen Laufen mit abgestemmtem Körper wirkte als Barriere für sehr große Veränderungen im Lokomotionsapparat des Organismus. Indem in der körperparallelen Gliedmaßenbewegung die Gliedmaßen von der Wirbelsäulenbewegung unabhängiger waren und Hände und Füße fast keine von den Gliedmaßen übertragene Außenrotation ausgleichen mussten, konnten sich mit zunehmender körperparalleler Gliedmaßenbewegung die Längenproportionen und Gelenke in einem viel höheren Ausmaß verändern als im Spreizgang. Zudem wurde es möglich, dass in der Säugerlinie mit der Entwicklung der körperparallelen Gliedmaßenbewegung die Anzahl von Finger- und Zehenstrahlen unter vier sank.

Die Erdneuzeit ist daher von stärkeren Veränderungen im Skelett geprägt als jene, die in der Regel bei den Säugervorläufern auftraten. Eine bestimmte Lebensweise kann in der Erdneuzeit stärker im Skelett sichtbar werden und auch zu Vereinseitigungen führen. Mit der spezifischen Lebensweise können sich Autonomieeigenschaften weiterentwickeln oder verloren gehen. Autonomieschritte sind in dieser Phase also stärker an Neuerungen in der spezifischen Lebensweise und dem Verhalten der Tiere und des Menschen gebunden, während grundsätzlich neue, generelle Fähigkeiten wie die Greiffähigkeit oder die Federeigenschaften der Finger- und Zehenstrahlen seltener entstehen. Im Skelett kommt es leichter zu Vereinseitigungen unter Betonung bestimmter Bereiche des Skelettes, häufig verbunden mit Rückbildung von anderen Bereichen. In Bezug auf Hand und Fuß finden wir eine besondere Betonung der Finger und Zehen bei den Huftieren, der Mittelhand bei den Katzenartigen und des Fersenbereichs bei den kleinen Kletterern. Bei den Huftieren mit ihrer Finger- bzw. Zehenbetonung ging Bewegungsflexibilität zugunsten der ausdauernden schnellen Lokomotion verloren. Sie bewegen sich mit speziellen Lokomotionsformen und weisen eine spezielle Autonomie auf. Die kleinen Kletterer haben hingegen die Autonomieeigenschaft der Bewegungsflexibilität ausgeprägt entwickelt.

Beim Menschen ist der Fuß besonders stabil – mit einer Betonung von Mittelfuß und Ferse. Die Hände sind besonders beweglich – mit einer Betonung der Finger. Die Fähigkeiten von Hand und Fuß der frühen Säuger treten beim Menschen auf Hände und Füße verteilt auf und sind evolutiv weiterentwickelt. In Hand und Fuß spiegelt sich die ursprüngliche Lebensweise des Menschen als Wanderer und Handelnder wider. Der Mensch ist ein Spezialist für generelle Bewegungsformen, den aufrechten Gang und das Greifen. Viele Evolutionstrends aus dem Erdmittelalter auf der Linie zu den Plazentaliern setzten sich in der Evolution der frühen Primaten auf der Linie zum Menschen hin fort: die zunehmende Aufrechte, jetzt nicht nur der Gliedmaßen, sondern auch der Wirbelsäule, die zunehmenden individuellen Bewegungsmöglichkeiten in den Gliedmaßen und das Lernvermögen. In Bezug auf die geringe Habitatsbegrenzung, seine geringen organismischen Bewegungsbegrenzungen und das geringe vorgeprägte Verhalten zeigt der Mensch eine besonders hohe Autonomie, die seinen evolutiv zunehmenden Möglichkeiten zu einer inneren Freiheit entspricht.

Danksagung

Besonderer Dank gilt Bernd Rosslenbroich und Samuel Giersch, der das Kapitel über die Fische gegengelesen hat, für wichtige Hinweise und Kommentare, die das Manuskript deutlich verbessert haben. Dank geht an alle Mitarbeiter der Museen, in denen ich die Fossilien vermessen und fotografieren durfte und in denen ich sehr herzlich aufgenommen wurde: AMNH, American Museum of Natural History, New York, USA: Michael Novacek, Lyn Merryll, Susan Bell, Carl Mehling. CMNH, Carnegie Museum of Natural History, Pittsburgh, USA: Luo Zhe-Xi, Amy Henrici, Allan Tabrum, David Berman. ESI (Evolutionary Studies Institute), Wits University, Johannesburg, Südafrika: Bruce Rubidge, Michael Raath, Fernando Abdala. GPIT, Geologisch-Paläontologisches Institut, Eberhard Karls Universität, Tübingen: Philipe Havlik, Michael Maisch, Andreas Matzke, Franziska Großmann, Eva Gebauer. HLMD, Hessisches Landesmuseum Darmstadt: Gabriele Gruber. NHMUK, Natural History Museum, London: Sandra Chapman, Jerry Hooker, Lorna Steel, Philippa Brewer, Robert Kruszynski. PIN, Paläontologisches Institut, Moskau: Valery Golubev, Andrey Kurkin. SAM, South African Museum, Cape Town, Südafrika: Sheena Kaal, Roger Smith. TM, Ditsong, National Museum of Natural History, Pretoria,

Südafrika: Heidi Fourie, Stephany Potze. TSK, T. S. Kemp Collection, Oxford University and Museum, Oxford, England: TSK: Tom Kemp, Malgosia Nowak-Kemp. UMZC, University Museum of Zoology, Cambridge, England: Jenny Clack, Matthew Allison, Ray Symonds, Michael Akam.

Für die Zusendung eines Fotos von *Oligokyphus* danke ich Michael Day und dem Fotolabor des British Museum of Natural History, London, und für das Foto der Spuren *Ameghinichnus* danke ich Silvina de Valais.

Das Projekt wurde dankenswerterweise vom Rudolf Steiner Fonds und der Mahle Stiftung finanziert.

Literaturverzeichnis

Abdala V, Manzano AS, Tulli MJ, Herrel A (2009): The tendinous patterns in the palmar surface of the lizard manus: Functional consequences for grasping ability. The Anatomical Record 292, S. 842-853

Agnew N, Demas M (2016): Fossil tracks and trackways: the dilemmas of preservation. Journal of Paleontological Techniques, special volume 15, S. 3 – 21.

Ahlberg PE (2018): Early vertebrate evolution. Follow the footprints and mind the gaps: A new look at the origin of tetrapods. Earth and Environmental Science Transactions of the Royal Society of Edinburgh S. 1 – 23. https://doi.org/10.1017/S1755691018000695

Alexander RM (1988): Elastic mechanisms in animal movement. Cambridge, New York

Alexander RM (1992): Exploring biomechanics. Animals in motion. New York

Alexander RM (2005): Models and the scaling of energy costs for locomotion. J Exp Biol 208, S. 1645 – 1652

Biewener AA (2003): Animal locomotion. Oxford, New York

Bloch JI, Boyer DM (2002): Grasping primate origins. Science 298, S. 1606 – 1610

Bouchner M (1997): Der große Spurenführer. Spuren und Fährten einheimischer Tiere. Gondrom Verlag GmbH, Bindlach, S. 1 – 271.

Brinkman D (1980a): The hind limb step cycle of *Caiman sclerops* and the mechanics of the crocodile tarsus and metatarsus. Canadian Journal of Zoology 58, S. 2187 – 2200.

Brinkman D (1980b): Structural correlates of tarsal and metatarsal functioning in *Iguana* (Lacertilia; Iguanidae) and other lizards. Canadian Journal of Zoology 58, S. 277 – 289.

Camp CL, Smith N (1942): Phylogeny and functions of the digital ligaments of the horse. Memoirs of the University of California 13(2), S. 69 – 124, Tafeln 8 – 11

Carl K, Günther M, Fischer MS (2004): Lokomotion von Pferden – Eine kinematische Untersuchung der Interaktion von Rücken und Extremitäten (Poster-Abstract). Prävention von arbeitsbedingten Gesundheitsgefahren und Erkrankungen 2004, S. 467 – 470.

Carroll RL (1993): Paläontologie und Evolution der Wirbeltiere. Übersetzt und bearbeitet von W. Maier und D. Thies. Stuttgart, New York.

Carroll RL, Irwin J, Green DM (2005): Thermal physiology and the origin of terrestriality in vertebrates. Zoological Journal of the Linnean Society 143, S. 345 – 358

Carroll RL, Holmes RB (2007): Evolution of the appendicular skeleton of amphibians. In: Hall BK (Hrsg.): Fins into limbs. Evolution, development, and transformation. Chicago, London

Clack JA (1997): Devonian tetrapod trackways and trackmakers; a review of the fossils and footprints. Palaeogeography, Palaeoclimatology, Palaeoecology 130, S. 227–250.

Clack JA (2012): Gaining ground. The origin and evolution of tetrapods. Bloomington

Cluver MA (1978): The skeleton of the mammal-like reptile Cistecephalus with evidence for a fossorial mode of life. Annals of the South African Museum 76(5), S. 213–246

Colbert EH (1948): The mammal-like reptile *Lycaenops*. Bulletin of the American Museum of Natural History 89, S. 360–404

Davis MC, Shubin NH, Force A (2004): Pectoral fin and girdle development in the basal actinopterygians *Polyodon spathula* and *Acipenser transmontanus*. Journal of Morphology 262, S. 608–628

Debrunner HU, Jacob HAC (1998): Biomechanik des Fußes. 2. Auflage. Stuttgart

Drenckhahn D, Zenker W (Hrsg.; 1994): Benninghoff: Anatomie. Makroskopische Anatomie, Embryologie und Histologie des Menschen. Band 1. München, Oldenburg

Fischer MS, Blickhan R (2006): The tri-segmented limbs of therian mammals: kinematics, dynamics, and self-stabilization – a review. Journal of Experimental Zoology 305A, S. 935–952

Fischer MS, Witte H (1998): The functional morphology of the three-segmented limb of mammals and its specialities in small and medium-sized mammals. Proceedings of the Euromech 375, S. 10–17

Fischer MS, Witte H (2007): Legs evolved only at the end! Philos Trans A Math Phys Eng Sci 365, S. 185–198

Flindt R (2006): Amazing numbers in biology. Berlin, Heidelberg. [Ursprünglich in Deutsch: Biologie in Zahlen (2003), Heidelberg]

Franzen JL (2007): Die Urpferde der Morgenröte. Ursprung und Evolution der Pferde. München

Frey E (2002): Konstruktionsmorphologie und Biomechanik in der Wirbeltierpaläontologie. Habilitationsschrift der Fakultät für Bio- und Geowissenschaften, Karlsruhe.

Fröbisch J, Reisz RR (2009): The Late Permian herbivore Suminia and the early evolution of arboreality in terrestrial vertebrate ecosystems. Proc Biol Sci 276, S. 3611–3618

Gambaryan PP (1974): How mammals run. Anatomical adaptations. New York, Toronto

Garland T, Janis CM (1993): Does metatarsal/femur ratio predict maximal running speed in cursorial mammals? Journal of Zoology 229, S. 133–151

Ginot S, Hautier L, Marivaux L, Vianey-Liaud M (2016): Ecomorphological analysis of the astragalo-calcaneal complex in rodents and inferences of locomotor behaviours in extinct rodent species. PeerJ 4:e2393; DOI 10.7717/peerj.2393

Granger W, Simpson GG (1929): A revision of Tertiary Multituberculata. Bulletin of the American Museum of Natural History 56, S. 601 – 676

Grzimek B (Hrsg.; 1987/88): Grzimeks Enzyklopädie Säugetiere, Bd. I-V. München

Guignard ML, Martinelli AG, Soares MB (2019): The postcranial anatomy of *Brasilodon quadrangularis* and the acquisition of mammaliaform traits among non-mammaliaform cynodonts. PLoS ONE 14(5): e0216672. https://doi.org/10.1371/journal.pone.0216672

Haffner M (1996): A tendon-locking mechanism in two climbing rodents, *Muscardinus avellanarius* and *Micromys minutus* (Mammalia, Rodentia). Journal of Morphology 229, S. 219 – 227

Herkner B (1989): Die Entwicklung der saltatorischen Bipedie bei Säugetieren innerhalb der Tetrapodenevolution. Cour. Forsch.-Inst. Senckenberg 111, S. 1 – 102, Frankfurt a.M.

Herkner B (1999): Über die evolutionäre Entstehung des tetrapoden Lokomotionsapparates der Landwirbeltiere. Ein konstruktionsmorphologisches Transformationsmodell auf evolutionstheoretischer Grundlage. Carolinea, Beiheft 13, Karlsruhe

Hildebrand M (1959): Motions of the running cheetah and horse. Journal of Mammalogy 20(4) , S. 481 – 495

Hildebrand M, Goslow GE (2004): Vergleichende und funktionelle Anatomie der Wirbeltiere. Berlin, Heidelberg, New York.

Hopson JA (1995): Patterns of evolution in the manus and pes of non-mammalian therapsids. Journal of Vertebrate Paleontology 15 (3), S. 615 – 639.

Horovitz I (2000): The tarsus of *Ukhaatherium nessovi* (Eutheria, Mammalia) from the Late Cretaceuos of Mongolia: An appraisal of the evolution of the ankle in basal therians. Journal of Vertebrate Paleontology 20, S. 547 – 560.

Iwaniuk AN, Whishaw IQ (2000): On the origin of skilled forelimb movements. Trends in Neurosciences 23, S. 372 – 376

Janvier P, Clement G (2010): Muddy tetrapod origins. Nature 463, S. 40f

Jasinoski SC, Abdala F (2017): Aggregations and parental care in the Early Triassic basal cynodonts *Galesaurus planiceps* and *Thrinaxodon liorhinus*. PeerJ 5:e2875; DOI 10.7717/peerj.2875

Jenkins FA (1971a): The postcranial skeleton of African cynodonts. Peabody Museum of Natural History, Yale University, New Haven, Connecticut. Bulletin 36, S. 1 – 216

Jenkins FA (1971b): Limb posture and locomotion in the Virginia opossum (*Didelphis mar-supialis*) and in other non-cursorial mammals. J. Zool. London 165, S. 303 – 315

Jenkins FA (1974): Tree shrew locomotion and the origins of primate arborealism, S. 85 – 115. In: Jenkins FA: Primate locomotion. New York, London
Jenkins FA, McClearn D (1984): Mechanisms of hind foot reversal in climbing mammals. Journal of Morphology 182, S. 197 – 219
Jerison HJ (1973): Evolution of the brain and intelligence. New York, London
Ji Q, Luo ZX, Yuan CX, Wible JR, Zhang JP, Georgi JA (2002): The earliest known eutherian mammal. Nature 416, S. 816 – 822
Johanson Z, Josse J, Boisvert CA, Ericsson R, Sutija M, Ahlberg PE (2007): Fish fingers: Digit homologues in sarcopterygian fish fins. Journal of Experimental Zoology (Mol Dev Evol) 308B, S. 757 – 768.
Kahmann H (1931): Über das Klettervermögen des Siebenschläfers (*Glis glis* L.) nebst Bemerkungen über einige andere kletternde Säugetiere. Zoologische Jahrbücher Abteilung für Anatomie und Ontogenie der Tiere 54, S. 137 – 158 und 2 Tafeln.
Kemp TS (1982): Mammal-like reptiles and the origin of mammals. Academic Press, London, New York. 363p.
Kemp TS (2005): The origin and evolution of mammals. Oxford University Press. S. 1 – 331
Kielan-Jaworowska Z (1978): Evolution of the therian mammals in the Late Cretaceous of Asia Part III: Postcranial skeleton in Zalambdalestidae. Palaeontologia Polonica 38, S. 5 – 41
Kielan-Jaworowska Z, Cifelli RL, Luo ZX (2004): Mammals from the age of dinosaurs. Origins, evolution, and structure. New York
Kipp FA (1948): Höherentwicklung und Menschwerdung. Stuttgart.
Kipp FA (1980): Die Evolution des Menschen im Hinblick auf seine lange Jugendzeit. Stuttgart
Kümmell SB (2008): Zeitmuster in der Evolution der Säugetiere und ihrer Vorläufer. Jahrbuch für Goetheanismus 2008, S. 41 – 78
Kümmell SB (2009): Die Digiti der Synapsida: Anatomie, Evolution und Konstruktionsmorphologie. Dissertation Universität Witten/Herdecke, Aachen.
Kümmell SB (2011): Form und Bewegung und die Entstehung von Neuerungen in der Evolution. Teil II: Wandlungsphasen in der Evolution der Organe. Elemente der Naturwissenschaft 94, S. 25 – 68
Kümmell SB (2015): Zur Evolution des menschlichen Kopfes. Der Modus der Komplexitätsverschiebung und die Rolle von Heterochronie und Plastizität. Jahrbuch für Goetheanismus 2015, S. 15 – 101
Kümmell SB (2017): Wie die Säuger hoppeln lernten. Elemente der Naturwissenschaft 107, S. 55 – 70
Kümmell SB (2019): Heterochronie in der Evolution des Menschen und seiner Vorläufer. In: Zimmermann YM, Wallmann R (Hrsg.): Biologie in der Waldorf-

schule: Praxishandbuch für die Oberstufe. Stuttgart, S. 484–520

Kümmell SB, Frey E (2012): Digital arcade in the autopodia of Synapsida: standard position of the digits and dorsoventral excursion angle of digital joints in the rays II-V. Palaeobiodiversity and Palaeoenvironments 92(2), S. 171–196

Kümmell SB, Frey E (2014): Range of movement in ray I of manus and pes and the prehensility of the autopodia in the Early Permian to Late Cretaceous non-anomodont Synapsida. PLoS ONE 9(12), S. 1-65. doi:10.1371/journal.pone.0113911.

Kümmell SB, Frey E, Sullivan C, Rosslenbroich B (im Druck): The rolling mode of manus and pes in Synapsida on the line to Mammalia and its implications for stance and gait

Lin HY (林宏元; Hrsg.; 1983): 中國書法大字典 [Chinas großes Kalligraphielexikon]. 6. Auflage. Hongkong

Lockley M, Roberts G, Kim JY (2008): In the footprints of our ancestors: An overview of the hominid track record. Ichnos 15, S. 106–125

Long JA (1995, 2011): The rise of fishes. 500 Million years of evolution. First and second edition. Baltimore

Lovejoy CO, Latimer B, Suwa G, Asfaw B, White TD (2009): Combining prehension and propulsion: The foot of *Ardipithecus ramidus*. Science 326: 72e1-8. DOI: 10.1126/science.1175832.

Luo ZX, Ji Q, Wible JR, Yuan C (2003): An early Cretaceous tribosphenic mammal and metatherian evolution. Science 302, S. 1934–1940.

Luo ZX (2007): Transformation and diversification in early mammal evolution. Nature 450j13, jdoi: 10.1038/nature 06277

McMinn RMH, Hutchings RT, Logan BM (1985): Atlas der Anatomie des Fußes. Stuttgart, New York

Manzano AS, Abdala V, Herrel A (2008): Morphology and function of the forelimb in arboreal frogs: specializations for grasping ability? Journal of Anatomy 213(3), S. 296–307. doi: 10.1111/j.1469-7580.2008.00929.x. Epub 2008 Jun 19.

Niedzwiedzki G, Szrek P, Nakiewicz K, Narkiewecz M, Ahlberg PE (2010): Tetrapod trackways from the early Middle Devonian period of Poland. Nature 463, S. 43–48

Nyakatura JA, Allen VR, Lauströer J, Andikfar A, Danczak M, Ullrich HJ et al. (2015): A three-dimensional skeletal reconstruction of the stem amniote *Orobates pabsti* (Diadectidae): Analyses of body mass, centre of mass position, and joint mobility. PLoS ONE 10(9): e0137284. doi:10.1371/journal.pone.0137284

O'Leary MA, Bloch JI, Flynn JJ, Gaudin TJ, Giallombardo A, Giannini NP, Goldberg SL, Kraatz, BP, Luo ZX, Meng J, Ni YJ, Novacek MJ, Perini FA et al. (2013): The placental mammal ancestor and the post–K-Pg radiation of placentals. Science 339, S. 662–667

Oliveira TV, Soares MB, Schultz CL 2010: *Trucidocynodon riograndensis* gen. nov.

et sp. nov. (Eucynodontia), a new cynodont from the Brazilian Upper Triassic (Santa Maria Formation). Zootaxa 2382, S. 1 – 71

Paede P (2001): Der Fuß, die menschlichste Gliedmaße. Tycho de Brahe-Jahrbuch für Goetheanismus 2001, S. 296 – 314. Niefern-Öschelbronn

Pflumm W (1996): Biologie der Säugetiere. 2., durchgesehene Auflage. Berlin.

Polly D (2008): Adaptive zones and the pinniped ankle: A three-dimensional quantitative analysis of carnivoran tarsal evolution. In: Sargis EJ, Dagosto M: Mammalian evolutionary morgphology. Dordrecht

Preuschoft H (2002): What does «arboreal locomotion» mean exactly and what are the relationships between «climbing», environment and morphology? Zeitschrift für Morphologie und Anthropologie 83 (2/3), S. 171 – 188

Preuschoft H, Christian A (1999): Statik und Dynamik bei Tetrapoden, S. 89-130. In: Gansloßer U (Hrsg.): Spitzenleistungen. Die unglaublichen Fähigkeiten der Tiere. Fürth

Pridmore PA (1985): Terrestrial locomotion in monotremes (Mammalia: Monotremata). Journal of Zoology, London (A) 205, S. 53 – 73.

Reisz RR (1980): The Pelycosauria: a review of phylogenetic relationships. In: Panchen AL: The terrestrial environment and origin of land vertebrates. Syst. Assoc. Spec. Symp., Academic Press. 15, S. 553 – 592.

Rewcastle SC (1983): Fundamental adaptations in the lacertilian hind limb: A partial analysis of the sprawling limb posture and gait. Copeia 1983, S. 476 – 487

Ricard A, Robert C, Blouin C, Baste F, Torquet G, Morgenthaler C, Rivière J, Mach N, Mata X, Schibler L, Barrey E (2017): Endurance exercise ability in the horse: A trait with complex polygenic determinism. Frontiers in Genetics 8:89. doi 10.3389/fgene.2017.00089

Robbins LM (1987): Hominid footprints from site G. In: Leakey MD, Harris JM (Hrsg.), Laetoli. A Pliocene site in Northern Tanzania, S. 497 – 502. Oxford

Rohen JW, Lütjen-Drecoll E (2006): Funktionelle Anatomie des Menschen. 11. Auflage, Stuttgart, New York

Rosslenbroich B (2014): On the origin of autonomy. A new look at the major transitions in evolution. Cham, Heidelberg, New York

Rosslenbroich B (2018): Entwurf einer Biologie der Freiheit. Die Frage der Autonomie in der Evolution. Stuttgart

Russell AP, Bryant HN (2001): Claw retraction and protraction in the Carnivora: the cheetah (*Acinonyx jubatus*) as an atypical felid. Journal of Zoology 254, S. 67 – 76

Schad WA (1971, 2012): Säugetiere und Mensch. Ihre Gestaltbiologie in Raum und Zeit. Stuttgart

Schaeffer B (1947): Notes on the origin and function of the artiodactyl tarsus. American Museum Novitates 1356, S. 1 – 24

Schilling N, Fischer MS (1999): Kinematic analysis of treadmill locomotion of tree shrews, *Tupaia glis* (Scandentia: Tupaiidae). Z. Säugetierkunde 64, S. 129 – 153

Schmidt-Nielsen K (1977): Problems of scaling: Locomotion and physiological correlates. In: Pedley TJ (Hrsg.): Scale effects in animal locomotion. London, New York

Sharman P, Wilson AJ (2015): Racehorses are getting faster. Biol. Lett. 11: 20150310. http://dx.doi.org/10.1098/rsbl.2015.0310

Shubin N (2015): Der Fisch in uns. Eine Reise durch die 3,5 Milliarden Jahre alte Geschichte unseres Körpers. Frankfurt am Main

Shubin NH, Alberch P (1986): A morphogenetic approach to the origin and basic organization of the tetrapod limb. In Evolutionary Biology (Hrsg.: Hecht MK, Wallace B, and Prance GT), Vol. 20, S. 319 – 387

Shubin NH, Daeschler EB, Jenkins FA Jr (2006): The pectoral fin of *Tiktaalik roseae* and the origin of the tetrapod limb. Nature 440: 764-771 764, doi:10.1038/nature04637

Shubin NH, Daeschler EB, Jenkins FA Jr (2014): Pelvic girdle and fin of *Tiktaalik roseae*. PNAS 111(3), S. 893 – 899

Spindler F, Werneburg R, Schneider JW, Luthardt L, Annacker V, Rößler R (2018): First arboreal ‹pelycosaurs› (Synapsida: Varanopidae) from the early Permian Chemnitz Fossil Lagerstätte, SE Germany, with a review of varanopid phylogeny. Paläontologische Zeitschrift 92, S. 315 – 364

Spitzenberger F, Eberl-Rothe G (1974): Der Sohlenhaftmechanismus von *Dryomys laniger*. Annalen des Naturhistorischen Museums in Wien 78, S. 485 – 494

Starck D (1982): Vergleichende Anatomie der Wirbeltiere auf evolutionsbiologischer Grundlage. Bd. 3, S. S. 841 – 856. Berlin, Heidelberg, New York.

Striedter GF (2005): Principles of brain evolution. Sunderland/USA Stuttgart.

Szalay FS (1993): Pedal evolution of mammals in the Mesozoic: Tests for taxic relationships. In: Szalay FS, Novacek MJ, McKenna MC (Hrsg.): Mammal phylogeny. New York, Berlin, Heidelberg, S. 108 – 128.

Szunyoghy A, Fehér G (1996): Anatomische Zeichenschule. Mensch, Tier, Vergleichende Anatomie. Köln

Tuttle RH (1987): Kinesiological inferences and evolutionary implications from Laetoli bipedal trails G–1, G–2/3, and A. In: Leakey MD, Harris JM (Hrsg.): Laetoli. A Pliocene site in Northern Tanzania, S. 503 – 520. Oxford

Valkenburgh B van (1996): Feeding behavior in free-ranging, large African carnivores. Journal of Mammalogy 77(1), S. 240 – 254

Vaterlaus C (1998): Der Gartenschläfer (*Eliomys quercinus* L.) Ökologie, Populationsstruktur, Populationsdynamik und die Verbreitung in der Schweiz. Dissertation, Universität Basel.

Wesson R (1993): Chaos, Zufall und Auslese in der Natur. München
Wilson FR (2002): Die Hand – Geniestreich der Evolution. Ihr Einfluss auf Gehirn, Sprache und Kultur des Menschen. Reinbek bei Hamburg
Wilson AM, Lowe JC, Roskilly K, Hudson PE, Golabek KA, McNutt JW (2013): Locomotion dynamics of hunting in wild cheetahs. Nature 498, S. 185 – 189
Witte H, Preuschoft H, Grifka J, Bär HF, Fischer MS (1999): Das Bewegungsorgan Wirbelsäule zwischen evolutionärem Erbe und funktioneller Anpassung. Orthopädische Praxis 35(11), S. 677 – 682
Witte H, Fischer MS, Schmidt M, Gruber S, Ludwig O, Hackert R, Schilling N, Voges D, Hoffmann H, Preuschoft H (2003): Human bipedality: mechanical preconditions and morphological adaptations. Courier Forschungsinstitut Senckenberg 243, S. 25 – 33
Woo P (1969): Begriffsgeschichtlicher Vergleich zwischen Tao, ὁδός und λόγος bei Zhuang-tzu, Parmenides und Heraklit. Wissenschaftliche Serie der Universitas oder Hsien-tai-hsüeh-yuan, Heft IV

Entwurf zu einer Biologie der Freiheit am Beispiel der Singvögel. Zur Differenzierung des Reviergesanges[1]

WALTHER STREFFER

Alles Vollkommene in seiner Art muss über seine Art hinausgehen,
es muss etwas anderes, Unvergleichbares werden.
In manchen Tönen ist die Nachtigall noch Vogel;
dann steigt sie über ihre Klasse hinüber
und scheint jedem Gefiederten
andeuten zu wollen, was eigentlich singen heiße.
(J. W. v. Goethe,
Wahlverwandtschaften, Tl. II, Kap. 9)

In dem oben anklingenden Leitwort beschreibt Goethe nicht ein Gesetz, wie Arten entstehen oder wodurch sich eine Art von einer anderen abgrenzt, sondern er weist uns auf den Entwicklungsprozess der Arten hin, dass eine Art über sich hinauswachsen kann, hinausgehen muss. Mit dem musikalischen Bild der Nachtigall schenkt er uns in poetischen Worten einen weisheitsvollen Ansatz der Evolutionsbetrachtung.

1 Zuerst erschienen im Jahrbuch für Goetheanismus, Niefern-Öschelbronn 2007. Der vorliegende Wiederabdruck ist ergänzt durch einen erweiterten Schlussteil; dieser Beitrag ist Teil einer umfangreicheren Arbeit zum Thema «Autonomiezunahme im Vogelgesang», die in Buchform unter dem Titel *Klangsphären* im Jahr 2009 erschienen ist.

Heute gilt die Zweckmäßigkeit des Vogelgesanges biologisch als geklärt; danach dient der Gesang vor allem dazu, ein Revier zu markieren und zu verteidigen, männliche Artgenossen auf Distanz zu halten und Weibchen anzulocken. Für den Aspekt der Autonomie im Vogelgesang scheint kaum Bedarf vorhanden zu sein. Außerdem erschweren zwei «ornithologische Regeln» den Zugang zu diesem Bereich:

Nachdem der Gesang der Singvögel auf die Funktion der Revierverteidigung reduziert worden war, erfolgte später der Rückschluss, dass jeder Vogel, der stimmlich sein Revier abgrenzt und verteidigt, singt. So gilt es heute biologisch gesehen als undiskutabel, die Bezeichnung Gesang nur auf die Singvögel anzuwenden.[2] Die zweite Regel hängt eng mit der ersten zusammen, dass nämlich eine Betrachtung der Vogelstimmen unter musikalischen Gesichtspunkten in der Ornithologie als unwissenschaftlich galt und bestenfalls als «scientia amabilis» einen gewissen Unterhaltungswert genoss.

Ob es wirklich sinnvoll ist, die geräuschhafte Stimme eines Fasans oder das dumpfe nebelhornartige Rufen einer Rohrdommel, insofern diese zur Reviermarkierung eingesetzt werden, als Gesang zu bezeichnen, mag dahingestellt bleiben. Mit dem Nivellieren der stimmlichen Qualitätsunterschiede wurde jedoch der musikalische Gesichtspunkt bei der Betrachtung des Vogelgesanges weiter in den Hintergrund gedrängt. Das ist umso folgenschwerer, als ja der Freiheitsaspekt im Reviergesang der Singvögel bisher generell wenig Beachtung gefunden hat.

Es besteht nun kein vernünftiger Grund, sich diesen Regeln zu unterwerfen. Im Gegenteil, ich halte es für unerlässlich, eine musi-

2 Thielcke 1970. Eine Konsequenz, die vermutlich aufgrund der exakten Auswertungsmöglichkeit der Gesänge durch die Sonagrafie erfolgte.

kalische Rangordnung innerhalb der Singvögel zu erstellen. Und dazu bedarf es einer musikalischen Differenzierung des Reviergesanges und einer vergleichenden Betrachtung unterschiedlich begabter Sänger in Bezug auf ihr Revier- und Sozialverhalten. Das ist biologisch durchaus berechtigt, weil der Gesang in der Regel auch ein wichtiges Artmerkmal darstellt.

1. Klangrevier

Die Revierabgrenzung bei den Singvögeln erfolgt generell gegenüber den Artgenossen, während sich die Lebensräume verschiedener Arten durchdringen oder sich überlappen können. Bei einheimischen Drosselarten kann es allerdings auch interspezifisch zu territorialen Auseinandersetzungen kommen. Selbstverständlich melden die zuerst im Brutgebiet ankommenden älteren Männchen ihren Anspruch auf besonders günstige Gebiete an. Grundsätzlich fällt aber auf, dass die Vertreter gesangsbegabter Arten meistens einen größeren Raum für sich in Anspruch nehmen und diesen auch heftiger verteidigen als einfache Sänger. Bei Letzteren ist eine deutliche Tendenz zu Verträglichkeit und Geselligkeit zu beobachten. Manche von ihnen beanspruchen überhaupt kein Revier mehr (z. B. Mehlschwalbe, Bartmeise, Haussperling); es wird dann lediglich ein gewisser Mindestabstand (Individualdistanz) eingehalten. Das weist uns auf den Zusammenhang von Gesangsbegabung und Territorialität hin, wobei zu berücksichtigen ist, dass Streitigkeiten an den Reviergrenzen zum weitaus größten Teil durch den Gesang ausgelöst werden.

Ferner ist bei Singvogelarten ein Verhalten zu beobachten, das bisher im Zusammenhang mit der Gesangsqualität wenig Beachtung gefunden hat: Zahlreiche gute und entsprechend territoriale Sing-

Abb. 1: Buchfink (*Fringilla coelebs*) ♂

vögel halten sich nicht selten auch zur Brutzeit in fremden Revieren auf. Männliche Buchfinken (Abb. 1) nutzen beispielsweise zum Nahrungserwerb regelmäßig auch Nachbarterritorien, wo sie vom Revierbesitzer toleriert werden, solange sie stumm bleiben.[3]

Es konnte nachgewiesen werden, dass Buchfinken zu mehr als einem Drittel des Tages außerhalb des eigenen Reviers auf Nahrungssuche gehen.[4] Man könnte bei begabten Singvögeln die Regel aufstellen: Vor allem Singen in fremden Revieren ist nicht erlaubt! Hier zeigt sich, dass die musikalische Entwicklung mit dem Revierver-

3 Hanski & Haila 1988

4 Maciejok & al. 1995

halten zusammenhängt. Denn die Ausbildung des Reviergesanges kann nicht allein mit Zweckfunktion erklärt werden. Die Frage ist nun, in welchem Zusammenhang die musikalische Begabung mit der Revierverteidigung steht.

Das Phänomen wird deutlicher, wenn wir Gesang und Verhalten innerhalb einer Vogelgattung vergleichen. Ich möchte das am Beispiel der häufigsten europäischen Drosseln aufzeigen:

Der Gesang der Amsel (*Turdus merula*) erscheint in seiner Komplexität und Klangfülle vollendet. Auch die Singdrossel (*Turdus philomelos*) gehört zu unseren begabtesten Sängern. Ihr Gesang kann außerordentlich vielseitig sein; das Kompositorische ist aber weniger ausgebildet. Die Strophen der Misteldrossel (*Turdus viscivorus*) sind ebenfalls volltönend, jedoch kürzer, und sie besitzen nicht den Variationsreichtum der vorgenannten Arten; der Gesang klingt etwas einförmiger. Die Ringdrossel (*Turdus torquatus*) besitzt einen einfachen amselähnlichen Gesang mit schnarrenden Lauten und teils singdrosselartigen Motiven, aber weniger klangvoll als bei der Singdrossel. Die kurzen flötenden Strophen der Rotdrossel (*Turdus iliacus*, Abb. 2), Charaktervogel der nordeuropäischen Nadelwälder und in Deutschland regelmäßiger Durchzügler, klingen weit ins Land und enden meistens in einem schnarrenden, kratzenden Zwitschern. *«Der Strophenanfang des einzelnen Individuums bleibt während der ganzen Brutperiode recht konstant. Nur wenige Männchen bringen selten ein zweites Anfangsmotiv.»*[5] Die häufig zu hörende Rufreihe der Wacholderdrossel (*Turdus pilaris*) ist ein raues «tschack, tschack, tschack». Diese Laute erinnern an die Rufe junger Drosseln; wohlklingende Töne sind selten zu hören. Der eigentliche Gesang ist eine während des Fluges zusammengequetschte Folge hoher Töne.

5 Espmark 1981

Abb. 2: Rotdrossel (*Turdus iliacus*)

Betrachten wir nun analog zu den beschriebenen Gesängen das innerartliche Verhalten dieser Drosseln:

Amseln sind ausgesprochen territorial, Singdrosseln etwas weniger. Beide Arten verteidigen heftig ihre Reviere. In den Städten können Amselreviere kleiner sein als im Wald. Nahrungssuchende Amseln sind in Stadtparks nicht selten in geringer Distanz (2 – 5 m) anzutreffen, aber niemals werden wir so nah beieinander singende Männchen antreffen.

Die Brutreviere der Singdrossel (Abb. 3) überlappen sich stärker als die einander ausschließenden Territorien der Amsel.[6] Singdrosseln

6 Davies & Snow 1965

Abb. 3: Singdrossel (*Turdus philomelos*)

suchen gelegentlich Fremdreviere auf oder durchfliegen diese. Und solange sie nicht singen, kommt es in der Regel nicht zu Auseinandersetzungen. Misteldrosseln sind ebenfalls territorial und haben meistens recht große Reviere. Artgenossen werden aber im Revier häufiger geduldet als bei der Singdrossel. Hin und wieder brüten mehrere Paare nah beieinander. In Dänemark nisteten sogar mehr als 30 % der Misteldrosseln kolonieartig in Abständen von oft nur wenigen Metern.[7] Auch die Ringdrossel gilt noch als territorial. Es werden aber keine Territorien mit festen Grenzen verteidigt, und der Nestbezirk kann von fremden Artgenossen ungehindert überflogen

7 Glutz 11/II

oder zum Nahrungserwerb genutzt werden. Loser Zusammenschluss mehrerer Paare auf relativ engem Raum kommt häufiger vor. Die Rotdrossel verteidigt in der Regel nur die nähere Nestumgebung. Lokal kann es, im Anschluss an Kolonien der Wacholderdrossel, zu beachtlichen Konzentrationen von brütenden Rotdrosseln kommen.[8] Beim Nahrungserwerb, der teils auch in fremden Territorien stattfindet, können Artgenossen angegriffen werden. Eine *«in ein fremdes Revier eingedrungene Rotdrossel zieht sich in der Regel sofort zurück, wenn der Reviereigner sich singend nähert. Kämpfe sind im Brutgebiet selten.»*[9] Die in Ansätzen bei der Misteldrossel und mehr oder weniger regelmäßig bei der Ringdrossel vorkommenden lokalen Anhäufungen von Brutpaaren steigern sich bei der Wacholderdrossel bis zur Bildung geschlossener Kolonien.[10] Es gibt auch Einzelbrüter, aber meistens finden wir Wacholderdrosseln gesellig brütend.

A	B	C	D
musikalische Rangordnung	territoriales Verhalten	Dominanzverhalten	unterschiedlich autonomes Zugverhalten
Amsel Singdrossel Misteldrossel Ringdrossel Rotdrossel Wacholderdrossel	Amsel Singdrossel Misteldrossel Ringdrossel Rotdrossel Wachholderdrossel	Misteldrossel Wacholderdrossel Amsel Ringdrossel Rotdrossel Singdrossel	Amsel Singdrossel Ringdrossel Misteldrossel Rotdrossel Wacholderdrossel

Tabelle 1: Die musikalische Begabung europäischer Drosselarten im Vergleich zum Revier- und Zugverhalten (von oben nach unten abnehmend).

8 Glutz 11/II

9 Tyrväinen 1969

10 Glutz 11/II

Die musikalische Rangordnung (A) in der Tabelle 1 zeigt die unterschiedliche Gesangsbegabung einiger Drosselarten. Die Anordnung des territorialen Verhaltens (B) spiegelt, ebenfalls in abnehmender Reihenfolge, das unterschiedliche intraspezifische Revierverhalten. Wir sehen deutlich, wie mit nachlassender musikalischer Gesangsqualität auch das Territorialverhalten abnimmt. Diese Regel gilt für die meisten Singvogelarten Europas.[11]

Sobald wir das interspezifische Verhalten der Drosseln beobachten, ergibt sich eine Rangordnung (C), die mehr der Größe und Kraft der einzelnen Arten entspricht: «*In der Dominanzreihenfolge Misteldrossel, Wacholderdrossel, Amsel, Ringdrossel, Rotdrossel steht die Singdrossel an letzter Stelle; Mistel- und Wacholderdrossel greifen einander nicht an; Rotdrosseln verstehen Amseln besser auszuweichen als Singdrosseln, die von Amseln häufiger angegriffen werden.*»[12]

Die Zusammenhänge zwischen Gesang und Reviergröße nordischer Drosselarten sind seit Längerem bekannt. Während die soziale Wacholderdrossel nur Rudimente eines Gesanges zeigt, haben Amsel, Singdrossel und Misteldrossel große Reviere und wohlentwickelte Gesänge; die Rotdrossel nimmt in beiderlei Beziehung eine Zwischenstellung ein.[13]

11 Ich möchte in einem bildlichen Vergleich an die Aufführung eines Chormusikwerks erinnern: Die Chorsänger singen dicht beieinanderstehend, während die Solisten vortreten und aufgrund ihrer ausgebildeteren Stimmen einen größeren Klangraum einnehmen. So beanspruchen gesangsbegabte Singvogelarten im Verhältnis zu einfachen Sängern ein entsprechend größeres Klangrevier. Selbstverständlich spielen der Nestraum und das Nahrungsangebot im Leben eines Vogels eine wichtige Rolle; in Bezug auf die guten Sänger wird aber die Verteidigung des Brut- und Nahrungsreviers immer noch einseitig in den Vordergrund gerückt.

12 Davies & Snow 1965

13 Glutz 11/II

Hervorzuheben ist, dass trotz der Wehrhaftigkeit der Wacholderdrossel, die mit der Misteldrossel die Dominanzreihenfolge anführt, ihr territoriales Verhalten gegenüber Artgenossen nur gering ausgebildet ist. Es steht aber im Einklang mit der schwachen Gesangsbegabung und zeigt uns, wie stark das Revierverhalten mit dem Musikalischen zusammenhängt. Selbst im Zugverhalten dieser Drosselarten (D) zeigen sich signifikante Unterschiede: Singdrossel und Amsel wandern trotz ihrer Häufigkeit größtenteils als Einzelvögel bzw. in kleinen, lockeren Trupps; sie sind auch stärkere Nachtzieher als die anderen beschriebenen Drosselarten. Sie geben, sozusagen als Klangsolisten, auch während der Zeit der Migration, wo sich der größte Teil der Vögel durch geselliges Zusammenschließen auszeichnet und sich zu Schwärmen vergesellschaftet, ihre autonome Stellung nicht auf.[14]

Auch Ringdrosseln treten während des Zuges zumeist einzeln auf.[15] Größere Schwarmbildung ist vor allem bei Arten anzutreffen, deren innerartliche Aggressivität geringer ist, und so bilden Misteldrosseln, vor allem aber Rotdrosseln und Wacholderdrosseln, während des Zuges nicht zufällig größere Gemeinschaften.[16] Die letzten beiden Arten sind häufig sogar in gemischten Trupps zu beobachten. Ähnliche Beziehungen zwischen Gesangsbegabung und territorialem Verhalten konnten innerhalb der meisten mitteleuropäischen Singvogelgattungen aufgezeigt werden.[17]

Die Barrieren an den Reviergrenzen haben weit weniger als bisher angenommen mit Futterneid zu tun; sie sind vor allem musikalischer

14 Streffer 2005

15 Busche 1993

16 Gatter 2000

17 Streffer 2003

Natur. Und das hängt damit zusammen, dass die begabten Singvögel nicht so sehr ein Nahrungsrevier als vielmehr ein Klangrevier verteidigen. Hier zeigt sich ein bedeutsamer Autonomieaspekt.[18]

Wir haben folglich nicht nur eine Verbindung zwischen Gesangsvortrag und Revierverhalten, sondern auch einen engen Zusammenhang zwischen Gesangsqualität und Revierverhalten, denn die musikalische Begabung korreliert in der Regel mit der Territorialität der entsprechenden Singvogelart.

Man könnte fast sagen: Ein begabter Singvogel, unabhängig davon, wann und wo er singt, verhält sich territorial, wie z. B. eine Nachtigall, die im Winterquartier singt. Ebenso zeigen die meisten gesangsbegabten Singvögel, insofern sie auf dem Heimzug singen, auch entsprechend territoriales Verhalten. Und einige Singvögel, die ganzjährig singen, sind in der Regel auch ganzjährig territorial. Auch die Frage, warum die Blaumerle, eine südeuropäische Drosselart, und das heimische Rotkehlchen fast immer nur allein anzutreffen sind, erhält vom musikalischen Gesichtspunkt eine einsichtsvolle Antwort: Die Weibchen dieser beiden europäischen Vogelarten haben im Gegensatz zu anderen Singvögeln einen Vollgesang ausgebildet, und deshalb beanspruchen sie fast ganzjährig (mit Ausnahme der Brut- und Mauserzeit) ein eigenes Klangrevier und verteidigen dieses sogar gegenüber den eigenen Männchen!

18 Friedrich A. Kipp (1908 – 1997) ist meines Wissens der erste Ornithologe, der den Begriff des akustischen Reviers geprägt hat. Ihm verdanke ich viele Anregungen in dieser Hinsicht.

2. Erregter Kampfgesang

Vom musikalischen Gesichtspunkt aus, der in der Verhaltensbiologie der Singvögel eine zentrale Bedeutung einnehmen sollte, ergibt sich meines Erachtens die Notwendigkeit, eine Differenzierung des Reviergesanges vorzunehmen und von drei verschiedenen Gesangsebenen zu sprechen.

Gegenüber dem Vollgesang, den ich als «entspannten Motivgesang» bezeichne, möchte ich die untere Ebene des Reviergesanges «erregten Kampfgesang» nennen. Dieser Gesangstyp wird in der Ornithologie auch als Aggressiv- oder Erregungsgesang bezeichnet.

Beim erregten Kampfgesang haben wir es aber nicht mit einer völlig anderen Gesangsart zu tun, sondern es ist Reviergesang, der aufgrund der seelischen Erregung des Sängers eine musikalische Abweichung, meistens eine Reduzierung, erfährt. Wird z. B. ein aufdringliches Singvogelmännchen vom Revierinhaber stimmlich attackiert, so kann auch ein musikalisch wenig geschulter Mensch sehr rasch die signifikanten, meist disharmonischen Veränderungen im Gesang der beiden Kontrahenten bemerken. Der erregte Kampfgesang ist immer dann wahrzunehmen, wenn es zu territorialen Auseinandersetzungen kommt, wenn also ein Reviernachbar zu nah an der Reviergrenze oder bereits im fremden Revier singt. Die Gesangsstrophen im erregten Kampfgesang sind kämpferischer und aggressiv-härter, häufig auch einförmiger und lauter als im entspannten Motivgesang, weil der Gesang, entsprechend der unteren Ebene, stärker den Zwängen der Revierverteidigung unterliegt.

Sehr häufig werden die Strophen verkürzt, wie man es bei Pirol (Abb. 4), Waldblaubsänger, Fitis, Halsbandschnäpper, Feldschwirl und anderen Singvogelarten hören kann. Bei Arten, die durchweg nur kurze Strophen singen, ist eine Verkürzung kaum möglich. Aber

Abb. 4: Pirol (*Oriolus oriolus*) ♀ und ♂

Veränderungen im Gesang sind auch hier wahrzunehmen: Kohl- und Sumpfmeise reduzieren im aggressiv vorgetragenen Reviergesang ihre vielfältigen Variationen auf wenige markante Motive, und rivalisierende Zilpzalpe beginnen arhythmisch zu singen; auch werden die Strophen in der Regel lauter und schneller vorgetragen.

In selteneren Fällen werden Erregungsstrophen auch leiser gesungen. So klingt der Erregungsgesang der Nachtigall leise und gepresst, während das Lied der Heckenbraunelle umso kürzer, hastiger und leiser wird, je näher sich die Reviernachbarn kommen.[19] Sangesfreudige und ungestörte Pirolmännchen variieren beispielsweise auf-

19 Glutz 11/I

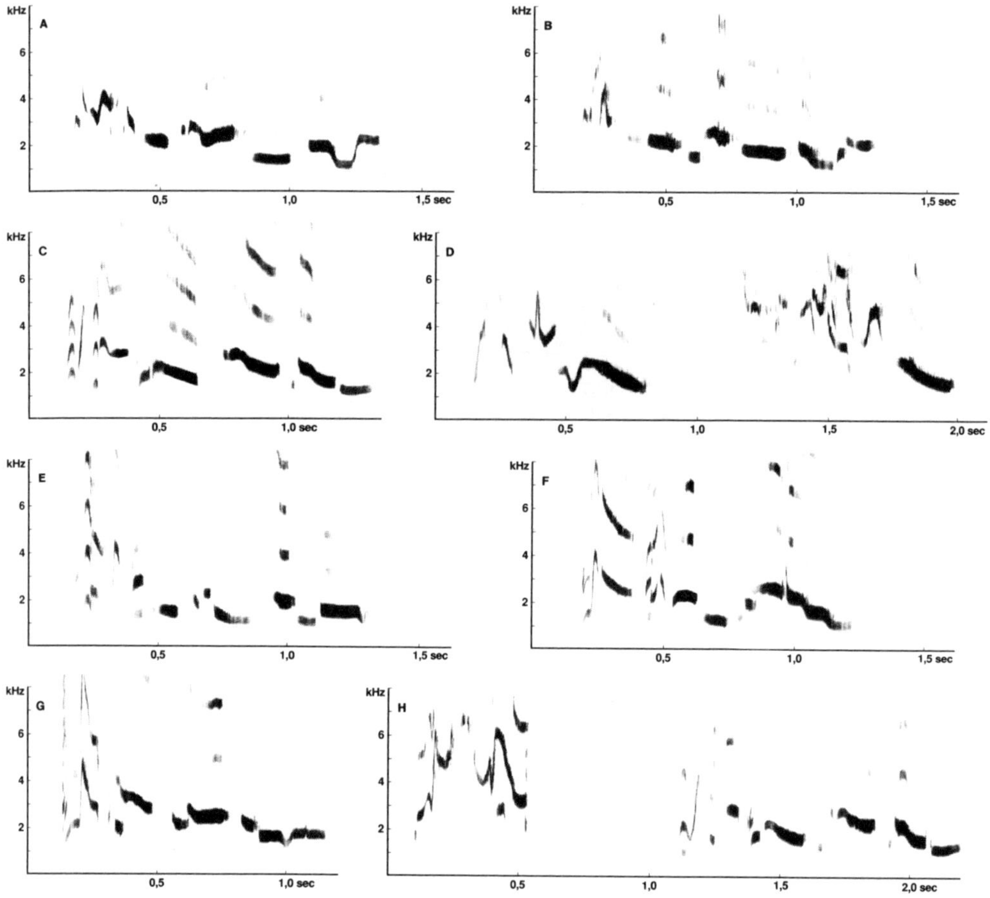

Abb. 5: (A und B) Typischer Motivgesang des Pirols (*Oriolus oriolus*) und (C bis H) verschiedene Erregungsstrophen (Sonagramme: E. Tretzel).

einanderfolgende Strophen oft, während gereizte und aggressiv gestimmte Männchen gelegentlich stark verkürzte Strophen äußern.[20] Die Stimme kann sich zudem während des Singens geradezu über-

20 Glutz 13/II

schlagen, wie es auch vom Kuckuck bekannt ist. Auch wenn dieser nicht zu den Singvögeln zählt, so demonstrieren seine in der Tonhöhe ansteigenden und sich beschleunigenden dreisilbigen Strophen sehr deutlich seine Aufregung.

Die Sonagramme (Abb. 5) zeigen unter A – B die vollständigen Reviergesangsstrophen des Pirols. Erregte Strophen nehmen oft an Lautstärke zu; sie weisen besonders zu Beginn höher modulierte Elemente auf (C – H), können aber im weiteren Verlauf dem normalen Gesang noch ähnlich sein (E, F, G) oder wie *stotternd* klingen (C) bzw. in deutlich voneinander abgesetzten Strophenteilen (D, H) erklingen.[21]

Ähnliche Veränderungen in der Stimme gibt es auch beim Fitis, dessen Erregungsstrophen in der Regel mit kürzeren Strophenintervallen zunehmend lauter werden. Die neutrale wissenschaftliche Formulierung, ein Vogel setze in einer solchen Situation Doppelstrophen ein, lässt wenig vom inneren Erregungsgrad des Vogels erahnen.

Die hörbaren Veränderungen im Gesangsvortrag sind eindeutig, können aber je nach Art unterschiedlich und vielfältig sein. So singt die Zaunammer z.B. je nach Erregungsgrad ihren Gesang auch fragmentarisch, laut, gedämpft oder leise,[22] während es von der Zippammer heißt: *«Nach Beendigung eines Kampfes, besonders nach Vertreibung fremder Männchen und Rückkehr ins eigene Revier, singt das Männchen aggressiv-hart, dann zunehmend weicher bis zum normalen Gesangsmodus.»*[23] Wichtig ist, jeweils auf den Übergang vom erregten zum entspannten Gesang zu achten. Über diese Verwandlung, welche die seelische Stimmung der Vögel spiegelt, wird noch zu sprechen sein.

21 Glutz 13/II

22 Groh 1975

23 Schuphan 1972

Das Paradoxe ist nun, dass bei fast allen gesangsbegabten Singvogelarten immer dann, wenn das Revier verteidigt wird – wenn also der biologische Zweck, zu dem der Gesang entwickelt worden sein soll, aktuell ist –, der Reviergesang eine musikalische Reduzierung erfährt. Vom musikalischen Gesichtspunkt erleben wir ein Herabsinken auf die untere Ebene des Reviergesanges. Die Reizbeantwortung, von der sich die Singvögel auf den höheren Gesangsebenen befreit haben, tritt hervor. Der vollendete Gesang entfaltet sich erst wieder in seinem ganzen Zauber, wenn die Funktion der Verteidigung nicht mehr gegeben ist. Es ist allerdings unschwer zu beobachten, wie rasch Singvögel meistens die Ebene des entspannten Motivgesanges wieder erreichen.

Hätten sich die teils hochmusikalischen Klanggebilde im Laufe der Evolution vor allem zum Zwecke der Revierverteidigung herausgebildet, so müsste sich eigentlich die ganze Vielfalt der Gesangskunst gerade dann entfalten, wenn die aktuelle biologische Notwendigkeit der Revierverteidigung gegeben ist. Das ist aber nicht wahrzunehmen. Im Gegenteil: Sobald zwei benachbarte Männchen sich kräftig singend der Reviergrenze nähern, verliert ihr Gesang eher an Variabilität und Klangschönheit. Wenn Autonomiezunahme den Grundakkord für den Gesangsreichtum bildet, so ist es nicht verwunderlich, in verschiedenen Erregungsphasen der Vogelmännchen auch deutlich wahrnehmbare Unterschiede der gesanglichen Qualitäten vorzufinden. Jeder Vogelkenner kann feststellen, wie verschieden sich die Gesänge entfalten, je nachdem ob ein Vogelmännchen sie in einem aufgeregten Zustand oder in einer entspannten Atmosphäre erzeugt.

Auf dieses Phänomen hat bereits vor über siebzig Jahren Konrad Lorenz aufmerksam gemacht. Er bekennt in diesem Zusammenhang, dass ihn der Gesang der Vögel immer wieder zu intensivstem philosophischem Nachdenken und Verwundern anregte. Über das Vogellied heißt es:

«Wir wissen wohl, dass ihm eine arterhaltende Leistung bei der Revierabgrenzung, der Anlockung des Weibchens, der Einschüchterung von Nebenbuhlern zukommt. Wir wissen aber auch, dass das Vogellied seine höchste Vollendung, seine reichste Differenzierung dort erreicht, wo es diese Funktionen gerade nicht hat. Ein Blaukehlchen, eine Schama, eine Amsel singen ihre kunstvollsten und für unser Empfinden schönsten, objektiv gesehen am kompliziertesten gebauten Lieder dann, wenn sie in ganz mäßiger Erregung dichtend vor sich hinsingen. Wenn das Lied funktionell wird, wenn der Vogel einen Gegner ansingt oder vor dem Weibchen balzt, gehen alle höheren Feinheiten verloren; man hört nur eintönige Wiederholungen der lautesten Strophen, wobei bei sonst spottenden Arten wie dem Blaukehlchen die schönsten Nachahmungen völlig verschwinden und der kennzeichnende, aber unschön schnarrende angeborene Teil des Liedes stark vorherrscht. Es hat mich immer wieder geradezu erschüttert, dass der singende Vogel haargenau in derselben biologischen Situation und in eben der Stimmungslage seine künstlerische Höchstleistung erreicht wie der Mensch, dann nämlich, wenn er in einer gewissen Gleichgewichtslage, vom Ernst des Lebens gleichsam abgerückt, in rein spielerischer Weise produziert.»[24]

In ähnlicher Weise äußert sich einige Jahrzehnte später der Freiburger Zoologe Bernhard Hassenstein. Er schreibt, dass es zum Eindrucksvollsten gehört, was ein Naturbetrachter erleben kann, wenn er feststellt: *«Der Gesang ist am lautesten und kämpferischsten, wenn er seinen biologischen Sinn erfüllt, einen Rivalen zu bekämpfen. Aber er ist am vielfältigsten und für unser Ohr am schönsten, wenn*

24 Lorenz 1935

Abb. 6: Mönchsgrasmücke (*Sylvia atricapilla*) ♂

kein Rivale zugegen ist, wenn also der Gesang seinen biologischen Sinn gerade nicht erfüllt. Dann erst scheint der Vogel in einer genügend entspannten Situation zu sein, um seine ganze musikalische Erfindungsgabe zu entfalten. Von einem Vogel in dieser Stimmung pflegt man zu sagen: Er dichtet. Die reichste Vielfalt in der musikalischen Erfindung der Nachtigall tritt also, ähnlich wie das Spielen der Tiere, beim Fehlen gegenwärtiger triebbedingter Ziele, im entspannten Feld zutage … Hier ist also im Verhalten von Tieren bewiesenermaßen ein Befreitsein von biologischen Notwendigkeiten erreicht worden, wie es vollkommener nicht denkbar ist.»[25]

25 Hassenstein 1969

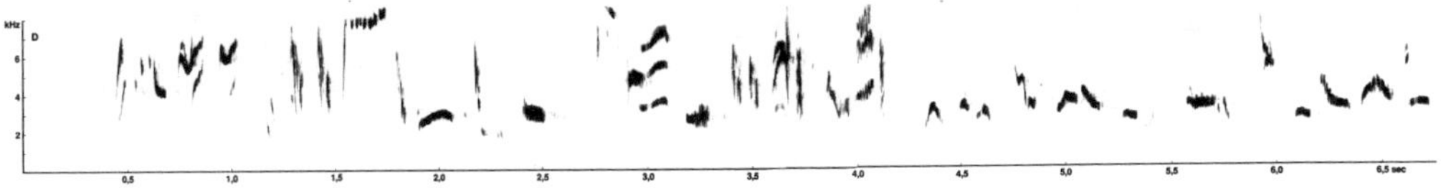

Abb. 7: Vielfältiger, 6.5 sec dauernder entspannter Motivgesang einer männlichen Mönchsgrasmücke (*Sylvia atricapilla*) mit eindrucksvoller, fast drosselartiger Schlussstrophe, dem sogenannten Überschlag (Sonagramm: E. Tretzel).

Der erregte Kampfgesang, der zur Revierverteidigung völlig ausreichen würde, weist uns darauf hin, dass sich der entspannte Motivgesang weit über die biologischen Erfordernisse hinaus entwickelt hat. Der (kurzfristige) Verlust von Freiheitsgraden im erregten Kampfgesang ist, zum Teil jedenfalls, als Rückfall in angeborene Gesangsstrukturen, hörbar. Und es wird verständlich, warum, mit wenigen Ausnahmen, vielfältige Imitationen, die eine Steigerung der Gesangsentwicklung bedeuten, auf dieser Ebene fast durchgängig unterbleiben. Recht aufschlussreich ist, wie beispielsweise die Mönchsgrasmücke (Abb. 6) im erregten Kampfgesang Imitationen einsetzt.

Im Vergleich zum entspannten Motivgesang (Abb. 7) fällt der monotonere und kürzere Aggressivgesang (Abb. 8) sofort auf: Der letzte Teil des erregten Gesanges zeigt im Sonagramm einen verkürzten scharfen Überschlag. Die anfänglichen zarten Klangelemente und der mittlere Teil sind Nachahmungen von Alarmlauten der Amsel. Die Strophe beginnt mit einer schnellen Reihe imitierter «tack»-Laute, denen sich die Imitation einer hohen Zeterreihe anschließt.[26]

Der Gesang wird hier nicht wie gewöhnlich durch die Nachahmung einer anderen Vogelstimme musikalisch bereichert, sondern es werden, charakteristisch für die untere Reviergesangsebene,

26 Glutz 12/II

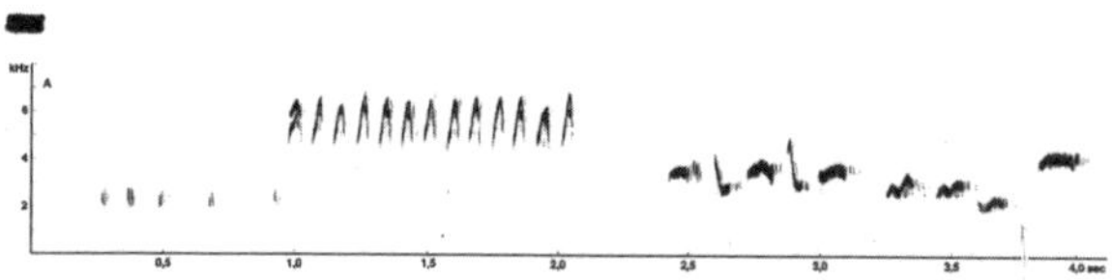

Abb. 8: Erregter, 4 sec langer Kampfgesang eines Mönchsgrasmückenmännchens mit Imitation von Alarmlauten einer Amsel (Sonagramm: E. Tretzel).

Imitationen von harten Warnrufen hervorgebracht. Das Imitieren im erregten Kampfgesang ist also in diesem Falle kein Widerspruch, sondern bestätigt sehr schön die Regel der musikalischen Reduzierung. Möglicherweise haben einige Singvogelarten beziehungsweise Individuen sogar die Fähigkeit, selbst in einer reizbaren Situation, musikalische Auswege zu finden. Dieses Beispiel lässt uns tiefere Geheimnisse des Imitations- oder auch Spottgesangs erahnen und führt zu der Frage, in welchem Maße es Vögeln möglich ist, Imitationen auch im richtigen Kontext vorzutragen.

Wenn heute von der Funktionalität des Reviergesanges gesprochen wird, ist damit fast immer die untere Ebene des Reviergesanges, also der erregte Kampfgesang, gemeint. Mit diesem unteren Bereich befasst sich vor allem, ohne es explizit zu erwähnen, die ornithologische Wissenschaft. Hier, und nicht für den gesamten Reviergesang, haben zweckmäßige Argumente eine gewisse Berechtigung. Die Interpretationen darwinistischer Prägung klingen nur deshalb so überzeugend, weil aufgrund mangelnder Differenzierung die kämpferische Seite des Reviersingens einseitig in den Vordergrund gerückt wird. Auch hier zeigt sich, wie berechtigt und notwendig eine musikalische Differenzierung der Gesänge ist.

3. Entspannter Motivgesang

Ganz anders als beim erregten Kampfgesang hört sich Vogelgesang an, wenn er in einem störungsarmen Umfeld, in einer beruhigten, entspannten Atmosphäre erklingt. Während die Strophen im Erregungsgesang vielfach kürzer, monotoner und kämpferischer sind, wird der entspannte Motivgesang (oder Vollgesang) motivreicher, vollendeter, vielfältiger, differenzierter und klangschöner vorgetragen. Bei vielen Singvogelarten wirkt der entspannte Gesang insgesamt einheitlicher, und die einzelnen Klangelemente sind häufig deutlicher voneinander abgesetzt. Im entspannten Motivgesang eröffnet sich ein völlig anderes Spektrum von Variationsmöglichkeiten, weil sich die Vögel von keinen äußeren Einflüssen eingeengt fühlen. Hier tun sich Freiräume auf, die von den Vögeln genutzt werden.

Auf spielerische Weise und in einer entspannten, friedlichen Atmosphäre erklingt der ganze musikalische Reichtum unserer besten Singvögel. Alles, was sich über den erregten Kampfgesang hinaus an Feinstruktur, Melodik und Variationskunst entfaltet, ist hörbares Ergebnis individueller Freiräume, gewissermaßen lebendiger Ausdruck gesteigerter Freiheitsgrade. Der anfängliche Blick auf den erregten Kampfgesang sollte zeigen, dass Singvögel auf dieser Ebene tatsächlich gegeneinander singen und notfalls auch bereit sind zu kämpfen. Das gilt aber nur für den unteren Bereich des Reviergesanges. Im entspannten Motivgesang dagegen, und das ist der weitaus größte Teil der Gesangsaktivität europäischer Singvögel, singen benachbarte Singvogelmännchen miteinander.

Die Gesänge erklingen, wie bereits angedeutet, am schönsten und vielfältigsten, wenn die Reviernachbarn in genügend großem Abstand in ihren Revieren, also ganz entspannt, singen, aber nicht, wie man vielleicht denken möchte, wenn gar keine Reviernachbarn vorhanden sind. Schließlich ist immer wieder schön zu beobachten und zu erleben, wie sich Artgenossen (bei genügender Distanz) gegenseitig anregen und gesanglich fördern. Eine Nachtigall z.B., die alle singenden Artgenossen in ihrer Nähe verjagen könnte, hätte dann zwar ein ausgedehntes Revier und keine Konkurrenten mehr neben sich, sie würde aber keinen männlichen Artgenossen mehr hören! Und so, wie es für die Gesangsentwicklung im Laufe der Evolution der musikalischen Kommunikation bedurfte, ist auch heute ein gesanglicher Austausch zwischen den Gesangsnachbarn notwendig.

Wir wissen, wie folgenreich die akustische Anregung für unsere Meistersänger bei der Entfaltung des eigenen Gesanges ist, wie sie sich im musikalischen Wettbewerb gegenseitig fördern, ihre Gesangsintensität steigern und ihre Gesänge auf diese Weise vervollkommnen. Es konnte auch nachgewiesen werden, dass die Gesänge hoch entwickelter Singvögel auf benachbarte Individuen sogar kompositorisch wirken. Müsste dann nicht auch in entsprechender Weise, sobald diese sogenannten Rivalen fehlen und damit jegliche Resonanz ausbleibt, wieder etwas von dieser überragenden musikalischen Begabung verkümmern?

Zur Beantwortung dieser Frage gibt es inzwischen eine Reihe wissenschaftlicher Untersuchungen, die zeigen, dass isoliert brütende Singvögel sowohl tagsüber als auch während der gesamten Gesangsperiode weniger singen als in lockeren Brutgemeinschaften und dass bei Einzelbrütern die Qualität der Gesangsstrophen deutlich abnimmt. Deshalb sollten wir nicht annehmen, der Gesang diene nur dazu, Rivalen völlig zu vertreiben.

Jeder, der den nächtlichen vielstimmigen Chorgesang von Nachtigallen erlebt hat, weiß, dass der Gesang einer allein singenden Nachtigall noch steigerungsfähig ist. Und nach einer solchen unvergesslichen Erfahrung müsste jeder Vogelfreund und Ornithologe davon überzeugt sein, dass eine einsam singende Nachtigall sich wenigstens einen Kontrahenten für den musikalischen Wettstreit wünschen würde. Ein Männchen, das sich als Rivale singend zu nah an ein fremdes Revier heranwagt, wird sehr wohl verjagt, aber nicht zu weit, denn als Gesangsnachbar möchte man ihn weiterhin hören!

Ein wesentliches Prinzip der Autonomie leuchtet hier auf. Autonomiezunahme zeigt sich sowohl darin, «*dass der individuelle Organismus stabiler, selbstständiger und flexibler gegenüber Umwelteinwirkungen wird, als auch darin, dass das Gleichgewicht zwischen Umweltoffenheit und Umweltgeschlossenheit gesichert ist. So zeigt bereits das einfache Beispiel der Zellmembran, dass in einem biologischen System nie eine vollständige Trennung von der Umwelt realisiert ist; vielmehr hat die Membran immer die Doppelfunktion der Abgrenzung und des Austauschs mit der Umwelt. Beides muss gleichzeitig gewährleistet sein. Auf der einen Seite haben Zellen und mehrzellige Organismen ihre Eigenständigkeit gegenüber den Einflüssen der Umwelt. Auf der anderen Seite benötigen sie den permanenten Austausch mit der Umgebung. Jeder Organismus muss diese beiden Erfordernisse balancieren, und jede Lösung sieht anders aus.*»[27]

In der gesanglichen Auseinandersetzung und dem gemeinsamen Singen befinden sich die begabten Singvögel in einer vergleichbaren Situation. Denn die doppelte Botschaft des entspannten Motivgesanges ist, sowohl einen eigenen Klangbereich abzugrenzen als auch die gesangliche Kommunikation mit den Reviernachbarn zu pflegen. Die Singvogelwelt malt uns mit diesem sensiblen Grenzbereich ein sinnenfälliges Bild, das wir als verwandtes Phänomen auch im Zwischenmenschlichen sehr gut kennen, nämlich die zarte, störungsanfällige Balance zwischen Distanz und Nähe. Nur dass bei

27 Rosslenbroich 2007

den Singvögeln dieses Bedürfnis nach Ausgeglichenheit mit der musikalischen Begabung zusammenhängt. Eine entspannte Gesangsatmosphäre ergibt sich nun vor allem dadurch, dass ein Reviernachbar den Klangraum des anderen respektiert, also in genügend großem Abstand singt. Ein ausgewogenes entspanntes Feld ist aber nicht nur dadurch gefährdet, dass sich ein singender Rivale aufdrängt, sondern ebenso, wenn ein singender männlicher Artgenosse in der unmittelbaren Nachbarschaft fehlt!

Vom entspannten Motivgesang, von dem eine anregende Wirkung ausgeht und der immer dann erklingt, wenn es weniger um biologische Funktionen geht, ergeben sich gewissermaßen zwei Abwege oder Rückbildungen:

1. Der Revierinhaber wird durch das aufdringliche und zu nahe Singen eines benachbarten männlichen Artgenossen aufgeregt und fällt (kurzfristig) in alte kämpferische Reaktionsmuster oder angeborene Gesangsstrukturen zurück, wobei die Übergänge von Aufregung und Anregung fließend sein können.
2. Solitärbrüter, die also keine Gesangsnachbarn haben, werden auf der Gesangsebene nicht angeregt, und die Gesangsvielfalt ist in Gefahr, (langfristig) zu verkümmern.

Wenn Konrad Lorenz von einem Singvogel spricht, der *«in ganz mäßiger Erregung dichtend vor sich hinsingt»*, dann ist nicht der Bereich des erregten Kampfgesanges, sondern der des entspannten Motivgesanges gemeint, also eines Freiraumes, der von der vibrierenden Anregung eines Gesangsnachbarn belebt und durchzogen ist.

Das ist meines Erachtens die biologisch-musikalische Realität im Leben der meisten gesangsbegabten Singvögel.

4. Gesangslernen

Ich möchte hier kurz auf ein Phänomen eingehen, das in einem ursächlichen Zusammenhang mit der Autonomiezunahme im Vogelgesang steht und das auch den außerordentlichen Variationsreichtum erklärt, der vor allem auf der Ebene des entspannten Motivgesanges erklingt. Wichtige Aspekte für Evolutionsschritte in Richtung einer «Biologie der Freiheit» sind Weltoffenheit, Neugierverhalten, Flexibilität und Intelligenz, die verhaltensbiologisch mit Lernen und Spielen in einem engen Zusammenhang stehen; allerdings sind diese Bereiche nicht immer sauber zu trennen, da sie fließend ineinander übergehen können.

Sobald wir uns mit der Stimmentwicklung beschäftigen, fällt auf, dass den Tieren ihr Stimmrepertoire auf sehr unterschiedliche Weise von der Natur mitgegeben wurde, wobei die Extreme «genetisch fixiert» und «absolut frei» im Tierreich eigentlich nicht vorkommen:

1. Fast allen Landwirbeltieren ist die Stimme angeboren.
2. Im Umgang mit der Stimme und dem Lernen verschiedener akustischer Signale scheint es bei Affen, Elefanten und Hunden, je nach Art, einen größeren Spielraum als bei anderen Landsäugetieren zu geben.
3. Meeressäuger wie Delfine und Wale verfügen erwiesenermaßen über ein sehr großes Stimmrepertoire, das ständig verändert oder vermehrt werden kann. Möglicherweise ist der Kommunikationsbereich dieser Tiere bedeutend umfangreicher und differenzierter, als bisher angenommen wurde.
4. Einem großen Teil der Vögel (Nonpasseriformes, z.B. Wasser-, Hühner-, Wat- und Greifvögel) ist das Lautinventar angeboren.
5. Auch Singvögel (Passeriformes) haben angeborene Lautäußerungen wie Warn- und Stimmfühlungslaute.

6. Die meisten Singvögel, abgesehen von wenigen Ausnahmen (z. B. Grasmücken und Ammern), müssen aber, um ihren arttypischen Gesang zu erwerben, von älteren Artgenossen lernen.

Unter dem Aspekt der Autonomie sei auf wichtige gesangliche Entwicklungsstufen innerhalb der Singvogelwelt aufmerksam gemacht:

1. Die Befähigung zum arteigenen Gesang ist angeboren und bedarf keines Lernens (z. B. fast alle Ammernarten der Gattung Emberiza).
2. Raue und aggressive Gesangsteile wie auch Tonhöhe und Klangfarbe sind angeboren, Rhythmus und Modulationsart müssen aber erlernt werden (Bluthänfling).
3. Ein Teil des Gesanges (meistens die Eingangsstrophe) ist angeboren, andere Teile (häufig die Schlusselemente) werden erlernt (z. B. Buchfink, Goldammer).
4. Der Gesang ist zwar angeboren, die Gesangsstrophen lassen sich jedoch aufgrund von zum Teil erstaunlichen Lernfähigkeiten variieren bzw. durch Nachahmung von Fremdmotiven vielfältig erweitern (z. B. einige Grasmückenarten, Gattung Sylvia).
5. Gewisse Grundstrukturen des Gesanges sind genetisch angelegt, können allerdings mannigfaltig variiert werden (z. B. Singdrossel).
6. Die musikalisch begabtesten Singvogelarten scheinen kaum Grenzen im Umgang mit Tönen zu kennen (z. B. Amsel, Nachtigall). Eine ausgeprägte Empfänglichkeit für den arteigenen Gesang bringen aber auch sie von Natur aus mit.

In diesen angedeuteten Entwicklungsschritten – von der angeborenen Festlegung der Stimme bis zum spielerischen Stimmgebrauch – zeigen sich im Vogelgesang zunehmend Freiheitsgrade.

Auf diese biologisch-musikalische Gesetzmäßigkeit geht in seiner unnachahmlichen Weise der Schriftsteller Laurens van der Post ein.

Er lässt seinen afrikanischen Freund Ben Hatherall von dessen Erlebnissen erzählen, dass nichts den Vogelstimmen gleichkomme. Es sei so, als ob der Himmel in ihren Kehlen musizierte:

«Man konnte die Sonne aufgehen und wieder untergehen hören; man konnte hören, wie die Nacht sich herabsenkte und die ersten Sterne am Himmel erschienen. Andere Tiere waren verurteilt, nur solche Geräusche von sich zu geben, wie sie notgedrungen mussten; aber Vögel schienen die Freiheit zu haben, Töne willkürlich zu äußern, sie nach ihrem Willen zu formen und neue zu erfinden, um alle Gefühle jenes lebendigen Wesens zum Ausdruck zu bringen, das sich auf Flügeln, erlöst von seinem Eigengewicht, in die Lüfte emporschwingt.»[28]

Hier wird eine bedeutsame autonome Ebene berührt, dass sich nämlich die Singvogelwelt von den Zwängen des natürlicherweise vorgegebenen Stimmrepertoires befreit hat. Und insofern die meisten Singvögel ihre Gesänge nicht angeborenerweise erklingen lassen, sondern sie erlernen müssen, ergeben sich mannigfaltige Gestaltungsfreiräume, die unschwer an den individuellen Gesangsvariationen – bis hin zu Dialektformen – innerhalb einer Vogelart zu erkennen sind. Die meisten Singvögel besitzen eine Lerndisposition für den arteigenen Gesang, müssen diesen aber von einem älteren Artgenossen, meistens dem Vater, lernen. Das innere Klangbild ist vorhanden, muss aber von außen angeregt werden, damit sich der arttypische Gesang durch Nachahmung entwickeln kann.

Das Lernvermögen ist von Art zu Art verschieden, und die sensiblen Phasen für das Gesangslernen der Nestlinge und Jungvögel sind unterschiedlich lang. Zahlreiche Vogelarten haben nur eine kurze, meist frühe Prägungsphase, z. B. unmittelbar nach dem Ausschlüpfen bis kurz nach dem Ausfliegen. Bei Goldhähnchen beginnt die Lernphase

28 Post 1962

Abb. 9: Sumpfrohrsänger (*Acrocephalus palustris*)

ab dem achten Tag. Bei der Sumpfmeise ist die Zeit des Gesangslernens ab dem Ausfliegen etwa drei Wochen lang. Bei anderen erstreckt sich die sensible Phase vom zehnten bis zum siebzigsten Tag.

Beim Sumpfrohrsänger (Abb. 9), unserem wohl besten Spottsänger, ist es die sechste Lebenswoche; die Lernperiode endet dann mit etwa elf Monaten. Für junge Buchfinken gibt es zwei sensible Lernphasen: Die erste fällt in den ersten Sommer, die zweite in die Monate Februar bis April des folgenden Jahres. Zahlreiche Spottsänger sind vermutlich langjährig bzw. lebenslang lernfähig. Das gilt auch für Kanarengirlitz, Hänfling, Zeisig, Stieglitz (Abb. 10) und verwandte Arten.

So ist z.B. der Grünfink im Gegensatz zum Buchfink auch nach Erreichen des dreizehnten Lebensmonats noch lernfähig. *«Bei vielen*

Abb. 10: Stieglitz (*Carduelis carduelis*) ♂ und Jungvogel

Singvögeln prägen sich Nestlinge den Gesang ihres Vaters schon kurze Zeit nach dem Schlüpfen ein, produzieren ihn aber erst viel später, vorbildgetreu, auch wenn sie ihn zwischendurch nicht mehr gehört haben … Ebenso lernen nestjunge Singvogelweibchen den Gesang des Vaters kennen und wählen danach ihren späteren Partner, ohne dass sie selbst je singen.»[29] Häufig stimmen die Lernphasen der Jungvögel mit der ausgeprägten Gesangsaktivität des Vaters überein, allerdings in der Häufigkeit wie auch in der zeitlichen Dimension je nach Art verschieden. Bei manchen Singvogelarten, etwa Amsel und Sumpfmeise, könnte man geradezu von «Lernstunden» sprechen.

29 Wickler 1986

Insofern Singvögel nun den arteigenen Gesang erlernen und durch Tradition weitergeben, eröffnen sich bereits im anfänglichen Lernprozess Freiräume für individuelle Gesangsvariationen, denn Lernen führt eine erweiterte Flexibilität gegenüber dem rein angeborenen Verhalten ein.[30] Gesangslernen bedeutet eine wichtige Autonomiezunahme, welche die Entwicklung der stimmlichen Variationsvielfalt ermöglicht, wie sie heute bei den gesangsbegabten Singvogelarten wahrzunehmen ist.

Am Beispiel des Gesangslernens, das hier nur angedeutet werden kann, sollte auf die Verhaltensflexibilität der Singvögel auf der musikalischen Ebene hingewiesen werden als einem Spiegel für die unterschiedlich hohe Emanzipation von angeborenen Verhaltensweisen, die eigentlich nur dann vorliegen, wenn der Erwerb individueller lernbedingter Anpassung ausgeschlossen werden kann.[31]

Genetische Muster und Instinktbewegungen (Erbkoordinationen), heute als «Fixed Action Patterns» (FAP) bezeichnet, *«bilden die Grundlage der Verhaltensweisen bei allen Tieren. Sie können in verschiedenen Graden durch die Fähigkeit zu flexiblerem Verhalten ergänzt und erweitert sein, sind aber im Grundzug immer vorhanden und bilden so die Grundlage vor allem für die lebenserhaltenden Verhaltensweisen und die Fortpflanzung. Sie sind für eine Tierart genauso typisch wie die Gestalt. Lernen dagegen enthält eine größere Flexibilität des Verhaltens. Es ist eine auf Erfahrung beruhende Modifikation des Verhaltens und führt eine erweiterte Plastizität des Verhaltens gegenüber den Erbkoordinationen ein.»*[32]

Das zeigt sich in hohem Maße bei den kunstvollen und reich strukturierten Gesängen zahlreicher musikalisch besonders begabter

30 Rosslenbroich 2007

31 Franck 1997

32 Rosslenbroich 2007

Singvögel. Eine weitere Steigerung der Gesangsentwicklung, die – mit Ausnahme der Delfine – wohl einzigartig im Tierreich sein dürfte, ist die Fähigkeit, fremde Stimmen nachzuahmen.

Die vielfältigen Gesangsvariationen sind es nun, wodurch das Studium des Vogelgesanges sehr zeitaufwendig, aber durch die unmittelbare Erfahrung auch so außerordentlich anregend und belebend ist:

1. Zahlreiche Singvogelarten, selbst einfache Sänger, z. B. Haussperling und Zebrafink, verfügen über mehr als nur einen Strophentyp.
2. Musikalisch hoch entwickelte Arten besitzen teilweise eine fast unerschöpfliche Motiv- und Strophenvielfalt.
3. Gesangsstrophen können innerhalb einer Art kürzer, länger oder unvollständig vorgetragen werden.
4. Neben dem Vollgesang sind noch Jugend- und Plaudergesang («Subsong») wie auch Herbst- und Wintergesang zu unterscheiden.
5. Bei zahlreichen Arten haben sich geografische Gesangsdialekte entwickelt.
6. Es gibt ungleich begabte Individuen, sodass sowohl der Umfang des Repertoires als auch der künstlerische Vortrag innerhalb einer Art recht große Unterschiede aufweisen kann. Manchmal genügt eine hochbegabte Singdrossel, um das musikalische Niveau einer Region (durch Tradieren neuer vielseitiger Motive) zu heben.
7. Darüber hinaus kann der Gesang, wie auch das Tempo des Vortrags, stimmungsabhängig variabel sein. So ergeben sich, je nachdem ob ein Vogel erregt oder entspannt singt, diesbezügliche Abweichungen beziehungsweise spielerische Gestaltungsmöglichkeiten.

5. Sphärischer Gesang

Im entspannten Motivgesang, dem am häufigsten zu hörenden Reviergesang, entfaltet sich der ganze Gesangsreichtum unserer Singvogelwelt. Es gibt aber noch eine Form des Reviergesanges, die über den entspannten Motivgesang hinausgeht. Diesen Gesang, der wie absichtslos erklingt, möchte ich «sphärischen Gesang» nennen. Das lässt sich eindrucksvoll am abendlichen formschönen Gesang der Amsel erleben. Wie selbstvergessen verströmt dann ein Männchen seinen Gesang in die Abendstille. Im Zwischenbereich vom Tag zur Nacht, in der Dämmerung – in einer entspannten Ruhe – scheinen Amseln besonders kreativ zu werden. Diese Gesangsform gleicht einer freiheitlichen spielerischen Improvisation. Die unterschiedliche Qualität der Motive im Vergleich zum Tagesgesang lässt sich wahrnehmen. Der von mir gewählte Begriff mag vielleicht als unpassend erscheinen, aber er kennzeichnet zwei wesentliche Bereiche:

1. Der sphärische Gesang erklingt wie abgehoben von allen biologischen Funktionen; er entfaltet sich in einem viel größeren Umkreis; er scheint völlig abgelöst von Revieraspekten zu sein und sich auch weniger an Artgenossen zu richten, obwohl er zur Brutzeit und mitten im Revier erklingt.

2. So wie der erregte Kampfgesang sich von der Erde und ihren Notwendigkeiten beeinflusst zeigt, hat man beim sphärischen Gesang den Eindruck, die Individuen würden geradezu vom Kosmischen inspiriert. Man kann das unmittelbare Empfinden haben, als kämen die Lieder, die in die Welt hinausströmen, als Segen zur Erde wiederum zurück (Steiner 1923). Im sphärischen Gesang klingt etwas an, was wir sowohl im Gesang einiger Jungvögel als auch in den musikalischen Steigerungen des Singfluges, Chorgesanges, Duettgesanges und des Imitationsgesanges hören können.

Im sphärischen Gesang singen Vogelmännchen häufig allein, wie z. B. Amsel oder Singdrossel am späten Abend, als erwarteten sie gar keine Antwort eines männlichen Artgenossen. Diese Gesänge erheben sich, musikalisch gesehen, über den entspannten Motivgesang hinaus.

In seinem ebenso originellen wie grundlegenden Buch über *Die Spiele der Tiere* schreibt Karl Groos sehr treffend: «*Der Gesang einer Singdrossel oder Amsel, die an einem schönen Abend auf dem äußersten Dachfirst oder der höchsten Baumspitze sitzt und nun ihre tiefe, ruhige und doch so freudig klingende Stimme erschallen lässt, ist vielleicht das ästhetisch Wirkungsvollste, was überhaupt in der Welt der gefiederten Sänger zu finden ist.*»[33]

Ähnliches kann man wahrnehmen, wenn ein Rotkehlchen ganz früh am Morgen oder sehr spät am Abend allein singt – so, als würde es in einem spielerischen «Vor-sich-Hinsingen» zarte Gesangsperlen zu einer wundervollen musikalischen Kette verbinden wollen. Ebenfalls an einem strahlenden Wintermorgen, wenn ein Rotkehlchen noch etwas verhalten singt, können wir eine solche Erfahrung machen (Abb. 11).

Aber auch im Chorgesang ist diese musikalische Steigerung zu erleben, wenn beispielsweise Hunderte von Nachtigallen (Abb. 12) nachts zusammen singen. Man muss sich nur einmal die Zeit nehmen, z. B. Anfang Mai in den Rheinauen, morgens um drei Uhr, und sich hineinbegeben in den nächtlichen Lebensbereich dieser Meistersänger, um diesem fast überirdischen Chorus zu lauschen. Diese vielfältigen, weicher als tagsüber vorgetragenen Motive gehen weit über die Ebene des nur entspannten Singens hinaus.[34] Unsere gefiederten

33 Groos 1907

34 Die Gefahr, in den erregten Kampfgesang zu fallen, besteht bei den in der Nacht chorisch singenden Nachtigallen nicht; auch würden die mangelnden Sichtverhältnisse keine Streitigkeiten zulassen.

Abb. 11: Rotkehlchen (*Erithacus rubecula*) bei verhaltenem Wintergesang (A) und bei verhaltenem bzw. vollem Reviergesang (B, C) (Zeichnungen: F. Weick).

Freunde gehören in diesem Zustand gewissermaßen einer anderen Sphäre an. Einmal sollte das jeder in seinem Leben mit all seinen Sinnen aufgenommen haben. Es wäre dann sicher leichter, die Menschen davon zu überzeugen, dass Vogelgesang mehr ist als nur eine biologische Funktion im Dienste der Revierverteidigung.

Rainer Maria Rilke hat es einmal erlebt und beschreibt es in einem poetischen Brief an Clara Rilke: «*Aber manchmal in der Nacht wache ich davon auf, dass es ruft, irgendwo unten im Tal ruft, anruft aus ganzer Seele. Jene süße steigende Stimme, die nicht aufhört zu steigen; die wie ein ganzes in Stimme verwandeltes Wesen ist ... Und gestern fand ich sie alle, die Nachtigallen, und ging in einem lauen, überdeckten Nachtwind an ihnen vorbei, nein, mitten durch sie durch, wie durch ein Gedränge von singenden Engeln, das sich gerade nur teilte, um mich durchzulassen, und vor mir zu war und sich hinter mir wieder zusammenschloss ... Und das war Lärm und war um mich und übertönte alle Gedanken in mir und alles Blut; war wie ein Buddha aus Stimmen, so groß und herrisch und überlegen, so ohne Widerspruch, so*

Abb. 12: Nachtigall (*Luscinia megarhynchos*)

bis an die Grenze der Stimme, wo sie wieder Schweigen wird, schwingend mit derselben intensiven Fülle und Gleichmäßigkeit, mit der die Stille schwingt, wenn sie groß wird und wenn wir sie hören …»[35]

Es ist nun kein Widerspruch, dass gerade diejenigen Singvogelarten, die wir zu den begabtesten Sängern zählen, in ihrem Gesangsleben sowohl der oberen als auch der unteren Ebene des Reviergesanges stärker als andere Singvögel angehören. Der musikalische Bogen ist bei ihnen weiter gespannt. Aufgrund ihrer außerordentlichen Gesangsbegabung verhalten sich Meistersänger viel territorialer als weniger gut singende Vögel. Sie verteidigen ihren Klangraum heftiger, aggressiver, wie man es nicht selten beim Rotkehlchen beobachten kann.

Und in dem Maße, wie die besten Sänger die größten Möglichkeiten haben, sich zum sphärischen Gesang aufzuschwingen, können sie auch entsprechend rasch in den erregten Kampfgesang abrutschen.

35 Rilke 1930

Abb. 13: Blaumeise (*Parus ceruleus*), frühmorgens aufgeplustert, still (A) und in verschiedenen Singhaltungen (B, C) (Zeichnungen: F. Weick).

6. Entspannter Wechselgesang

Die drei Ebenen des Reviergesanges sind sowohl in ihrer musikalischen Qualität als auch im Verhalten der Sänger verschieden. Diese Unterschiede lassen sich noch deutlicher erleben, wenn wir das alternierende Singen benachbarter männlicher Artgenossen in unsere Betrachtung mit einbeziehen. Sobald wir aufmerksam auf die wechselweise, also im kommunikativen Rhythmus vorgetragenen Strophen zweier Männchen achten, können wir zu einem noch tieferen Verständnis für die zuvor beschriebenen Gesangstypen kommen.

Als Kontergesang bezeichnet man das konkurrierende Singen von zwei (oder auch mehreren) männlichen Artgenossen, deren Strophen dabei in einem meist regelmäßigen Wechsel vorgetragen werden. Dem Kontergesang wird eine distanzregulierende Aufgabe zwischen den Reviernachbarn zugeschrieben. Unabhängig davon, ob nun die kämpferische oder die kooperative Ebene stärker betont wird, in jedem Fall stehen die Gesänge rhythmisch zueinander in Beziehung.

Hören wir im Frühjahr einmal genauer auf die Gesangsstrophen benachbarter Artgenossen, z. B.: Buchfink, Kohlmeise, Blau-

Abb. 14: Gartenrotschwanz (Phoenicurus phoenicurus) ♂ und ♀

meise (Abb. 13), Nachtigall, Singdrossel oder Gartenrotschwanz (Abb. 14).

Wir nehmen bald wahr, dass die Wechselgesänge der Reviernachbarn, entsprechend der ruhigen Sphäre im entspannten Reviergesang, nicht durcheinanderfließen, sondern dass ein gewisser Rhythmus eingehalten wird: Sobald der erste Sänger seine Strophe beendet hat, folgt in meist kurzem Zeitabstand die Strophe des zweiten und so fort. Jeder beantwortet den Gesang des anderen, ja, scheint auf dessen Strophe zu warten, um sich wieder mit eigenen Klängen anzuschließen. Der Wechselgesang zweier benachbarter Blaumeisen kann über eine Stunde lang dauern. Jedes Männchen regt das andere zum Singen an und tut ihm gleichzeitig kund, dass das besungene Revier bereits besetzt

Musikalische Steigerungen im Reviergesang	
Vergleich von Gesangsentfaltung und Motivreichtum im Gesangsvortrag eines Singvogels	Vergleich des kommunikativen Rhythmus im Verhalten benachbarter Singvogelmännchen
sphärischer Gesang ← «über die Art hinausgehen»	→ angleichender Wechselgesang «aktive musikalische Annäherung»
↑ musikalische Steigerung ↑	↑ Bedürfnis nach Übereinstimmung ↑
entspannter Motivgesang ← (Vollgesang) Männchen singen miteinander Gesang motivreich, vielfältig, differenziert; spielerisch-freiheitlicher Stimmgebrauch	→ entspannter Wechselgesang harmonischer Rhythmus ruhig alternierender Gesang benachbarter männlicher Artgenossen
↑ musikalische Reduzierung; häufig disharmonische Veränderungen ↑	↑ harmonischer Rhythmus ist gestört ↑
erregter Kampfgesang ← (Erregungs- oder Aggressivgesang) Männchen singen gegeneinander Gesang aggressiv-hart, meistens lauter und monotoner als der entspannte Motivgesang; Gesangsstrophen werden oft verkürzt.	→ erregter Wechselgesang (Kontergesang) Auseinandersetzung (mit Kampfbereitschaft) Die Kontrahenten fallen sich in die Strophen (sogenannter Überlappungsgesang); bei einigen Arten überschlägt sich die Stimme vor Erregung (sogenannte Doppelstrophen).

Tabelle 2: Dreigliedriger Reviergesang

ist. Wechselgesang findet in seltenen Fällen auch interspezifisch statt. So wirkt der Gesang der Zippammer auf die Heckenbraunelle (oder umgekehrt) bisweilen so stimulierend, dass es zu eifrigem Wechselgesang kommen kann. Häufig wird Kontergesang auch mit Kampfgesang übersetzt oder im Kontext so behandelt. Auf der entspannten Ebene findet aber kein aggressiver Schlagabtausch statt, sondern mehr ein lebhaftes Beantworten der jeweils vorausgegangenen Strophe eines Gesangsnachbarn. Deshalb scheint mir für diese Gesangsform die Bezeichnung «Wechselgesang» angemessener zu sein, zumal auf der entspannten Ebene. Und wenn man auf den kommunikativen Rhythmus des Vortrages achtet, ist der Wechselgesang ein schöner Spiegel des dreigliedrigen Reviergesanges.

Während der Brutzeit, besonders am frühen Morgen, tragen die Männchen zahlreicher Singvogelarten ihre Gesänge von bestimmten Singwarten aus vor. Der Wechselgesang ist meist harmonisch, und es lässt sich wahrnehmen, dass die Singvogelmännchen ihre Gesangsstrophen häufig ungerichtet erklingen lassen. Auf dieser entspannten Ebene singen die Vögel miteinander. Und der Begriff Rivale könnte auf dieser Stufe durch Revier- oder Gesangsnachbar ersetzt werden, denn die Sänger verhalten sich eigentlich nur kurzfristig wie Rivalen.

Deshalb sollten wir auf dieser mittleren, entspannten Ebene des Wechselgesanges nicht mehr von Kampfgesang, sondern von Gesangswettstreit sprechen (Tab. 2).

7. Erregter Wechselgesang (Kontergesang)

Wie oben bereits erwähnt, eignet sich die Bezeichnung «Kontersingen» nur für die untere (Streit-)Ebene des erregten Kampfgesanges, wenn also ein Männchen zu nah an der Grenze oder bereits im

Nachbarrevier singt. Dazu gibt es sowohl akustisch als auch optisch eindeutige Signale.

Akustisch ist auf dieser unteren Ebene wahrzunehmen, dass der sonst harmonische Wechsel des Vortrags gestört ist. Die Kontrahenten sind zu erregt, als dass sie in gewohnter Weise ihre Strophen in rhythmischer Folge singen könnten. Laut und kämpferisch ertönen plötzlich die Gesangsstrophen, die sich jetzt zum Teil überschneiden. Kein Vogelmännchen wartet, bis das andere ausgesungen hat, und so entfällt häufig die meist kurze (oder längere) Pause nach jedem Gesangsvortrag. Vom Akustischen her wird so die untere kämpferische Ebene offenbar. Die alternierend vorgetragenen Strophen beginnen sich zu überlappen. Insofern ist die wissenschaftliche Bezeichnung «Überlappungsgesang» für diese Situation nicht falsch, verschleiert aber das seelische Befinden der Sänger, die sich vor Erregung «in die Strophen fallen».

Es kann dann zu echten Kampfhandlungen kommen, meistens fliegt jedoch das aufdringliche Männchen wieder zurück in sein Revier. Nicht selten steigert sich der Kontergesang aber auch zu lang andauernden Gesangsduellen, bei denen sich die Reviernachbarn einander sehr häufig von grenznahen Singwarten aus genau alternierend ansingen, wie man es etwa bei Dorngrasmücke, Tannenmeise, Haubenmeise, Blaumeise erleben kann.[36] Es bleibt meistens ein heftiges musikalisches Ringen, jedoch weisen uns die nach und nach wieder wahrzunehmenden kurzen Pausen darauf hin, dass eine gewisse Beruhigung eingetreten ist; die Übergänge von aufregend zu anregend (und umgekehrt) sind durchaus fließend.

36 Die Grauammer reagiert völlig anders: Normalerweise singen die Reviernachbarn in Hörweite ihre Strophen alternierend; bei fast gleichzeitigem Einsetzen der Strophe eines Nachbarn, wenn dieser also den Pausenrhythmus nicht einhält, wird die eigene Strophe meist abgebrochen (Glutz 14/III). Der harmonische Rhythmus, das Miteinander, ist auch hier unterbrochen.

Optisch ist zu erkennen, dass der erregte Wechselgesang sich unmittelbar an den Rivalen richtet, denn beim Kontergesang fixieren sich die beiden rivalisierenden Männchen. Man singt – unabhängig von der Entfernung – direkt in die Richtung des Kontrahenten, teilweise begleitet von Droh- und Imponiergebärden. Diese klare Signalwirkung erzielt bei aufdringlichen Reviernachbarn in der Regel die gewünschte Wirkung. Die Männchen singen sich hier eindeutig gerichtet und heftig an.

Ein Vergleich im Rahmen der menschlichen Kommunikation mag uns das Gesagte noch etwas näher bringen: Jeder weiß, dass auch ein harmonisches und förderliches Gespräch unter Ehepartnern, Freunden oder Nachbarn auf eine Streitebene mit Rechthaberei und Beleidigung (oder sogar Handgreiflichkeiten) herabsinken kann. Die Kontrahenten werden in der Regel lauter, sprechen schneller und reduzieren nicht selten ihre Sätze auf Wortfetzen. Und da es auf dieser Ebene Mühe macht, den anderen in Ruhe aussprechen zu lassen, ihn also in seinem Redefluss nicht zu unterbrechen, besteht die Gefahr, seinem Gegenüber unbedacht und ungestüm ins Wort zu fallen.[37] Niemand schreibt aber deshalb der menschlichen Kommunikation eine distanzregulierende Wirkung zu oder ver-

37 Es wäre ein großes Missverständnis, wollte man diesen Vergleich der tierischen Gesangsebene mit der menschlichen Gesprächsebene, wie auch den Vergleich von Chorsängern und Solisten mit schlichten und begabten Singvogelarten, als Anthropomorphismus bezeichnen. Das Umgekehrte ist der Fall: Es werden keine menschlichen Eigenschaften und Verhaltensweisen auf die Vögel übertragen, sondern die beschriebenen in der Natur deutlich wahrzunehmenden Phänomene bringen – durch intensives Miterleben – verwandte Seelenregungen in uns in Bewegung. In ähnlichem Sinne ist auch die schöne Formulierung von Konrad Lorenz zu verstehen, dass wir die schönsten Lieder einer Amsel oder eines Blaukehlchens gerade dann hören können, «wenn sie in ganz mäßiger Erregung dichtend vor sich hinsingen».

tritt die Meinung, das menschliche Gespräch bestehe nur aus Streit, Drohung und Attacke.

Sollten wir bei der Interpretation des Reviergesanges nicht ebenfalls methodisch behutsamer vorgehen? So ist es mir wichtig, darauf hinzuweisen, dass der Reviergesang nicht nur der Auseinandersetzung dient, sondern ein viel umfassenderes Phänomen darstellt, als allgemein angenommen wird. Ursächlich scheint mir dieses Problem in engem Zusammenhang damit zu stehen, dass der Reviergesang in seiner Wirkung als Revierverteidigung bisher kaum unter musikalischen Gesichtspunkten untersucht wurde. So wie es ja auch für manche Menschen noch befremdlich zu sein scheint, dass selbst beim erregten Kampfgesang vornehmlich ein Klangrevier verteidigt wird.

8. Angleichender Wechselgesang

Innerhalb einer Art lernen sich die Vogelmännchen durch das alternierende Singen sehr genau kennen; sie unterscheiden aufgrund ihres feinen, hoch entwickelten Gehörs jeden Gesangsnachbarn individuell an seinen Strophen. Es ist nicht nur anregend und staunenswert, selbst einmal auf die Unterschiede in den Gesangsstrophen benachbarter männlicher Artgenossen, auf die Abweichungen in den Motiven, in der Tonhöhe und Lautstärke zu achten, sondern es ist gewissermaßen auch Vorbedingung, um eine im Wechselgesang stattfindende musikalische Steigerung zu bemerken. Männliche Artgenossen tragen als Gesangsnachbarn dann nicht nur wechselnd ihre Gesänge vor, sondern sie beginnen auch, ihre Motive allmählich aufeinander abzustimmen, wie wir es z. B. bei Gartenrotschwanz, Nachtigall, Dorngrasmücke, Goldammer, Buchfink, Kohlmeise, Kleiber, Hänfling oder Grünfink beobachten können.

Für die meisten Menschen klingen einfachere Gesänge, beispielsweise von Buchfink und Goldammer, zuerst einmal ziemlich gleich, vielleicht sogar monoton. Das hängt nicht zuletzt damit zusammen, dass wir bei Gesängen, die uns bekannt sind, nicht mehr so sorgsam hinhören und uns somit die feinen Unterschiede entgehen. Andererseits hat es aber seine Ursache auch darin, dass das menschliche Ohr nicht alles aufzulösen vermag, was ein Singvogel in wenigen Sekunden vorträgt. In Bezug auf ihre Musikalität und ihren Gesangsvortrag befinden sich Singvögel offenbar in einem anders ablaufenden *«inneren»* Zeitstrom. Sie leben *«in einem schnelleren Tempo als wir, sodass kurz für uns wahrscheinlich nicht ganz das Gleiche bedeutet wie für sie ... Neben der Tendenz zu hohen Tönen, verglichen mit menschlichen Musikern, besitzen Vögel die Neigung, Noten zeitlich sehr kurz zu halten ... Die obere Hörgrenze der kleinen Singvögel scheint um einiges höher zu liegen als die des Menschen, und folglich ist das, was für uns extrem schrill klingt, für die Vögel wahrscheinlich etwas Normales oder Gemäßigtes, ein zarter Ton.»*[38]

Vögel sehen nicht nur viel rascher, sondern hören auch umfassender und scheinen somit über eine wesentlich größere Wahrnehmungsgenauigkeit als der Mensch zu verfügen. Zumindest *«ist die Zeitauflösung besser als beim menschlichen Hören, sodass Vögel viele Details der Lautäußerungen hören, die für uns verschmelzen»*.[39] Bei Untersuchungen über Struktur und Aufbau der Vogellieder wurden einige der Gesänge *«mit der Methode der Klangmikroskopie aufbereitet ... Diese durch künstliche Hilfsmittel erreichte erhöhte Erfassungsgenauigkeit und Trennschärfe entspricht der Normalleistung des Vogelohres: Die weitgehende Übereinstimmung von Gelehrtem*

38 Hartshorne 1958

39 Westheide & Rieger 2004

und Gelerntem beweist, dass der Vogel das gegebene Tonmuster nicht nur in seinen Hauptstrukturen wahrnimmt und diese zu einem Lied verarbeitet, sondern das Gehörte in allen Einzelheiten erkennt und wiedergibt. Das bedeutet, dass die bei verlangsamtem Abspielen von Tonäußerungen zu Tage tretenden Feinstrukturen eine für uns verborgene, wegen der Geschwindigkeit unzugängliche Realität der Lebens- und Wahrnehmungswelt des jeweiligen Vogels darstellen. Man entdeckte in den Vogelliedern eine ungeahnte Feinstruktur, welche auf eine ungleich höhere Wahrnehmungsleistung und Wahrnehmungsgeschwindigkeit schließen lässt. Wo wir Menschen der hohen Geschwindigkeit wegen nur ein zusammenfließendes Gezwitscher hören, nehmen Vögel die tatsächliche Gestalt des Gesangs ihrer Artgenossen adäquat wahr.»[40]

Damit mag auch zusammenhängen, dass von wenigen Ausnahmen abgesehen (z. B. Feldlerche, Gartengrasmücke, Zaunkönig), die meisten Singvogelgesänge verhältnismäßig kurz sind. In einem anderen Zusammenhang geht Andreas Suchantke auf das Temperament der blütenbesuchenden Kolibris und ihren ungewöhnlich schnellen Flügelschlag ein: *«Ein Leben derart auf Hochtouren ist nur möglich bei einer unerhörten Wachheit und Präsenz der Sinne ... Hier liegt eine uns unbekannte und nicht nachvollziehbare Überwachheit der Sinne vor, die bewirkt, dass in einer extrem kurzen Zeitspanne, die uns völlig ereignislos vorkommt, von anderen Wesen ungeheuer viel erlebt wird durch ein uns unbekanntes Auflösungsvermögen für die Zeit.»*[41] In abgeschwächter Weise trifft das auch für viele Singvögel zu. Das hitzige Temperament hat sicher auch mit der erhöhten Temperatur dieser Tiere zu tun, denn sie haben (je nach Aktivität) eine durch-

40 Bornemisza 1999

41 Suchantke 2002

schnittliche Körpertemperatur von etwa 41 bis 44 °C. Besonders wenn wir Singvögel im angleichenden Wechselgesang beobachten wollen, sollten wir daran denken, dass diese Wesen ein anderes Lebenstempo haben, was sich eben auch in schnelleren Gesängen äußert.

Beim angleichenden Wechselgesang, der in der Regel entspannt erklingt, aber auch musikalisch engagiert vorgetragen werden kann, versuchen zwei männliche Artgenossen die Gesangsstrophen des jeweils anderen mit möglichst ähnlichen Strophen zu beantworten, bis die Motive sich gleichen. Sobald wir das wahrnehmen, gewinnen wir unmittelbar den Eindruck, dass hier nicht gegeneinander, sondern in einer besonderen Weise miteinander gesungen wird. Das wechselseitige Angleichen der Gesänge ist über viele Singvogelarten verbreitet und kommt sogar schon bei Jungvögeln vor.[42]

Im Allgemeinen haben wir es beim angleichenden Wechselgesang nicht, wie oft zu lesen ist, mit Kampfgesang zu tun, sondern mit einer musikalischen Erweiterung des Wechselgesangs. Es soll aber nach Ansicht einiger Ornithologen auch in aggressiver Stimmung zum Angleichen der Motive bis hin zu Synchronisation kommen. Zu prüfen wäre jedoch, wie die gesangliche Auseinandersetzung der beiden Kontrahenten jeweils weiter verläuft, ob Kampfhandlungen folgen oder ob es vielmehr zu fließenden Übergängen vom anfänglichen Kontergesang zum entspannten und angleichenden Wechselgesang kommt. Signalisiert eine gesteigerte Gesangsaktivität bereits eine aggressive Stimmung? Handelt es sich bei der manchmal in wissenschaftlichen Publikationen verwendeten Bezeichnung «angleichender Kontergesang rivalisierender Männchen» zwangsläufig um eine Kampfebene? Warum wird bei zwei heftig singenden Männchen automatisch impliziert, dass sie sich streiten?

42 Wickler 1986

Entsprechend der vorherrschenden wissenschaftlichen Meinung, dass Singvögel eigentlich nur gegeneinander singen, ist das zwar folgerichtig, aber es bedeutet auch, dass ohne eine klare Gliederung des Reviergesanges allgemeine Formulierungen wie *«rivalisierend»* keine differenzierte Aussagekraft (mehr) haben. Sie sind ein Abbild alten darwinistischen Denkens, und deshalb müssten eigentlich alle schriftlich niedergelegten Beobachtungen zum angleichenden Wechselgesang auf ihren Interpretationsgehalt im Einzelfall untersucht werden. Meine Erfahrungen sprechen eindeutig dafür, dass der angleichende Wechselgesang über den entspannten Wechselgesang hinausgeht.

Wenn es anerkannt wäre, den Reviergesang auch unter musikalischen Gesichtspunkten darzustellen, könnte man auch einer rivalisierenden Deutung auf der oberen Ebene zustimmen, aber eben derart, dass die Sänger im angleichenden Wechselgesang durchaus heftig, aber gemeinsam wetteifern, wer der bessere Sänger ist.[43]

Möglicherweise findet bei den Reviernachbarn eine Art Stimmungsübertragung, in jedem Fall aber eine aktive musikalische Annäherung statt, die über das entspannte gemeinsame Singen hinausgeht und ein gesteigertes Hinhorchen auf den Gesangsnachbarn erfordert, was sich im kontinuierlichen Annähern der Motive zeigt. Und selbstverständlich setzt dieser gesangliche Angleichungsprozess

43 Vom Ortolan wird berichtet, dass es bei der Revierbesetzung häufig zu Wechselgesang mit meist streng alternierendem Ansingen kommt. In stark aggressiver Stimmung soll auch (auf Nahdistanz) Überlappung und sogar Kongruenz der Strophen rivalisierender Männchen vorkommen. Ob Letzteres tatsächlich als Steigerung der Aggressivität zu werten ist, müsste noch genauer untersucht werden. Benachbarte Männchen der Goldammer «können beim Kontersingen ihre Strophen so in die Strophenintervalle des Rivalen einschieben, dass zwischen den beiden Gesängen eine hohe Synchronisation zustande kommt» (Glutz 14/III).

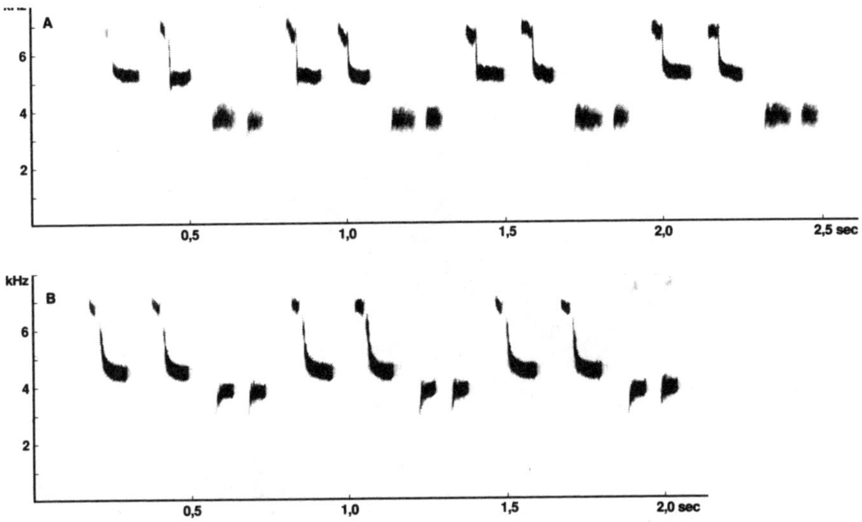

Abb. 15: Motivangleichung beim Wechselgesang von zwei Männchen (A, B) der Kohlmeise (*Parus major*) (Sonagramme: E. Tretzel).

ein gewisses Nachahmungstalent voraus. Wegen der Besonderheit dieser Gesangsform und Gesangsebene seien mehrere Beispiele genannt, um so den angleichenden Wechselgesang selbst leichter wahrnehmen zu können:

Die Reviergesangsstrophen der Kohlmeise werden durch Rhythmusänderung vielfältig variiert, während sich die Motive beim Wechselgesang einander angleichen. Normalerweise unterscheiden sich die Gesänge; beim angleichenden Wechselgesang zweier benachbarter Männchen sind aber häufig dieselben Motive zu hören.[44] Die Sonagramme zweier Kohlmeisenmännchen (Abb. 15) zeigen uns den Einklang in den Motiven wie auch in der Tonhöhe recht deutlich.

Beim etwa 10 bis 35 Minuten dauernden Wechselgesang der Sumpfmeise liegen die Singplätze so, dass möglichst viele revierbesitzende

44 Glutz 13/I

Abb. 16: Karmingimpel (Carpodacus erythrinus) ♀ und ♂

Männchen einander gleichzeitig hören können. Vollkommen identische Repertoires zweier Sumpfmeisen scheinen nicht vorzukommen; beim Wechselgesang benachbarter Männchen verwenden aber häufig beide denselben Strophentyp. Nach mehrfacher Wiederholung eines Strophentyps wechselt die Sumpfmeise zu einem anderen, der dann seinerseits wieder mehrfach wiederholt wird.[45]

Benachbarte Männchen des Karmingimpels (Abb. 16) gleichen den Gesang auf eine Weise aneinander an, dass sich kleine Gruppen von bis zu sechs Männchen mit gleichem Strophentyp bilden.[46]

45 Glutz 13/I

46 Höhnen 1991

Grünlaubsängermännchen einer lokalen Population können in ihrem Repertoire so weitgehend übereinstimmen, dass sich fast alle ihre Strophentypen nach Bau und Abfolge im Sonagramm direkt vergleichen lassen.[47] Beim Buchfink führt Motivangleichung beim Wechselgesang lokal zu auffallender Gemeinsamkeit der bevorzugten Strophentypen; das betrifft vor allem die variationsreiche Schlussstrophe.

Das alternierende Singen der Nachtigall führt ebenfalls zu angleichendem Wechselgesang, was sich auch darin zeigt, dass die Repertoires benachbart siedelnder Nachtigallen jeweils zu einem bestimmten Anteil ihrer Strophentypen übereinstimmen. Im sogenannten «Performanz-Rollen-Konzept», das sich mit dem zeitspezifischen Interagieren singender Nachtigallen befasst, wird ein Männchen, das dem anderen Männchen nicht in die Strophe fällt, also «*ohne erkennbare zeitspezifische Bezugnahme auf die Strophenordnung*» singt, als autonomer Sänger bezeichnet.[48]

Bei den außerordentlich gesangsbegabten Sumpfrohrsängermännchen «*kommt es häufig zu kanonartigem Singen, wobei ein Sänger das Motiv wiederholt, das von seinem Kontrahenten kurz zuvor vorgetragen*» worden ist.[49] Feldschwirle mit ihren sehr einfach strukturierten Schwirrstrophen stimmen sich aufeinander ein: «*Nur wenige Meter voneinander entfernte Sänger singen besonders kurz nach der Ankunft mitunter so synchron (gleiche Strophenlänge) und in sehr ähnlicher Tonhöhe, dass sie nur aus der Nähe zu unterscheiden sind.*»[50]

47 Glutz 12/II

48 Glutz 12/II

49 Glutz 12/I

50 Glutz 12/I

Beim Kleiber kann es unter Reviernachbarn ebenfalls zu Motivangleichung kommen: Wenn der eine abwärts pfeift, wählt meist auch der andere diesen Tonhöhenverlauf.[51]

Für das Erkennen der einzelnen Amselmännchen untereinander ist der interindividuell variierende Beginn der Gesangsstrophe wichtig. Für den angleichenden Wechselgesang, in dem territoriale Männchen auf den Gesang eines Nachbarn mit der ähnlichsten eigenen Strophe derselben Strophenklasse antworten, kommt dem Anfangselement eine Schlüsselfunktion zu. Eine ähnlich wichtige Rolle spielt in diesem Zusammenhang der kunstvolle und komplexe Aufbau des Liedanhängsels.[52]

Im Angleichungsprozess, der sich auch auf den Rhythmus und die Klangfarbe ausweiten kann, manifestiert sich gewissermaßen das Bedürfnis nach Übereinstimmung.

Ein disharmonischer Verlauf im angleichenden Wechselgesang betont ebenfalls diese Neigung nach Einklang: Wenn z.B. zwei Männchen (Buchfink, Nachtigall oder Amsel) im entspannten oder im angleichenden Wechselgesang kommunizieren und dabei ein bestimmtes Motiv eines Männchens vom Reviernachbarn nicht aufgenommen und verwendet wird, dann singt das betreffende Männchen dieses Motiv nur noch verhältnismäßig selten oder gar nicht mehr. Singvögel sind also nicht nur durch harmonischen Wechselgesang akustisch miteinander verbunden, sondern es hängt auch von der Resonanz der Gesangsnachbarn ab, ob und welche Motive im eigenen Gesangsrepertoire verbleiben oder entfallen.

Wenn es uns möglich ist, die individuellen Gesangsunterschiede innerhalb einer Singvogelart wahrzunehmen, so ist leicht nachvollzieh-

51 Schmidt 1979

52 Glutz 11/II

bar, dass auch die Vögel, wie schon angedeutet, ihre Gesangsnachbarn an kleinsten gesanglichen Variationen individuell erkennen können. Und damit hängt eng zusammen, dass sich schon zu Beginn der Brutperiode, sobald die Revierverteilung abgeschlossen ist, die Erregung der Männchen legt und sie immer seltener auf die Ebene des erregten Kampfgesanges zurückfallen. Das trägt sicher entscheidend dazu bei, dass Singvögel so entspannt gemeinschaftlich singen können. Mit Blick auf die Freiheitsgrade der übersichtlich zusammengefassten Gesangsebenen im Vogelgesang (siehe Tabelle 2) können wir sagen, dass auf der Ebene des erregten Kampfgesanges Auseinandersetzung herrscht; spiegelbildlich dazu ist im erregten Wechsel- oder Kontergesang der harmonische Gesangsrhythmus gestört.

Im entspannten Motivgesang lebt freiheitliche, spielerische Gesangsentfaltung. Harmonischer Rhythmus prägt den entspannten Wechselgesang; die Gesangsnachbarn singen miteinander. Auf der sphärischen Ebene erleben wir fast schon autonome Sänger, etwa *«das vollkommene Befreitsein von biologischen Notwendigkeiten im Dichten der Nachtigall»*.[53]

Im angleichenden Wechselgesang stimmen sich die Reviernachbarn noch intensiver aufeinander ein und versuchen ihre Gesangsstrophen und Motive in aktiver musikalischer Annäherung immer mehr in Einklang zu bringen.

53 Hassenstein 1969

9. Entwicklung der Stimme – Verlust der Geselligkeit

Bei manchen Singvogelarten streuen Jungvögel in alle Richtungen davon sobald sie flügge sind (z. B. Kleiber), während andere wesentlich länger im Familienverband zusammenbleiben (z. B. Kohl- und Sumpfmeise). So zeigt sich schon früh etwas vom sozialen Verhalten einer Art. Manche Singvögel wie Schwalben, Bartmeisen und Haussperlinge sind auch als adulte Tiere ganzjährig gesellig. Andere Singvögel, auch wenn sie mehr oder weniger einzeln brüten, werden nach der Brutzeit gesellig, und zur Zugzeit verschwindet das territoriale Verhalten bei zahlreichen Arten ganz. Es spricht vieles dafür, gesellig zu leben, denn viele Augen sehen mehr, seien es Nahrungsquellen oder Feinde, im Schwarm fühlt man sich sicherer, man ist im Stimmkontakt und sucht gemeinsame Schlafplätze auf. Der Vorteil dieser Lebensart, besonders auf dem Zug, wird ja nicht selten von Verhaltensbiologen betont. Man muss sich aber auch ertragen können! Und damit haben die Meistersänger ein Problem.

Folgenden möglichen Entwicklungsprozess der Singvögel und des Vogelgesanges möchte ich zur Diskussion stellen:

Gemäß der Höherentwicklung der musikalischen Fähigkeiten, wodurch der Klang immer mehr an Bedeutung gewinnt, verstärkt sich, im Einklang mit der weiteren Ausbildung des Gehörorgans und des Stimmorgans (Syrinx), auch der Drang nach Inanspruchnahme eines immer größer werdenden Klangraumes. Die Distanz der begabten Sänger zu ihresgleichen wird größer, und das zum Teil lebenslang.

Das stufenweise Freierwerden von biologischen Zwängen und die damit verbundene gesangliche Entwicklung hin zum Solistischen, Individuellen ist verbunden mit dem Verlust des geselligen Lebens. Diese bedeutsame Autonomiezunahme macht die Meistersänger gewissermaßen einsam,[54] weil sie es nicht mehr ertragen, wenn ihresgleichen zu nah singt. Sie überbrücken nun die entstandene soziale Kluft auf der ihnen gemäßen, der musikalischen Ebene. Und darin liegt meines Erachtens auch bei territorialen Singvögeln das tiefe Verlangen, gemeinsam zu singen. Das zeigt sich z.B. daran,

1. dass der entspannte Motivgesang, der in einer störungsarmen, friedlichen Atmosphäre erklingt, den weitaus größten Teil des Reviergesanges ausmacht;
2. dass selbst territoriale Vögel fast immer anstreben, im Hörbereich eines oder mehrerer Artgenossen zu brüten
3. und dass territoriale Gesangsnachbarn sich im Wechselgesang musikalisch derart annähern, dass ihre Gesangsstrophen sich fast gleichen, so, als könnten sie die alte Trennung, die sich mit der Entwicklung des Gesanges und der damit verbundenen Territorialität vollzog, durch gleichlautende Lieder überwinden.

In jedem Falle zeigt sich hier, als musikalische Steigerung über den entspannten Motivgesang hinaus, sehr schön das Bestreben nach Übereinstimmung. Im Grunde kann das Revierverhalten der Singvögel erst dann richtig verstanden werden, wenn man das Musikalische wesenhaft einbezieht.

Zum zweiten oben angeführten Punkt sei noch etwas angemerkt,

54 Vor über 100 Jahren hat der Münsteraner Ornithologe und Theologe Bernard Altum (1824–1900) auf dieses Phänomen in seinem Buch *Der Vogel und sein Leben* hingewiesen: «*Der Grad der Vollkommenheit des Gesanges steht mit dem Grade der Geselligkeit des Vogels im umgekehrten Verhältnis. Nur Vögel, die während der Brut- und Gesangsperiode vereinzelt in Brutrevieren leben, singen gut. Welch einen verworrenen Eindruck würde es machen, wenn etwa ein halbes Dutzend Nachtigallen zusammen in einem Strauche oder in mehreren benachbarten Sträuchern sitzend ihr herrliches Lied vortragen wollten! Alle guten Sänger leben einsam …*» (Altum 1898).

worauf selten der Blick gerichtet wird, dass nämlich selbst territoriale Singvögel ihren Brut- und Singplatz in der Nähe eines Artgenossen bevorzugen: Der Reviergesang hat, wie schon angedeutet, nicht nur die Funktion, ein Revier zu verteidigen und Rivalen auf Distanz zu halten, sondern dient auch dazu, Weibchen anzulocken. Die anziehende Wirkung des Gesanges beschränkt sich aber nun nicht, wie man denken möchte, auf die Weibchen allein. Es erscheint zunächst ungewohnt, anzunehmen, Singvogelmännchen könnten ein Interesse daran haben, potenzielle Rivalen anzulocken. Absurd klingt es aber nur unter der Prämisse, dass Singvögel grundsätzlich Rivalen sind. Wenn wir uns bewusst machen, dass es sich vor allem um Gesangsnachbarn handelt, so könnten sie durchaus ein Bedürfnis haben, auch ihre männlichen Artgenossen anzulocken, damit diese in ihrer Nähe brüten und singen. Jedenfalls reagieren die später ankommenden Männchen unmittelbar auf singende Artgenossen und versuchen, sich im hörbaren Bereich anzusiedeln, einerseits wegen der gleichen Ansprüche an den Lebensraum, andererseits aber auch wegen der gesanglichen Anregung.

Die Anziehungskraft des Gesanges auf männliche Artgenossen ist inzwischen auch bei mehreren Arten festgestellt worden (Dorngrasmücke, Neuntöter, Bluthänfling, Trauerschnäpper, Teichrohrsänger, Rohrammer). Ich habe in den letzten drei Jahrzehnten immer mehr den Eindruck gewonnen, dass die Männchen der meisten begabten Singvogelarten ganz ähnlich reagieren.

Stellen Sie sich einen Flussarm mit einem angrenzenden natürlichen Auwald vor, der von seiner Größe her etwa 100 Paaren der Nachtigall einen günstigen Brutraum bieten könnte. In Jahren größerer Siedlungsdichte erhöht sich die Singaktivität; es wird angenommen, dass das mit der gegenseitigen Stimulation der Männchen zusammenhängt.[55] Die Größe der Reviere in einem bestimmten Gebiet schwankt je nach Anzahl der Brutpaare von Jahr zu Jahr. Falls dort in einem Jahr jedoch nur 20 Nachtigallpaare brüten sollten, die Bestandsdichte also deutlich geringer ist, sind nun aber die Reviere nicht fünfmal so groß. Fast immer finden wir, dass die wenigen Vögel dann nur in einer lockeren Population brüten; es können mit größerer Distanz auch zwei kleinere Populationen sein. Ich habe aber noch nicht beobachten können, dass bei einer ähnlich guten Qualität des Biotops die Männchen eine solche Situation genutzt hätten, um nun riesige Reviere zu beanspruchen. Die Reviere können unter diesen Umständen zwar etwas größer sein, aber die Ausdehnung geht nicht zu Lasten der gesanglichen Kommunikation. Bei hoher Dichte lässt sich allerdings beobachten, dass die Männchen, z. B. Nachtigall, häufiger versuchen, ihre zu Beginn der Brutperiode kleiner gewordenen Reviere wieder etwas auszuweiten. Vorrangig ist, zur Brut- und Gesangszeit im hörbaren Bereich der Artgenossen zu leben. Sekundär streitet man sich dann durchaus, innerhalb oder auch am Rande einer Population, um die günstigsten Brutmöglichkeiten. Einen gleichwertigen oder gar besseren, aber weit entfernten Brutraum allein zu besetzen, ohne Gesangsnachbarn und ohne Streit, ist dagegen für die meisten Singvögel wenig attraktiv.[56]

55 Horstkotte 1965

56 Bei Höhlenbrütern (z. B. Blaumeise, Trauerschnäpper und Kleiber), die im Vergleich zu freibrütenden Singvogelarten nur in Abhängigkeit vom meist begrenzten Angebot freier Baumhöhlen oder Nistkästen ihre Brutplätze wählen können, scheint der Nestraum in Bezug auf Revierverhalten und Gesang ein größeres Gewicht zu haben als bei Freibrütern. So scheinen die häufigen Provokationsflüge der Kleiber mit der Nisthöhlenkonkurrenz zusammenzuhängen (Löhrl 1958). Bei Meisen und Trauerschnäppern werden aber männliche Artgenossen im fremden Revier geduldet, solange sie nicht singen, also keine territorialen Ansprüche zeigen.

10. Entwicklung der Stimme – seelischer Stimmungswandel

Ein sehr großer Teil der Singvögel unterliegt heute nicht (mehr) den Zwängen eines angeborenen Stimminventars. Man darf annehmen, dass sich der Prozess des Freierwerdens von festgelegten Stimmvorgaben und die Entwicklung hin zu individuellem Lernen im Laufe der Evolution gegenseitig bedingten. Mit der sich verändernden Konstellation, den arteigenen Gesang erlernen zu müssen (und zu können), dürfte sich zuerst einmal die Möglichkeit für individuelle Variationen der Gesangsstrophen ergeben haben. Mit Blick auf die gesamte Gesangsentwicklung scheinen sich dann im weiteren Verlauf nach und nach größere Freiräume für Gesangsformen eröffnet zu haben, die weniger stark von biologischen Faktoren bestimmt sind. Die mit dieser Entwicklung einhergehenden seelischen Veränderungen lassen sich erspüren und nachvollziehen, wenn wir uns mit der Metamorphose der Gesangsstrophen näher befassen.

So wichtig es ist, auf die unterschiedlich vorgetragenen Gesangsstrophen und die sich verändernden Rhythmen zu achten, so bedeutsam und aufschlussreich ist es auch, auf die klanglichen Übergänge von einer Gesangsebene zur anderen zu hören. Diese Übergänge sind wahrzunehmen, wenn ein Männchen noch entspannt seine vielfältigen Motive singt, dann aber bei Annäherung eines singenden Reviernachbarn beginnt, aggressiv-härter und lauter zu singen. Der inneren seelischen Stimmung beziehungsweise Erregungslage folgend, werden die Strophen nun kämpferisch verändert und häufig verkürzt vorgetragen. Es ist wie ein kurzzeitiger Rückfall vom entspannten Motivgesang in den erregten Kampfgesang. Später beruhigen sich die Kontrahenten und beginnen immer weicher und entspannter alternierend zu singen.

Das bewusste Wahrnehmen der Übergänge zeigt uns, dass die singenden Männchen nicht einfach die Gesangsart wechseln, sondern dass sich die emotionale Schicht des Vogels in seinem Gesangsvortrag spiegelt.

Wenn in wissenschaftlichen Abhandlungen zu lesen ist, dass aggressive Männchen beim Kontersingen den Überlappungsgesang einsetzen oder dass ein gereizter Pirol Doppelstrophen singt, so ist das korrekt. Dabei wird aber kaum erkennbar, dass sich die Sänger «in die Strophen fallen» oder dass sich die Stimme des Pirols vor Erregung «überschlägt». Die verschiedenen Gesangsmuster werden von den Vögeln nicht nach Bedarf eingesetzt, sondern der Wechsel einer Gesangsart geht mit einem Stimmungswandel einher, was sich sehr deutlich daran zeigt, dass z.B. von der Erregungsphase zur entspannten Phase des Gesangs kein abrupter Wechsel, sondern ein hörbarer musikalischer Übergang stattfindet. Der Wechsel von der entspannten in die erregte Phase ist naturgemäß kürzer.

Zwei männliche Nachtigallen, Blaukehlchen, Singdrosseln oder Waldlaubsänger zeigen uns mit jedem kämpferischen Gesangsduell, wenn sie dabei in alte, im Laufe der Evolution überwundene Reaktionsmuster oder sogar in teils angeborene Gesangsstrukturen zurückfallen, etwas von einer früheren gesanglichen Entwicklungsstufe. Zugleich offenbaren sie damit die erworbenen Freiheitsgrade in Richtung eines spielerischen Stimmgebrauchs bis hin zum heutigen vielfältigen entspannten Motivgesang.

Besonders bei dem musikalischen Wandel vom erregten in den entspannten Gesang kann man das unmittelbare Erlebnis haben, als würde man in einem Zeitraum von wenigen Minuten an dem langen musikalischen Entwicklungsweg der Singvögel ein wenig teilnehmen können. Der Beruhigungsprozess ist gewissermaßen so etwas wie der extrem verkürzte Entwicklungsprozess des Gesanges.

Abb. 17: Amsel (*Turdus merula*) ♂

Auf der unteren Ebene des Reviergesanges, im erregten Kampfgesang wie auch im erregten Kontergesang, wird Vergangenes hörbar; im entspannten Motivgesang, im gemeinschaftlichen Singen erleben wir die gegenwärtige musikalische Stufe der Singvögel; und auf der oberen sphärischen Ebene des Reviergesanges klingt Zukünftiges an, wenn z. B. eine Amsel (Abb. 17) zur späten Abendstunde, abgehoben von Revieraktionen, dichtend ihre Motive entfaltet oder wenn territoriale Vögel (Nachtigall, Sumpfrohrsänger) für eine Weile gewissermaßen über sich hinauswachsen und chorisch singen oder wenn im angleichenden Wechselgesang die Sänger noch intensiver aufeinander hören und beginnen, ihre Gesangsstrophen oder Motive anzunähern und immer mehr in Einklang zu bringen.

Ähnliche Stufen lassen sich auch für den Jugend- und Plaudergesang, den Singflug, den Chorgesang und, noch differenzierter, für den Imitationsgesang aufzeigen, wobei die jeweils obere Ebene eine oft erstaunliche Steigerung der gesanglichen Fähigkeiten aufweist und entsprechende Freiheitsgrade zeigt.

Und so, wie beim angleichenden Wechselgesang die benachbarten Singvögel noch intensiver aufeinander hören, sich musikalisch annähern, um in ihren Liedern Übereinstimmung zu erzielen, so bedarf es auch unsererseits einer Sensibilisierung unserer Sinneswahrnehmung, eines feineren Hinhörens auf die sphärische Gesangsebene der Singvögel, um sie bewusster erleben zu können. So werden wir in den anfangs einfach klingenden Gesängen mehr und mehr die überraschende individuelle Variationsvielfalt vernehmen. Darin liegt auch für uns etwas Zukünftiges: das Hören immer mehr zum Lauschen werden zu lassen.

Ist es nicht ein bedeutsames Zeugnis von Autonomiezunahme, dass Singvögel – im Vergleich zu anderen Wirbeltieren – den größten Teil ihrer Revierstreitigkeiten durch Gesang schlichten? Diese musikalische Verteidigungsmethode ist außergewöhnlich in der tierischen Evolution. Deshalb sollte die freiheitliche wie auch die musikalische Dimension dieses Phänomens innerhalb der Verhaltensbiologie einen größeren Stellenwert erhalten.

11. Leierschwanz und Schamadrossel

Das Studium des Vogelgesangs zeigt die Emanzipation von angeborenen, festgelegten Gesangsstrukturen.[57] Und so, wie sich im dargestellten Übergang von einer Gesangsebene zur anderen die zeitliche Klanggestalt des Vogelliedes offenbart, repräsentieren sich gleichsam auch unterschiedliche Entwicklungsstadien. Das heißt, die genannten drei zeitlichen Ebenen des Reviergesangs lassen uns die Entwicklung des Vogelgesangs erahnen. Am Beispiel von zwei rezenten Singvogelarten soll abschließend noch etwas konkreter auf die Evolution des Vogelgesangs eingegangen werden.

11.1 Der Leierschwanz (Menura novaehollandiae) – ein außergewöhnliches Imitationstalent

In den Regenwäldern Südostaustraliens leben hühnergroße Sperlingsvögel, die sowohl durch ihre Federpracht als auch durch ihren Gesang auffallen. Dem prachtvollen, beim Balzritual fantastisch ausgebreiteten, kunstvollen Schwanz verdankt der Graurücken-Leierschwanz seinen Namen (Abb. 18).

Die Balz findet auf einem von der Vegetation gesäuberten Platz am Boden oder auf einem aus Erde zusammengescharrten Hügel statt. Das Männchen richtet seinen über 70 cm langen Schwanz pfauenartig auf, die zwölf mittleren zerschlissenen Schwanzfedern und besonders die beiden geschwungenen Außenfedern, die an eine alte griechische Lyra erinnern, kommen so voll zur Geltung. Danach schlägt der Vogel seinen Schwanz nach vorn über den Rücken, sodass die silbrige Unterseite nach oben weist und das Tier durch den Federschleier verdeckt ist (Abb. 19). Die kräftigen, unterseits silber-

57 Kipp 1949

Abb. 18: Graurücken-Leierschwanz (*Menura novaehollandiae*) (John Gould).

weißen Außenfedern weisen schwungvoll zur Seite und sind mit den halbmondförmigen goldbraunen Zeichnungen weithin sichtbar. Das Männchen tanzt und springt dazu, schüttelt sich und mischt zwischen die schmetternden eigenen Strophen in höchster Vollendung Gesänge und Rufe fast aller Vögel der Nachbarschaft. Bis zu siebzig Prozent der Lautäußerungen sind reine Imitationen. Dazu gehören auch vielfältige Laute wie Hundebellen oder Miauen von Katzen; auch die Geräusche von fliegenden Papageienschwärmen, galoppierenden Pferden, von Autohupen, Kameragetrieben, Alarmsirenen oder Kreissägen werden täuschend nachgeahmt.

Abb. 19: Graurücken-Leierschwanz, mit nach vorn über den Kopf geschlagenem Federschleier (Australia Forum)

Gleichzeitig ist aber auch das zarte Zwitschern von Nektarvögeln im feinsten Pianissimo zu hören. Die Nachahmung des Kookaburra («Lachender Hans») kann in einen Wechselgesang mit diesem großen Eisvogel übergehen. Oft vollführen mehrere Leierschwanzmännchen mit der Imitation des lauten Lachens untereinander eine Art Duettgesang. In Bezug auf die Nachahmungsfähigkeiten scheint der Leierschwanz keine Grenzen zu kennen, und wie selbstverständlich werden von ihm unsaubere Gesangsvorbilder in reine Tonfolgen umgewandelt. Der Leierschwanz hat eine äußerst modulationsfähige Stimme, sodass viele Kenner den lang andauernden flötenden, harmonischen Gesang nicht nur zum schönsten Australiens zählen, sondern zum melodiösesten und kompliziertesten aller Vogelgesänge überhaupt.[58]

58 Unter dem Stichwort «Lyre Bird Attenborough» finden sich mehrere kurze Videos des berühmten Tierfilmers David Attenborough. Man sieht etwas vom Balzverhalten des Graurücken-Leierschwanzes, und es sind eine Reihe ungewöhnlicher Imitationen zu hören.

Während zahlreiche Singvögel ihre Gesänge innerhalb einiger Wochen lernen, braucht der Leierschwanz mehrere Jahre, bis er seinen Gesang richtig beherrscht.

11.2 Die Schamadrossel (Copsychus malabaricus) – ein Freund klassischer Musik

Die Schamadrossel ist eine sehr farbenprächtige Erscheinung (Abb. 20). Dieser langschwänzige Vogel lebt in den dichten Wäldern Indiens, Südostasiens und Indonesiens. Schamadrosseln sind virtuose Ausdruckskünstler und gehören weltweit zu den großartigsten Sängern. Berühmt sind sie wegen ihres schönen, flötenden Gesanges und ihrer besonderen musikalischen Fähigkeiten. Es werden, ähnlich wie bei anderen vorzüglichen Nachahmungskünstlern, Gesänge von vielen im Umkreis lebenden Vogelarten imitiert. Als überragende Gesangskünstler sind Schamadrosseln ausgeprägt territoriale Vögel. Dass dieser Vogel eine Sonderstellung innerhalb der Singvögel einnimmt, lässt sich daran ermessen, dass er Tonleitern und klassische Musik nachahmen kann.

Mit einer bereits sieben Jahre alten, ausnehmend lernbegabten männlichen Schamadrossel hat der Bioakustiker Erwin Tretzel Tonleiterstudien gemacht. Der Vogel lernte bald die vorgespielten zehnstufigen Tonleitern. Im Verlauf von sechs Jahren konnten 885 Tonleitern aufgenommen werden, die Mehrzahl in echter Studioqualität. Eine Frequenzanalyse von fast 10.000 Einzeltönen ergab, dass der Vogel die Grenzfrequenzen etwas höher gelegt, die Tonleitern nach oben erweitert hat und sie mit vorbereitenden und ausklingenden Lautgruppen umrahmt hat, wodurch ein gefälliger musikalischer Satz entstand. Das schnelle Lernen einer Tonleiter, das Erfassen ihrer Motivgestalt, ihre Transposition und Variation lassen bei untersuchten Schamadrosseln auf eine beachtliche Stufe von Musikalität und

Abb. 20: Schamadrossel (Jungvogel, ♀ und ♂; Zeichnung: K. Neunzig).

Formgefühl schließen.[59] Und natürlich versteht es die Schamadrossel, unsaubere Töne musikalisch korrekt wiederzugeben.

Schamadrosseln lassen sich sehr rasch zum Singen und Imitieren verleiten. Vogelgesang, die menschliche Stimme, Tierlaute, *«jedes Geräusch, sei es Wagenrasseln oder das Überstreichen mit einer Bürste über ein Stück Papier regt die Schama sofort, leichter als jeden anderen Vogel, zum Singen an. Diese leichte Erregbarkeit verbietet es daher von selbst, zwei oder mehrere Schamadrosseln in demselben Raume zu käfigen.»*[60]

Als Wildvögel schmettern Schamadrosseln von besonders bevorzugten Singwarten ihre melodiösen und weittragenden Motive. Die Grenzen der Brutreviere werden wie bei vielen territorialen Vögeln akustisch festgelegt und heftig verteidigt.

59 Tretzel 1997
60 Neunzig 1921

Erstaunliche Verhaltensweisen zeigen uns Schamadrosseln auch beim sogenannten «Nahkampf». Die Vögel beantworten in der Regel die Gesangsstrophen ihrer Nachbarn, indem *«einer die Motive des anderen nachahmt und durch Vor- und Nachschläge bereichert. Sind die Vögel weit voneinander entfernt, dann enden diese Schimpfduelle meist, wenn einer der Rivalen nicht mehr antwortet. Häufig aber nähern sich die Gegner während des Singens der gemeinsamen Reviergrenze und gehen zum Kampfgesang über. – Käfig- und Volierenvögel äußern ihn nur bei höchstens 25 cm Abstand. Der geringen Lautstärke wegen eignet sich dieser Gesang ohnehin nur für den Nahkampf. Wie beim Reviergesang ahmt auch hier einer den anderen unter Variationen nach. Der Kampfgesang dauert meist nicht länger als vier Minuten. Es bekämpfen sich nicht allein die Männchen, sondern auch die Weibchen … Die tätliche Auseinandersetzung beginnt erst viel später, wenn der Gegner sich beim Kampfgesang auf reine Nachahmung beschränkt und nicht, wie zwischen Schamas üblich, die Strophen des anderen verziert. Auf diese Weise dauert der Kampfgesang mindestens acht Minuten.»*[61]

Es ist das Verdienst des Ornithologen Johannes Kneutgen, Schamadrosseln über viele Jahre erforscht zu haben. Ihm verdanken wir wesentliche Einblicke in das ungewöhnliche Gesangsverhalten dieser Vögel. Zu hinterfragen sind allerdings Begriffe wie «Kampfgesang» und «Nahkampf», die hier noch in üblicher Weise benutzt werden und deshalb den bemerkenswerten Entwicklungsschritt auf musikalischer Ebene meines Erachtens nicht in gebührender Weise erhellen. Unter dem Aspekt des differenzierten Reviergesanges erscheint mir die folgende Interpretation plausibler.

Schamas gehören zu den gesangsbegabtesten Singvögeln der Erde, die sehr auf Distanz zu Artgenossen achten. Wenn diese Vögel sich

61 Kneutgen 1969

nun – gegen die Regel – singend annähern, so muss das nicht unbedingt Nahkampf bedeuten. Denn warum sollte der Kampfgesang, der dem Erregungszustand der meisten begabten Singvögel entsprechend lauter und härter wird, nun plötzlich leise sein, zumal er dem eigentlichen entspannten Reviergesang in der Darstellungsweise sehr verwandt ist? Es ist nun etwas anderes, ob ich sage: Der Nahkampfgesang ist leise, und deshalb sitzen sich dabei die Drosseln in geringer Entfernung gegenüber, oder ob ich die Ansicht vertrete: Derart begabte und territoriale Vögel, die zusammen singen und ihr Gesangsrepertoire erweitern wollen, singen leise, weil sie ihren üblicherweise lautstarken und kraftvollen Wechselgesang nicht auf kurze Distanz ertragen würden.

Der Ornithologe liefert uns selbst konkrete Hinweise gegen die Hypothese der sogenannten Kampfhandlungen: Während die meisten Singvogelarten im angleichenden Wechselgesang ihre Gesangsstrophen in den Motiven, im Rhythmus wie auch in der Tonhöhe einander annähern, wird der Kontergesang bei der Schamadrossel *«immer komplizierter, weil die Gegner andauernd versuchen, einander zu übertreffen. Es scheint eine Anstandsregel beim Kampfgesang zu sein, dass man erst antwortet, wenn der Gegner seine Strophe zu Ende gesungen hat. Ich habe nie gehört, dass einer dem anderen ins Wort fiel, es sei denn, der Gegner machte in einer Strophe eine längere Pause. Dann konnte es geschehen, dass der andere aus Versehen zu früh einfiel, aber sofort verstummte, wenn der Gegner weitersang. Ein derartiges Versehen löste einige kräftige Schnabelhiebe aus: dann ging der Kampfgesang weiter ... Im Revier- und Kampfgesang überbieten sich die Rivalen, indem sie einander nachahmen und immer neue Varianten bringen. Dadurch werden Kämpfe häufig entschieden, ohne dass es zum Beschädigungskampf kommt.»*[62]

62 Kneutgen 1969

Eine Aussage des Ornithologen lässt die Interpretation des Kampfgesanges und damit auch des Nahkampfes als berechtigt erscheinen, denn es ist von tätlichen Auseinandersetzungen und von kräftigen Schnabelhieben die Rede. Das klingt vordergründig nach kämpferischem Verhalten. Wann aber erfolgen diese tätlichen Auseinandersetzungen? Zum einen, wenn sich der Kampfgesang auf reine Nachahmung beschränkte, und zum anderen, wenn ein Männchen dem anderen ins Wort fiel.

Es scheint sich nicht um Kampfgesang zu handeln, sondern um einen musikalischen Wettstreit, der nicht auf einen Sieger ausgerichtet ist. Denn im Vergleich zu echten Kampfhandlungen zeigen uns die Vögel ein völlig anderes Verhalten: Nach der Gesangsstrophe des ersten Männchens erfolgt deren Imitation durch das zweite Männchen, das eine Variation anfügt. Danach wiederholt das erste Männchen die auf diese Weise erweiterte Strophe mit anschließender Zugabe einer eigenen Variation und so weiter. Sobald sich ein Männchen auf reine Nachahmung beschränkt, erfolgt eine Attacke.

Das Männchen der Schamadrossel reagiert also nicht aggressiv, wenn ein Mitstreiter es im «Nahgesang» zu übertreffen versucht. Im Gegenteil, genau das wird erwartet. Vergisst aber ein Männchen, nach dem Imitieren der fremden Strophe eine eigene Variation hinzuzufügen, hüpft das andere vor und hackt es einige Male. Das Ungewöhnliche ist nun, dass der so Attackierte nicht zum Gegenangriff übergeht, sondern die Schnabelhiebe mit seiner unterlassenen Gesangsvariation beantwortet. Das spricht meines Erachtens eher für ein spielerisches Gesangsduell auf hohem Niveau als um Kampfgesang. Ist es nicht ein deutliches Auffordern, musikalische Spielregeln zu beachten? Ganz ähnliche Reaktionen beschreibt der Ornithologe beim Nahgesang der Schamadrossel: Wenn ein Männchen dem anderen versehentlich ins Wort fällt und dafür kräftige Schnabelhiebe erhält, so hackt es nicht zurück, sondern verstummt und lässt den anderen zu Ende singen.

Das Singen in unmittelbarer Nähe ist vergleichbar mit dem Verhalten von Sumpfrohrsängern, die während des Chorgesanges nahe an ihren Reviergrenzen miteinander singen und die ebenfalls als große Imitationstalente für eine kurze Zeit auf ihre Territorialität verzichten. Man muss es aber auch können. Viele musikalisch vortrefflich begabte Singvögel verfügen nur über jeweils eine der drei erforderlichen Gesangsleistungen, die wir bei der Schamadrossel zu Recht bewundern:

1. die Fähigkeit, komplexe Gesangsstrophen nachzuahmen
2. die Begabung, kontinuierlich neue Variationen zu erfinden[63]
3. die Meisterschaft der unmittelbaren Imitation eines Vorbildes ohne zeitlich messbaren Lernprozess.

Schamadrosseln passen darüber hinaus ihre Imitationen auch der Klangfarbe, Lautstärke und dem Gesangstempo des fremden Gesanges an. In einer wohl einzigartigen Weise sind Schamadrosseln auch empfänglich für klassische Musik, insbesondere für Mozart. Hierzu der Bericht des schon erwähnten Ornithologen Johannes Kneutgen:

«So wie an Klangfarbe, Tempo und Dynamik passen Schamadrosseln ihren Gesang auch an Melodie und Rhythmus künstlicher akustischer Reize an. Auch andere Besitzer von Schamadrosseln be-

63 Bei einem so virtuos singenden Vogel wie der Schamadrossel sei auf die neueren Forschungsergebnisse im Bereich der Neurologie hingewiesen, dass die Neubildung von Nervenzellen im Vogelgehirn möglicherweise in unmittelbarem Zusammenhang damit steht, warum bei so virtuos singenden Arten wie der Amsel, der Spottdrossel, dem Leierschwanz und der Schamadrossel die Gesänge umso höher entwickelt sind, je älter die Sänger sind (Rothenberg 2007).

stätigen, dass ihre Vögel zu Mozartscher Musik besonders ausgiebig singen. Mit Mozartscher Musik konnte ich meine Vögel mitten in der Nacht zum Singen anregen, was mit anderer Musik nur ausnahmsweise gelang. – Die Gründe dafür sind unbekannt.

Um eine mögliche Anpassung zu untersuchen, wählte ich Mozarts Violinkonzert in A-Dur, KV 219. In diesem Konzert lässt sich der Melodiegang gut verfolgen. Um das Musikstück möglichst leise und den leisen Gesang der Schamadrossel möglichst laut auf Band zu bekommen, hängte ich über eine Sitzstange im Käfig in Kopfhöhe des Vogels einen Kopfhörer, aus dem die Musik ertönte. Als die Musik das erste Mal erklang, hüpfte der Vogel erregt hin und her und setzte sich schließlich zwischen die Schenkel des Kopfhörers, plusterte sich auf und sang mit. Dies wurde bei zwei Vögeln in 30 Versuchen regelmäßig beobachtet.

Im Laufe der Versuche kam es zu einer immer besseren rhythmischen, dynamischen, klangfarblichen und melodischen Anpassung an die Musik: Gleich beim ersten Versuch passte sich der Gesang des Vogels dem musikalischen Rhythmus an. Dann folgten die Anpassungen an Dynamik und Klangfarbe. Laute Stellen wurden laut, leise Stellen leise, obertonreiche obertonreich mitgesungen. Während der ersten 4 bis 6 Versuche sangen die Vögel nicht ununterbrochen mit, sondern machten häufig Pausen. Die Anpassung wurde von Versuch zu Versuch besser bis zum 10. oder 12. Mal. Im Laufe der Versuche passten die Vögel ihren Gesang ebenfalls immer besser an den melodischen Ablauf des Musikstücks an. Bei weiteren Versuchen kam es immer wieder vor, dass die Vögel Melodieteile ein bis zwei Takte früher sangen, ehe sie in der Musik erschienen. Kam die Stelle im Musikstück, so wurde sie nicht mitgesungen. Die Vögel saßen dann mit schräggehaltenen Köpfen und lauschten. War die Stelle vorbei, sangen sie weiter.»[64]

64 Kneutgen 1969

Man kann nur staunen, zu welchen musikalischen Höhen sich ein Vogel aufzuschwingen vermag. Und es lässt sich erahnen, dass die Singvögel, besonders die Meistersänger, in einer anderen, uns normalerweise nur schwer zugänglichen Klangsphäre leben.

11.3 Vergleichende Betrachtung von Leierschwanz und Schamadrossel

Der australische Leierschwanz vereinigt in sich sowohl Merkmale der Singvögel als auch der Hühnervögel. Deshalb möchte ich ihn mit der Schamadrossel vergleichen, zumal diese beiden Vogelarten gewissermaßen Repräsentanten für die Entstehung beziehungsweise für die Fortentwicklung des Vogelgesanges sind.

Leierschwanz und Schamadrossel sind exzellente Imitationskünstler. Es gibt aber gravierende Unterschiede. Das beginnt schon mit dem Stimmorgan, das beim Leierschwanz nicht so hoch entwickelt ist wie bei der Schamadrossel. Sperlingsvögel (Passeres) verfügen generell über drei Paar Singmuskeln, während die eigentlichen Singvögel (Oscines) vier bis neun Paare besitzen. Die größere Anzahl dieser komplizierten Muskeln zeichnet in der Regel die Syrinx der Singvögel als ein höher spezialisiertes Organ aus. Der Leierschwanz kommt aber als sogenannter «Primärsingvogel» mit nur je drei Singmuskelpaaren aus. Das gemahnt uns daran, Regeln weder zu eng auszulegen noch einseitig zu betrachten: Denn *«das Instrument der Lauterzeugung ist eben nur ein Glied unter vielen, die am Vogelgesang, an der Stimmbegabung, mitwirken».*[65]

Der Leierschwanz hat nicht nur einen prächtigen Fasanenschwanz, sondern er verhält sich auch fasanenartig, sowohl bei der Nahrungssuche als auch bei der Balz: Während sich das Männchen in einer

65 Portmann 1984

großartigen Gebärde präsentiert, obliegen Brut und Brutfürsorge ausschließlich dem Weibchen, das nur alle zwei Jahre brütet, wobei jeweils nur ein Küken großgezogen wird. Es dauert mehrere Jahre, bis der Jungvogel selbst zu brüten beginnt. Die Fortpflanzungsrate ist also sehr niedrig. Aber die lange Jugendzeit, obwohl sie archaisch anmutet, scheint dem jungen Männchen die Möglichkeit zu geben, sein Imitationstalent voll zu entfalten. Der Umfang des Repertoires bleibt danach aber verhältnismäßig konstant. Bei der Schamadrossel dagegen ist der Brutverlauf singvogelgemäß sehr rasch. Wesentlicher Unterschied auf der Gesangsebene scheint mir zu sein, dass der junge Leierschwanz ohne Vater aufwächst; erwachsene Weibchen können zwar auch imitieren, rufen aber gedämpfter und seltener. Das junge Leierschwanzmännchen scheint eine Art gesangliches Naturtalent zu sein, während die jungen Schamadrosseln Gelegenheit haben, Tag für Tag den meisterlichen Gesängen ihrer Vorbilder zu lauschen.

Die physiologische Entwicklungszeit beim Leierschwanz ist sehr lang, bei der Schamadrossel kurz. Das Lernvermögen ist beim Leierschwanz nach einigen Jahren abgeschlossen, während Schamadrosseln lebenslang lernfähig sind. Das große Lernpotenzial der Schamadrosseln zeigt sich nicht nur darin, dass sich bei ihnen der Jugendgesang schon nach wenigen Wochen zu volltönenden Strophen entwickelt, sondern dass sie bereits als Jungvögel beginnen, einen großen Teil der erlernten Strophen individuell zu modifizieren. Auch die adulten Tiere verändern und vervollkommnen ihr Repertoire und können ständig neue Variationen hinzufügen. Bei der Schamadrossel singen Männchen und Weibchen. Beide Geschlechter haben zwar ein farbenprächtiges Gefieder, aber kein paradiesvogelartiges Balzverhalten entwickelt, und beide Eltern füttern die Jungvögel.

Bei den Leierschwanzmännchen scheinen mit Blick auf die Brutbiologie die Gestaltungskräfte in eine ausgeprägte, schöne Schwanzgestaltung zu fließen wie auch in eine entsprechende Gebärdensprache in Form einer mehrmonatigen Balz mit ausdrucksvollem Sich-zur-Schau-Stellen. Das unscheinbare Weibchen geht dagegen ganz in der Fürsorge für das Küken auf. Der Leierschwanz ist ein ungewöhnlicher Meister der Stimme und der Imitationskunst. Das scheint für alle Individuen dieser Art zu gelten. Entwicklung und Verhalten lassen uns den Leierschwanz als einen sehr urtümlichen Singvogel erleben. Die Natur hat hier gewissermaßen die Gesangsentfaltung erprobt, sie dann aber in der eigentlichen Singvogelevolution gleichsam neu aufgegriffen, im Sinne von hoher Gesangsentwicklung und dem Einbinden der Männchen in die Brutfürsorge – ohne Schaubalz. So gesehen zeigt uns der Leierschwanz möglicherweise etwas von den Anfängen der Singvogelevolution; jedenfalls lässt er uns weit in das Evolutionsgeschehen zurückblicken.

Die Schamadrossel ist dagegen ein progressiver Singvogel, der alles bisher Bekannte überragt und deshalb zu Recht eine Sonderstellung in der Singvogelwelt einnimmt. Insofern nun gerade bei den gesangsbegabten Arten die individuellen Unterschiede im Gesangsvortrag sehr groß sein können, treten auch bei den Schamadrosseln, wenn auch selten, ganz besondere Sänger auf, die das Spektrum ihrer Art individuell erweitern, gewissermaßen «über ihre Art» hinausgehen. Es muss aber betont werden, dass derartige Steigerungen wohl nur in enger Verbindung mit dem Menschen möglich sind. Wenn aber ein Vogel innerhalb einer gesanglich so hoch stehenden Gruppe, wie es die Schamadrosseln sind, beispielsweise mit dem Nachahmen von Mozartpassagen weit über das Artübliche hinausgehen kann, so zeigt er uns, was ein Tierindividuum zu leisten vermag und wohin möglicherweise die Singvogelentwicklung gehen könnte.

12. Die Bedeutung des Gesanges für die Brutfürsorge

Es wird häufig angenommen, dass die Stimme eines Vogels umso einfacher ist, je prachtvoller das Federkleid ist, so z. B. bei Fasanen und Paradiesvögeln. Hier gilt zu Recht das Goethesche Kompensationsprinzip, dass eine Spezialisierung auf der einen Seite oft mit einem Verlust auf der anderen zusammenhängt.[66] Nicht selten wird diese Regel fälschlicherweise auf die gesamte Vogelwelt ausgedehnt, weil sehr gute Sänger wie etwa Nachtigall, Baumpieper, Waldlaubsänger, Gartengrasmücke oder Sumpfrohrsänger schlicht gefärbt sind. Diese verbreitete Meinung ist aber (mit wenigen Ausnahmen) nicht auf die Welt der Singvögel übertragbar. Denn es gibt zahlreiche gute Sänger mit schönem farbigem Federkleid, z. B. Gartenrotschwanz, Rotkehlchen, Pirol, Blaumerle, Steinrötel, Blaukehlchen, Flötenwürger, Ortolan, Weißbrauenrötel, Orpheusspötter, Sonnenastrild und Schamadrossel, so wie es auch schlicht gefärbte Singvögel mit einfachem Gesang gibt, z. B. Zilpzalp, Gartenbaumläufer, Teichrohrsänger, Kanarenpieper, Uferschwalbe oder Steinlerche.

Ebenso verläuft die höhere Gesangsentwicklung der Singvögel nicht auf Kosten der Brutfürsorge. Das männliche Balzverhalten der Fasane und Paradiesvögel kann durchaus als expressiver Trend der Selbstdarstellung (mit Abkoppelung von der Brutfürsorge) betrachtet werden. Es wäre aber – im Sinne des Goetheschen Kompensationsprinzips – ein großes Missverständnis, den männlichen Singvogelgesang als Selbstdarstellung zu betrachten. Für die Schaubalz des Leierschwanzes trifft das uneingeschränkt zu, aber die Gesangsvielfalt zahlreicher Singvögel ist ein wichtiger Teil der Brutfürsorge; das gilt ebenfalls für den Gesangsvortrag des Schamadrosselmännchens.

66 Kipp 1942

Natürlich lässt sich sagen, dass die Singvogelmännchen untereinander eine Art Gesangswettbewerb abhalten, der wie Selbstdarstellung anmutet, aber wir sollten gewichtige Argumente, die den Gesang mit Brutfürsorge eng in Verbindung bringen, nicht außer Acht lassen: Gute Sänger verteidigen zumeist ein akustisches Revier. Die gesangliche Kommunikation mit den Reviernachbarn dient nicht nur zur Abwehr, sondern auch einem einigermaßen entspannten Miteinander, was sich auch darin zeigt, dass die Auseinandersetzungen der Vogelmännchen in der Regel vor Beginn der eigentlichen Brutperiode stattfinden. Das heißt, der Gesang eines Männchens trägt, unabhängig von der Qualität, entschieden auch dazu bei, dass sich der gesamte Brutverlauf ohne größeren Stress für das Weibchen vollzieht. Dafür spricht auch, dass zahlreiche Männchen vor den Weibchen im Brutgebiet eintreffen und die Reviermarkierungen vornehmen. Ferner dient der Gesang dem Zusammenhalt des Paares, und durch angleichenden Wechselgesang freundet man sich mit seinen Nachbarn an, was ebenso zur Beruhigung innerhalb des Reviers beiträgt wie die Fähigkeit, dass Singvogelmännchen ihre Konflikte an der Reviergrenze oft per Gesang schlichten.

Während die Männchen nach dem Eintreffen im Brutgebiet täglich häufig entlang der Reviergrenze singen, um das Revier zu markieren und zu verteidigen, singen sie später viel häufiger in Nestnähe. Durch den Gesang des Partners fühlen sich die Weibchen beschützt und scheinen auch ungestörter und fester zu brüten. Bei der Intelligenz der Tiere gilt es heute als sicher, dass die Weibchen die feinsten Nuancen im Lied ihrer Gefährten einzuschätzen wissen.

Und im Gegensatz zu jenen Vogelarten, die nicht zu den Singvögeln gehören, ist der Gesang eines Singvogelmännchens von allergrößter Bedeutung für die Nachkommen, die den Gesang vom Vater lernen (müssen). Jungvögel werden durch den väterlichen Gesang in die arteigene akustische Umwelt eingeführt. Erwachsene Singvogelmännchen geben ihren Gesang an ihre Nachkommen weiter. Darüber hinaus beteiligen sich fast alle Männchen mitteleuropäischer Singvogelarten auch an der Fütterung der Nestlinge, selbst äußerst gute Sänger wie Nachtigall, Amsel, Singdrossel und Pirol.

Auch das Schamadrosselmännchen ist in die Brutfürsorge mit eingebunden. Es ist zwar an der Fütterung etwas weniger beteiligt als das Weibchen, aber das singende Männchen ist dauerhaft anwesend; sein Gesang umgibt die Nestlinge und die flüggen Jungvögel.

Diese Gesangsentwicklung lässt sich hypothetisch so vorstellen, dass der Gesangsvortrag der Männchen auch als «Schulungssystem» etabliert wurde. Der kunstvolle Gesang dient somit weniger der Selbstdarstellung als vielmehr der Brutfürsorge. Denn durch den Gesang der erwachsenen Männchen erlernen die Jungvögel in der Regel ihre arttypische «Sprache».

13. Der Gesang als Ausdruck erweiterter Freiheitsgrade

Der Reviergesang dient allgemein zur Verteidigung des Brut- und Nahrungsreviers wie auch dem Anlocken der Weibchen. In fremden Revieren nach Nahrung zu suchen führt aber erwiesenermaßen viel seltener zu Streitigkeiten, als in fremden Revieren zu singen. Wenn Singvögel jedoch in fremden Revieren fressen, aber nicht singen dürfen, so ist bei der Revierverteidigung der gesangliche Aspekt stärker zu beachten. Singvögel verteidigen weniger ein Nahrungsrevier als vielmehr ein Klangrevier. Die Bedeutung der Gesangsqualität ist zum Beispiel daran zu erkennen, dass die Territorialität mit der Gesangsbegabung einer Art korreliert: Gute Sänger sind meistens Solisten; sie verhalten sich stark territorial und beanspruchen während des Singens einen genügend großen Freiraum. Gesellig lebende Vögel verteidigen häufig keine Reviere. Es sind meistens einfache Sänger, bei denen sich eine zunehmende Verträglichkeit bis hin zu ausgeprägter Geselligkeit in der geringer werdenden Distanz zu brütenden Artgenossen zeigt.

Eine musikalische Differenzierung des Reviergesanges lässt erkennen, dass herkömmliche Interpretationen nur für den unteren Bereich, den «erregten Kampfgesang» eine gewisse Berechtigung haben. Hier singen die Männchen tatsächlich gegeneinander, während sie im «entspannten Motivgesang» miteinander singen, und zwar vollendeter, vielfältiger, feinstrukturierter und klangreicher. Die meist disharmonischen Veränderungen (lautere, härtere, kürzere Strophen) im Übergang vom entspannten zum erregten Gesang sind signifikant und offenbaren den Stimmungswandel des Vogels. Zum Teil ist sogar ein Absinken in alte, angeborene Gesangsstrukturen hörbar.

Alles, was sich über den funktionalen aggressiven Gesang der unteren Ebene ausgebildet hat, ist eine Entwicklung über biologische Notwendigkeiten hinaus und offenbart bis zur oberen Ebene, dem «sphärischen Gesang», eine stufenweise Zunahme an Autonomie. Der Wechselgesang benachbarter Männchen spiegelt die Stufen der drei Reviergesangstypen: Auf der unteren Ebene ist zu hören, dass sich die Sänger in die Strophen fallen, auf der mittleren Ebene, in einem entspannten Feld, singen sie in einem harmonischen rhythmischen Wechsel, während sie auf der oberen Ebene, im angleichenden Wechselgesang versuchen, sich in ihren Gesangsstrophen und Motiven einander anzunähern, bis die Klangmuster übereinstimmen.

Aufgrund des differenzierten Reviergesanges und der Übergänge von einer Gesangsebene zur anderen wird hier sowohl ein möglicher Entwicklungsprozess des Vogelgesanges diskutiert als auch die gesangliche Höherentwicklung mit dem Verlust an Geselligkeit und der Zunahme an individueller Autonomie in einen unmittelbaren Zusammenhang gebracht.

Wesentliche Aspekte zu einer «Biologie der Freiheit» zeigen sich bei Singvögeln zum einen in der Emanzipation von der angeborenen Stimme, zum anderen in der Höherentwicklung des Gesanges in Form musikalischer Fähigkeiten: Melodik, Rhythmusgenauigkeit, Intervalle, Dynamik, Intonation, Motivfülle, Melodiewahrnehmung, die Fähigkeit zu transponieren und zu improvisieren wie auch der bei einigen Arten nachgewiesene komplexe Gesangsaufbau nach musikalischen Gesetzmäßigkeiten bzw. nach Ordnungsprinzipien (z. B. Spottdrossel, Schamadrossel, Amsel, Baumpieper, Gartengrasmücke).

Diese Ergebnisse könnten auf akustischer Ebene die Grundlage dafür bilden, Vogelgesang nicht mehr auf Funktionen im Dienste der Fortpflanzung zu reduzieren, sondern die gesanglichen Leistungen der Singvögel unter musikalischen Gesichtspunkten zu untersuchen. Der entspannte Motivgesang, der *sphärische* Gesang, der angleichende Wechselgesang sowie die Gesangsformen des vielfältigen spielerischen Stimmgebrauchs könnten so in umfassender Weise als Zeugnis für Autonomiezunahme verstanden werden.

In hohem Maße ist auch das reiche akustische Imitationsvermögen zu nennen, also die Entwicklung vom Nachahmungslernen innerhalb der eigenen Art bis hin zur Fremdimitation und zu fast unbegrenzter Imitationsfähigkeit, einschließlich der Steigerung durch kompositorische Variabilität der Motive. Mit diesem musikalischen Überschreiten der Artgrenze entfaltet sich in der Singvogelevolution eine virtuose Gesangsrichtung, die neue Freiräume eröffnet und die sich als autonome Leistung im Verhalten der Singvögel widerspiegelt.

Literatur

Altum B (1898): Der Vogel und sein Leben. 6. Aufl. Münster
Bornemisza C (1999): Musik der Vögel. Wien
Busche G (1993): Zur Zugphänologie der Ringdrossel *(Turdus torquatus)* in Schleswig-Holstein – ein Beitrag zur Schleifenzug-Theorie. Vogelwarte 37, S. 12–18
Davies PW, Snow DW (1965): Territory and food of the song thrush. British Birds 58, S. 161–175
Espmark Y (1981): Song dialects in Redwings. Vår Fågelvärld 40, S. 81–90
Franck D (1997): Verhaltensbiologie. Stuttgart
Gatter W (2000): Vogelzug und Vogelbestände in Mitteleuropa. Wiesbaden
Glutz von Blotzheim UN, Bauer KM (1985–1997): Handbuch der Vögel Mitteleuropas, Bd. 10–14 (Passeriformes). Wiesbaden
Goethe JW (1809): Wahlverwandtschaften. Werke, Bd. 6. München (1982)
Groh G (1975): Zur Biologie der Zaunammer in der Pfalz. Mitteilungen der Pollichia 63, S. 72–139
Groos K (1907): Die Spiele der Tiere. Jena
Hanski IK, Haila Y (1988): Singing territories and home ranges of breeding Chaffinches: Visual observation vs. radio-tracking. Ornis fennica 65, S. 97–103
Hartshorne C (1958): The relation of bird song to music. Ibis 100, S. 421–445
Hassenstein B (1969): Aspekte der »Freiheit» im Verhalten von Tieren. Universitas 24, S. 1325–1330
Höhnen R (1991): Bioakustik und Etho-Ökologie des Karmingimpels im Werdenfelser Land, Oberbayern. Diplomarbeit FB Biologie, Univ. Kaiserslautern
Horstkotte E (1965): Untersuchungen zur Brutbiologie und Ethologie der Nachtigall. Berichte des naturwissenschaftlichen Vereins Bielefeld 17, S. 67–145
Kipp FA (1942): Das Kompensationsprinzip in der Brutbiologie der Vögel. Beiträge zur Fortpflanzungsbiologie der Vögel 18, Heft 2
Kipp FA (1949): Arterhaltung und Individualisierung in der Tierreihe. Verhandlungen der Deutschen Zoologen in Mainz, S. 23-27. Wiederabdruck in: Rosslenbroich B (Hrsg.) (2020): Perspektiven einer Biologie der Freiheit. Stuttgart
Kneutgen J (1969): »Musikalische Formen» im Gesang der Schamadrossel und ihre Funktionen. Journal für Ornithologie 110, S. 245–285
Löhrl H (1958): Das Verhalten des Kleibers. Zeitschrift für Tierpsychologie 15, S. 191–252
Lorenz K (1935): Der Kumpan in der Umwelt des Vogels. Journal für Ornithologie 83, S. 137–213, 289–413
Maciejoc J et al. (1995): Was tun Buchfinken (*Fringilla coelebs*) zur Brutzeit außerhalb ihrer Reviere? Journal für Ornithologie 136, S. 37–45

Neunzig K (1921): Die fremdländischen Stubenvögel. Magdeburg
Portmann A (1984): Vom Wunder des Vogellebens. München
Post L van der (1962): Das Herz des kleinen Jägers. Übers. v. L. Gescher. Berlin
Rilke RM (1930): Briefe aus den Jahren 1902 bis 1906 (3. Mai 1906). Insel, Leipzig
Rosslenbroich B (2007): Autonomiezunahme als Evolutionsmotiv der Makroevolution. Nümbrecht
Rothenberg D (2007): Warum Vögel singen. Eine musikalische Spurensuche. Berlin
Schmidt R (1979): Bioakustische Untersuchungen zur Frage der Korrelation zwischen Lautäußerungen und Erregungsgrad des Kleibers. Staatsexamensarbeit Universität Kaiserslautern
Schuphan I (1972): Zur Biologie und Populationsdynamik der Zippammer. Diplomarbeit, Naturwiss. Fakultät Univ. Mainz
Steiner R (1923): Der Jahreskreislauf als Atmungsvorgang der Erde (GA 223). Dornach
Streffer W (2003): Magie der Vogelstimmen. Die Sprache der Natur verstehen lernen. Stuttgart (3. Aufl. 2018)
Streffer W (2005): Wunder des Vogelzuges. Die großen Wanderungen der Zugvögel und das Geheimnis ihrer Orientierung. Stuttgart
Suchantke A (2002): Metamorphose. Kunstgriff der Evolution. Stuttgart
Thielcke G (1970): Die sozialen Funktionen der Vogelstimmen. Die Vogelwarte 25, S. 204–229
Tretzel E (1997): Lernen artfremder Laute und «Musikalität» von Vögeln: Imitation und Variation einer Tonleiter durch Schamadrosseln. Journal für Ornithologie, 138, S. 505–530
Tyrväinen H (1969): The breeding biology of the redwing. Annales Zoologici Fennici, 6, 1–46
Westheide W, Rieger R (2004): Spezielle Zoologie. Teil 2: Wirbel- oder Schädeltiere. Heidelberg, Berlin
Wickler W (1986): Dialekte im Tierreich. Münster

Die Abbildungen 1–4, 6, 9–10, 12, 14, 16–17 stammen von F. Murr u. a. Abdruck mit freundlicher Genehmigung der Senckenbergischen Naturforschenden Gesellschaft, Frankfurt.

Autonomie, Ganzheit und Entwicklung: Goethes Heuristik des Schönen und die evolutionäre Entwicklungsbiologie

VON AXEL ZIEMKE

1. Einleitung

Das erste Gespräch zwischen Goethe und Schiller am 20. Juli 1794 sollte nicht nur als ein literaturgeschichtliches, sondern auch als ein wissenschaftshistorisches Großereignis gefeiert werden. Goethe berichtet von dieser auch für ihn so schicksalhaften Begegnung in seinem «Rückblick» aus dem Jahr 1817 unter dem Titel «Glückliches Ereignis»: Er und Schiller seien zufälligerweise gemeinsam aus einem Saal getreten, in dem sie einen Vortrag über Botanik gehört hatten. Schnell seien sie sich einig gewesen, wie wenig *«eine so zerstückelte Art die Natur zu behandeln»*[1] ihnen gemäß sein könne. Goethe habe Schiller daraufhin seine Auffassung der Urpflanze als eine andere Art der Naturbetrachtung geschildert.

Den Formenreichtum der höheren Pflanzen leitete Goethe bekanntlich aus einem Urbild der Pflanze ab: Bereits auf den ersten Blick kann man sehen, wie sich am Stängel einer einjährigen Pflanze Zwischenknotenabschnitte mit Knoten abwechseln, aus denen jeweils ein Blatt entspringt. Diese Abfolge setzt sich aber, so erkannte es Goethe, auch in allen anderen Pflanzenteilen fort.

1 Goethe 1794, S. 27f

Die Zwischenknotenabschnitte sind oftmals stark gestaucht, und an die Stelle der Laubblätter treten die Kelch-, Kronen-, Staub- oder Fruchtblätter der Blüten oder auch andere Pflanzenorgane wie Dornen oder Ranken. Das Blatt, genau genommen das Blatt mit dem zugehörigen Knoten, ist demzufolge also ein vielfach aneinandergereihtes abstraktes oder, wenn man so will, «geistiges» Formelement, das in verschiedensten Metamorphosen mit unterschiedlichsten Gestalten und Funktionen «physisch» realisiert ist. Komplexer aufgebaute Pflanzen entstehen entsprechend, weil in der Blattachsel wiederum eine Knospe liegen kann, aus der ein neuer Spross entspringt, der wiederum eine ebensolche Abfolge von Grundorganen bildet.

Anders als die meisten Naturwissenschaftler seiner Zeit sieht Goethe die Ausprägung dieses Urbildes keineswegs als etwas (göttlich) Vorgegebenes an, das sich aus dem Samen lediglich «auswickelt». *«Betrachten wir aber alle Gestalten, besonders die organischen»*, schreibt er in der Einleitung zu seinen morphologischen Schriften, *«so finden wir, dass nirgends ein Bestehendes, nirgends ein Ruhendes, ein Abgeschlossenes vorkommt, sondern dass vielmehr alles in einer steten Bewegung schwanke.»*[2] Vielmehr gehen die verschiedenen Organe der Pflanze aus einem individuellen Entwicklungsprozess hervor, in welchem das Blatt als Grundorgan vielfältige Metamorphosen durchläuft, sich also in Abhängigkeit von inneren Bildungsgesetzen der jeweiligen Pflanze und in Wechselwirkung mit der jeweiligen Umwelt in Form und Funktion verwandelt. *«Dasselbe Organ, welches am Stängel als Blatt sich ausgedehnt und eine höchst mannigfaltige Gestalt angenommen hat, zieht sich nun im Kelche zusammen, dehnt sich im Blumenblatte wieder aus, zieht sich in den Geschlechtswerkzeugen zu-*

2 Goethe 2008

sammen, um sich als Frucht zum letzten Mal auszudehnen.»[3] Es ergibt sich so ebenso die Vielfalt der Gestalten verschiedener Pflanzenarten, wie auch die anhaltende Verwandlung dieser Gestalten in Wechselwirkung mit der Umwelt.

Eine vergleichbare Morphologie der tierischen Gestaltbildung nahm Goethe in Angriff, ohne sie allerdings in vergleichbarer Weise auszuführen, wie er es für die Metamorphose der Pflanze tat. Die Wirbel mit den anhängenden Gliedmaßen, Rippen oder Kieferknochen sollten jenen ersten Versuchen zufolge die den Blättern analogen Grundorgane sein, die eine vergleichbare Folge von Metamorphosen in Form und Funktion durchlaufen und im Schädel ihren Abschluss finden, den Goethe ebenfalls als eine Verschmelzung von Wirbeln zu verstehen suchte. Der unterschiedliche embryonale Ursprung von Schädel- und Wirbelknochen, auf den zeitgenössische Embryologen verwiesen, wurde ihm wohl zum Anlass, seine Bemühungen um eine Morphologie der Tiere aufzugeben.

Goethes Erklärungsansatz war ohne Zweifel revolutionär. Erstens bildete er eine ganzheitliche oder holistische Alternative zu der im ersten Gespräch mit Schiller angesprochenen «zerstückelnden» Naturerkenntnis. Lebewesen werden nicht als eine aus Organen aufgebaute »Maschine« verstanden, sondern die Organe selbst finden ihre Bestimmung in Form und Funktion erst durch den Organismus als Ganzem. «An sich» ist jedes der «Grundorgane» weitgehend unbestimmt, hat nur das Potenzial, sich zu einem bestimmten Organ zu entwickeln. Der Ort des Organs im Organismus bzw. der Zeitpunkt im Prozess der Metamorphose bestimmt, ob sich das Grundorgan zum Laubblatt, Kelchblatt, Kronenblatt, Staubblatt oder Fruchtblatt, zum Kreuzbein-, Lenden-, Brust-, Hals- oder «Schädel»-Wirbel mit

3 Goethe 1992, S. 76

den entsprechenden Anhängseln entwickelt. Zweitens ist jene Bestimmung nicht etwas göttlich Gegebenes, sondern Ergebnis eines individuellen Entwicklungsprozesses – eben der Metamorphose des Grundorgans. Und drittens liegt das dieser Metamorphose zugrunde liegende Bildungsgesetz in der Natur – oder zeitgenössisch im «Typus» – des jeweiligen Organismus selbst begründet. Sie ist also «autonom» im Wortsinne eines sich selbst bestimmenden Ganzen. Ganzheit, Entwicklung und Autonomie sind also die in der Theorie der Metamorphose miteinander verwobenen Grundeigenschaften eines lebenden Organismus.

Schiller habe seinen Ausführungen gut folgen können, so Goethe in seinem «Rückblick». Am Ende des Gespräches sei es aber zu einer interessanten Meinungsverschiedenheit gekommen. Schiller habe angemerkt, dass es sich bei jenem Urbild der Pflanze keineswegs um eine Erfahrung, sondern um eine Idee handele. Sie sei also nicht der Anschauung entsprungen, sondern im Gegenteil eine Schöpfung des Verstandes, die die Anschauung verständlich machen könne. Darauf Goethe nach anfänglicher Verstimmung und wohl nicht ohne Ironie: *«Das kann mir sehr lieb sein, dass ich Ideen habe, ohne es zu wissen, und sie sogar mit Augen sehe.»*[4]

Weit weniger bekannt ist, dass auch Schiller kurz nach dieser ersten Begegnung seinem Freund Christian Gottfried Körner vom Inhalt des Gespräches berichtet: *«Wir hatten vor sechs Wochen über Kunst und Kunsttheorie ein Langes und Breites gesprochen, und uns die Hauptideen mitgeteilt, zu denen wir auf ganz verschiedenen Wegen gekommen waren. Zwischen diesen Ideen fand ich eine unerwartete Übereinstimmung, die umso interessanter war, weil sie wirklich aus*

4 Goethe 1794, S. 27f

der größten Verschiedenheit der Gesichtspunkte hervorging.»[5] Also ein Gespräch über Kunst und nicht über Naturforschung? Oder erinnern sich beide nur an verschiedene Gesprächsthemen? Oder teilen sie gar mit heutigen Zeitgenossen die oft zum Thema gemachte Selektivität des Gedächtnisses? Oder aber – und das wäre sicher die interessanteste Hypothese – waren in diesem Gespräch Wissenschaft und Kunst, das Wahre und das Schöne gerade die «ganz verschiedenen Wege» und «Gesichtspunkte», die sich in «unerwarteter Übereinstimmung» fanden?

In der Tat hatte sich Schiller gerade zu jener Zeit in mehreren Abhandlungen mit «Kunsttheorie» und Ästhetik befasst. In einer von ihnen, den *Kallias-Briefen*, die er ursprünglich an den erwähnten Körner geschrieben hatte, wagte er gar eine Definition des Schönen: *«Schönheit also ist nichts anderes als Freiheit in der Erscheinung.»*[6] Frei sind wir, wenn wir nicht äußeren Zwängen, sondern unserer inneren Bestimmung folgen. Schön finden wir etwas, wenn es unseren Sinnen so erscheint, als ob es selbst einer inneren Bestimmung folge. Entsprechend empfinden wir, so Schillers Beispiel, eine Sinuskurve schöner als eine Zickzacklinie, eben weil sie in jeder ihrer Wendungen einer «augenscheinlichen» inneren Bestimmung folgt, die nicht nur unserem mathematischen Denken, sondern eben auch unseren Sinnen erfahrbar wird. Eine Zickzacklinie tut eben das nicht. Ihre Wendungen scheinen einem äußeren Zwang zu gehorchen. Am ehesten ist sie uns angenehm, wenn sie regelmäßig verläuft – also auch wieder einem inneren Gesetz zu folgen scheint.

Alle Kunst ist nach Schillers Auffassung aus eben diesem Grunde

5 Schillers Brief an Goethe vom 1. September 1794, zitiert nach Bellermann 2015, S. 174

6 Schiller 2006, S. 18

schön: weil sie ein inneres Gesetz sinnlich erfahrbar macht. Musik ist schön, weil sie in Melodie und Rhythmus aus sich selbst heraus bestimmt ist oder weil die Instrumente eines Orchesters alle ihren eigenen Stimmen folgen, die zusammen ein harmonisches Ganzes ergeben. Ein Roman oder ein Theaterstück ist schön, wenn die Figuren ihrem Charakter oder ihrer Entwicklung folgen und sich diese Charaktere oder Entwicklungen auf tragische oder komische Weise in einer Handlung begegnen. Ein Gemälde ist schön, wenn jede Farbe ihre Wirkung entfalten und jede Form ihrer inneren Bestimmung folgen kann. Michelangelos Skulpturen hätten, so soll er gesagt haben, lediglich von überflüssigem Stein befreit werden müssen: In ihnen selbst liege ihr Bildungsgesetz begründet. Eine schöne Illustration für Schillers Begriff des Schönen!

Ist es nun aber nicht ebenso ein sinnlich erfahrbares Bildungsgesetz, das Goethe in seiner Metamorphosenlehre der Vielfalt pflanzlicher Formbildungen zugrunde legt? Ein Bildungsgesetz, das zudem nicht nur unserem Blick auf die Pflanze, sondern ihrer Entwicklung selbst zugrunde liegt? Entwirft Goethe mit seiner Metamorphosenlehre nicht geradezu beiläufig auch noch eine Ästhetik des Naturschönen: Natur ist schön, weil sie ihren eigenen Bildungsgesetzen folgt – und zwar nicht nur in ihrer Erscheinung, sondern gar ihrem Wesen nach? Wen verwundert es bei all dem noch, dass Schiller ein kunsttheoretisches Gespräch und Goethe eines über die Metamorphose der Pflanzen erinnert?

Goethe war also auch als Wissenschaftler in einem fundamentalen Sinne Künstler. Er blickt auf die Natur zunächst und zumeist in ihrer Schönheit. Sein ästhetischer Blick auf die Natur wird zur Grundlage seiner wissenschaftlichen Leistungen. Schön erscheint Natur, weil sie ihren eigenen Bildungsgesetzen zu folgen scheint. Und nach wesenhaften inneren Bildungsgesetzen sucht Goethe als

Naturforscher. Er bleibt bei all dem dennoch der wissenschaftlichen Methode verpflichtet. Seine Theorie zur Morphologie der Pflanzen belegt er nach den damals üblichen wissenschaftlichen Standards umfangreich mit empirischen Befunden. Seine Idee des «Urtieres» und seine entsprechenden Gedanken zur Morphologie der Tiere gibt er auf, weil er sie zu seiner Zeit nicht empirisch belegen kann. Allein dass ein lebendiger Organismus schön erscheint, beweist noch nicht, dass er innerlich bestimmt ist. Und doch leitet der künstlerische Blick seine Naturforschungen.

Eine solche mehr oder minder explizit formulierte blickleitende Hintergrundtheorie nennt man in der Erkenntnistheorie eine «Heuristik». Die Annahme eines außerweltlichen Schöpfergottes ist dem gläubigen Biologen bis in das 19. Jahrhundert eine solche Heuristik, die ihn nach der Zweckmäßigkeit einer untersuchten Lebenserscheinung suchen lässt. Und streng genommen tut auch der Darwinismus nichts anderes, nur dass er den göttlichen Züchter durch die natürliche Selektion ersetzt, die unter den Zufallsvarianten die fittesten auswählt. Moderne Ansätze der biologischen Grundlagenforschung wie die Epigenetik und die evolutionäre Entwicklungsbiologie suchen heute immer erfolgreicher nach Alternativen zu einer «zerstückelnden» und neodarwinistisch bestimmten Art der Naturbetrachtung, indem auch sie den inneren Bildungsgesetzen der Organismen nachspüren. Nicht selten wird in ihren Publikationen, zumindest wenn sie sich im Bereich der Botanik bewegen, explizit auf Goethe Bezug genommen. Doch kann Goethes Idee der Metamorphose in diesem Zusammenhang mehr sein als eine schöngeistige Reminiszenz? Kann eine Heuristik des Schönen im Goetheschen Sinne für evolutionsbiologische Forschung «blickleitend» sein? Nähern wir uns dieser Frage an einem schönen Beispiel: der Rose.

2. Die Rose: Variabilität und Metamorphose der Pflanze

Erstaunlicherweise hat sich Goethe nie dezidiert zu der Frage positioniert, ob die heute lebenden Tiere und Pflanzen durch eine natürliche Evolution aus gemeinsamen Vorfahren hervorgegangen seien. Unter anderem lassen zustimmende Kommentare zu der *Zoonomia*, in der Erasmus Darwin, der Großvater von Charles Darwin, eine solche Abstammung postulierte, seine Affinitäten zu den Anfängen des Evolutionsdenkens vermuten.[7] Es mag sein, dass ihm, wie vielen seiner Zeitgenossen auch, völlig unklar war, wie ein natürlicher Prozess die offensichtliche Ganzheitlichkeit und Zweckmäßigkeit von Lebenserscheinungen zustande gebracht haben könnte – sosehr ein solches Denken auch seiner Naturauffassung gemäß gewesen sein möge.

Darwin erklärte dies bekanntlich durch seine Konzeption der natürlichen Selektion in Analogie zur menschlichen Züchtungspraxis. Wenn etwa ein Rosenzüchter aus ungefüllten Wildrosen gefüllte Gartenrosen züchten wolle, so werde er unter den natürlich und nach Darwins Auffassung zufällig auftretenden Varianten der Wildrosen diejenigen auswählen, die mehr als die typischen fünf Kronenblätter aufweisen, und diese gezielt weitervermehren, unter deren Nachkommen wieder diejenigen mit den meisten Kronenblättern auswählen und so fort – bis im Ergebnis vieler Generationen eine prachtvoll gefüllte Gartenrose gewonnen ist. Ebenso rechnet Darwin mit zufällig auftretenden Varianten unter natürlich vorkommenden Tieren und Pflanzen, unter denen nun aber die natürliche Selektion die am besten an die Umwelt angepassten Exemplare wählt, da diese mehr

7 Richards 2018

fortpflanzungsfähige Nachkommen aufweisen als die weniger gut angepassten. Die Jahrhundertwende zum 20. Jahrhundert vermochte Darwins Annahmen durch die Chromosomentheorie der Vererbung auch auf genetischer Ebene zu untermauern, in den folgenden Jahrzehnten gelang selbst die populationsgenetische Quantifizierung seiner Grundannahmen, und die zweite Hälfte des vergangenen Jahrhunderts fundierte den Darwinschen Ansatz schließlich auch auf molekularbiologischer Ebene. Darwins Annahme der natürlichen Variabilität konnte nun mit zufälligen Mutationen auf der Ebene der DNA und deren sexueller Rekombination identifiziert werden. Evolution überhaupt erschien als die selektionsbedingte Änderung von Allelfrequenzen in Populationen.

Spätestens mit Stephen J. Goulds einflussreichen Buch *Ontogeny and Phylogeny* aus dem Jahre 1977[8] wurde jedoch deutlich, dass auf dem Wege der Reduktion der Evolutionsbiologie auf die Zytologie und dann die Molekulargenetik der Bezug zu den Fortschritten der Paläontologie verloren gegangen war. Während man aus neodarwinistischer Sicht mit einer kontinuierlichen Zunahme der Diversität biologischer Formen über Jahrmillionen Evolution rechnen müsste, verwiesen die Fossilfunde vieler Tier- und Pflanzengruppen auf kurze Phasen revolutionärer Formänderung, die lange Phasen relativer Formkonstanz unterbrachen. Am drastischsten zeigte sich dies sicher an der kambrischen Explosion: In einem Zeitraum von höchstens 20 Millionen Jahren brachte die Evolution vor reichlich einer halben Milliarde Jahren die meisten Baupläne der heute lebenden Tierstämme hervor. Doch auch die Evolution des aufrechten Ganges des Menschen, die Grundlage der bekanntesten Ikonografie der Darwinschen Theorie wurde, scheint ein ähnlich stürmischer Evolutionsschritt gewesen

8 Gould 1985

Abb. 1: Blattfolge einer Wildrose (Foto: A. Ziemke)

zu sein, der durch kleine, zufällige und aufeinanderfolgende Variationen kaum erklärbar und durch Fossilfunde von Übergangsformen bislang nicht belegbar ist.

Schon Gould vermutete damals, dass der Schlüssel zur Lösung solcher Rätsel nicht in der Anhäufung von Mutationen einzelner Gene, sondern in Änderungen des zeitlichen und räumlichen Expressionsmusters von Genen und somit in der individuellen Entwicklung von Organismen, der Phylogenese der Ontogenese liegen könnte. Evolution biologischer Formen lasse sich nur verstehen als Evolution individueller Entwicklungsprogramme. Zu den Schlüsselbegriffen der von ihm aufgeworfenen Perspektive zählen Heterochronie und Heterotopie: Änderungen im Timing von Entwicklungsprozessen bzw. in der Verortung von Organbildungen in einem Organismus. Man mag sein Buch entsprechend als die

Abb. 2: Blattfolge einer Gartenrose (Foto: A. Ziemke)

Geburtsstunde der «evolutionären Entwicklungsbiologie» (Evolutionary Developmental Biology, kurz: EvoDevo) sehen, in der sich die Frage nach der Formenvielfalt des Lebendigen ganz ähnlich stellen sollte wie in Goethes Metamorphosenlehre: Lässt sich die Entwicklung der Formenvielfalt der heutigen Tiere und Pflanzen (Evo) aus der Metamorphose von Form und Funktion in der Entwicklung des individuellen Organismus (Devo) erklären?

Blicken wir zurück auf das Beispiel der Rosenzüchtung und suchen wir zu verstehen, was aus Sicht der Metamorphosenlehre bei der von Darwin als zufällig, ungerichtet und kleinschrittig angenommenen Variabilität der Wildrosen und ihrer Nachkommen geschieht. Pflücken wir den Zweig einer wilden Rose und zupfen die Organe der

Pflanze in der Reihenfolge ihrer Entstehung vom Stängel ab (Abb. 1). In diesem Falle finden wir fünf Laubblätter mit jeweils fünf Blattfiedern und zwei mit dem Blattgrund verwachsene Nebenblätter. Sie unterscheiden sich, abgesehen von den Fraßspuren, nur unmerklich in ihrer Größe. Es folgen die fünf kleinen, die Blüte umschließenden Kelchblätter und fünf herzförmige zartrosa Kronenblätter. Im Inneren der Blüte finden wir etwa 60 Staubblätter und etwa ebenso viele miteinander verwachsene Fruchtblätter.

Ein ganz anderes Bild ergibt sich im Falle der Gartenrose (Abb. 2). Bereits die Laubblätter unterscheiden sich deutlich in ihrer Form. Das erste ist fünffiedrig, das zweite weist drei Fieder auf, das dritte ebenfalls, wobei allerdings zwei davon miteinander verwachsen sind. Das letzte ist einfiedrig bzw. ungefiedert. Auch hier trägt der Blattgrund zwei Nebenblätter. Deutlich sieht man bei den folgenden fünf Kelchblättern, wie der Blattgrund zunehmend ausgedehnt und die Blattspreite zu einem immer fadenartigeren Anhang reduziert wurde. Die ersten beiden (man erkennt ihre Reihenfolge an der für die Rose typischen 2/5-Drehung des Blattansatzes) weisen an beiden Seiten Fiederchen auf, das dritte nur an der linken und die letzten beiden überhaupt keine mehr. Das erste und das zweite Kronenblatt zeigen noch Spuren von Blattgrün. Am ersten deutet noch ein kleiner Anhang die Blattspreite an, während der seitliche Blattgrund schon kräftig rot erscheint (im Detail in Abb. 3). Die vielen folgenden Kronenblätter erscheinen in einem schönen Rot. Ihre genaue Anzahl zu bestimmen ist eigentlich nicht möglich, weil auch sie einen fließenden Übergang zu den Staubblättern zeigen (im Detail in Abb. 4). Immer mehr ziehen sich die beiden Seiten des Kronenblattes zusammen, bis eine Seite immer deutlicher sichtbar den Staubbeutel eines Staubblattes formt, ehe sich die typische Form des Staubblattes zeigt. Es liegen fast 200 Staubblätter vor und nur unmerklich weniger, wieder miteinander verwachsene Fruchtblätter.

Abb. 3: Erstes Kronenblatt der Gartenrose (Foto: A. Ziemke)

Abb. 4: Übergänge zwischen Kronenblättern und Staubblättern der Gartenrose (Foto: A. Ziemke)

Die an der Gartenrose sichtbaren Übergänge zwischen den Blattorganen, aber auch der Formenwandel zwischen gleichartigen Organen gehörte für Goethe zu den wichtigsten Belegen seiner Metamorphosenlehre. In ihnen wird die Metamorphose eines Grundorgans in seiner autonomen Selbstbestimmung durch die Ganzheit des Organismus zum «offenbaren Geheimnis», ein Geheimnis, das in den sprunghaften und abrupten Wechsel zwischen den Organen der Wildrose verborgen bleibt, ein Geheimnis, das auch in den Blattfolgen vieler anderer Blütenpflanzen sichtbar wird (Abb. 5).

Doch wirft der Vergleich von Wild- und Gartenrose auch Licht auf die der Züchtung zugrunde liegende Variabilität. Keineswegs handelt es sich um die isolierte Änderung eines einzelnen Merkmals durch Anhäufung vieler ungerichtet-kleinschrittiger Veränderungen. Während man vor dem Hintergrund eines neodarwinistischen Verständnisses von Variabilität vielleicht nur die Vermehrung der Kronenblätter – etwa durch Verwandlung von Staubblättern – erwarten würde, betrifft die Variabilität nicht einzelne Organe, sondern die gesamte individuelle Entwicklung oder eben Metamor-

Abb. 5: Übergänge zwischen Laubblättern und Kronenblättern der Pfingstrose (Foto: A. Ziemke)

phose der Pflanze. Sie vollzieht sich im Falle der Gartenrose von Organ zu Organ deutlich langsamer, bringt fast alle Organe (außer den Kelchblättern) in deutlich vermehrter Anzahl hervor und macht den Formenwandel eines bestimmten Organs sowie die Übergänge zwischen den verschiedenen Organen deutlich sichtbar. Die Metamorphose der Gartenrose vollzieht sich wie eine «Zeitlupenaufnahme» der Metamorphose der Wildrose. Die von Darwin und seinen Nachfolgern nicht näher bestimmte Variabilität erweist sich hier als eine starke Verzögerung der Metamorphose. Der evolutionären Entwicklungsbiologie vermag sie als Beispiel jener von Gould betonten Heterochronie dienen: Das Timing der individuellen Entwicklung ist dahingehend verändert, dass sich der Wandel von Form und Funktion relativ zur Taktung der Organbildung langsamer vollzieht. Quantitativ betrachtet werden während der Metamorphose vom letzten Laubblatt zum ersten Fruchtblatt in unserer Wildrose etwa 70, in unserer Gartenrose hingegen 240 Organe gebildet. Der Vergleich von Wild- und Gartenrose macht deutlich, dass sich die Phylogenese der Ontogenese, die Evolution individueller Entwicklungsprozesse, nicht nur auf der Ebene genetischer Entwicklungsprogramme, sondern unmittelbar auf der Ebene der Gestaltentwicklung oder eben Metamorphose des sinnlich erfahrbaren Organismus verstehen lässt. Sie offenbart sich klar und deutlich dem durch eine Heuristik des Schönen geleiteten Blick auf den ganzen Organismus. Doch – lässt er sich auch auf der molekularen Ebene verifizieren?

3. Metamorphose im Lichte von Molekulargenetik und evolutionärer Entwicklungsbiologie

Dass die von Gould aufgeworfene Perspektive einer evolutionären Entwicklungsbiologie bis zum heutigen Tage zu einem anspruchsvollen und die Evolutionsbiologie revolutionierenden Forschungsprogramm geworden ist, verdankt sich nicht zuletzt Fortschritten der Molekulargenetik, insbesondere der Entdeckung von Entwicklungskontrollgenen. Zunächst könnte man Goethes Erklärung der Blütenorgane als Metamorphosen eines Grundorgans aus einem reduktionistischen Blickwinkel entgegenhalten, dass aus Sicht der Histologie, Zytologie, Physiologie und Genetik jener Organe nichts für ihren gemeinsamen Hintergrund spricht. Zellen und Gewebe ähneln sich kaum, ihre Funktionen sind völlig verschieden und

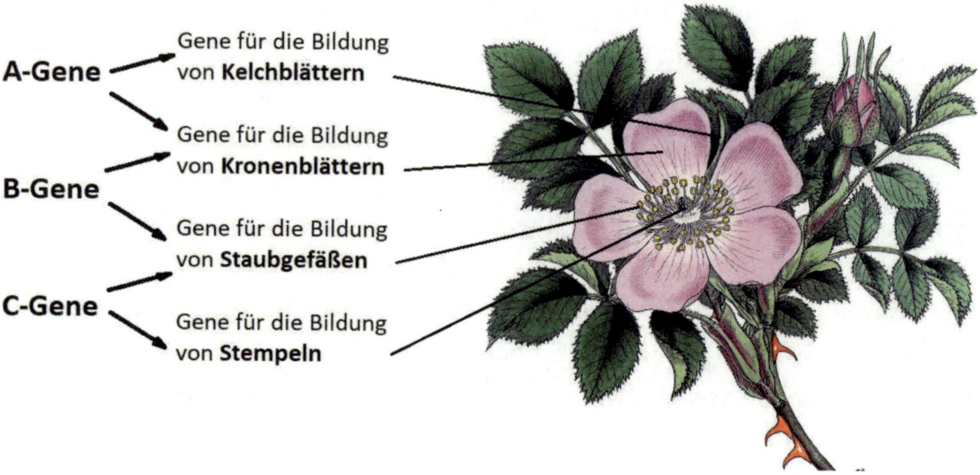

Abb. 6: Funktion der A-, B- und C-Gene entsprechend des ABC(DE)-Modells der Blütenbildung. Die von den drei Gengruppen codierten Proteine wirken als Transkriptionsfaktoren für die Expression der untergeordneten Gene, die für die Entwicklung von Kelch-, Kronen-, Staub- und Fruchtblättern erforderlich sind. Die Funktion der D- und E-Gene wird im Text angesprochen.

mit der Aktivierung und Inaktivierung Tausender verschiedener Gene verbunden. Gleichzeitig verbirgt sich hinter diesem Einwand aber auch die tiefer gehende Fragestellung, wie denn die Differenzierung dieser Zellen und Gewebe und die differenzielle Genaktivierung erfolgt, wenn ihnen in jeder Zelle die gleiche Erbinformation zugrunde liegt. Es hat sich gezeigt, dass die Aktivierung der verschiedenen Gene durch Transkriptionsfaktoren erfolgt, die durch MADS-Box-Gene codiert werden. Ähnliche Gene kommen im gesamten Pflanzenreich und auch bei vielen Tieren vor und sind durch die MADS-Box, eine weitgehend identische Nukleotidsequenz, gekennzeichnet, die einen Proteinabschnitt codiert, mit dem sich das entsprechende Protein an die DNA anlagern und den Start der Transkription bewirken kann. Die für die Festlegung bestimmter Blütenorgane erforderlichen Gene nennt man einfach A-, B-, C-, D- und E-Gene.[9]

Alle diese MADS-Box-Gene bringen Proteine hervor, die als Transkriptionsfaktoren wirken. Sie arbeiten also mit der RNA-Polymerase, jenem Enzym also, das die DNA in die RNA «umschreibt», zusammen und bewirken, dass die für das jeweilige Organ oder Gewebe spezifischen Gene transkribiert werden. Die E-Gene bilden Transkriptionsfaktoren, die Gene zur Bildung aller Blütenteile aktivieren. Werden darüber hinaus die A-Gene exprimiert, so bilden sich aus den Blattanlagen Kelchblätter, kommen noch die B-Gene dazu, entstehen Kronenblätter. B- und C-Gene führen zusammen mit den E-Genen zu Staubgefäßen. Sind nur C- und E-Gene aktiv, bilden sich Stempel. D-Gene sind vor allem für die Bildung der Fruchtknoten mit ihren Eizellen verantwortlich. Die fünf Gengruppen selbst werden wiederum durch genetische Regulationskaskaden aktiviert, die dafür sorgen, dass sie in der richtigen Reihenfolge und zum richtigen Zeitpunkt transkribiert werden – also beispielsweise bei einer bestimmten Tageslänge im Frühjahr oder Sommer, nach dem Kälteschock des Winters, bei einem bestimmten Alter der Pflanze oder nach der Bildung einer bestimmten Anzahl von Laubblättern. Bemerkenswert ist dabei, dass es letztlich organismische oder Umweltfaktoren sind, die die Aktivierung dieser Gene bewirken – und nicht umgekehrt!

Beweisen lässt sich dieses Modell durch das gentechnische Abschalten der genannten Gene, aber auch durch das natürliche Auftreten entsprechender Mutanten, die schon Goethe unter der Bezeichnung der «unregelmäßigen Metamorphosen» zu einer Grundlage

9 Theißen & Melzer 2007, S. 603-619. Einen Überblick verschafft mittlerweile jedes akademische Botaniklehrbuch, allen voran natürlich der Strasburger: Bresinsky et al. 2008

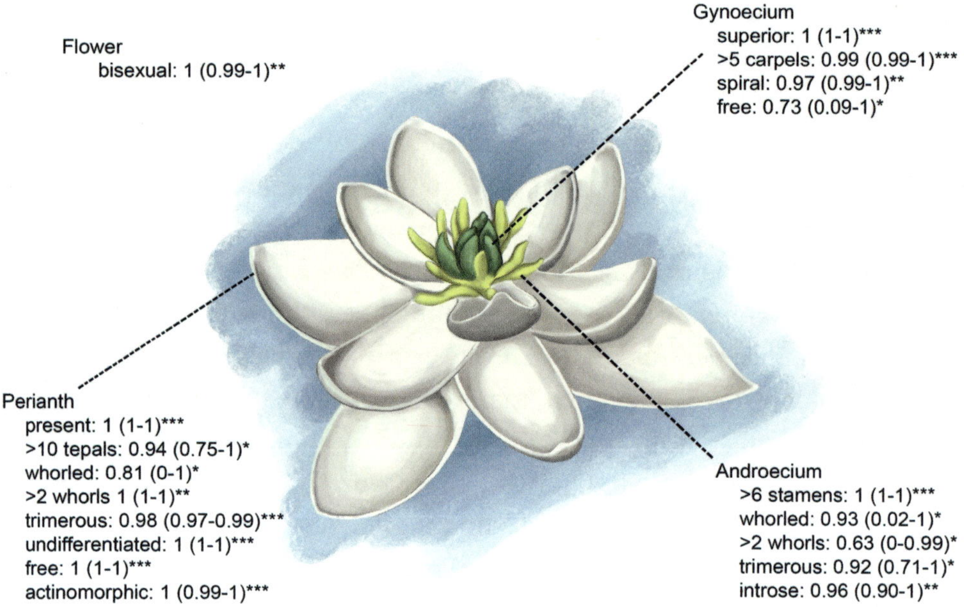

Abb. 7: Rekonstruktion der «Urblüte» aller Angiospermen (Christina Gustavson nach Sauquet et al. 2017, mit freundlicher Genehmigung des Info3-Verlags)

seiner Studien machte. So findet man etwa, dass Blüten der Ackerschmalwand (einem Modellorganismus der Pflanzengenetik) keine Kelch- und Kronenblätter bilden, wenn die A-Gene mutiert sind, nur Kelchblätter und Fruchtblätter, wenn die B-Gene betroffen sind, oder nur Kelchblätter und Kronenblätter, wenn die C-Gene ausfallen. Und das aus Sicht der Goetheschen Metamorphosenlehre bemerkenswerteste Ergebnis: Sind alle fünf Gruppen von Regulationsgenen inaktiv, bilden sich «Blüten» aus Laubblättern.[10] Die aus Sicht der Goetheschen Heuristik des Schönen «offenbare» Einsicht, dass alle Blütenorgane der Pflanze metamorphosierte Blätter sind, lässt sich

10 Beth et al. 2005

also molekularbiologisch eindeutig beweisen. Und so kennt man auch Rosensorten (z. B. The Green Rose), deren Blüten ausschließlich aus Laubblättern bestehen – auch wenn nicht klar ist, ob auch ihnen eine Inaktivierung aller fünf Gengruppen zugrunde liegt.

Auch wenn Goethe sich zur Frage der Evolution der heutigen Pflanzen aus gemeinsamen Vorfahren nicht geäußert hat, kann seine vergleichende Methode unter Zugrundelegung der Metamorphosen von Grundorganen einen Schlüssel zum Verständnis der Ursprünge und Verwandtschaftsbeziehungen der heutigen Vielfalt der Blütenpflanzen liefern. Heute ist der genaue Vergleich der äußerlich sichtbaren Merkmale von Lebewesen – neben molekularen Stammbäumen – ein wichtiger Ansatz zur Rekonstruktion ihrer evolutionären Verwandtschaft. 2017 haben 36 Forscherinnen und Forscher aus aller Welt eine Studie publiziert, in der sie auf der Grundlage von 13.000 Blütenmerkmalen von 792 Pflanzenarten mit komplexen mathematischen Methoden die «Urblüte» rekonstruierten, von der mit hoher Wahrscheinlichkeit alle heute lebenden Blütenpflanzen abstammen (Abb. 7).[11] Sie ähnelte etwas einer Seerose, wies mehr als fünf Stempel und mehr als sechs Staubgefäße auf und war von einer Blütenhülle mit mehr als zehn auffälligen «Tepalen» umgeben, also Blütenblättern, die noch nicht in Kronen- und Kelchblätter differenziert waren, deren biologische Funktion wohl aber bereits das Anlocken von Bestäubern war. Und es ist wohl auch die Koevolution mit verschiedensten Bestäubern, allen voran Insekten, die vor 140 bis 120 Millionen Jahren zu der enormen Vielfalt der heute lebenden Blütenpflanzenfamilien mit ihren verschiedenen Blütenformen führte.

Vielleicht vermag uns Goethes Theorie in ihrer Fundierung durch die evolutionäre Entwicklungsbiologie sogar noch weiter an die evo-

11 Sauquet 2017

lutionären Ursprünge der heutigen Pflanzenwelt heranzuführen. So traten die ersten echten Blätter vor etwa 360 Millionen Jahren bei den Farnpflanzen auf und waren nicht nur für die Photosynthese, sondern auch für die Fortpflanzung zuständig, wie wir es noch heute an den Sporenbehältern an der Unterseite von Farnblättern erkennen können. Vor etwa 300 Millionen Jahren entstanden die ersten Nacktsamer, zu denen unsere Nadelbäume zählen. Bei ihren männlichen und weiblichen Zapfen handelt es sich um Sprossmetamorphosen, bei deren Schuppen um verholzte Blattmetamorphosen, die – wie die Stempel und Staubgefäße der Blütenpflanzen – auf die Fortpflanzung spezialisiert sind, in ihrem Falle allerdings auf dem Weg der Windbestäubung. Und auch bei ihnen sind homologe Gene, also «nahe Verwandte» der B- und C-Gene, in den männlichen Zapfen aktiv, während es in den weiblichen nur homologe Gene der C-Gene sind. Hingegen gibt es bei den Nadelbäumen keine Gene, die den A-Genen der Blütenpflanzen homolog sind. Ihre Entwicklung scheint eine evolutionäre Neuerung bei der Entstehung der Blütenpflanzen zu sein. Aus den getrenntgeschlechtlichen Nacktsamern entwickelte sich letztlich auch die zwittrige Blütenpflanze mit der oben beschriebenen «Urblüte», in der jene A-Gene die Herausbildung der für Bestäuber attraktiven Tepalen begleiteten.

Die natürliche Evolution der Tepalen tragenden Urblütenpflanze verdankt sich also auch einer verzögerten Metamorphose von den Laubblättern zu den Geschlechtsorganen der Pflanze, so wie wir sie im Falle der Züchtung der Gartenrose aus der Wildrose beobachtet haben. Offenbar wird dieser Umstand nicht zuletzt in der Laubblattähnlichkeit, die in Kelch- und Kronenblättern so wie bereits in den Tepalen weit deutlicher ausgeprägt ist als in den Geschlechtsorganen der Nacktsamer und mehr noch der Bedecktsamer. In den kleinen verborgenen Metamorphosen der Rose scheint somit jene große evolutionäre Metamorphose von den Nacktsamern zu den Bedecktsamern auf. Der von einer Heuristik des Schönen geleitete Blick auf die Metamorphose der Grundorgane im Rahmen der individuellen Entwicklung verschiedener Pflanzengruppen eröffnet also auch hier Perspektiven für das Verständnis ihrer Evolution, die auch in einem reduktionistischen Forschungsprogramm verifizierbar sind.

4. Variabilität und Metamorphose der Tiere

Goethes Verständnis des lebenden Organismus in seiner Einheit von Autonomie, Ganzheit und Entwicklung vermag uns also einen Ansatz der Morphologie der Pflanze zu liefern, der auch im Kontext moderner Forschungen der evolutionären Entwicklungsbiologie verständlich ist. Doch wie verhält es sich mit seinen Überlegungen zu einer Morphologie der Tiere? Goethes Ansatz, den Wirbel als ein dem Blatt analoges Grundorgan zu verstehen, scheiterte nicht nur an den zeitgenössischen Kenntnissen der Embryologie, sondern bleibt notwendigerweise auch auf den engen Formenkreis der Wirbeltiere beschränkt.

Unstrittig und auf den ersten Blick sichtbar ist hingegen, dass die Wirbelreihe ein serielles Muster darstellt. Doch in dieser Hinsicht steht sie, wie Goethe bereits auffiel, nicht allein. Die aus den Wirbeln austretenden Nerven, aber auch die Blutgefäße des Wirbeltierkörpers und die Rumpfmuskulatur bilden ein solches serielles Muster. Treten mehrere dieser seriellen Elemente auf, spricht man von «Metamerie», folgen mehr oder weniger alle Organsysteme des Körpers dieser Metamerie, nennt man dies eine «Segmentation». Ein Blick auf einen beliebigen Wirbeltierembryo macht deutlich, dass diese Metamerie, wenn nicht gar Segmentation, dem gesamten Grundbauplan der Wirbeltiere zugrunde liegt. Der Embryo der dritten Woche zeigt eine deutliche Serie von Somiten, die nach vorne hin von den Kopfsegmenten abgelöst wird. Eine mehr oder minder ausgeprägte Metamerie findet sich aber auch in den Embryonalstadien der meisten Tiere. Besonders deutlich ist sie bei der Arthropodenlarve, bei der sie in Form der unterschiedlich gestalteten Segmente der adulten Tiere noch deutlich sichtbar bleibt. Insgesamt weisen 11 der 23 wichtigsten Tierstämme eine deutliche Metamerie auf. Ihr Anteil vergrößert sich, wenn man weiter in die Stammesgeschichte zurückgeht. Zum Zeitpunkt der kambrischen Explosion waren 7 der 11 nachgewiesenen Tierstämme metamer, im Präkambrium zeigten zwei der drei großen Tiergruppen (Deuterostomia und Ecdysozoa) sicher Metamerie, während eine solche Körperorganisation für die dritte Gruppe (die Lophotrochozoa) umstritten ist.[12] War also der Grundbauplan aller mehrzelligen Tiere metamer, wenn nicht gar segmentiert? Haben sich nicht-segmentierte Körperbaupläne erst sekundär entwickelt?

Sollte dem so sein, dann könnte Goethe mit der Annahme des Wirbels als einem seriellen Grundorgan der Tiere auf der richtigen Spur gewesen sein. Die im Falle der Wirbeltiere vorfindliche Organreihe wäre dann lediglich Ausdruck einer fundamentaleren Reihe von Grundsegmenten, die den Bauplänen aller Tiere zugrunde liegt. Die Embryonalstadien mehrzelliger Tiere ließen sich verstehen als Abfolge von Grundsegmenten, die wie die Blätter der Pflanze im Verlaufe der weiteren Individualentwicklung durch ihre Position im werdenden Organismus ihre spezifische Form und Funktion zugeordnet bekommen. Da sich eine Änderung der Zahl und Anordnung von Segmenten leicht vorstellen lässt und die Veränderung von Form und Funktion einzelner Segmente unabhängig von anderen denkbar erscheint, könnten evo-

12 Couso 2009

lutionäre Verwandlungen von Körperbauplänen und organismischen Formen weit besser erklärt werden als durch die kleinen, aufeinanderfolgenden zufälligen Veränderungen, die der Neodarwinismus unterstellt. Gut illustrieren lässt sich das etwa mit Haeckels Übersicht der Dekapodenmorphologie (Abb. 8) und dem Reichtum an Formen, der durch die Variation der Segmente und ihrer jeweiligen Glieder allein in einer Ordnung der Crustaceen möglich ist. Da sich auch die Ursegmente in der Embryonalentwicklung zeitlich nacheinander bilden, wären drastische Veränderungen von Körperbauplänen auch hier wieder durch Veränderungen im Timing der Metamorphose möglich, die die Gestalt des werdenden Organismus bestimmt. Auch hier würde wiederum die holistische Bestimmung des Schicksals der Grundorgane durch den ganzen Organismus mit der autonomen Selbstbestimmung seiner Gestalt durch die Metamorphose der Segmente einhergehen. Die Vielfalt der Baupläne der Tiere würde sich ganz analog durch Heterochronie und Heterotopie erklären lassen, wie wir ihnen im Falle der Metamorphose der Pflanze begegnet sind. Das von Gould vorgeschlagene Erklärungsprinzip für die rasche Hervorbringung von neuen Körperbauplänen im Rahmen der kambrischen Explosion und nachfolgender «Entwicklungssprünge» träfe sich so mit dem Goetheschen Denkansatz der Metamorphose der Tiere.

Wie im Falle der Metamorphose der Pflanzen lässt sich auch die Variabilität von Körperbauplänen mit Entwicklungskontrollgenen in Beziehung setzen. So wie die Identität der Blütenorgane durch MADS-Box-Gene wird das Schicksal der Körpersegmente von Tieren durch die Hox-Gene kontrolliert. Auch sie sind durch eine «Box» von unter verschiedenen Tiergruppen sehr ähnlichen Basenfolgen gekennzeichnet (die Homoeobox), welche Proteindömanen codieren, die die Anlagerung des exprimierten Proteins an die DNA gewährleisten. Auch diese Proteine regulieren die Transkription der für die

Abb. 8: Morphologie der Zehnfußkrebse: Die Segmentierung des Körpers erlaubt durch Variation der Form und Anordnung der Segmente sowie die entsprechenden Körperanhängsel einen enormen Reichtum an organismischen Formen. (Ernst Haeckel, Kunstformen der Natur, Tafel 86, Leipzig: Bibliograph. Inst. 1904)

Identität der jeweiligen Körpersegmente benötigten Gene. Und auch die Hox-Gene selbst sind wieder in komplexe Genregulationsnetzwerke eingebunden, die sie in den individuellen Entwicklungsprozess des gesamten Organismus einbinden. In der Evolution der Körperbaupläne korrespondiert die Vermehrung und Differenzierung der Körpersegmente entsprechend mit der wiederholten Verdoppelung und anschließenden Diversifizierung von Hox-Genen.

Auch in der Evolutionsbiologie der Tiere lässt sich also die Evolution von Körperbauplänen auf der Ebene der Gestaltentwicklung des sinnlich erfahrbaren Organismus verstehen und in einem methodischen Reduktionismus verifizieren. Im Zusammenspiel von phänomenologischer und molekularbiologischer Forschung können somit die Erklärungsdefizite des Neodarwinismus im Rahmen eines Forschungsprogramms überwunden werden, das ontogenetische und phylogenetische Entwicklung im Zusammenhang mit Autonomie und Ganzheitlichkeit von Organismen denkt.

5. Goethes Heuristik jenseits seiner Lehre

Der forschende Blick einer Heuristik des Schönen richtet sich auf Lebewesen im Wechselspiel von Autonomie, Ganzheit und Entwicklung. Autonomie haben wir bislang mit Goethe aber in einem sehr speziellen Sinne verstanden: ihrer Selbstbestimmung im Zusammenhang der Metamorphose organismischer Form. Autonomie kann aber in vielen verschiedenen Facetten erscheinen.[13] Eine von ihnen ist das Wechselspiel von Organismen und Umwelt. Auch Goethe wurden vielfach Ansätze ökologischen Denkens zugeschrieben. Doch sollte man wohl

13 Rosslenbroich 2018

unterscheiden zwischen einem poetischen Blick auf die Natur, der Ausgangspunkt phänomenologischer Forschung sein kann, und der durch diesen Blick tatsächlich geleisteten Forschungsarbeit. Wer wollte Goethe schon einen Blick auf die Ganzheitlichkeit von Natur überhaupt und die gegenseitigen Bedingtheiten der Lebenserscheinungen absprechen? Aber in wirkliche Forschungsarbeit oder gar Theorienbildung hat jener Blick nie gemündet. Vielleicht auch deshalb ist Goethe das Wirken natürlicher Selektion zeitlebens verborgen geblieben. Eben das Interesse an einer von Autonomie und Ganzheitlichkeit geprägten Beziehung zwischen Organismen und ihrer Umwelt hat seit der Jahrtausendwende aber immer mehr an Bedeutung in der evolutionsbiologischen Forschung gewonnen. So sehr, dass dieser ökologische Aspekt namensgebend für einen neuen Impuls der Evo-Devo-Forschung geworden ist, und zwar in Form der ökologischen evolutionären Entwicklungsbiologie (EcoEvoDevo).

Zentralbegriff der EcoEvoDevo-Forschung ist die Entwicklungsplastizität (Developmental Plasticity).[14] Lebewesen reagieren auf sich ändernde Umweltbedingungen durch Änderungen ihrer individuellen Entwicklung. Tiere ändern beispielsweise saisonal oder in Reaktion auf Witterungsbedingungen oder ihren Lebensraum die Färbung von Fell, Federn, Schuppen oder anderen Körperoberflächen. Pflanzen variieren in Abhängigkeit dieser Einflüsse ihre Wuchsform. Viele Pflanzen und Tiere entwickeln sich bei massiver Bedrohung durch Fressfeinde anders oder bringen Verteidigungsmöglichkeiten hervor. So produziert etwa der wilde Rettich bei Raupenbefall toxische Substanzen und bildet schützende Stacheln, Wasserflöhe entwickeln helmartige Panzerungen. Kasten von staatenbildenden Insekten differenzieren sich in Abhängigkeit ihrer Ernährung, Arbeiterinnen ver-

14 West-Eberhard 2003

schiedener Hummelarten verwandeln sich in Königinnen, wenn die ursprüngliche Königin stirbt. Manche Fischarten (z. B. Blauköpfe) werden grundsätzlich als Weibchen geboren, von denen sich pro Schwarm später jeweils eins in ein Männchen verwandelt. Besonders interessant – auch im Kontext der Erforschung des Landganges der Wirbeltiere – ist die Plastizität der Metamorphose von Amphibien. So können viele von ihnen ihre Metamorphose je nach den Lebensbedingungen im Gewässer der Larven beschleunigen oder verzögern. Manche von ihnen (z. B. Tigersalamander) vollziehen ihre Metamorphose nur dann, wenn ihr Gewässer unbewohnbar wird, und erreichen sonst die Geschlechtsreife in Larvengestalt.[15] Der Axolotl zeigt, dass eine solche Entwicklungsplastizität im Nachhinein genetisch so fixiert werden kann, dass eine Metamorphose grundsätzlich ausbleibt.

Ebenso interessant im Kontext der Evolutionsforschung ist die enorme Plastizität des Bewegungsapparates. So zog eine kanadische Arbeitsgruppe etwa Senegal-Flösselhechte in einer wasserdampfgesättigten terrestrischen Umgebung auf. Sie wählten diese Art, weil sie nicht nur zu einer anfänglichen Lungenatmung in der Lage ist, sondern auch fossilen Fischarten ähnelt, die als Vorstufen des Landganges der Wirbeltiere diskutiert werden. Sie stellten fest, dass die Fische nicht nur sehr effektive Bewegungskoordinationen für die Fortbewegung an Land entwickelten, sondern sich auch ihr Skelett stark in der Richtung entwickelte, die für spätere Übergangsformen des Landganges typisch war.[16] Ein viel älterer exemplarischer Befund war eine im Jahr 1942 sehr genau beschriebene Ziege, die ohne Vordergliedmaßen zur Welt gekommen war und daraufhin einen aufrechten, bipedalen Gang entwickelt hat. Auch hier stellte man weitgehende adaptive Verände-

15 Moczek et al.2011

16 Standen et al. 2014

rungen der Wirbelsäule, des Beckens und der Oberschenkelknochen bis hin zur Veränderung von Muskelansätzen fest.[17]

Es hat sich also mehr und mehr gezeigt, dass Lebewesen auch in dem Sinne autonom sind, dass sie in Anatomie, Physiologie und Verhalten weit weniger determiniert und weit mehr aktiv anpassungsfähig an veränderte Umweltbedingungen sind, als man bislang vermutete.

Doch führten diese Forschungen auch zu einem neuen Impuls der Evolutionsforschung. Entwicklungsplastizität scheint auch ein wichtiger Evolutionsfaktor zu sein, indem sie nicht nur die Entwicklung eines Organismus selbst, sondern auch die seiner Nachfahren beeinflusst. In einer konservativeren Interpretation geht man davon aus, dass die Veränderungen in den individuellen Entwicklungsprogrammen neue Merkmale des Organismus der natürlichen Selektion aussetzen und die Entwicklungsplastizität somit indirekt auch die Richtung von Entwicklung mitbestimmt. Nur dann, wenn der wilde Rettich toxische Substanzen hervorbringt, kann die Variabilität in der Zusammensetzung dieser Substanzen seine Fortpflanzungswahrscheinlichkeit beeinflussen. Nur wenn sich Flösselhechte an Land bewegen, kann Variabilität ihres Bewegungsapparates selektiert werden. Organismen «warten» also nicht auf Mutationen, sondern setzen «versteckte Variabilität» (hidden variability, cryptic variability) unweltabhängig ein, um ihren Überlebens- und Fortpflanzungserfolg zu steigern.

Revolutionärer sind Befunde, die zeigen, dass Entwicklungsplastizität auch in einem dezidiert neo-lamarckistischen Sinne die Entwicklungsprogramme von Nachkommen direkt, also ohne Um-

17 E.J. Slijper, Biologic-anatomical investigations on the bipedal gait and upright posture in mammals, with a special reference to a little goat, born without forlegs, Proceedings of the Koninklijke Nederlandse Akademie Wetenschappen 45, S. 288 – 295, 407 – 415 (1942); zitiert nach West-Eberhard 2003

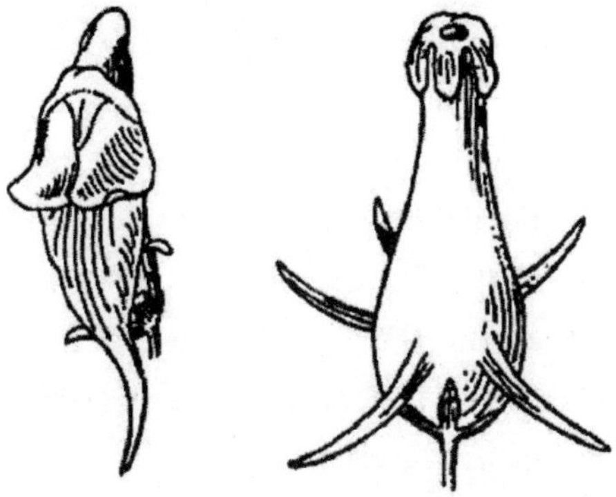

Abb. 9: Goethes Skizze der Blüte des Leinkrautes (*Linaria vulgaris*, links) und seiner pelorischen Form (rechts) (Goethe JW, Schriften zur Morphologie, Stuttgart: Cotta o.J., S. 118)

weg über die natürliche Selektion, beeinflussen kann. So bilden etwa auch die Nachkommen von insektenbefallenem wildem Rettich in bestimmtem Umfang Stacheln und Nachkommen von helmtragenden Wasserflöhen Ansätze von helmartigen Strukturen.[18] Diese Erkenntnisse treffen sich mit Befunden der Epigenetik[19], die die genetischen Grundlagen einer «Vererbung erworbener Eigenschaften» bilden können. So werden beispielsweise in der individuellen Entwicklung nicht mehr benötigte Gene dauerhaft «abgeschaltet», indem Cytosinbasen der DNA methyliert und das Chromatin so eng verpackt wird, dass die betreffenden Gene nicht mehr abgelesen werden können. Durch den Methylierungsgrad der DNA kann aber auch differenzierter die Aktivität bestimmter Gene nachhaltig reguliert werden. Es hat sich gezeigt, dass diese Methylierungsmuster

18 https://learn.genetics.utah.edu/content/epigenetics/

19 Epigenetik untersucht, welche Faktoren die Aktivität von Genen zeitweilig einschränken können und wie solche Faktoren auch vererbbar sind.

unter bestimmten Umständen an Folgegenerationen weitergegeben werden können, sodass die Genregulation im Rahmen der individuellen Entwicklung der Eltern direkt die Genaktivierung im Rahmen der individuellen Entwicklung der Nachkommen beeinflussen kann. Ein bekanntes Beispiel ist die pelorische Variante des Leinkrautes, die bereits Goethe mit einer Skizze von eigener Hand würdigte (Abb. 9). Wie wir heute wissen, wird diese Gestaltänderung durch die Methylierung des Genes eines Wachstumsfaktors hervorgerufen und über viele Generationen weitervererbt.[20]

Wichtig ist, dass solche epigenetischen Effekte auch adaptiv wirken könnten. Eine Anpassung an bestimmte Umweltverhältnisse in der Elterngeneration könnte also die Überlebens- und Fortpflanzungswahrscheinlichkeit der Nachkommen erhöhen. Konditioniert man etwa männliche Mäuse mit milden, aber unangenehmen Elektroimpulsen nach der Verabreichung eines Geruchsstoffes (Acetophenon), so reagieren im Gefolge der Konditionierung nicht nur die Mäuse selbst, sondern auch ihre Nachkommen in der ersten und sogar zweiten Generation mit einer signifikant erhöhten Sensitivität (messbar in der Länge des Erstarrungsverhaltens) auf den Geruchsreiz. Die Rezeptordichte des für diesen Geruchsreiz verantwortlichen Rezeptorproteins ist in den Mäusen und ihren Nachkommen signifikant erhöht und die Gene dieses Rezeptorproteins in ihren Spermien deutlich weniger methyliert, also in stärker aktiviertem Zustand. (Wobei bislang völlig unklar ist, wie sich die Konditionierung auf neuronaler und Verhaltensebene den Spermien vermitteln kann.[21]) Der offensichtlich adaptive Effekt der epigenetischen Vererbung besteht hier also darin, dass der in der Elterngeneration mit negativen Erfahrun-

20 Cubas et al. 1999

21 Dias & Kessler 2014

gen der potenziell lebensbedrohlichen Elektroimpulse gekoppelte Geruchsreiz von den Nachkommen gemieden wird, ohne dass sie die entsprechenden Erfahrungen machen müssen.

Mary-Jane West-Eberhard resümiert die neue Sicht von Eco-EvoDevo mit den Worten: «*Genes are probably more often followers than leaders in evolutionary change.*»[22] Nicht Mutationen von Genen sind die entscheidende Quelle von Variabilität, sondern die adaptive und autonome Veränderung der individuellen Entwicklung von Lebewesen in ihrer Umwelt. Die innere Bestimmtheit, auf die eine Heuristik des Schönen ihren Blick lenkt, findet sich also nicht nur in Metamorphose und individueller Entwicklung, sondern sie wird vermittelt durch Metamorphose und individuelle Entwicklung auch zur entscheidenden Quelle von Neuem in der Evolution.

Und auch diese Erweiterung von EvoDevo durch den Begriff der Entwicklungsplastizität ist in der Lage, große Rätselfragen der Evolutionsbiologie zu beantworten, an der der Neodarwinismus bislang gescheitert ist. Denken wir an die aufrecht gehende Ziege zurück: 1972 beobachtete man in Botswana auch eine Gruppe von Pavianen, in der mehrere Tiere, wahrscheinlich bedingt durch eine Polioepidemie, missgebildete Vorderbeine aufwiesen – und ebenfalls nahezu perfekt aufrecht gingen. Ihre gesamte Körperhaltung und Bewegungsabfolge ähnelte dabei wesentlich stärker der Fortbewegungsweise von Menschen als der von gelegentlich kurzzeitig aufrecht gehenden Artgenossen. Ähnliche Beobachtungen gibt es von in Gefangenschaft gehaltenen Gorillas und von Orang-Utans, die häufig durch Gewässer watend nach Nahrung suchen. Könnte in diesen Formen von Entwicklungsplastizität der Schüssel für ein Verständnis der Evolution des aufrechten Ganges liegen? Findet man deshalb keine Übergangs-

22 West-Eberhard 2005

formen zwischen affenartig-vierfüßig und menschlich-aufrecht gehenden Primaten, weil sich der Übergang eben nicht in den kleinen, aufeinanderfolgenden, zufälligen Veränderungen vollzogen hat, die der Neodarwinismus unterstellt? Entstand der aufrechte Gang vielleicht durch die rasche autonome Adaptation der Fortbewegungsweise an eine einschneidende Umweltveränderung (oder Änderungen im sozialen Gefüge der Gruppe?) im Rahmen der je individuellen Entwicklung durch Entwicklungsplastizität? Erfolgte im Nachhinein die genetische Fixierung und Optimierung der erworbenen Merkmale durch kleinschrittige Evolutionsschritte?[23]

Zurück zu Goethes Metamorphosenlehre

Während eine in der Wechselbestimmung von Entwicklung, Holismus und Autonomie wurzelnde Erklärung des aufrechten Ganges hypothetisch bleiben muss, aber wahrscheinlich über die von Goethe selbst bearbeiteten Aspekte des organismischen Formwandels hinausgeht, lassen sich wichtige Aspekte der weiteren Hominidenevolution in erstaunlicher Analogie zu unseren einleitenden Betrachtungen der Metamorphose der Pflanzen verstehen. Greifen wir dazu auf ein Beispiel zurück, das von Wolfgang Schad bereits vor vielen Jahren intensiv diskutiert wurde.[24] Trotz der Unübersichtlichkeit der in den letzten Jahren anwachsenden Menge von Fossilienfunden lassen sich in der Schädelevolution der Hominiden relativ klare Trends ausmachen. Vergleichen wir etwa den Schädel eines *Australopithecus afarensis*, eines *Homo erectus* und eines modernen

23 West-Eberhard 2003, S. 51ff
24 Schad 1985

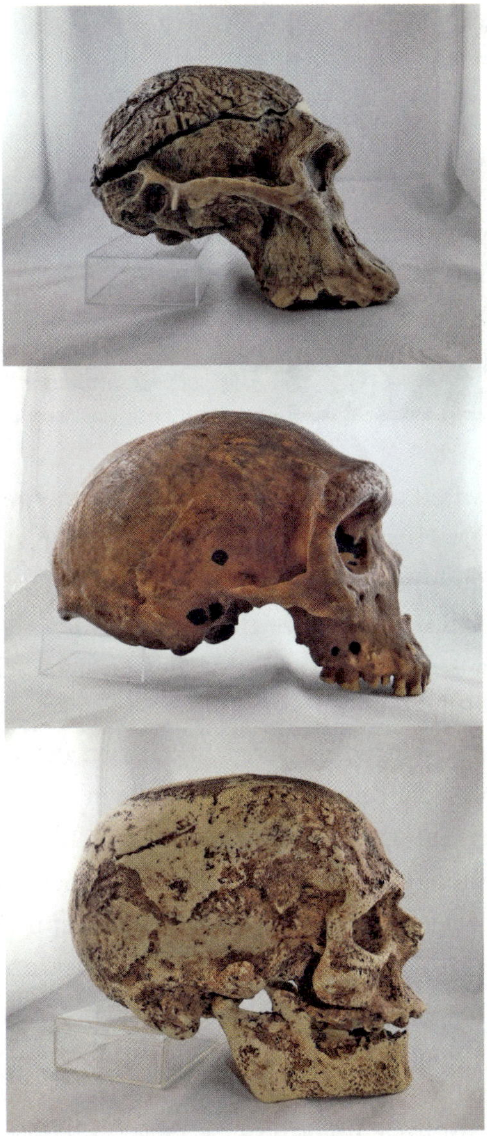

Abb. 10: Schädel von *Australopithecus africanus* (2,5 Mio. J.), *Homo erectus* (300.000 – 125.000 J.) und *Homo sapiens* (Cro-Magnon I, ca. 30.000 J.) im Vergleich von oben nach unten. Fotos: B. Rosslenbroich, Repliken von Bone Clones, USA (oben und unten) und British Natural History Museum (Mitte).

Abb. 11: Hominidenschädel, Erläuterung im Text (aus: Johanson & Edgar 2000)

Homo sapiens miteinander (Abb. 10), so fallen mehrere Veränderungen ins Auge: Der Hirnschädel nimmt an Volumen zu. Insbesondere die Volumenzunahme des Frontalcortex äußert sich in der stärkeren Ausprägung der Stirn und der Überformung der Überaugenwülste. Dem gegenüber steht eine Reduktion des Gesichtsschädels, die vor allem von der Rückbildung der Kiefer und der Jochbeine gekennzeichnet ist. Ein neodarwinistischer Erklärungsansatz mag an dieser Stelle wieder versucht sein, all diese einzelnen Merkmale als Ergebnisse einer Vielzahl kleiner, sukzessiver, zufälliger Variationsereignisse zu betrachten, von denen ein jedes die Fitness ihres Trägers zu erhöhen in der Lage war. Was geschieht aber, wenn wir diese Veränderungen in den Ablauf der individuellen Entwicklung stellen?

Abb. 11 zeigt einen weiteren fossilen Schädel. Welcher der drei Gruppen aus Abb. 10 würde man ihn am ehesten zuordnen? Die hohe Stirn, die fehlenden Überaugenwülste, der nur leicht nach vorne ragende Kiefer und der filigrane Gesichtsschädel verweisen auf die Gattung Homo, vielleicht sogar einen Homo sapiens. Es handelt sich jedoch um einen jungen *Australopithecus africanus* (2,3 bis 2,8 Mill. Jahre). Das Jugendstadium der Australopithecinen ähnelt dem Schädel eines erwachsenen *Homo sapiens* weit stärker als dem eines erwachsenen Australopithecinen. Das legt augenscheinlich nahe, dass all die genannten Unterschiede nicht etwa durch eine Ansammlung kleiner Veränderungen, sondern durch eine starke Verzögerung der je individuellen Schädelentwicklung im Rahmen der Evolution des Menschen entsteht, die bis zur Erhaltung des Jugendstadiums beim erwachsenen Menschen führt, in ihr gewissermaßen zum Stillstand kommt. Es liegt wieder Heterochronie, eine Änderung des Timings der individuellen Entwicklung, vor. Wir begegnen einer analogen Verzögerung der Organentwicklung, wie wir sie schon am Beispiel der Entwicklung der Gartenrose aus der Wildrose gesehen haben.

Dabei korrespondiert die Verlangsamung der anatomischen Entwicklung mit vergleichbaren Veränderungen im Verhaltensrepertoire. Die Jugendphase in der Entwicklung des Menschen ist auch in dieser Hinsicht ungewöhnlich ausgedehnt. Spiel- und Erkundungsverhalten und eine intensive Lernfähigkeit, die bei den meisten Säugetieren für die Jugendphase ihrer Entwicklung typisch sind, bleiben beim Menschen lebenslang erhalten. Überhaupt ist die gesamte Lebensspanne, gemessen an der Lebenserwartung, ungewöhnlich ausgedehnt. *«Der Mensch spielt nur, wo er in voller Bedeutung des Worts Mensch ist, und er ist nur da ganz Mensch, wo er spielt.»*[25] Ausdruck dieses künstlerischen Spiels ist letztendlich auch der künstlerische Blick auf die Natur, die als Heuristik des Schönen zur Grundlage werden kann, lebendige Organismen in ihrem Wechselspiel von Autonomie, Ganzheit und Entwicklung verständlich zu machen. Und so muss letztlich auch der Mensch in voller Bedeutung des Worts Mensch sein, um den Menschen – und mit ihm die ganze lebendige Natur – in voller Bedeutung zu ergründen.

25 Schiller 2000, S. 62

Literatur

Bellermann L (2015): Schiller. Hamburg
Beth A, Krizek J, Fletcher C (2005): Molecular Mechanisms of Flower Development: An Armchair Guide. Nature Reviews Genetics 6, S. 688 – 698
Bresinsky A, Körner K, Kadereit JW, Neuhaus G, Sonnewald U (2008): Strasburger – Lehrbuch der Botanik. Berlin
Couso JP (2009): Segmentation, Metamerism and the Cambrian explosion, The International Journal of Developmental Biology 53, S. 1305 – 1316
Cubas P, Vincent C, Coen E (1999): An epigenetic mutation responsible for natural variation in floral symmetry. Nature 401, S. 157 – 161
Dias BG, Kessler KJ (2014): Parental olfactory experience influences behavior and neural structure in subsequent generations. Nature Neuroscience 17(1), S. 89 – 96
Goethe JW (1794): Annalen oder Tag- und Jahreshefte. In: Goethe JW: Sämtliche Werke, Bd. 25, Hamburg 2008, S. 27f.
Goethe JW (1992): Die Metamorphose der Pflanzen. Stuttgart 1992
Goethe JW (2008) Johann Wolfgang von Goethe, Einleitung zu den morphologischen Schriften. In: Goethe JW: Naturwissenschaftliche Schriften, Werke Bd. 14, Hamburg 2008, S. 128
Gould SJ (1985): Ontogeny and Phylogeny, Cambridge
Johanson D, Edgar B (2000): Lucy und ihre Kinder. Heidelberg
Moczek AP et al. (2011): The role of developmental plasticity in evolutionary innovation. Proceedings of the Royal Society B: Biological Sciences 278(1719), S. 2705 – 2713
Richards RJ (2018): The Foundations of Archetype Theory in Evolutionary Biology: Kant, Goethe, and Carus, Republics of Letters 6/1
Rosslenbroich B (2018): Entwurf einer Biologie der Freiheit. Die Frage der Autonomie in der Evolution. Stuttgart
Sauquet H et al. (2017): The ancestral flower of angiosperms and its early diversification, Nature Communications 10.1038
Schad W (1985): Gestaltmotive der fossilen Menschenformen. In: Schad W (Hrsg.): Goetheanistische Naturwissenschaft, Bd. 4, Anthropologie. Stuttgart
Schiller F (2000): Über die ästhetischen Erziehung des Menschen. Stuttgart 2000, S. 62
Schiller F (2006): Kallias oder über die Schönheit. Stuttgart
Standen E, Du TY, Larsson HCE (2014): Developmental Plasticity and the Origin of Tetrapods, Nature 513, S. 54 – 58
Theißen G, Melzer R (2007): Molecular Mechanisms Underlying Origin and Diversification of the Angiosperm Flower. Annals of Botany 100, S. 603 – 619

West-Eberhard MJ (2003): Developmental Plasticity and Evolution. Oxford
West-Eberhard MJ (2005): Developmental plasticity and the origin of species differences, Proceedings of the National Academy of Sciences of the United States of America 102 Suppl 1, 6543 – 9

Ist ein Pferd ein Kunstwerk? Über das Ästhetische in der Evolution[1]

THOMAS HARDTMUTH

«Wem die Natur ihr offenbares Geheimnis zu enthüllen anfängt, der empfindet eine unwiderstehliche Sehnsucht nach ihrer würdigsten Auslegerin, der Kunst.»

Johann Wolfgang Goethe

1. Eine Begegnung

An einem winterlichen Neujahrstag spazierten wir über eine verschneite Hügellandschaft der Schwäbischen Alb. Es war eine stille, von einem sonderbar feierlichen Schweigen erfüllte Natur. Der Weg führte hinunter zu einem kleinen Dorf. Linker Hand lag in der gerade hinter kalten Nebeln hervortretenden Sonne eine Streuobstwiese am Hang, auf deren hölzerner Umzäunung die Kinder herumkletterten und Schneebälle nach uns warfen. Plötzlich stockte ihr Spiel, und ihre Blicke wurden hinübergelockt zu den Apfelbäumen am Horizont – dort stand ein großes, prächtiges Pferd, ein Shirehorse. Sein Atem malte kleine Wölkchen in die Zweige. Neugierig hob es den Kopf, als es uns bemerkte, spitzte die Ohren, und in offensichtlich freudiger Erregung über einen wohl seltenen Besuch setzte es seine mächtige,

1 Zuerst erschienen in: die Drei 6/2013, S. 13-29

kraftvolle Gestalt in Bewegung und galoppierte den Hang herunter auf uns zu.

Welch ein Bild! Der aufgewirbelte Pulverschnee wehte wie ein feiner, glitzernder Schleier in der Sonne um den eleganten muskulösen Körper, und sein aufmerksamer Kopf schwebte ruhig über dieser brausenden Gischt aus luftigen Eiskristallen. Das kupfer- und kastanienfarbene Fell mit der blonden Mähne leuchtete jung und gesund, und sein Bewegungsspiel war wie in eine Musik aus leichtsinniger Lebensfreude getaucht. Als ob es unsere hungrigen Blicke etwas stillen wollte, als ob es sich uns von allen Seiten zeigen wollte, stäubte es nahe an uns vorbei und drehte noch einen kleinen Bogen, bevor es zum Stehen kam.

Die Kinder bewohnten in diesem Moment ihre am Zaun erstarrten Leiber nur noch teilweise, ihre Seelen waren aufgesaugt von dieser märchenhaften Erscheinung, von dieser Symphonie aus Bewegung und Gestalt. Wenige Meter vor uns kam es zum Stehen, und wie zur Verdeutlichung seiner Präsenz hob es mit einem kurzen Wiehern die Hufe aus dem Schnee, wodurch die mit dickem, hellbeigem Fell umpelzten Vorderläufe sichtbar wurden. Sie nahmen dem mächtigen Tier alle Rohheit und untermalten seine imposante Gestalt mit einer jugendlichen Leichte, jeder Schritt wurde dadurch zu einer sanftmütigen Berührung mit der Erde. Wie es sich so vor uns aufrichtete, spielten der strohgelbe dichte Schweif und das lange, duftig leichte Mähnenhaar über seinen rotbraunen Körper wie tanzende Bogenstriche über ein Cello, und dieser warme Farbklang vor der weiß in weiß vernebelten Landschaft ertönte wie eine lebendige Fanfare von erlösender Schönheit in einer kalten, ins Unwirkliche hinein verklärten Natur.

Welche Anmut! Ja, dieses Geschöpf zeigte sich uns in edelster Kunst der Selbstdarstellung, in aller Unmissverständlichkeit seines kraftvollen Daseins. Wer wollte es der Eitelkeit bezichtigen? So mancher Imperator musste sich erst auf ein Pferd setzen, um das Majestätische auszustrahlen, was er selbst nicht besaß. Welch treuer und edler Freund des Menschen, der seine Lasten schleppt, erschöpfte Krieger nach Hause trägt, volle Karren und schwere Pflüge zieht und auch in Zeiten großer Not und Plage immer die Erinnerung an Schönheit bereithält. Ungezählt sind sie, die gemeinsamen Geschichten von Mensch und Pferd. Welch ein Schmerz, wenn es stürzt!

Mit einem warmen Grummeln näherte es sich, und die Kinderhände durften seinen friedlich und neugierig gesenkten, dampfenden Kopf in zartem Respekt betasten. In diesem Moment teilten sie mit ihm das träumende Wissen um die irgendwo vorhandene Solidarität unter den Geschöpfen. Das wundervolle Tier blies den Kindern seinen an Heu, fruchtbare Erde und aromatische Landschaften erinnernden Atem in die roten Gesichter und schien ihre staunenden Seelen mit einer Substanz zu benetzen, die den Sinn für das Edle, Wilde und Schöne ernährt. Welch eine Lehrstunde!

2. Fragen

«Es ist eine ans Wunderbare grenzende sittliche Erfahrung des Menschen, dass in der generativen Potenz der Natur uns Schönheit entgegenblüht, so als ob die Natur für uns ihre Schönheiten zeigte», sagt Hans-Georg Gadamer in seiner Schrift über *Die Aktualität des Schönen.* Und an anderer Stelle heißt es darin: *«Kant hat das sehr schön bezeichnet als Zweckmäßigkeit ohne Zweck, die dem Kunstwerk ebenso eigen ist wie dem Organismus … Insofern ist ein Kunstwerk in der*

Tat ähnlich wie ein lebendiger Organismus; eine in sich strukturierte Einheit.»[2]

Was haben ein lebendiger Organismus und ein Kunstwerk gemeinsam? Was ist überhaupt ein Kunstwerk? Was ist ein Organismus? Was ist lebendig? Alles nach wie vor völlig offene Fragen trotz einer unüberschaubaren evolutions- und kunsttheoretischen Literatur. Und gerade in dem letztlich Offenbleiben-Müssen dieser Fragen scheint die Antwort zu liegen. Worin liegt dieses Mehr, das ein Kunstwerk gegenüber einem gewöhnlichen Gegenstand auszeichnet? Worin liegt dieses Mehr, das einen lebendigen Organismus über die bloße Addition unzählbarer Zellen, Organe und Stoffwechselprozesse als Einheit hinaushebt? Liegt der Existenz eines Hasen oder einer Orchidee eine rationale Ursache zugrunde, haben diese Organismen irgendeinen Zweck oder ist ihr eigentlicher Daseinsgrund nur durch den Kunstsinn zu erfassen?

Gibt es einen koevolutiven Zusammenhang des Naturschönen, das uns in Pflanzen, Tieren, in der Eigenart der Landschaften und in den kosmischen Wunderwelten in immer wieder neuer und überwältigender Ästhetik anspricht, mit der Leidenschaft zum Schönen und dem Kunstschaffen des Menschen? Liegt in dem, was uns im Menschen schon früh als Kunsttrieb, als Bedürfnis des ästhetischen Gestaltens und Hervorbringens entgegentritt, nicht etwas, das in der Natur schon immer veranlagt war? Ist die Natur eine Künstlerin? Ist die Kunst die Fortsetzung der Evolution im Menschen?

Es soll hier nicht eine romantisierende Naturbetrachtung des 18. Jahrhunderts wiederbelebt, sondern eine alte Frage aktualisiert werden, die für die menschliche Erfahrung so naheliegend, aber für die Wissenschaft so fremd geworden ist.

2 Gadamer 1977, S. 40 und 57

3. Der Entwicklungsbegriff und die Organismusfrage

Wie denken wir heute über Evolution? Es war ja das Verdienst von Charles Darwin (und einigen seiner Zeitgenossen), dass der Entwicklungsbegriff in das biologische Denken eingeführt wurde, obwohl der Begriff der Ent-Wicklung bzw. der der Evolution eigentlich nicht stimmt, denn er suggeriert, dass die Organismen schon irgendwie da sind und sie nur noch ausgewickelt würden wie das Geschenk aus einem Päckchen. Das ist aber gerade nicht das, was wir unter Entwicklung verstehen, sondern das, was als sogenannter Präformismus das biologische Denken der Antike – Anaxagoras hat diesen Gedanken erstmals formuliert – und erneut vom 17. bis zum 19. Jahrhundert hinein bestimmt hat. Man ging von einer göttlichen Urzeugung aus, und jedes Lebewesen war als fertiges Miniaturgeschöpf schon in den Samen und Knospen enthalten und musste nur noch wachsen.

Überwunden bzw. widerlegt wurde diese Auffassung erstmals Ende des 18. Jahrhunderts von Caspar Friedrich Wolff, einem Berliner Arzt mit chirurgischer Ausbildung, der an Hühnerembryonen nachweisen konnte, dass die einzelnen Organe, wie z. B. der Darm, nicht präformiert waren, sondern aus einem blattartigen Urgewebe hervorgehen. Diese Keimblatttheorie wurde dann Anfang des 19. Jahrhunderts von den befreundeten Embryologen Christian Heinrich Pander und Karl Ernst von Baer weiter verfeinert. Eine Würdigung haben die Arbeiten Wolffs später durch Goethe, den eigentlichen Pionier des Entwicklungsgedankens, erfahren; er sah in den Arbeiten Wolffs eine Bestätigung seines Metamorphosegedankens und nannte ihn einen trefflichen Vorarbeiter.[3]

3 Goethe 1966, 2. Teil, S. 96f

Von nun an sah man also die Lebewesen nicht mehr als ein für alle Mal fertige Schöpfungsprodukte, sondern lernte sie aus einem wie auch immer gearteten plastischen Prozess der Bildung, Umbildung, Verwandlung usw. hervorgehen sehen. Pander verwendete in seinen Arbeiten bewusst den von Goethe entlehnten Begriff der Metamorphose. Was die genannten Embryologen in der Entwicklung des Einzelwesens, der Ontogenese studiert hatten, fand nun Darwin in der Phylogenese, in der Entwicklung der Arten wieder und erstellte damit den ersten Stammbaum der Evolution, nach dem sich die einzelnen Arten auseinander hervorgehend entwickelt haben und nicht fertige Schöpfungsunikate darstellten. So erwies sich auch die phylogenetische Entwicklung als ein plastischer Prozess der ständigen Verwandlung, Anpassung, Umbildung und Neubildung.

Ein erster Erkenntnisschritt bei der Erforschung des Lebendigen war getan: dass alles Lebendige einer Entwicklung, einem Werden und Vergehen und einem verwandelten Neuentstehen unterliegt und nicht einem fertigen göttlichen Bauplan, der von den Kreationisten als «Intelligent Design» bezeichnet wird. Aber die Frage nach dem Organismus war damit noch nicht einmal berührt. Was macht die Stabilität, Integrität und Identität eines Organismus aus? Was macht die Substanz lebendig?

Nun hat die analytische Naturwissenschaft die lebendige Substanz bis in ihre Moleküle zerlegt und dabei ein großes Detailwissen angehäuft. Angefeuert durch die technischen Errungenschaften des 18. und 19. Jahrhunderts (Eisenbahn, Elektrizität, Mikroskopie, Telegrafie, Pharmakologie u.v.m.) ging man im 20. Jahrhundert mit dem Blick des Ingenieurs an das Lebendige heran und fragte sich: «Wie funktioniert das?» Man machte sich auf die Suche nach den «Mechanismen» des Lebens in der festen Überzeugung, dass auch die Entstehung eines Grashalms letztlich nur nach den Gesetzen der Physik verläuft, und ließ die Frage nach dem Wesen des Lebendigen erst gar nicht aufkommen, weil Leben nur ein allgemeiner Überbegriff für die Summe hoch komplexer Stoffwechselprozesse sei.

Wir kennen heute den Aufbau von Zellen bis in elektronenmikroskopische und submolekulare Details. Wir wissen auch, dass in jeder einzelnen lebenden Zelle pro Sekunde Hunderttausende verschiedene Stoffwechselprozesse gleichzeitig ablaufen, die sich wiederum gegenseitig regulativ auf undurchschaubare Weise beeinflussen. Wie aber dieses «physikalische Chaos» zu einer in sich strukturierten Einheit, zu einem sinnvollen Ganzen organisiert wird, bleibt ein völliges Rätsel.

Auch die Erforschung des Genoms hat mittlerweile mehr Fragen als Antworten aufgeworfen, war sie doch verheißungsvoll als die sichere Spur zur Lösung der Frage nach dem Lebendigen angetreten. Mittlerweile wissen wir, dass auch die Gene nur untergeordnete Teile in einem größeren, nach wie vor nicht zu erfassenden Funktionszusammenhang sind.

Was macht also das Ganze aus? Was ist das wesentliche Merkmal des Organismus, das ihn gegenüber einem Stein als etwas Lebendiges auszeichnet? Bei Aristoteles war das die *Selbstbewegung*, die ohne äußere Veranlassung, aus sich selbst heraus generierte Bewegung. Bei Rudolf Steiner heißt es: *«Im Tun liegt das Wesen des Organismus, nicht in seinen Substanzen. Die Organisation ist nicht ein Stoffzusammenhang, sondern eine Tätigkeit.»*[4] – Der Evolutionsbiologe Wolfgang Schad hat den Begriff der Tätigkeit mit dem des Geistes in engen Zusammenhang gebracht; man könne bei Steiner stets das Wort *«Geist»* durch den Begriff *«Tätigkeit»* ersetzen, *«es passt immer»*.[5]

4 Steiner & Wegman 1925, Kap. 17

5 Schad 2006

Wir können einen Organismus nicht aus seinen Substanzen heraus begreifen, wie wir auch einem Kunstwerk nicht näherkommen, wenn wir es zerlegen oder die Farben eines Bildes chemisch analysieren. Wir müssen selbst eine innere Tätigkeit aufbringen, um das zu erfassen, was uns als Tätigkeit in einem Organismus entgegentritt. Gleiches wird nur von Gleichem erkannt. Es ist der innere Mitvollzug, das Nachschaffen und innere plastische Mitgehen, die das Kunstwerk wie auch jedes Lebewesen von uns fordern. Nach Gadamer ist es die Identität des Werks, die zu dieser Tätigkeit einlädt – ja, es ist immer das Objekt selbst, das die Methodik seiner Erforschung vorgibt. Wir müssen die Phänomene so ordnen, dass sie in eine klangartige Beziehung zueinander treten. In der Komposition der Fragen und der Phänomene, die immer am Anfang jeder wissenschaftlichen Explikation stehen muss, zeigt sich das primär Indeterminierte jeder forschenden Tätigkeit. Insofern leben Wissenschaft und Kunst aus einer gemeinsamen Quelle.

4. Das Pferd in uns

Um das Lebendige des Pferdes in uns selbst wirksam werden zu lassen, muss unser Ich gewissermaßen einen pferdeartigen Zustand annehmen. Dass wir dies können, führt uns zu einer für unser Thema höchst bedeutsamen Tatsache: Wir sind als Menschen so organisiert, dass die ganze Natur in ihren mannigfaltigen Erscheinungen sich in diesem Organismus Mensch zu Bewusstsein bringen kann; es gibt nichts, was in diesem Bewusstsein nicht Platz finden könnte. Es ist aber nicht nur das vorstellende und abbildende Bewusstsein, in dem sich die ganze Welt spiegelt, sondern es ist auch die Seele des Menschen mit ihrer Fähigkeit des Empfindens und Mitfühlens mit allem, was uns umgibt. Es gibt keine Erscheinung im gesamten Universum, die nicht in der Organisation des Menschen eine Resonanz finden könnte, ob im Bewusstsein, im Gefühl oder in seinem kreativ handelnden Geist. Wie so oft müssen wir eine Tatsache erst aus dem Schlafzustand des Selbstverständlichen herausholen, um an ihr aufzuwachen.

Es muss daher einen *koevolutiv* tiefen Zusammenhang zwischen dem Weltganzen und der Organisation des Menschen geben, dass das eine in dem anderen eine Art Ergänzung findet. Die Stoiker nannten das den Logos, aus dem heraus die Welt entstanden ist und der gleichermaßen als Erkenntnisorganisation im Menschen verwirklicht ist.[6] – Das ist eine erste Vorbemerkung auf dem Weg zu einem künstlerischen Naturverständnis: Die menschliche Organisation ist im Denken, Fühlen und Handeln plastisch universell und kann allen Welt- und Naturerscheinungen voraussetzungslos offen gegenübertreten.

5. Der Cartesianische Irrtum

Eine zweite notwendige Besinnung, wenn wir Evolution auch als Kunstwerk verstehen wollen, zeigt, dass wir uns zuallererst von der wissenschaftstraditionell exklusiven Zuschauerrolle verabschieden und uns auf die Bühne des Lebens selbst begeben müssen. Es ist ja dieses verhängnisvolle Erbe des Cartesianischen Weltbildes, welches das Bewusstsein und Erleben des Menschen von der Welt abgespalten und ihn zum Zuschauer und Nutznießer eines großen Welt-*Mechanismus* erklärt hat. René Descartes hat im 17. Jahrhundert das

6 Kelber 1986

bis heute angewandte Paradigma begründet, nach dem die ganze äußere Welt, der Kosmos, die Erde, Tiere, Pflanzen und auch unser eigener Organismus nach rein mechanischen Gesetzen wie eine riesige Maschine funktionieren würde. Unabhängig davon existiere eine zweite Welt, die unseres denkenden Bewusstseins – und beide Welten hätten nichts miteinander zu tun. Das war wohl eine der folgenschwersten Denkoperationen der neueren Geschichte. Wir können Natur nicht erklären und dabei den Erklärer aus dem Naturzusammenhang heraushalten, so, als habe dieser mit dem Ganzen gar nichts zu tun. Denn dieser Erklärer ist ja auch aus Natur gebildet.

Derzeit vollzieht sich eine stille, aber tiefgreifende Revolution in der menschlichen Erkenntnisentwicklung, die wir in einem Satz zusammenfassen können: Die äußere Welt, die Natur und der Kosmos sind ontologisch untrennbar mit dem Geist des Menschen verbunden. Diese Einsicht hat sich parallel zur anthroposophischen Geisteswissenschaft Anfang des 20. Jahrhunderts in der Quantenphysik entwickelt: *«Die Quantenphysik hat schon in den zwanziger Jahren gezeigt, dass die atomaren Strukturen nicht mehr entsprechend der anschaulichen Vorstellungswelt der klassischen Physik als Gegenstände, als körperlich fassbare Teilchen im Sinne der Descartschen res extensae verstanden werden können. Sie sind bisher zusammenhängend und widerspruchsfrei nur als mathematische Strukturen beschrieben worden.»*[7] Damit ist der Dualismus heute bereits überwunden.

Die Wirklichkeit ist ohne den Geist nicht vollständig. Die äußeren Erscheinungen der Welt und die Begriffe des Menschen gehören zusammen wie das Drinnen und das Draußen; ohne Drinnen gibt es gar kein Draußen, beides bedingt sich naturgemäß, und so können

7 Schmal & Weizsäcker 2000

wir nicht als Zuschauer eine Welt beschreiben, in der der Zuschauer gar nicht vorkommt! Alles, was eine Außenansicht hat, hat auch eine Innenansicht. Wie selbstverständlich reden wir in unserer physikalischen Weltsicht vom Urknall, realisieren aber in dem Moment gar nicht, dass der Urknall ein Geistprodukt des Menschen ist, der Geist aber in dieser physikalischen Weltsicht gar nicht vorkommt. Was wir den cartesianischen Dualismus nennen, ist eigentlich eine zur Weltanschauung erhobene Schizophrenie! Aber die Wissenschaft hängt immer noch schwer in den Ketten dieses historischen Irrtums und wird ihn auch so schnell nicht überwinden, weil er so tief in den Denkgewohnheiten drinnensteckt – nicht nur bei den Wissenschaftlern, sondern bei uns allen! Und das ist auch der Grund, warum die Verbindung des Evolutionsgeschehens mit dem Kunstgedanken so befremdlich anmutet, obwohl sie so naheliegend ist.

6. Plastizität und Autonomie

Wenn wir dem Zusammenhang von evolutiven und künstlerischen Prozessen nachgehen wollen, dann muss zunächst einmal nach der biologischen Natur des Menschen gefragt werden, um hier überhaupt eine Brücke von der Natur zur menschlichen Kultur bzw. zur Kunst bauen zu können.

Worin besteht denn die Besonderheit des Menschen seiner biologischen Natur nach? Der Mensch wird nicht in die Natur, sondern in die Kultur hineingeboren; das kann ein Schweizer Bergdorf, eine indische Großstadt, eine Eskimosiedlung in Grönland oder eine Südseeinsel sein – es gibt keinen speziellen Lebensraum des Menschen, wie es auch kein spezielles Tätigkeitsfeld des Menschen gibt. Ob er Tänzer, Bergsteiger, Pianist, Chirurg, Mathematiker, Clown, Minister oder Astronaut wird, ist von seiner biologischen Natur her nicht festgelegt. Noch weitaus vielschichtiger sind seine künstlerischen, spielerischen, akrobatischen, technisch-wissenschaftlichen, emotionalen und geistig-sprachlichen Fähigkeiten. Bis ins hohe Alter kann er immer wieder Neues lernen, üben und begreifen. Lebensraum und Verhalten in der Tierwelt sind dagegen weitgehend festgelegt. Zwar gibt es auch hier Lernvorgänge und gewisse Entwicklungsspielräume, die aber bei unbefangener Betrachtung mit denen des Menschen nicht zu vergleichen sind.

Voraussetzung für diese plastische Welt- und Zukunftsoffenheit ist ein Organismus, der weder durch eine Lebensraumbezogenheit noch durch Instinkte determiniert, sondern der kindlich bildsam, voller Entwicklungsoptionen bleibt, der sich einen autonomen Handlungsspielraum schafft, wie er durch die Freiheit der Arme in der Aufrechten, durch Kunst, Spiel und die unbegrenzten Gedanken- bzw. Innenräume des Menschen zum Ausdruck kommt. Es sind die zunehmenden Freiheitsgrade im Bewegungsorganismus, hier vor allem die Hand als universelles «Werkzeug der Werkzeuge» (Aristoteles), die Ausbildung von Homöostasen im Wärme-, Immun- und Hormonhaushalt sowie seine einmalige neuronale Plastizität, die in der Evolution stufenweise herausentwickelt werden.[8]

Die Entwicklung des Menschen vollzieht sich damit in drei Stufen: Zunächst ist es die Natur, die unseren leiblichen Organismus heranbildet, dann die uns umgebende Kultur, in die wir hineinwachsen, und schließlich der individuelle, autonome Mensch selbst, der sein Leben aus Freiheit gestaltet und weiterentwickelt. Die Natur bereitet gewissermaßen etwas vor, was der Mensch selbst einlösen muss.

8 Eine ausführliche Darstellung findet sich in Rosslenbroich 2018

«Weil die Natur in ihrem bildnerischen Tun noch etwas zu gestalten übriglässt, ist Kunst ‹möglich›.»[9] – Das kreative Potenzial der Natur wird auf eine neue Stufe gehoben und erscheint neu als die generative, die schöpferische Autonomie des Menschen.

7. Am Anfang war die Kunst und das Spiel

Und daraus ergibt sich die Frage: Wie erscheint eigentlich das Menschliche in seiner Ursprünglichkeit sowohl phylogenetisch als auch ontogenetisch? Was tritt uns als primäre *Tätigkeit* des Menschen entgegen? Faustkeile, über eine Million Jahre alt, als frühester Nachweis menschlichen Werkschaffens mit einer Stimmigkeit und Schönheit der Form, die weit über das bloß Zweckmäßige hinausreicht und in der das Prinzip des Goldenen Schnitts genauso realisiert ist wie in unzähligen Naturerscheinungen. Dieser Goldene Schnitt als Idealproportion in der Natur ist sozusagen von Anfang an in das ästhetische Werkschaffen des Menschen übergegangen. Bevor irgendwelche einfachen Bauwerke entstanden sind, die an die Gestaltungsfähigkeiten der Menschen noch relativ niedrige Anforderungen gestellt hätten, wurden Höhlenmalereien geschaffen, die von einer feinsinnigen Kunstfertigkeit zeugen, wie sie auch heute selten erreicht wird.[10]

Haben die Höhlenmaler in der Grotte Chauvet in Südfrankreich vor über 30.000 Jahren eine künstlerische Ausbildung absolviert oder sind die Gestaltungskräfte direkt aus der Natur in ihre Hände geflossen (Abb. 1)?

9 Gadamer 1977, S. 16

10 Vgl. den Beitrag «Die französisch-spanische Höhlenkunst» im vorliegenden Buch. Die ältesten gefundenen Malutensilien stammen vom Homo sapiens aus Südafrika vor 100.000 Jahren (Henshilwood et al. 2011).

Abb. 1: Grotte Chauvet: Pferde. Aurignacien/ Châtelperronien (ca. 31.000 Jahre). http://dansloreilledemarianne2.blogspot.de/2011/11/qui-exploitera-lespace-de-restitution.html

Wer die Gelegenheit hat, das fast 40.000 Jahre alte kleine Pferdchen oder den kleinen Mammut aus der Vogelherdhöhle auf der Schwäbischen Alb zu betrachten (Abb. 2), wird bei sich selbst und

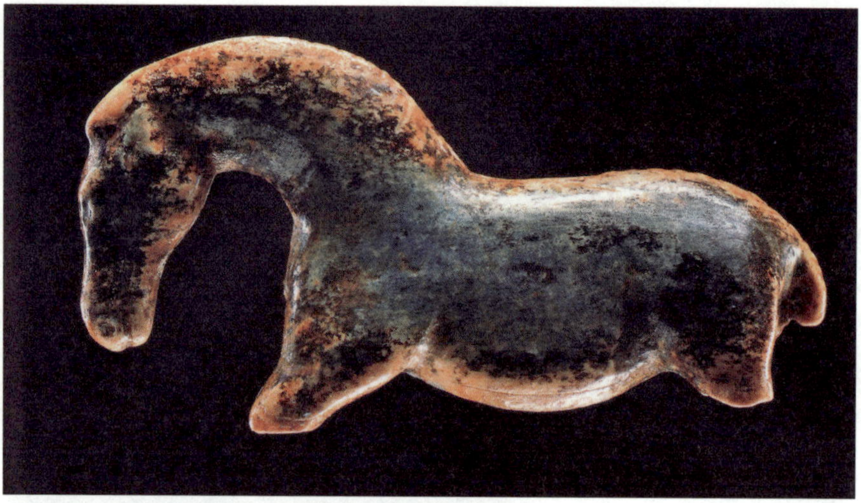

Abb. 2: Oben: Pferd. Vogelherd-Höhle, ca. 35.000 Jahre. Unten: Mammut aus Mammutelfenbein, 3,7 cm. Vogelherd-Höhle, ca. 35.000 Jahre. © Institut für Ur- und Frühgeschichte, Universität Tübingen; Foto: Juraj Lipták

auch bei anderen Staunenden die Beobachtung machen, wie intensiv dieses Kleinod unser Fragen und Denken in Bewegung bringt, ja es ist eine sonderbare Ergriffenheit, die von diesem schlichten Kunstwerk ausgeht und uns zu den tiefsten Gedanken einlädt und unsere Fantasie mit sonderbar junger Kraft anregt, obwohl es so alt ist.

Es ist nicht nur der Gegenstand selbst, sondern auch dieses Innehalten und eigenartige Berührtsein der Betrachter, das etwas zutiefst Schönes hat, wenn man die Menschen so stehen und schauen sieht. In dem Moment zerbricht gewissermaßen die Schattenwelt des Alltäglichen, und dahinter leuchtet eine Erinnerung an die zeitlose Urheimat des Menschlichen auf. Durch nichts sind wir so innig mit unseren fernen Vorfahren verbunden, als wenn wir ihre Kunstwerke in Händen halten. Die Kunst ist die *natürliche* Ur-Tätigkeit des Menschen.

Das ist der phylogenetische Aspekt: Die frühen Spuren des menschlichen Schaffens auf der Erde sind Kunstwerke. Es ist nicht das Was, das uns die Natur mitgibt, sondern das Wie, das plastische Formen und Bilden, das Immer-wieder-neu-Hervorbringen und das Suchen nach der Stimmigkeit und Angemessenheit der Form in allem, was wir tun. Es ist das Zusammenfassende, es ist das den lebendigen Zusammenhang immer wieder Herstellende und diesen immer wieder Steigernde, was das Lebewesen wie das Kunstwerk auszeichnet.

Wie ist es nun mit dem ontogenetischen Aspekt? Was tritt uns bei der Entwicklung des Einzelwesens entgegen, nachdem die Organe und erste motorische Elementarfunktionen ausgebildet sind? Da ist es zunächst nicht die Kunst, sondern das Spiel. Aber das Spiel ist ja nichts anderes als die Kindheit der Kunst. Joseph Beuys ist ja deshalb ein so bedeutender Künstler, weil er die Kunst aus der Exklusivität der Akademien und des Establishments herausgeholt hat und sie dort wieder angesiedelt hat, wo sie auch hingehört, in das Allgemein-Menschliche. Jeder Mensch ist ein Künstler, war seine zentrale Botschaft. In jeder Tätigkeit des Menschen lebt immer auch ein künstlerisches Element; jedes Fest, das wir feiern, der gedeckte Tisch, das hergerichtete Haus, Kochkunst, Gesprächskunst, Humor, Höflichkeit, Erzählkunst, Musik, guter Geschmack – wirklich erfreuen tut den Menschen eigentlich nur das, was keinen Zweck hat, was in dem Kampf ums Dasein keine Bedeutung hat, um es etwas überspitzt auszudrücken. Also sowohl phylogenetisch wie ontogenetisch tritt uns beim Menschen primär diese plastisch spielerische, von allen Determinismen befreite künstlerische Tätigkeit entgegen.

8. Die menschliche Seele – eine gesteigerte Natur?

Aber wie hängen nun die Naturschöpfungen und das menschliche Kunstschaffen konkret zusammen? Auf die Vorbildfunktion der Natur in der menschlichen Kunst braucht man ja eigentlich nicht hinzuweisen, in vielen Kunstwerken lebt die Nachahmung und Steigerung natürlicher Gestaltungsprinzipien. Der Mensch versucht im Kunstwerk, die Natur zu idealisieren, die Tätigkeit der Natur fortzusetzen, sie zu erhöhen. Wenn die Menschen beispielsweise musizieren, woher nehmen sie das Gefühl und das Wissen vom richtigen Tempo, woher kommt das so Belebende des Rhythmus? Der Musiker oder die Sängerin spüren es, weil sie dabei unbewusst in ihr Herzorgan, in ihren Naturgrund hineinhören, der ihnen sagt, ob es stimmig ist oder nicht. Alle Tempi, die wir in der Musik kennen, vom schwermütigen Largo eines Trauermarschs bis zum quirligen Prestissimo eines irischen Volkstanzes, haben schon immer in unserem Herzrhythmus gelebt. Der Frequenzbereich des gesunden Herzens ist derselbe, der auch die musikalischen Tempi umfasst, innerhalb dessen wir Musik als Musik erleben. Wenn wir den Trauermarsch langsamer spielen, als das Herz schlagen kann, erleben wir das nicht mehr als Musik, sondern nur noch als beziehungslose Aneinanderreihung von Tönen. Und wenn die Musik schneller gespielt wird, als das Herz schlagen kann, ist jegliches Bedürfnis nach Tanz verschwunden. Die Empfindung des Musikalischen erwacht erst, wenn es auf das Herz gestimmt ist. Wenn das Herz mitspielen kann, dann erst erleben wir die Töne als Musik. Also das, was die Musik zum tragenden Gefühl erhebt, diese Gefühlssubstanz strömt uns aus dem Herzen und anderen rhythmischen Naturvorgängen in uns zu. Musizieren ist nicht nur ein kultureller Prozess, sondern da ist auch Natur in uns; wir bauen auf den Vorgaben der Natur auf und steigern diese im Spiel und im Kunstwerk.

Und so ist es nicht nur beim Musik-Fühlen, sondern in allem Kunst-Fühlen, im ästhetischen Fühlen: Im Wahrnehmen des Kunstwerks realisieren wir dieses besondere Erlebnis der Wirkung, der Stimmigkeit, ja auch diesen Eindruck der Identität nicht über das bloße Denken und Vorstellen, sondern wir vollziehen eine Art inneren Abgleich, wir lauschen in die Komposition unserer Organtätigkeiten, in dieses musikalische Element des Wohlproportionierten, des harmonisch Aufeinander-abgestimmt-Seins, was in unsere ganze Physiologie und Anatomie hineinwirkt und lebt, und nur dadurch kommt das Fühlen überhaupt zustande. Wenn wir in einer Kathedrale singen, dann durchdringt sich der Ton mit der Beschaffenheit des Bauwerks, und so ist unser Gefühl immer durchdrungen von einer leiblichen Resonanz, wenn wir erröten, weinen oder Herzklopfen haben. Wir nehmen das Kunstwerk nicht nur mit den Augen und Ohren wahr, sondern die Wirkung des Kunstwerks ergreift unseren ganzen Organismus. Da ist nicht nur die Musik, die unseren Organismus im Tanz ergreift, es ist auch das Wirkprinzip aller Kunsttherapie. Da ist eine innere Beziehung zwischen dem, was im Kunstwerk lebt, und dem, was in unserem Organismus, den wir von der Natur mitbekommen haben, lebt.

Der Mensch erscheint als Naturwesen dadurch, dass sich die Natur in ihrem Eigenwesen zurücknimmt – sich wie homöopathisiert. So ist er zugleich ein Kompendium der gesamten Natur. Paracelsus hat das in seinem bekannten Zitat so formuliert: *«Wenn wir die Natur überschauen, sehen wir lauter einzelne Buchstaben, und das Wort, das sie bezeichnen, ist der Mensch.»* Wir könnten die Ästhetik eines Pferdes nicht erleben, wenn nicht Pferdeartiges in uns wäre. Wenn Sie ein Pferd erleben und mit dem inneren Blick die ‹Anatomie› dieser Pferdestimmung studieren, dann ist da eine halbbewusste, träumende Erinnerung an einen archaischen, ungeheuer kraftvollen Frühzustand der Evolution, an dem Mensch und Pferd noch nicht getrennt waren. Das ist das, was in den Mythen als Kentaur erscheint.[11] Wenn wir von dem gemeinsamen Stammbaum aller Lebewesen reden oder sagen, das Pferd teilt mit uns mindestens 80 Prozent des genetischen Materials, dann ist das nur die Außenansicht eines Tatbestandes, der auch eine Innenansicht hat. Das Pferdewesen ist auch in uns enthalten, sonst könnten wir es gar nicht erleben. Zwischen dem bloßen Betrachten eines Pferdes und dem «Gespür» für das Pferd liegt ein Resonanzphänomen, das äußere Pferd ruft das Pferd *in uns* wach.

Wenn Sie die Berge lieben und jedes Jahr dort hinfahren und hinaufsteigen, dann stehen Sie da oben und haben ein erhabenes, ästhetisches Erlebnis, das die Künstler in Wort, Bild und Musik immer wieder neu inspiriert. Nirgendwo stehen wir so aufrecht wie auf einem Berg! Warum? Weil in dieses erhabene Erlebnis etwas von der künstlerisch-organischen Kraft hineinfließt, die ständig unsere

11 In der griechischen Mythologie wurde Asklepios, der Gott der Heilkunst, von Cheiron, einem Kentaur, ausgebildet; der Pferdmensch tritt gewissermaßen als Vermittler von Natur und Kultur auf, indem er die Heilkräfte der Natur zur Kultur der Heilkunst entwickeln hilft.

Knochen aufbaut und ihre lebendige Form erhält. Wir könnten das Ästhetische der Berge da draußen nicht fühlen, wenn uns dabei nicht von innen her die plastische Kraft der Knochenbildung entgegenkommen würde, die aus der bloßen Betrachtung ein wirkliches Erlebnis, ein Gefühl macht. Ohne diese Kraft könnten wir die Berge zwar sehen, würden aber nichts dabei erleben, nichts fühlen. Wir brauchen nur einmal in uns hineinzulauschen und dieses Gefühl genauer anzuschauen, wenn wir auf einem Berg stehen.

Oder schauen Sie einmal in die intime Physiologie des Humors hinein. Warum hüpft und «schättert» unser ganzer Organismus bei einer lustigen Geschichte, sodass wir uns vor Lachen fast in die Hose machen? Da jubilieren in uns unsere Ausscheidungsprozesse. Was da in der Physiologie des Lachens hervortritt, ist normalerweise in der Kraft unserer Ausscheidungsvorgänge verborgen; das Lachen schläft gewissermaßen in den Ausscheidungsprozessen. Dass Sie nämlich etwas Altes, Unbrauchbares, etwas Lebloses hinausbefördern können, ist ein sehr wohltuender, lustvoller, ja fast lustiger Vorgang, der etwas Gesundes und Befreiendes hat. Deshalb ist das Lachen so gesund. Die Alten haben das gewusst, wenn sie von den Humores, den Säften, gesprochen haben. Humor, aus dem Lateinischen übersetzt, heißt Saft, man könnte ihn einen geistigen Verdauungssaft nennen. In der Empfindung des Witzigen kommt uns von innen diese organische Kraft des Ausscheidens entgegen. Sie sprüht gewissermaßen in unsere Seele hinein, und das erleben wir als erheiternden und befreienden Stimulus; im Lachen scheiden wir seelisch einen unbrauchbaren Sinnzusammenhang aus, etwas Unsinniges, oft auch das alternde, verkrustete Geistige, wenn wir uns zurecht über etwas lustig machen, was nicht mehr richtig lebendig ist. Der obstipierte (verstopfte) Mensch ist ja nicht selten der zwanghafte, der humorlose Mensch.

9. Der Mensch – ein Entwicklungszentrum am Stammbaum der Evolution

Was kann man an diesen Beispielen sehen? Das seelische Erleben des Menschen ist nicht abgespalten von der äußeren Welt, sondern ein gesteigerter Naturprozess. In all unseren Empfindungen und Gefühlen lebt immer etwas von der Natur mit. Deshalb haben sie mehr Kraft und mehr Leben als eine bloße Vorstellung.

Dadurch dass der kunstbegabte Mensch ein Kompendium der gesamten Natur ist, kann er zu allem in dieser Natur in eine denkende, fühlende oder handelnde Beziehung treten. Das ist die seelische Universalität des Menschen. Auf der naturwissenschaftlichen Ebene verstehen kann man diesen zentralen Aspekt nur, wenn man sich den Stammbaum der Evolution einmal unter einem anderen Aspekt anschaut. Man betrachtet den Menschen ja für gewöhnlich als *eine* Entwicklungslinie, als *einen* von vielen Zweigen an diesem Stammbaum. Das ist aber insofern nicht ganz zutreffend, als er in der Synopsis all seiner biologischen Merkmale mehr einem Sprössling, einem Wachstumsauge, als einem fertig ausgebildeten Seitenast gleicht.[12] Am Sprosskegel des Baumes befinden sich die sogenannten Meristemzellen, die den embryonalen Stammzellen des Menschen entsprechen. Wie diese alle speziellen Gewebetypen des gesamten Menschen enthalten (aus den Stammzellen lassen sich Nervenzellen, Hautzellen, Leberzellen u.v.m. züchten, deshalb liegt in der Stammzellforschung eine moderne Jungbrunnenhoffnung), so enthält der Sprosskegel potenziell den gesamten Baum, weil aus diesen undifferenzierten Zellen Laubblätter, Kelch- und Blütenblätter, Stängel, Samen, Früchte usw. hervorgehen können. Und so wie dieses Meristem potenziell

12 Tittmann 1982

den gesamten Baum als Möglichkeit enthält, so enthält der Mensch als Sprössling potenziell den gesamten Stammbaum der Evolution. Der Mensch ist somit ein Entwicklungszentrum am Stammbaum der Evolution. Der Sprosskegel hat die höchste und intensivste innere Tätigkeit, in ihm ist das meiste zukunftsoffene, plastisch bildsame Leben enthalten. Dieser Überschuss der Bildekräfte, in denen das Ganze der Natur in seiner Potenzialität enthalten ist, gibt dem Mensch auch sein besonderes Gedächtnis, nicht nur ein individuelles, ontogenetisches Gedächtnis, was bis in die Gebärmutterzeit zurückreicht, sondern auch ein kollektives, phylogenetisches Gedächtnis, das bis zu «Adam und Eva» zurückreicht. Auch wenn dies nur einem meditativ geschulten Bewusstsein zugänglich ist, so ist es dennoch vorhanden.

Wir könnten Evolutionsforschung gar nicht betreiben, wenn in uns nicht die ganze Evolution in einem gewissen Sinne eingeschrieben wäre. Wenn sie nicht in uns wäre, würden wir gar nicht neugierig werden auf unsere Geschichte. So wie wir heute noch genetisch mit den Neandertalern oder den Schnecken verbunden sind – wir haben alle noch Gene von Neandertalern und Schnecken in uns, unsere Nervenzellen beispielsweise sind mit denen der Schnecken völlig identisch, und die sind 100 Millionen Jahre alt –, so wie es also eine kontinuierliche genetische Spur in der Außenansicht der Evolution gibt, so gibt es auch eine Innenansicht der Evolution, die in den ungeheuer kraftvollen Bildern der ganzen Schöpfungsmythen die Menschheit von Anfang an begleitet hat.

Und es sind diese Zusammenhang schaffenden Kräfte des Lebendigen selbst, die Bildekräfte der Natur, die sich im menschlichen Kunstwerk auf einer höheren Stufe neu realisieren. Durch die Kunst – nicht durch die Biotechnik – sind wir auf dem Weg, das Lebendige einmal selbst zu erzeugen, vielleicht erst in sehr ferner Zukunft.

Aber denken wir nur an die Musik und die gewaltigen Kräfte, die sie entfesseln kann! Der lebendige plastische Prozess, der sich in allen Naturbildungen so reich, kraftvoll und in immer wieder neuer Ästhetik vor uns offenbart, erscheint individualisiert als Gestaltungswille in jedem einzelnen Menschen.

10. Ästhetik als Grundmodus natürlicher Gestaltung

Es geht bei unserem Thema nicht um etwas Besonderes, etwas Neues oder etwas Spezielles, sondern nur darum, dasjenige wachzurufen, was eigentlich als zeitloses Wissen in jedem Menschen da ist, ein Wissen und Fühlen, das wir nur aus dem Schlafzustand des Selbstverständlichen hervorholen müssen. So scheint es geradezu überflüssig, auf das Ästhetische in der Natur hinzuweisen, wissen wir doch alle um die grenzenlose Fülle der Schönheit, die uns in Pflanzen, Tieren, Landschaften und Himmelsstimmungen entgegenkommt. Aber die Ästhetik als Grundmodus natürlicher Gestaltung kommt heute gar nicht mehr vor im Kontext wissenschaftlicher Deutungen und Explikationen, sie bleibt als parawissenschaftliches Problem ausgeklammert aus dem Geschäft mit der harten Faktenanalyse. Das Prachtgefieder eines Pfaus wird als spektakuläres Beispiel sexueller Selektionsprinzipien gehandelt. Aber das Ästhetische der Natur reicht offensichtlich weit über das hinaus, was eine anthropomorph eingeengte Sichtweise auf eine Zweckmäßigkeit im Fortpflanzungsgeschehen reduziert. Der Samenstand eines Löwenzahns, die wundervolle Einmaligkeit der Schneekristalle, der tiefe Charakter jeder einzelnen Landschaft und ihre «Mimik» unter den jahreszeitlichen Licht- und Wetterverhältnissen – jenseits aller Zweckmäßigkeit offenbart sich in *aller* Natur die Signatur des Schönen. Deshalb müssen wir uns als Menschen auch immer wieder im Wahren und Schönen der Natur erholen. Wir erholen uns nicht im Überlebenskampf, sondern in der sanften ästhetischen Lebenskraft, die alle Natur durchwirkt. Wir brauchen heute ein solches Wissen dringender denn je, denn es macht den Menschen freier und gesünder! Denken Sie nur einmal, was es für das Selbstverständnis des Menschen und unsere ganze Kultur bedeuten würde, wenn wir uns statt in einer Welt konkurrierender Überlebenskampfstrategien in einer grundsätzlich künstlerisch ambitionierten Natur beheimatet wüssten! Ein ästhetischer Realismus wäre eine Therapie gegen all die epidemisch um sich greifenden Angstneurosen. Was die Menschennatur heute ja am meisten kränkt bzw. krank macht, ist das chronische Grundgefühl einer geistigen Heimatlosigkeit, die Trennung von Geist und Natur, die seit 300 Jahren unserem Denken eingehämmert wird.

Wem das Pferd zu einem stillen inneren Freund geworden ist, wenn er sich ganz in seine Natur hineingelebt hat, der kann die Entdeckung machen, dass es gerade dieses Tier ist, was den Übergang des Menschen von der Natur zur Kultur sinnbildhaft begleitet. Das Pferd hat den Menschen gewissermaßen aus der Natur in die Kultur getragen, und es ist die Ausstrahlung seines Wesens, das uns die Klugheit gibt, diese Zusammenhänge besser zu verstehen.

Literatur

Gadamer HG (1977): Die Aktualität des Schönen. Stuttgart

Goethe JW (1966): Naturwissenschaftliche Schriften. Zürich

Henshilwood CS et al. (2011): A 100,000-Year-Old Ochre-Processing Workshop at Blombos Cave, South Africa. 334, Issue 6053, 219 – 222. DOI: 10.1126/science.1211535

Kelber W (1986): Die Logoslehre. Frankfurt

Rosslenbroich B (2018): Entwurf einer Biologie der Freiheit. Die Frage der Autonomie in der Evolution. Stuttgart

Schad W (2006): Geist oder Gehirn. Zur Überwindung des hirnzentrierten Menschenbildes. die Drei 5/2006. S. 27 – 35

Schmahl FW, Weizsäcker CF (2000): Moderne Physik und Grundfragen in der Medizin. Deutsches Ärzteblatt 97 Heft 4, 28. Januar 2000, A-165 – 167 (auch unter: www.aerzteblatt.de/archiv/20957/Moderne-Physik-und-Grundfragen-der-Medizin)

Steiner R, Wegman I (1925): Grundlegendes für eine Erweiterung der Heilkunst. GA 27. Donach, Ausgabe 1991

Tittmann W (1982): Das Wachstumsauge der Pflanze als Bild der stammesgeschichtlichen Entwicklung des Menschen. In: Schad W (Hrsg.): Goetheanistische Naturwissenschaft. Band 1: Allgemeine Biologie, Stuttgart

Autonomie durch Kooperation: eine Orchidee mit drei Symbiosen

BENJAMIN BEMBÉ

«Die Orchideenblüten gleichen bald geflügelten Insekten, bald den Vögeln, welche der Duft der Honiggefäße anlockt. Das Leben eines Malers wäre nicht hinlänglich, um … die prachtvollen Orchideen abzubilden, welche die tief ausgefurchten Gebirgstäler der peruanischen Andeskette zieren.»
Alexander von Humboldt[1]

Von ungewöhnlichen, seltsamen, erstaunlichen, ja sogar den «aussergewöhnlichsten aller Blumen» berichtet Philipp Cribb von den Royal Botanic Gardens, Kew.[2] Gemeint sind Helmblumen, Orchideen aus der Gattung *Coryanthes*, denen die Zeitschrift der Schweizerischen Orchideenstiftung 2017 ein ganzes Heft widmete. Wer sich ausführlich mit der Lebensweise dieser Orchideen beschäftigt hat oder gar die Möglichkeit hatte, ihre Bestäubung im tropischen Regenwald Mittel- oder Südamerikas zu beobachten, wird diese Beschreibungen gewiss nicht für übertrieben halten. So wachsen diese Orchideen meist nur in kugelförmigen Ameisennestern, und wenn sie blühen, locken sie schillernde Insekten in wassergefüllte Gleitfallen, die an die Blätter fleischfressender Pflanzen erinnern. Manches, worüber wir bei dieser

1 Humboldt 1807

2 Gerlach 2017

Orchidee staunen können, ist nur durch die Bildung einer temporären Autonomie, hervorgerufen durch mehrere Symbiosen,[3] möglich, die auf komplizierten Wegen erreicht wird. Bevor wir genauer auf diese Autonomie blicken, sollten wir uns mit der exotischen Lebensweise von *Coryanthes* und ihrer Symbiosepartner vertraut machen.

1. Aus dem Leben der Orchideen

Orchideen gehen im Vergleich zu anderen Blütenpflanzen oft eigene Wege. Die Pflanzenfamilie ist mit etwa 30.000 beschriebenen Arten unübersehbar groß und vielfältig, andererseits in manchen ihrer Besonderheiten auch wieder relativ einheitlich. Dadurch hat sie es geschafft, fast alle Lebensräume des Festlandes zu besiedeln und sich auf allen Kontinenten, mit Ausnahme der Antarktis, auszubreiten. Die erste dieser gattungsspezifischen Besonderheiten findet bereits bei der Keimung der Orchideen statt. Ihre zahlreichen Samen sind winzig klein und werden in der Regel vom Wind verbreitet. Ihnen fehlt das Endosperm, das die für Samen typische Speicherfunktion von Nährstoffen übernimmt. Daher sind die Samen meist nur mithilfe von Pilzen keimfähig. Ein Symbiosepilz aus der unmittelbaren Umgebung dringt aktiv in den keimenden Samen ein und bildet eine sogenannte «endotrophe Mykorrhiza». Der Embryo der Orchidee kann dadurch seine Nährstoffe über den Pilz beziehen oder sogar Teile des Pilzes verdauen. Unter anderem so ist es möglich, dass Orchideen drei ökologisch verschiedene Lebensweisen einnehmen konnten: erstens die

3 Unter Symbiose (i.e.S.) versteht man eine gesetzmäßige Wechselbeziehung von artverschiedenen Organismen, die für beide Seiten von Vorteil ist. Lebt der kleinere Partner im Körper des größeren, spricht man von Endosymbiose.

terrestrische, in der Erde wurzelnd – wie alle einheimischen Orchideen –, zweitens die epiphytische, auf Stämmen oder Ästen tropischer Bäume wachsend – wie die hier betrachtete *Coryanthes* und mit ihr weit über die Hälfte aller Regenwaldbewohner –, und drittens die seltenere lithophytische Lebensweise, auf Felsen und in deren Spalten wachsend. Nach der Keimung entwickeln sich krautige, mehrjährige, niemals verholzende Pflanzen, die auch weiterhin mit den genannten Pilzen in enger Verbindung bleiben. Es besteht also weiterhin eine enge Symbiose, auf welche die Orchidee angewiesen ist, nicht aber der Pilz. In manchen besonderen Fällen parasitiert die Orchidee sogar als Vollschmarotzer auf dem Pilz und ernährt sich ausschließlich von ihm, (fast) ohne eigenes Chlorophyll zu bilden, so wie unsere europäische Vogel-Nestwurz (*Neottia nidus-avis*).[4]

Die bekanntesten Besonderheiten liegen jedoch in den Blüten der Orchideen. Sowohl im Form- und Farbenreichtum als auch in ihrem Duft sind sie einzigartig. Daher werden Orchideen auch in erster Linie wegen ihrer Blüten als Zierpflanzen kultiviert. Die einzige im größeren Umfang kultivierte Nutzpflanze innerhalb der Familie ist die Vanille-Orchidee, die wegen ihrer aromatischen Samen in der noch unreifen Kapsel angebaut wird. Wirksame Arzneipflanzen sind trotz der gewaltigen Artenfülle nur wenige bekannt. In der Homöopathie werden Substanzen einiger Knabenkrautarten (*Orchis*) bzw. in den USA Frauenschuharten (*Cypripedium*) therapeutisch eingesetzt.[5]

Orchideen zeigen aber nicht nur besonders schöne und variationsreiche Blüten, auch ihr Blütenaufbau ist einzigartig im Pflanzenreich. Wie die meisten einkeimblättrigen Pflanzen besteht die Blütenhülle aus zwei Kreisen von je drei Blütenblättern. Der äußere Kreis, die

4 Strasburger 1991

5 Vogel 2015

Abb. 1: Aufbau der Orchideenblüte. 1: Kelchblätter (Sepalen) 2: Kronblätter (Petalen), eines weist nach hinten und ist kaum sichtbar, das dritte bildet die Lippe. (Orchidee: *Cyrtidiorchis frontionensis*, Foto: G. Gerlach)

Kelchblätter (Sepalen), kann einheitlich gestaltet sein oder mehr oder weniger variieren. Die Kronblätter (Petalen) – der innere Kreis – sind dagegen niemals alle drei gleich, denn das mittlere bildet die sogenannte Lippe (Labellum) der Blüte, die oft gattungsspezifisch sehr unterschiedlich geformt ist (Abb. 1). Die Blüte sitzt dem unterständigen, langgestreckten Fruchtknoten auf, der oft wie der Blütenstiel erscheint. Bei ihrer Entwicklung findet in der Regel eine Drehung des Fruchtknotens um 180° statt (Resupination). Wichtig ist hierbei, die Landestelle für den Bestäuber richtig zu orientieren. So sind z. B. bei gebogenen Blütenständen die Blüten in unterschiedlichem Winkel resupiniert, sodass alle in die gleiche Richtung weisen. Im Vergleich zu ihrer Anlage steht die Orchideenblüte also meist genau auf dem Kopf, dadurch wird die Lippe zur «Unterlippe».

Eine weitere Besonderheit der Orchideenblüte ist die Säule (Gynostemium, Abb. 1) in ihrer Mitte. Sie entsteht durch die Verwachsungen von einem bzw. zwei fruchtbaren Staubblättern mit dem Griffel und der Narbe.[6] An der Spitze dieser Säule befindet sich das Pollinarium: Die meisten Orchideen besitzen keinen staubförmigen Pollen, sondern ihre gesamte Pollenmasse ist zu zwei oder vier (selten acht) ovalen Pollenpaketen verklebt, die auf einem Stiel sitzen und mit einer Klebscheibe versehen sein können und so sehr effektiv auf dem jeweiligen Bestäuber befestigt werden (Abb. 2). Dies wiederum hat zur Folge, dass eine Orchideenblüte mit ihren bis zu fünf Millionen Samenanlagen entweder ganz oder gar nicht bestäubt wird. Außerdem ist es den Orchideen dadurch gelungen, dass ihr eiweißreicher Pollen nicht zur Ernährung von Bienen oder anderen Tieren gesammelt wird. Gerade durch diesen Blütenaufbau ist es wichtig, dass selektiv nur eine oder wenige Tierarten als Bestäuber angelockt werden.

Wohl aus diesem Grund haben sich in zahlreichen Orchideengattungen sogenannte Täuschblumen entwickelt, die beispielsweise den Duft verschiedenster Insektenweibchen exakt nachahmen und deshalb von den jeweiligen Männchen gezielt aufgesucht werden (z.B. bei *Ophrys* = Ragwurz oder *Lepanthes*). Bei wiederholtem Blütenbesuch kommt es dabei – anstelle zur Paarung der Insekten – zur Bestäubung der Orchidee. Stattdessen bietet eine große Anzahl südamerikanischer Orchideen ihren Blütenbesuchern stark duftende Substanzen als Belohnung an – ohne sie dabei zu täuschen.

6 Strasburger 1991

2. Bestäubung durch Prachtbienen

Bevor wir uns den Helmblumen zuwenden, sollten wir noch einen Ausflug ins Reich ihrer Bestäuber unternehmen. Denn gemeinsam mit etwa 700 weiteren Arten neotropischer Orchideen gehört auch *Coryanthes* – mit etwa 50 beschriebenen Arten – zu den sogenannten Parfümblumen. Als solche werden Pflanzen bezeichnet, die den Bestäubern in ihren Blüten keinen Nektar, Pollen, Öle oder Harze anbieten, sondern ausschließlich Duftstoffe. Daran haben sich im Laufe einer intensiven und vielgestaltigen Koevolution männliche Prachtbienen angepasst, die diese Duftstoffe mit Hingabe sammeln.

Diese nicht seltenen, aber eher im Verborgenen lebenden Bienen weisen, ähnlich wie schon die Orchideen, einige einzigartige Charakteristika auf. Unter ihnen finden sich die farbigsten aller Apiden: grüne, blaue, rote oder mehrfarbige Tiere in kräftigen, stark schillernden Farben. Die größten Arten allerdings sind hummelartig, hellbraun und behaart. Der wissenschaftliche Name der Gruppe, Euglossini, spielt auf die lange Zunge der Tiere an. Bei einigen Arten erreicht sie mehr als das Doppelte der Körperlänge. Da sie nicht wie bei Schmetterlingen eingerollt werden kann, wird sie im Flug dem Bauch angelegt und überragt die Tiere als wäre sie ein überlanger Stachel (zu erkennen auf Abb. 3, rechts). Die Euglossini sind mit etwa 240 Arten in den feuchtwarmen Regenwäldern Mittel- und Südamerikas verbreitet. Sie machen etwa ein Viertel aller bekannten Bienenarten des tropischen Amerikas aus.[7]

Als einzigartig kann das Verhalten der Männchen angesehen werden, Duftstoffe zu sammeln. Diese werden mit körpereigenen Lipiden gemischt und dadurch sozusagen transportfähig gemacht.

7 Roubik & Hanson 2004

Abb. 2: Ein Prachtbienenmännchen von *Euglossa analis* beim Sammeln eines künstlichen ausgebrachten Duftstoffes in Bolivien. Es trägt ein *Gongora*-Pollinarium (mit gelben Pollinien) auf seinem Rücken (Foto: B. Bembé).

Dazu werden sie mit haarigen Quasten der Vorderbeine aufgesaugt und dann im Schwebeflug über die Mittelbeine zu den Hinterbeinen transportiert. Hier angelangt, werden sie in den dicken, wie aufgeblasen wirkenden hinteren Schienbeinen gespeichert (gut erkennbar auf Abb. 3).[8] Die gesammelten Duftstoffe können später gezielt versprüht werden.[9] Die Bedeutung dieses im Insektenreich einzigartigen Verhaltens ist jedoch bislang unklar. Es wird angenommen, dass sie eine wichtige Rolle im Fortpflanzungsverhalten der Bienen spielen.[10] (Ein teilweise vergleichbares Phänomen ist nur von männlichen Fruchtfliegen der Gattung *Bactrocera* aus Malaysia bekannt. Diese nehmen Duftstoffe der Orchideengattung *Bulbophyllum* durch den Mund auf und geben sie durch Rektaldrüsen wieder ab, wobei sie

8 Bembé 2007, 2012

9 Bembé 2004

10 Eltz & al. 2003

als Sexuallockstoffe eingesetzt werden).[11] Zahlreiche Blütenpflanzen, allen voran großblütige Orchideen wie die hier betrachteten, haben sich diesem Duftsammelverhalten angepasst und werden ausschließlich von männlichen Prachtbienen bestäubt.

3. Das «Parfümblumensyndrom»

Man spricht bei der hier beschriebenen Bestäubung vom Parfümblumensyndrom, das nur aus Mittel- und Südamerika bekannt ist. Denn dort haben sich als Pendant zum Duftsammelverhalten der Bienen mehrere Pflanzengruppen koevolutiv entwickelt, die sich durch sehr intensive, aber relativ einfach zusammengesetzte Blütendüfte auszeichnen. Die Blüten dieser Pflanzen sind völlig nektarlos, und ihre Pollen sind mehr oder weniger gut verborgen.[12] Der Blütenduft übernimmt hier nicht nur die sonst übliche Rolle, den Bestäuber anzulocken, sondern dient diesem zugleich auch als Belohnung. Derartige Blüten werden als «euglossophil» bezeichnet. Euglossophile Blüten haben sich außer bei Orchideen noch in weiteren Pflanzengruppen entwickelt. Sie finden sich z. B. in den Familien der Solanaceae, Gesneriaceae, Euphorbiaceae, Annonaceae, Araceae, Clusiaceae und bei den Palmen.[13]

Wie anfangs beschrieben, kleben die Orchideen ihre gesamte Pollenmasse in Form eines Pollinariums meist dem ersten in der Größe passenden Besucher auf. Bei einem wiederholten Blütenbesuch der Biene kann die Orchidee dann bestäubt werden (Abb. 3). Diese

11 Tan & Nishida 2000

12 Dressler 1967, Gerlach 1995a, 1995b, Vogel 1963, 1966

13 Bembé 2007

Abb. 3 links: *Euglossa amazonica* sammelt Duft an *Gongora* aff. *cruciformis*. Das Männchen trägt bereits ein *Gongora*-Pollinarium auf seinem Rücken. Rechts: *Eg. orellana* auf *Coryanthes vasquezii*, beides im Tieflandregenwald von Bolivien (Fotos: B. Bembé).

Orchideen können daher nur so lange überleben, wie die richtige Prachtbienenart in ihrem Habitat vorkommt. Andersherum sind die Orchideen und ihr Parfüm für die Bienen nicht lebensnotwendig.

Schon die Erklärung dieser Blütenformen allein durch die herkömmliche «synthetische Evolutionstheorie» mittels Selektion und Mutation dürfte nicht ganz einfach sein. Gänzlich versagt die Theorie allerdings bei einer Erklärung der Färbung euglossophiler Orchideenblüten, die oft innerhalb einer Gattung, manchmal sogar innerhalb einer Art (z. B. bei *Coryanthes senghasiana*) sehr unterschiedlich ausfällt und gerade bei *Coryanthes* fantastische Varianten annimmt. Die

Versuche mit Duftstoffködern zeigen eindeutig: Die Farbe spielt hier überhaupt keine Rolle. Wären die Blüten dieser 700 – 800 Orchideenarten allesamt weiß oder grün, sie würden wohl genauso effizient bestäubt werden.

Die Position, in der das Pollinarium mit seiner Klebscheibe auf den Bienenkörper angeheftet wird, ist dabei gattungsspezifisch, ebenso die Form und Größe des Pollinariums. So positionieren manche Orchideen ihr Pollinarium auf dem Kopf der Biene, andere am Mittelleib, dem Hinterteil, den Beinen oder den Fühlern. Diese Stellen auf dem Bienenkörper sind allesamt so gelegen, dass die Biene sie beim Putzen nicht oder kaum erreicht und somit die Pollinarien nicht entfernen kann. Diese Positionen werden durch über 30 unterschiedliche, ebenso komplizierte wie exakte Bestäubungsmechanismen der jeweiligen Orchideengattung erreicht. Durch diese verschiedenen Positionen kann eine Biene sogar die Pollinarien mehrerer Orchideengattungen zugleich auf ihrem Körper tragen und diese auch bestäuben, ohne dass es zu «Bestäubungsfehlern» und dadurch zu Hybriden kommen würde. Die wohl komplizierteste Variante innerhalb dieser Formenfülle, ihr Pollinarium exakt und sicher zu positionieren, zeigt uns die Gattung *Coryanthes*. Aber bevor die Orchidee bestäubt werden kann, muss sie erst einmal heranwachsen.

4. Der Lebenszyklus von *Coryanthes* – ohne Ameisen geht es nicht

Wie fast alle Orchideen benötigt *Coryanthes* zum Keimen einen Mykorrhizapilz, der auf der Rinde eines tropischen Baumes wächst. Die Pflanzen wachsen nie voll sonnenexponiert, sondern auf halbschattigen Standorten in der unteren Kronenregion der Regenwald-

Abb. 4: Habitus von *Coryanthes albertinae* ohne Wuzelbereich und Ameisennest (aus Karsten 1848).

bäume – in einem Bereich sehr hoher Luftfeuchtigkeit. Oft findet man die Pflanzen auch auf Bäumen in Sümpfen und Mangrovenwäldern entlang der küstennahen Flüsse. In Sekundärwäldern scheinen sie deutlich häufiger als in Primärwäldern vorzukommen. Ihr Verbreitungsgebiet erstreckt sich fast über die gesamten extrem feuchten Waldgebiete vom Süden Mexikos bis in die nördliche Hälfte Boliviens, also über Mittelamerika und die tropischen Bereiche des Orinoco- und Amazonasgebietes. Am häufigsten kommen sie in den Bergregenwäldern der Andenhänge vor (bis 1200 m). Ein zweites Verbreitungsgebiet liegt, abgetrennt durch die trockeneren Gebiete Zentralbrasiliens, im atlantischen Küstenregenwald der Mata Atlântica.

Bereits bei heranwachsenden Jungpflanzen finden sich unter natürlichen Bedingungen immer Ameisennester im Wurzelbereich der Orchideen. *Coryanthes* benötigt nicht nur symbiontische Pilze, sondern auch eine Ameisenkolonie, die ein kugel- oder eiförmiges Nest in ihrem Wurzelbereich bildet. Diese obligatorischen Nester werden als Ameisengärten bezeichnet.[14]

Der *Coryanthes*-Spezialist Günter Gerlach vom Botanischen Garten München beschreibt die Ameisengärten so: «*Diese Ameisennester bestehen aus einer sehr gut durchlüfteten Matrix, gebildet aus Karton (von den Ameisen zerkaut und zusammengeklebt), lockeren Humuspartikeln und Kot von pflanzenfressenden Säugern. Die Ameisen düngen also ihre Pflanzen in ihrem Garten. Sie kennen ihre Pflanzen! Bei Untersuchungen stellte sich heraus, dass diese Nester ein konstantes Repertoire an Pflanzenarten enthalten, die sich je nach Region etwas unterscheiden. So gibt es eine ganze Reihe von Pflanzenarten, die ausschließlich in solchen Ameisengärten wachsen. […]*

14 Gerlach 2017

Erkennen die Ameisen keimende Pflanzen, die nicht in ihren Garten gehören, so werden diese kurzerhand mit den Mundwerkzeugen (Mandibeln) abgeschnitten. Durch die Gänge der Ameisen im Nest werden die Wurzeln der Coryanthes-Pflanze gut mit Luft versorgt, aber auch die Wasserversorgung ist über die Oberfläche des Nestes gewährleistet. Stirbt eine solche Ameisenkolonie ab, so verfallen die Gänge der Ameisen rasch, die zuvor gute Durchlüftung lässt nach, und die Wurzeln der Coryanthes werden im Wachstum zunächst beeinträchtigt, bis sie später verfaulen und zum Absterben des ganzen Ameisengartens führen.»[15]

Die Ameisengärten können von verschiedenen Ameisen aus den drei Gattungen *Azteca*, *Camponotus* und *Crematogaster* gebaut werden. Alle drei können nicht stechen, verteidigen ihr Nest aber, indem sie beißen und ein Wehrsekret verspritzen ähnlich unserer Roten Waldameise. Gelegentlich leben zudem noch parasitische Feuerameisen oder Wespen in den Ameisengärten, die beide sehr unangenehm stechen können und daher bei Botanikern wenig beliebt sind. Die Ameisengärten können Durchmesser von über 80 cm erreichen, sind aber im Durchmesser meist 30–40 cm (Abb. 5). Ob zuerst die Orchideen oder die Ameisen den Ast besiedeln, ist noch nicht geklärt. Es weist aber einiges darauf hin, dass oft die Ameisennester zuerst da sind und *Coryanthes* darin keimt.[16] Die vielen weiteren Pflanzen, die in den Ameisengärten wachsen «dürfen», haben oft Fettkörper an ihren Samen (Elaiosomen) und werden deshalb gezielt von den Ameisen ins Nest getragen. Oft finden sich auch Ameisengärten mit mehreren Generationen von *Coryanthes*; gelegentlich sogar von zwei verschiedenen Arten. In Bolivien konnte auch beob-

15 Gerlach 2015

16 Gerlach 2017

Abb. 5 oben links: Junge *Coryanthes*-Pflanze, in deren Wurzelbereich der Bau eines Ameisennests begonnen hat. Rechts: Ein älterer Ameisengarten mit einer *Coryanthes*-Pflanze und zahlreichen weiteren Pflanzen, beides Peru. Unten: Ameisengarten mit mehreren jungen *Coryanthes*-Pflanzen im Küstenregenwald von Brasilien (Fotos: oben G. Gerlach, unten B. Bembé).

achtet werden, dass Ameisen die Samen von *Coryanthes* in ihr Nest trugen.[17]

Die Jungpflanzen von *Coryanthes* haben ein üppiges Wurzelsystem mit stark verzweigten Wurzeln, was für Orchideen selten ist. Die dickeren Hauptwurzeln befinden sich meist im Substrat des Ameisennestes, während dünnere Seitenwurzeln nach oben aus dem Nest herausragen. Herabfallendes Laub kann von diesen Wurzeln aufgefangen werden, worauf es von den Ameisen zerkleinert und als Dünger für Orchideen und ihre Mycorrhizapilze ins Nest eingebaut wird. Durch die intensive Düngung der Ameisen ist ihr Nest deutlich nährstoffreicher als der durch Wurzeln und Pilze ausgelaugte Boden des tropischen Regenwaldes.[18]

Im Gegenzug versorgt *Coryanthes* ihre Ameisen fortwährend über extraflorale Nektarien[19] mit Nahrung, die sich zahlreich an jungen Trieben, den Tragblättern und den Knospen befinden, also an besonders empfindlichen Pflanzenteilen, die noch zart sind und in die noch keine Bitterstoffe eingelagert werden konnten. Die Ameisen sammeln dort Nektar und verteidigen ihre Orchideen bei Bedarf gegen Fressfeinde, die es auf gerade jene zarten Pflanzenteile abgesehen haben. Die Orchidee wird also regelrecht von ihren Ameisen bewacht.[20]

Vor einiger Zeit machte Helmut Heider in seinem «Orchidarium» in Villa Tunari am Rande der bolivianischen Anden eine interessante Entdeckung an den Ameisengärten. Während eines zweiwöchigen Kaltlufteinflusses aus dem Süden kühlte das Klima stark ab, sodass

17 H. Heider, mündliche Mitteilung

18 Benzing 1991

19 Nektardrüsen, die sich nicht in Blüten, sondern auf Blättern oder Sprossen der Pflanze befinden.

20 Gerlach 2017

Abb. 6: Blütenstand von *Coryanthes verrucolineata* aus Peru (Foto: G. Gerlach).

die Temperatur im Regenwald tagsüber konstant bei nur 9 °C lag. Die Innentemperatur mehrerer Ameisengärten sank jedoch in dieser Zeit nicht unter 20 °C. Die Ameisen hatten die Eingänge verschlossen und sorgten vermutlich durch Fermentationsprozesse von eingetragenem Pflanzenmaterial für den Temperaturanstieg im Wurzelbereich der Orchidee. Bei den von Ameisen verlassenen *Coryanthes*-Pflanzen glich sich die Wurzeltemperatur bereits am zweiten Tag ganz der Außentemperatur an.[21] Die Ameisen können also bei extremen Wetterlagen für angenehme Temperaturen in ihrem Nest sorgen, von denen gewiss auch die Pilze und die Orchidee profitieren.

21 Heider & Bembé 2002

Abb. 7 links: Blütenstand von *Coryanthes albertinae* aus Venezuela. Rechts: Einzelblüte von *C. picturata* aus Nicaragua. Gut zu erkennen sind die beiden Flüssigkeitstropfen an den Pleuridien (Fotos: G. Gerlach)

5. Verlockender Duft an einer heimtückischen Falle

Von Zeit zu Zeit schiebt sich ein Blütentrieb am oder durch das Ameisennest nach unten (Abb. 6 und 7). Die Blüten einiger ihrer Arten sind die schwersten aller Orchideen. So wiegt die Einzelblüte von *C. bruchmuelleri* über 100 g (ohne Flüssigkeitsfüllung) und erreicht eine beachtliche Länge von etwa 24 cm. Wie bei vielen epiphytischen Orchideen hängen die Blüten der meisten Arten senkrecht nach unten. Die zwei bis sieben Knospen eines Blütenstandes werden wegen zahlreicher Nektarien auf der Außenseite eifrig von den Ameisen

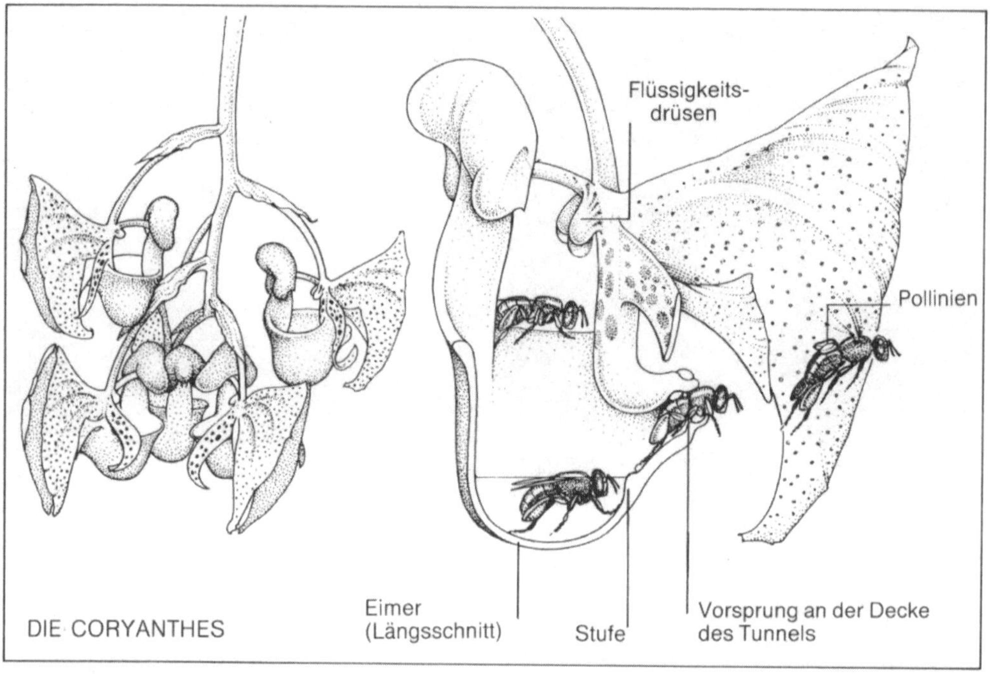

Abb. 8: Links ein Blütenstand, rechts Einblicke in den Bestäubungsvorgang von *Coryanthes* (aus: Meeuse & Morris 1984).

besucht und bewacht. Erst wenn sie sich eines Morgens öffnen, verschwinden die Ameisen und lassen die herbeikommenden Prachtbienen ihre Arbeit verrichten. Einmalig im Pflanzenreich ist dabei die Form ihrer Blüten: Sie bilden – meist prachtvoll gefärbte – Gleitfallen. Die Lippe der Blüte bildet einen Kessel, einen umgedrehten Helm, auf den sich der Name Helmblume bezieht («Eimer» in Abb. 8). In seinem oberen Teil (Hypochil), der oft an einen Pilz erinnert, wird kräftig Duft produziert; allerdings nur an seiner Innenseite – direkt über dem Kessel. Gleich daneben tropft aus zwei Drüsen (Pleuridien) ein wässriges Sekret in den Kessel, sobald sich die Blüte in den frühen Morgenstunden für ein bis drei Tage öffnet (Abb. 7 rechts). Von den Prachtbienenmännchen, die den begehrten Duftstoff sammeln, berührt früher oder später ein Tier einen der Wassertropfen an den Pleuridien. Dadurch wird es für einen Moment flugunfähig und fällt in den Kessel. Gelegentlich wird es auch während eines heftigen Streites mit den vom Duft betörten Kollegen in den Kessel gestoßen. Ähnlich wie bei Kannenpflanzen machen die glatten Seitenwände nun eine Flucht nach oben aus der Blüte unmöglich. Aber im Gegensatz zu den Fallen der karnivoren Kannenpflanzen ist hier Rettung in Sicht! Denn es gibt eine Möglichkeit, diesen feuchten und unangenehmen Ort wieder zu verlassen, und zwar in Form einer kleinen «Rettungsinsel», einer Stufe vor einem Tunnel, der zurück in die Freiheit führt (Abb. 8).

Die Oberseite dieses engen Tunnels wird von der Säule gebildet. Deshalb befinden sich darin die Narbe und gleich dahinter das Pollinarium der Orchidee. Bei dieser Passage, für welche die erste Biene zehn, ja sogar zwanzig Minuten benötigen kann, bekommt diese das Pollinarium in die Taille geklebt (Abb. 9 und 10). Obwohl das Bienenmännchen nach Verlassen der Blüte sichtlich erschöpft wirkt und trocknen muss, wird es nach gewisser Zeit wieder von dem verlockenden Duft einer Blüte derselben Art angezogen und durchläuft abermals die feuchte Prozedur. Beim Verlassen dieser Blüte wird ihm das Pollinarium wie von einem Haken abgenommen und durch die Bewegung der Biene in den Narbenkanal gedrückt, wodurch die Blüte bestäubt wird. Gelegentlich wurde sogar beobachtet, dass ein wasserscheuer, aber unbelehrbarer Duftsammler kurz darauf noch einmal in dieselbe Blüte fiel.[22] Man würde meinen, dass die Blüte dadurch mit dem eigenen Pol-

22 Allen 1950

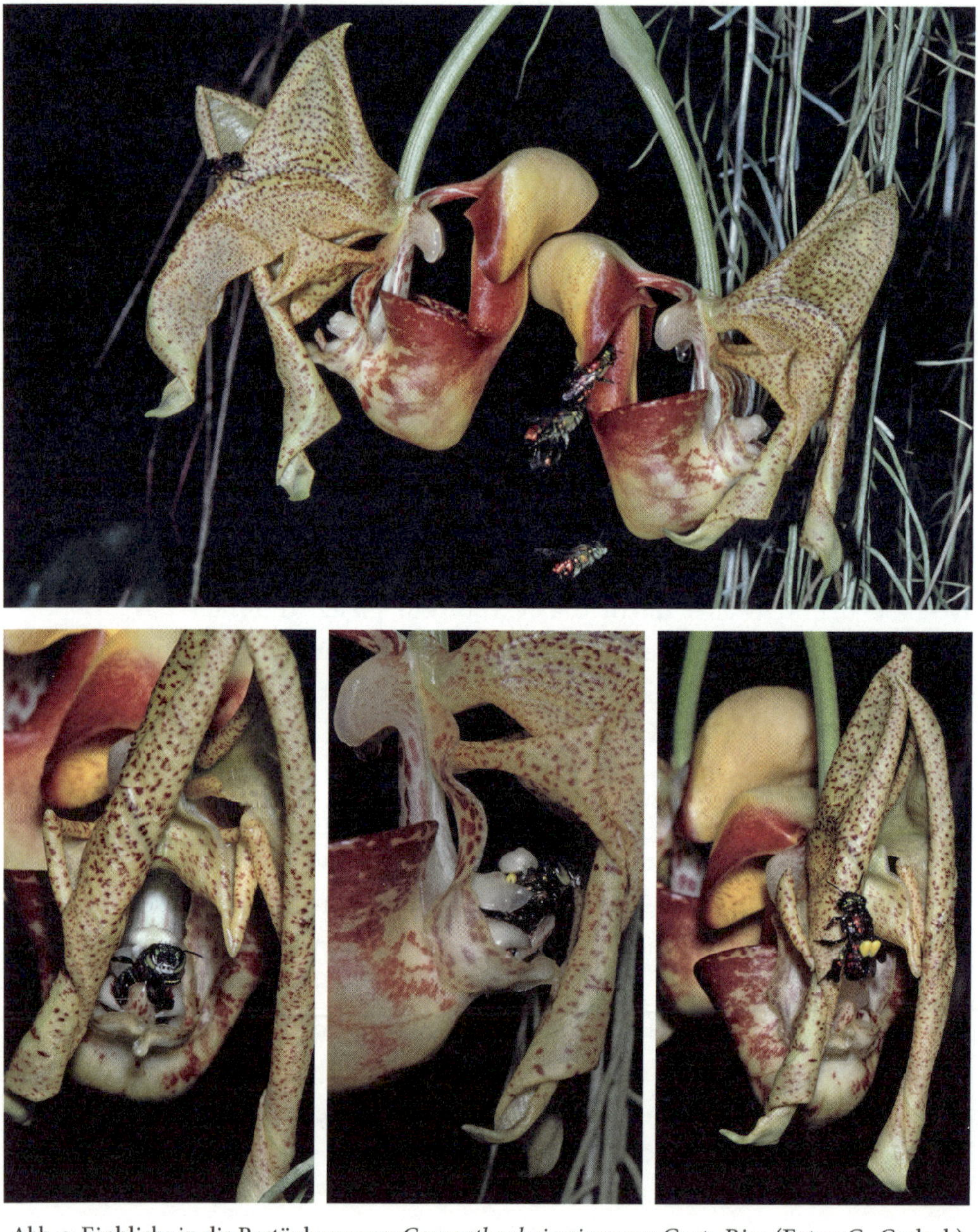

Abb. 9: Einblicke in die Bestäubung von *Coryanthes kaiseriana* aus Costa Rica (Fotos: G. Gerlach).

Abb. 10 oben: *Euglossa laurensi* beim Anflug an *Coryanthes sp.*, einer wahrscheinlich noch unbeschriebenen Art aus Bolivien (Foto: H. Heider). Unten: Während ein Männchen von *Eg. orellana* witternd heranfliegt, verlässt ein zweites gerade mühevoll die Kesselfalle von *C. vasquezii* in Bolivien (Foto: B. Bembé).

linarium belegt würde. Dies ist jedoch nicht der Fall, da der Narbenkanal für ein frisches Pollinarium zu schmal ist. Dieses muss erst einige Stunden trocknen und dabei etwas schrumpfen, damit es in den Kanal passt. Auf diese Weise wird Selbstbestäubung der Art effektiv verhindert.[23] Die Blüte wird somit entweder ganz oder eben gar nicht bestäubt. Bei erfolgreicher Bestäubung bildet *Coryanthes* kräftige Kapseln mit etwa einer halben Million Samen aus, die in vergleichsweise kurzer Zeit von zwei Monaten heranreifen. Der komplizierte Vorgang mit der Kesselfalle ist jedoch so effektiv, dass meist eine der Blüten bestäubt wird – was in anderen Orchideengattungen nicht immer der Fall ist.

6. Segen und Fluch der Ameisen

Die intensive Verbindung zwischen Orchidee und Ameisen lässt *Coryanthes*-Pflanzen schnell wachsen, macht sie aber unter Umständen auch kurzlebig. Während andere Orchideen oft bis zu sieben Jahre bis zur ersten Blüte benötigen und danach noch einige Jahre weiterleben, vermutet man, dass *Coryanthes*-Pflanzen im Regenwald bereits nach zwei Jahren blühen können, danach ihre Lebenszeit jedoch bald zu Ende gehen kann. Auch in ihrer Blütezeit und ihrer Samenbildung sind sie im Vergleich zu anderen Orchideen sehr schnell. *«Obwohl die Ameisen ihre Pflanzen beschützen, sind sie oft am Tod derselben mitverantwortlich. Sie siedeln oft Schildläuse (Coccoidea) an der Pflanze an, dadurch gelangen Bakterien in ihr Inneres, die schwachen Pflanzen rasch zum Verhängnis werden. Rüsselkäfer (Curculionidae) scheinen von den Ameisen nicht wahr-*

23 Gerlach 2017

genommen zu werden, denn häufig konnten in der Natur befallene Coryanthes-Pflanzen angetroffen werden. Äußerlich ist der Schädlingsbefall nicht feststellbar, denn die Rüsselkäferlarve frisst im Inneren der Pseudobulbe[24]*.*»[25] Auch wenn die Ameisen abwandern, bedeutet dies meist den baldigen Tod für die Orchidee. Man vermutet, dass dies in der Natur gelegentlich bereits im dritten Lebensjahr geschieht.[26] Beobachtungen aus Bolivien weisen andererseits darauf hin, dass manche Pflanzen mindestens vier Jahre hintereinander regelmäßig zur Regenzeit blühen und bei intaktem Ameisennest wahrscheinlich viele Jahre alt werden können.[27]

7. Autonomiezunahme durch Symbiose

Durch die drei Symbiosen der Orchidee mit Pilzen, Ameisen und Prachtbienen werden jeweils temporäre Homöostasen[28] aufgebaut, die eine relative Eigenständigkeit gegenüber den vorhandenen Umweltfaktoren bilden. Durch jede dieser Symbiosen wird die Orchidee ein Stück unabhängiger von ihrer Umwelt, das heißt, durch die Kooperation mit den verschiedenen Partnern werden Autonomiezustände erreicht, durch welche die Orchidee profitiert.

So werden durch die Ameisen der Wasserhaushalt und die Durchlüftung der Wurzeln durch Öffnen und Schließen ihrer Nesteingänge

24 Pseudobulbe: verdickter Teil der Sprossachse, der als Wasser- und Nährstoffspeicher dient (Abb. 5 oben links).

25 Gerlach 2017, S. 70

26 Gerlach 2017

27 H. Heider, mündliche Mitteilung

28 Als Homöostase bezeichnet man die Aufrechterhaltung eines Gleichgewichtszustandes in einem offenen System durch interne regulierende Prozesse.

kontrolliert und genau gesteuert. Sogar eine Wärmeregulation bei niedrigen Umgebungstemperaturen ist durch diese Symbiose gewährleistet. Ebenso wird die Belichtungssituation von den Ameisen – zumindest im Rahmen ihrer Möglichkeiten – kontrolliert, indem zu nah stehende schattenwerfende Blätter anderer Pflanzen abgebissen und entfernt werden. Bereits hierdurch wird für eine Pflanze eine Erweiterung der Autonomie erreicht, indem Veränderungen der Umweltfaktoren ausgeglichen werden. Weiterhin wird ihre Ernährung durch die Düngung der Ameisen sowie die Bereitstellung und Übergabe der Nährstoffe durch die Mycorrhizapilze reguliert. Zudem erreicht gerade *Coryanthes* eine höhere Bestäubungseffektivität als manche andere tropische Orchidee durch ihre enge Verbindung mit den duftsammelnden Prachtbienen, die sie in ihre Blütenfalle lockt, um sie kurz darauf als ihre Bestäuber wieder zu entlassen. Sogar im Bereich der Fortpflanzung ist sie somit autonomer als manche ihrer Verwandten, da weniger dem Zufall überlassen wird und sie dadurch effektiv bestäubt wird.

Wie anfangs geschildert, gehen Orchideen häufig eigene Wege. Diese Wege führen oft zu hoch spezialisierten, sensiblen mutualistischen[29] Beziehungen mit anderen Organismen. Dieses Wechselspiel von Symbiosen ist eine ihrer Eigenarten. Seit den Arbeiten von Lynn Margulis wissen wir, welch große Bedeutung Symbiosen in der Evolution spielen können.[30] In unserem *Coryanthes*-Beispiel führen die drei beschriebenen Symbiosen nicht zu großen evolutiven Veränderungen, wohl aber zu günstigeren und konstanteren Verhältnissen im Umfeld der Orchidee. Durch die Eigenaktivität der jeweiligen

29 Mutualistisch: wechselseitige Beziehung zweier Arten, aus der beide einen Nutzen ziehen.

30 Z.B. Margulis 1999

Partner kann eine gewisse Stabilisierung gegenüber den ansonsten variablen Umweltfaktoren aufgebaut werden.

Während für die versorgenden Pilze, Ameisen und Bienen das wechselseitige Verhältnis mit der Orchidee viele Vorteile bringt, ist es für diese drei Organismen jedoch nicht lebensnotwendig. Ganz anders für die Orchidee, die auf Gedeih und Verderb von ihren Symbiosepartnern abhängig ist und in der Regel – soweit wir das beurteilen können – oft auch durch einseitige Beendigung der Ameisensymbiose zugrunde geht.

Bei den beschriebenen Symbiosen übernimmt der jeweilige Partner der Orchidee regulierende Funktionen, durch die bestimmte Umwelteinflüsse wie Wasser, Belüftung der Wurzeln, Licht, Temperatur und Nährstoffzufuhr gesteuert werden. Die Orchidee erreicht diese Regulierungen jedoch nicht durch eigene interne Kontrollfunktionen, wie das bei anderen Organismen im Laufe der Evolution der Fall war. (Beispielsweise konnten in der Wirbeltierevolution viele dieser äußeren Faktoren schrittweise vom Organismus selbst kontrolliert und gesteuert werden.) Bei *Coryanthes* entsteht diese temporäre Autonomie immer nur durch zeitlich begrenzte Zustände, die von ihren Symbiosepartnern aufgebaut und reguliert werden.

Es handelt sich hierbei also nicht um Autonomiezunahmen durch eigene, interne Kontrollfunktionen, sondern um eine Steigerung der Autonomie durch intensive symbiontische Beziehungen. Dadurch wird auch verständlich, dass diese Autonomiezustände nur so lange Bestand haben können, wie auch die Symbiose besteht. Im Gegensatz zur «klassischen» Symbiose, bei der das Überleben beider Partner vom jeweiligen Gegenüber abhängig ist, ist dies bei *Coryanthes* nicht der Fall, sondern allein ihr Überleben ist von den drei Partnern abhängig. Sie kann diese nicht dauerhaft halten, sondern nur temporär – teils durch verlockende Angebote – an sich binden.

Literatur

Allen PH (1950): Pollination in *Coryanthes speciosa*. Amer. Orch. Soc. Bull. 10, S. 528-536

Margulis L (1999): Die andere Evolution. Heidelberg, Berlin

Bembé B (2004): Functional morphology in male euglossine bees and their ability to spray fragrances (Hymenoptera, Apidae, Euglossini). Apidologie 32, S. 283 – 291

Bembé B (2007): Revision der Euglossa *cordata*-Gruppe und Untersuchungen zur Funktionsmorphologie und Faunistik der Euglossini (Hymenoptera, Apidae). Entomofauna, Suppl. 14, S. 1 – 146

Bembé B (2012): Fliegende Juwelen Südamerikas – zur Biologie und Dreigliederung der Prachtbienen. Jahrbuch für Goetheanismus 2012, Niefern-Öschelbronn, S. 53 – 92

Benzing DH (1991): Myrmecotrophy: origins, operation, and importance. In: Huxley CR, Cutler DF (Hrsg.): Ant – Plant Interactions. Oxford, New York, Tokyo

Dressler RL (1967): Why do euglossine bees visit orchid flowers? Atas do Simpósio sôbre a Biota Amazônica 5, S. 171 – 180

Eltz T, Roubik DW, Whitten WM (2003): Fragrances, male display and mating behaviour of *Euglossa hemichlora* – a flight cage experiment. Physiologic. Ent. 28, S. 251 – 260

Gerlach G (1995a): Duftanalysen – ein Schlüssel zum Verständnis der Bestäubungsbiologie neotropischer Parfümblumen. Rundgespräche der Kommission für Ökologie 10, S. 231 – 240

Gerlach G (1995b): Parfümblumensyndrom. Naturw. Rdsch. 48, S. 388 – 389

Gerlach G (2015): Abenteuer Peru, Teil 2. Orchideenjournal 3, S. 118 – 124

Gerlach G (2017): *Coryanthes*. Renziana, Zeitschrift der Schweizerischen Orchideenstiftung, Journal of the Swiss Orchid Foundation 5, S. 1 – 85

Heider H, Bembé B (2002): Gefährdete Urwaldjuwelen, Vogelschutz – Mag. für Arten- und Biotopschutz 3, S. 28 – 30

Humboldt A (1807): Ansichten der Natur. (Ausgabe von 2018) Hamburg

Karsten H (1848): Auswahl neuer und schön blühender Gewächse Venezuela's beschrieben von Hermann Karsten. Berlin

Meeuse B, Morris S (1984): Blumen-Liebe. Sexualität und Entwicklung der Pflanzen. DuMont Buchverlag, Köln

Rosslenbroich B (2007): Autonomiezunahme als Modus der Makroevolution. Nümbrecht

Rosslenbroich B (2014): On the Origin of Autonomy. A New Look at the Major Transitions in Evolution. Heidelberg, New York, Dordrecht, London

Rosslenbroich B (2018): Entwurf einer Biologie der Freiheit. Die Frage der Autonomie in der Evolution. Stuttgart

Roubik DW, Hanson PE (2004): Orchid bees: biology and field guide. INBio, San José, Costa Rica

Strasburger N, Noll F, Schenck H, Schimper AFW, Sitte P, Ziegler, Ehrendorfer F, Bresinsky A (1991): Lehrbuch der Botanik für Hochschulen, 33. Aufl. Stuttgart, Jena, New York

Tan K-H, Nishida R (2000): Mutual reproductive benefits between a wild orchid, *Bulbophyllum patens*, and *Bactrocera* fruit flies via a floral synomone. J. Chem. Ecol. 26, S. 533 – 546

Vogel H-H (2015): Wege der Heilmittelfindung (4. Aufl.). Berlin

Vogel S (1963): Das sexuelle Anlockungsprinzip der Catasetinen- und Stanhopeen-Blüten und die wahre Funktion ihres sog. Futtergewebes. Österr. Bot. Z. 110, S. 308 – 337

Vogel S (1966): Parfümsammelnde Bienen als Bestäuber von Orchidaceen und Gloxinia. Österr. Bot. Z. 113, S. 302 – 361

Die Kulturlandschaft als Organismus und ihr Entwicklungspotenzial

HANS-CHRISTOPH VAHLE

1. Kulturlandschaft: biologische Vielfalt durch den Menschen

Dass sich der lange Trend der biologischen Autonomiebildung in die kulturelle Dimension fortsetzt, beschreibt Rosslenbroich[1] bereits im vorangegangenen Band. Schon der Frühmensch emanzipierte sich immer mehr vom Naturangebot, was in besonderer Weise im Neolithikum durch die Sesshaftwerdung, verbunden mit Ackerbau und Viehhaltung, geschah. Aus der «wilden», unerschlossenen Natur wurde der Raum der Kultur ausgegliedert, in der der Mensch zunehmend höhere Freiheitsgrade erreichen konnte. Die Entwicklung zur individuellen Autonomie eines jeden Menschen charakterisiert die Sphäre des Menschlichen und hebt sie von der übrigen, außermenschlichen Natur ab.

Inzwischen hat diese Tendenz jedoch ein Ausmaß erreicht, das pathologische Formen annimmt, indem die in der Kulturtätigkeit weiterwirkende Autonomiebildung zur Entfremdung des Menschen von der Natur führt. Es scheint so, als ob sich die zunehmende Emanzipation von den Naturgegebenheiten verselbstständigte und ein Eigenleben beginnt, das nun destruktiv auf die außermenschliche Natur zurückwirkt. So entsteht das in der Ökologiebewegung

1 Rosslenbroich 2018

Abb. 1: Rest der traditionellen Kulturlandschaft mit hoher Biodiversität: Eifel, südliches NRW.

bekannte Bild des Menschen als größter Naturzerstörer und das der «heilen» Natur, der es am besten ginge, wenn der Mensch ganz vom Planeten verschwinden würde.

Muss das aber zwangsläufig so sein? Ist der Mensch grundsätzlich ein die Natur zerstörendes Wesen? Die Geschichte der Landschaft – besonders gut dokumentiert in Mitteleuropa – weist auf etwas ganz anderes hin. Denn die Forschungen zur Entwicklung der Biodiversität zeigen, dass die größte Vielfalt an Biotopen und an Pflanzen- und Tierarten in Mitteleuropa durch die historische Landbewirtschaftung entstanden ist und erst etwa in der Mitte des 19. Jahrhunderts ihren Höhepunkt erreichte.[2] Aus der Natur entwickelte sich sukzessive die Kulturlandschaft mit ihren Wiesen und Hecken, mit Trockenrasen und Heiden, Obstwiesen und Äckern – alles Ergebnisse der traditionellen Landwirtschaft, die viel reicher

2 Blab et al. 1984

Abb. 2: Struktur- und artenreiche Kulturlandschaft in der Südwestpfalz.

an Tier- und Pflanzenarten war als die Naturlandschaft der Wälder, Sümpfe und Moore (Abb. 1).

Der nach etwa 1850 einsetzende Rückgang der Vielfalt ist dann der aufkommenden Technisierung in der Landwirtschaft geschuldet. Seit etwa 150 Jahren nimmt somit die Biodiversität wieder ab, wobei sich der Rückgang bis heute zunehmend beschleunigt und gegenwärtig so drastische Formen annimmt, dass sich das Bild des Menschen als größter Naturzerstörer zwangsläufig aufdrängt. Es überlagert teilweise vollkommen den anderen Aspekt des Menschen: als ein die lebendige Vielfalt förderndes Wesen, das Naturprozesse so aufgreifen und lenken kann, dass die Natur gewissermaßen über sich selbst hinauswächst und an reichhaltigem Leben gewinnt.

Wo noch letzte Reste der traditionellen Kulturlandschaft vorkommen, empfinden wir diese zumeist als schön, als lebendig-vielfältig, als erholsam. Sie bringen etwas in uns zum Klingen, eine Sehnsucht nach heiler Welt, ein Heimatgefühl und auch etwas, von dem wir glauben, dass es gesundend auf uns wirkt – finden wir doch hier auch noch viele Tier- und Pflanzenarten, die ansonsten in stark von der modernen Landwirtschaft geprägten Gebieten längst verdrängt oder sogar vom Aussterben bedroht sind. Was dabei oft übersehen wird, ist die Tatsache, dass diese Kulturlandschaften Menschenwerk sind, von unseren Vorfahren in jahrelanger Arbeit gestaltet (Abb. 2).

Wir haben also folgenden Sachverhalt vor uns: Der Mensch hat eine die natürliche Vielfalt fördernde und eine diese Vielfalt zerstörende Seite. Die Vielfalt fördernde Seite prägte sich vor allem bis in die Mitte des 19. Jahrhunderts aus, wo sie ihren Höhepunkt erreichte. Danach setzte sich mehr und mehr die destruktive Seite durch, allerdings auf der sozialen Ebene begleitet von zunehmender individueller Freiheit und Selbstständigkeit des einzelnen Menschen. Die Frage ist, ob die biodiversitätssteigernde Seite nun in Freiheit neu ergriffen werden kann. Dazu muss jedoch die traditionelle Kulturlandschaft genau verstanden werden.

2. Der Typus der traditionellen Dorfgemarkung

Die kleinste Zelle der Kulturlandschaft, jeweils individuell abgrenzbar, ist das Dorf mit seiner zugehörigen Wirtschaftslandschaft.[3] Aus der «grenzenlosen» Urlandschaft Mitteleuropas mit fließenden Übergängen zwischen Hochmooren, Wäldern und Sümpfen entstanden

3 Ringler 1989

im Laufe der Kulturlandschaftsentwicklung zahlreiche individuelle, selbstständige Dorflandschaften mit klaren inneren und äußeren Grenzlinien. Wie die einzelnen Nutzflächen in der Dorfgemarkung verteilt waren, zeigen uns kulturgeografische Arbeiten, beispielsweise die von Ringler[4], sowie die nordwestdeutsche Kulturlandschaftsgliederung von Ellenberg[5].

Nach Ringler waren die landwirtschaftlichen Flächen um das Dorf herum so angeordnet, dass die intensiv bearbeiteten und genutzten Flächen im Dorf und in dessen nächster Umgebung lagen, wodurch der Grad der Bearbeitung nach außen, zur Gemarkungsgrenze, abnahm. Im Idealfall bildete sich dadurch eine Schar konzentrischer Kreise von Nutzflächen heraus, deren gemeinsamer Mittelpunkt das Dorf war und die die Grenzen landwirtschaftlicher Flächen mit abnehmender Bearbeitungsintensität bezeichneten. Der dadurch entstandene Gradient von intensiv nach extensiv wird als «Kulturgradient» bezeichnet.

Dieser Kulturgradient wurde von einem zweiten Gradienten, dem Feuchtegradienten, überlagert. Denn die meisten historischen Dörfer Mitteleuropas wurden auf der Grenze zwischen trockenem und feuchtem Landschaftsraum angelegt.[6] Auf der trockenen Seite befanden sich die Ackerflächen in hochwasserfreier Lage, weiter vom Hof entfernt dehnten sich zumeist trockene Schafweidegebiete aus. Die feuchte Seite wurde als Großviehweide (Rinder, Pferde) genutzt; durch die Beweidung, die zunächst innerhalb der Sumpfwälder stattfand, entwickelten sich aus diesen Wäldern im Laufe der Zeit feuchte Grasländer. Zur Winterfuttergewinnung wurden dann später Teile

4 Ringler 1989

5 Ellenberg 1937

6 Ellenberg 1937, Küster 1999

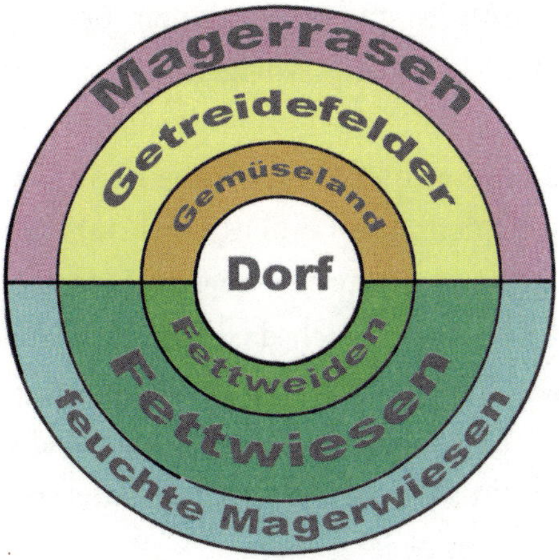

Abb. 3: Allgemeiner Dorfgemarkungstypus mit den Nutzungszonen, entstanden aus der Überlagerung von Kulturgradient (innerer Kreis: intensiv – äußerer Kreis: extensiv) und Feuchtegradient (oben: trockener Landschaftsraum – unten: feuchter Landschaftsraum).

der Weiden in Mähwiesen umgewandelt. Dieses Feuchtgrünland – Wiesen und Weiden – war sehr gut an den Wasserüberschuss angepasst; Überflutungen sorgten für eine natürliche Düngung, und der hohe Grundwasserstand ermöglichte auch in trockenen Sommern noch Ertragssicherheit.

Aus der Überlagerung von Kulturgradient und Feuchtegradient entstand so das allgemeine Bild des Dorfgemarkungstypus mit seinen Nutzungszonen (Abb. 3).[7] Wichtig ist, dass es sich hierbei um ein Gliederungsprinzip handelt, nicht um eine reale Anordnung. Je nach standörtlichen und topografischen Gegebenheiten sowie der Nutzungsweise war dieses individuell modifiziert und ausprägt. Die durch unterschiedliche Pflanzengesellschaften geprägten Nutzungszonen sollen nun einer phänomenologischen Betrachtung unterzogen

7 Vahle 1998, 2007

werden, um die mit ihnen verbundenen Lebenszusammenhänge aufzudecken und dadurch die Dorfgemarkung besser verstehen zu können.

Die Phänomenologie einer Gemarkung kann heute selbstverständlich nicht mehr beispielhaft an einem Dorf durchgeführt werden, da es inzwischen keine vollständig ausgeprägten Dorfgemarkungen mehr gibt. Es ist notwendig, sich das Gesamtbild aus verschiedenen, örtlich getrennten Fragmenten zusammenzusetzen, was durchaus noch möglich ist. Die folgende Darstellung ist das Ergebnis dieser Zusammenschau; um sie dem Erleben präsenter zu machen, wird sie in der Gegenwartsform beschrieben.

2.1 Der Kulturgradient im trockenen Wirtschaftsraum

Verfolgt man die Reihe der landschaftsprägenden Pflanzengesellschaften im trockenen Wirtschaftsraum entlang des Kulturgradienten, dann findet man zunächst unmittelbar an die Siedlung anschließend das Gemüseland (Abb. 4). Es zeichnet sich durch vegetativ-massige Pflanzenformen aus. Kohl, Salatköpfe, Spinat etc. werden ja absichtlich so gezüchtet und kultiviert, dass sich alle Kraft im Blatt- bzw. Sprossbereich konzentriert. Stark in die Fläche gehende, dunkelgrüne Blätter entwickeln sich hier. Sowohl Blüten als auch grasartig-schmale Vegetationsformen sind kaum vertreten. Die Bestände werden intensiv bearbeitet: Hacken zur Vernichtung der spontan aufkommenden Wildpflanzen und starke Düngung. Bemerkenswert ist, dass diese Vegetation überall in Europa, in den verschiedensten geografischen Regionen, nahezu gleich aussieht. Denn sie ist weniger Ausdruck der natürlichen Landschaftsfaktoren wie Boden, Wasser, Klima etc. als vielmehr der intensiven menschlichen Wirtschaft.

In der anschließenden Zone liegen die Getreidefelder (Abb. 5). Sie zeigen ein ganz anderes Erscheinungsbild. Im Frühjahr beobachten wir

Abb. 4: Gemüseland unmittelbar an die Siedlung anschließend.

Abb. 5: Getreidefelder in weiterer Entfernung vom Dorf.

Abb. 6: Beispiel für Magerrasen auf saurem Boden: Borstgrasrasen mit Arnika in den Vogesen.

hier kräftig grüne, stark wachsende Gräser mit relativ breiten Blättern, die Ausdruck der vorherrschenden vegetativen Kräfte sind. Zu dieser Zeit gibt es eine gewisse Ähnlichkeit mit dem Gemüseland. Doch dieses Stadium geht im Sommer bald in die Reifephase über, in der der vegetative Bereich abstirbt und dabei die charakteristische strohgelbe Färbung entsteht. Zu dieser Zeit ist im Getreidefeld die linealische Struktur das vorherrschende Element, blättrige Elemente treten ganz zurück. Begleitet wird das Getreide von zahlreichen Ackerwildkräutern, die bunte Blühaspekte erzeugen können. Strahlige Formen und Farbenreichtum zeichnen also das sommerliche Getreidefeld gegenüber dem Gemüseland aus. Außerdem erreicht es in seiner Reifephase eine viel größere Wuchshöhe, die etwa das Zwei- bis Dreifache des

Gemüselandes beträgt. Anders als im Gemüseland lassen sich bei den Getreidefeldern deutliche geografische Unterschiede feststellen, die sich einerseits in den angebauten Getreidesorten und andererseits vor allem in den begleitenden Ackerwildkräutern zeigen. Diese Unterschiede werden am deutlichsten im Sommer zur Blütezeit der Ackerwildkräuter sichtbar; am wenigsten sind sie im Frühjahr zu erkennen, dann erscheinen die Kornfelder überall recht einheitlich als grüne Grasrasen. Der menschliche Einfluss auf diese Pflanzengesellschaft ist erheblich, jedoch sind Düngung und Bodenbearbeitung nicht so stark wie beim Gemüseland.

Jenseits der Getreidefelder breiten sich die trockenen Schafweidegebiete aus, die in der Zone der Magerrasen zusammengefasst werden. Hier können sich ganz verschiedene Pflanzengesellschaften ausbilden, je nachdem, welcher Boden, welche Feuchteverhältnisse und welches Kleinklima vorhanden sind. So findet man hier Borstgrasrasen (Abb. 6), Zwergstrauchheiden, Sandtrockenrasen oder Kalktrockenrasen (Abb. 7). Darin liegt ein wesentlicher Unterschied zu den Gemüse- und den Kornfeldern, die aufgrund ihrer intensiveren Bewirtschaftung bei verschiedenen natürlichen Ausgangsbedingungen ein recht einheitliches Aussehen haben. In den Magerrasen und Heiden, die nur «extensiv» bewirtschaftet werden, spiegelt sich im Gegensatz dazu die Qualität der Naturlandschaft in hohem Maße wider, und zwar viel intensiver, als es durch die natürliche Waldvegetation geschehen könnte. So wird in der Magerrasenvegetation deutlich ablesbar, ob es sich um Sand-, Lehm- oder Kalkböden handelt; auch die Exposition, die Bodenfeuchtigkeit und das Kleinklima zeigen sich in der unterschiedlichen Zusammensetzung der Pflanzendecke.

Gemeinsam ist den Magerrasen die Schwachwüchsigkeit und die niedrige Wuchshöhe. Die Gesamtfärbung spielt je nach Jahreszeit zwischen Graugrün, Blaugrün und Hellbraun. Ein frisches Maigrün

Abb. 7: Beispiel für Magerrasen auf Kalkboden: Kalkmagerrasen mit Wundklee und Kugel-Teufelskralle im Kaiserstuhl.

wie etwa bei Frühlingswiesen kommt nicht vor. Dafür ist die Blütenbildung viel stärker – insbesondere die Kalkmagerrasen fallen vom Frühling bis zum Sommer durch intensive Blühaspekte auf.

In den vegetativen Organen kann allenthalben eine Tendenz zur Zusammenziehung beobachtet werden. So sind die Blätter einiger wichtiger Gräser dieser Gesellschaften sehr schmalblättrig oder sogar eng zusammengerollt, sodass sie wie Nadeln oder Borsten erscheinen. Auch bei den Kräutern lassen sich linealische, grasartige Blattformen beobachten. Neben diesem dominant ausgeprägten linealischen Element kommen auch flächige Formen vor, aber nur sehr zerstreut und dann auch nur als Rosette dem Boden angedrückt (z. B. Kleines

Habichtskraut, Ferkelkraut). Sowohl in den linealischen Formen als auch in der Rosettenbildung drückt sich eine Zusammenziehung des Vegetativen aus.

Fassen wir im Rückblick noch einmal zusammen, welche Gestaltverwandlung sich vom hofnahen Gemüseland bis zum dorffernen Magerrasen vollzieht: Im Gemüseland dominieren breitblättrige Formen als Ausdruck des Wässrigen. Der Sprossbereich ist stark entwickelt und die vorherrschende Vegetationsfarbe ein kräftiges, frisches Grün. Das geht auf Kosten des Blühimpulses: Farbige Blumen werden kaum ausgebildet. Dieses Verhältnis kehrt sich schon im Kornfeld um, und zwar gerade im typischen Sommeraspekt. Dann fehlen breitblättrige Gestalten ganz, die Vegetation wird beherrscht von strahlig-linealischen Formen, und die Ackerwildkräuter bringen bunte Blühaspekte. Eine Ähnlichkeit zum Gemüseland ist allenfalls im Frühjahr gegeben, wenn das frisch ausgetriebene Kornfeld sattgrün erscheint und die relativ breiten Grasblätter des Getreides eine vegetative Üppigkeit demonstrieren.

Letzteres ist in den Magerrasen zu keiner Zeit mehr der Fall. Auch im Frühling zur Zeit des frischen Austriebs erscheinen Magerrasen nur graugrün, blaugrün oder braungrün. Die Konsistenz ist trocken, und breitblättrige Formen findet man gar nicht oder, wenn doch, dann als niedrige Rosetten am Boden angedrückt. Alles an der Sprossgestalt ist strahlig, fein und hartblättrig. Dem reduzierten Sprossbereich steht eine verstärkte Blütenentwicklung gegenüber.

2.2 Der Kulturgradient im feuchten Wirtschaftsraum

Auf der feuchten Landschaftsseite, unmittelbar im Kontakt zu den Höfen, findet man intensiv genutzte Weideflächen, auf denen neben Großvieh auch Schweine, Gänse und Hühner gehalten werden (Abb. 8). Die Grasnarbe ist stark durch Befressen und Betreten strapaziert,

Abb. 8: Fette Rinderweide direkt am Hof.

erhält aber über den Kot der Tiere hohe Düngergaben. Die Pflanzengesellschaft, die sich unter diesen Umständen einstellt, ist die Weidelgras-Weißklee-Weide mit hohem Anteil von trittresistenten Arten. Sie ist immergrün, etwas buckelig und niedrigwüchsig. Gräser beherrschen das Bild, aber im «Unterwuchs» siedeln doch zahlreiche Kräuter, allen voran der Weißklee, der in diese Rasengesellschaft ein ausgeprägtes breitblättriges Element hineinbringt. Die Kräuter können im Laufe der Vegetationsperiode verschiedene, doch nie sehr auffällige Blühaspekte hervorrufen. Durch das Beweiden wird die ganze Pflanzengesellschaft ständig im Stadium des vegetativen Sprossens gehalten.

Nach der Weide folgt die Zone der Fettwiesen, also der gedüngten Futterwiesen, typischerweise der feuchten Glatthaferwiese. Die Wiese zeigt einen ähnlichen Aufbau wie die Weidelgras-Weißklee-Weide in linealische Oberschicht und breitblättrige Unterschicht,

Abb. 9: Feuchte Glatthaferwiese: hochwüchsige Heuwiese zur Grundfuttergewinnung.

nur mit dem Unterschied, dass die Vegetation der Wiese etwa das Zehnfache der Höhe der Weide erreicht (Abb. 9). Obwohl auch in der Wiese die Gräser dominieren, fällt doch meist zuerst der große Blütenreichtum auf, der von Hahnenfuß, Pippau, Margerite, Glockenblume, Vogelwicke, Sauerampfer, Rotklee, Flockenblume und vielen anderen gebildet wird. Die untersten Dezimeter der Wiese nehmen breite, flächige Formen ein, die den Blättern von Hahnenfuß, Klee, Löwenzahn, Ehrenpreis u.a. gehören.

Im Winter ist die Wiese grün und niedrigwüchsig und ähnelt dann einer Weide oder einem winterlichen Kornfeld. Bis zum ersten Schnitt im Frühling oder Frühsommer wächst sie dann hoch auf und entwickelt ihre bunten Blühaspekte. Auch damit ist eine Parallele zum Getreidefeld gegeben, wenngleich die Wiese vor dem eigentlichen

Abb. 10: Feuchte Magerwiese als Heilkräuterwiese: Lungenenzianwiese mit blühendem Teufelsabbiss.

trockenen Reifestadium abgeerntet wird. Ein wichtiger Gestaltunterschied zum Getreidefeld ist aber, dass in der Wiese die breitblättrige, dichte, grüne Unterschicht vorhanden ist, die dem Getreidefeld fehlt.

An die Zone der gedüngten Futterwiesen schließt sich die Zone der ungedüngten Feuchtwiesen an, die traditionell als Heilkräuterwiesen oder Streuwiesen (zur Gewinnung einer Einstreu für den Tierstall) bewirtschaftet wurden. Kennzeichnende Pflanzengesellschaften sind bei Streunutzung die Pfeifengraswiese und bei Heunutzung die Lungenenzianwiese (Abb. 10). Wie die Magerrasen auf der trockenen Seite sind auch Pfeifengraswiese und Lungenenzianwiese niedrigwüchsig. Nur einige wenige Pflanzen ragen aus der dichten, unregelmäßig hohen Grasnarbe, wie beispielsweise die dunkelgrünen

Horste der Knäuelbinse oder die dünnen Halme des Pfeifengrases mit den dunkelvioletten Blütenrispen. Auffällig ist eine Verschiebung der Blütenfarbe gegenüber der Glatthaferwiese: Es kommen hier mehr Arten mit blauen, violetten und rötlichen Tönen vor, wobei die beiden wichtigsten blau bzw. violett blühenden Pflanzen dieser Gesellschaft erst zwischen Juli und September blühen: Teufelsabbiss und Lungenenzian. Während bei der Glatthaferwiese die «Unterschicht» aus flächenblättrigen Formen besteht, findet man an entsprechender Stelle in der Pfeifengraswiese und der Lungenenzianwiese überwiegend schmale, grasartige Formen. Sähe man nicht das Wasser in den Fußstapfen, man könnte vom Erscheinungsbild her bezweifeln, es hier überhaupt mit einer feuchteabhängigen Pflanzengesellschaft zu tun zu haben.

Damit ist die Reihe der Pflanzengesellschaften im Grünlandbereich der Gemarkung abgeschlossen. Auch hier soll im Rückblick versucht werden, Gesetzmäßigkeiten im Gestaltwandel von der Fettweide bis zur mageren Feuchtwiese aufzuspüren. Zunächst einmal ist der große Sprung in der Vegetationshöhe zwischen Weide und Fettwiese einerseits und Fettwiese und Pfeifengraswiese bzw. Lungenenzianwiese andererseits auffallend. Deutlich ist außerdem die unterschiedliche Ausprägung des linealischen Gestaltelements. Es ist in der Fettweide nur schwach ausgebildet, wo niederliegende und flächenblättrige Formen dominieren, und es ist andererseits das entscheidende Gestaltelement in den mageren Feuchtwiesen. In der mittleren Vegetationsgestalt, der Fettwiese, erreicht das linealische Element zwar seine größte Höhe im Raum, es ist hier aber immer begleitet von einer Unterschicht aus vorwiegend rundlich-flächigen Blattformen.

Ein weiterer zu betrachtender Aspekt ist die Färbung der Vegetation: Auf der einen Seite steht die rein frischgrüne Weidelgras-Weißklee-Weide, auf der anderen die überwiegend blaugrünen bis graugrünen

Bestände der Pfeifengraswiese und der Lungenenzianwiese. Mit dem Gras harmonieren die dominanten Blütenfarben der Kräuter. In der Weidezone bilden Kräuter nur selten auffallende Blühaspekte, diese sind dann gelb oder weiß. Auch in den bunt blühenden Fettwiesen überwiegen gelbe und weiße Töne. Dann ändert sich das Bild schlagartig, indem Rot, Rosa, Violett und Blau die herrschenden Farben der mageren Feuchtwiesen sind.

2.3 Vergleich der Vegetationsgestalten des trockenen und des feuchten Kulturgradienten

Nun können die beiden Gestaltreihen aus dem trockenen und dem feuchten Wirtschaftsraum miteinander verglichen werden, um zu sehen, ob sich Gemeinsamkeiten zeigen und wie die Unterschiede beschaffen sind (Abb. 11).

Die Fettweidezone hat mit dem Gemüseland gemeinsam, dass beide stark im Vegetativen leben und die Blütenbildung unterdrückt ist. Selbstverständlich werden hier auch Blüten gebildet, sie haben aber nicht den Charakter von auffälligen Blumen, sondern sind in allen Teilen und vor allem in der Farbigkeit reduziert. Diese Pflanzengesellschaften kommen in den Genuss hoher Düngergaben, was den vegetativen Wachstumsprozess stark anregt. Andererseits erreichen sie nie eine intensive Blühphase, da sie ständig betreten, befressen oder weit vor dem Blühen abgeerntet werden. Daher rührt wohl auch ihre Niedrigwüchsigkeit; eine hoch aufragende Vertikalstruktur fehlt. Die Pflanzen bilden vor allem flächige Formen aus. Ein Unterschied zwischen Gemüseland und Fettweide liegt darin, dass im Gemüseland häufig dreidimensionale Pflanzenformen entstehen als Ausdruck des Massigen (Kohl, Rüben usw.), im Weideland bleibt es bei flachen (zweidimensionalen) Blättern.

Auf die Ähnlichkeit zwischen Wiese und Getreidefeld wurde

Sprossgestalt: *breitblättrig, massig, überwiegend weich* Konsistenz: *wässrig* Vegetationsfarbe: *kräftig grün, frischgrün* Sprossbereich: *stark entwickelt* Blütenbereich: *schwach entwickelt* Düngung: *sehr stark* Regionale und standörtliche Unterschiede: *kaum vorhanden* Vegetation ist Ausdruck von: *intensiver Wirtschaft*	mittlere Zone vermittelt rhythmisch zwischen den Polen: **Kornfeld** tendiert im Frühling zur dorfnahen Zone, im Sommer zur dorffernen Zone *(zeitlicher Rhythmus)* **Wiese** Vegetationsprofil tendiert im unteren Teil zur dorfnahen Zone, im oberen Teil zur dorffernen Zone *(räumlicher Rhythmus)* Wechsel hoch-niedrig im Jahreslauf sehr ausgeprägt: Ausdehnung und Zusammenziehung	Sprossgestalt: *strahlig, fein, hartblättrig* Konsistenz: *trocken* Vegetationsfarbe: *graugrün, blaugrün, braungrün* Sprossbereich: *reduziert* Blütenbereich: *stark entwickelt* Düngung: *keine* Regionale und standörtliche Unterschiede: *sehr ausgeprägt* Vegetation ist Ausdruck von: *Landschaftsqualitäten*

Abb. 11: Vergleich der Gestaltreihen vom trockenen und feuchten Wirtschaftsraum.

schon hingewiesen. Beiden ist die hoch aufragende Stängelstruktur gemeinsam, die die größte Höhe im Raum von allen hier behandelten Pflanzengesellschaften einnimmt. Diese Höhe unterliegt aber einem ausgeprägten jahreszeitlichen Rhythmus: Wenn ihr Maximum erreicht ist, wird sie durch die Ernte wieder bis auf wenige Zentimeter herabgesetzt. Die große Wuchskraft von Wiese und Getreidefeld wird durch das jährliche Düngen ermöglicht, allerdings mit weniger hohen Gaben als bei Gemüseland und Weide.

Ein Unterschied zwischen Wiese und Kornfeld liegt darin, dass sich bei der Wiese in die vertikale Stängelstruktur der Grasformen eine Unterschicht aus flächenblättrigen Formen eingliedert, die als Ausdruck des feuchteren Standortes angesehen werden kann und die dem Getreidefeld fehlt. Dafür bildet sich in Letzterem die hell-goldgelbe Sommerreifefärbung aus, die den trockenen Standort charakterisiert und eine Verwandtschaft mit Licht, Luft und Wärme zeigt.

Auch die trockenen Magerrasen und die mageren Feuchtwiesen haben Gemeinsamkeiten, allein schon die, dass sie nicht gedüngt werden. Das unterscheidet sie von allen vorhergehenden Pflanzengesellschaften. Auch im Erscheinungsbild haben sie viel Gemeinsames. Der Sprossbereich ist stark reduziert, was sich in Niedrigwüchsigkeit und kleinen oder grasartig schmalen Blättern zeigt. Wenn – seltener – breitflächigere Blätter auftreten, sind sie in Rosetten dem Boden angedrückt.

Die Grundfärbung dieser Rasen spielt zwischen Braungrün, Graugrün oder Blaugrün, zeigt aber niemals das frische Maigrün einer «normalen» Frühlingswiese oder Fettweide. Der vegetative Bereich mit den trüben Grüntönen und den strahligen, feinen und hartblättrigen Formen macht eigentlich immer einen etwas abgestorbenen, trockenen Eindruck, da die vegetative Entfaltung stark zurücktritt. Dabei ist merkwürdig, dass auch die Gesellschaften der feuchten Bereiche eher trocken erscheinen, was ja bei der Pfeifengraswiese und der Lungenenzianwiese schon angesprochen wurde.

Es wird immer deutlicher, dass die beiden dargestellten Reihen des feuchten und des trockenen Kulturgradienten prinzipiell gleichartig sind und eine bestimmte Gesetzmäßigkeit durchlaufen. Diese Gesetzmäßigkeit ist die einer Polarität zwischen üppigem Wachstum mit reicher Blattentfaltung und Blütenarmut einerseits und reduziertem Wachstum mit gehemmter Blattentfaltung, strahligen Formen und Blütenreichtum andererseits. Die Mitte zwischen diesen beiden Polen wird gehalten durch eine Gestalt, die einerseits durch ihre Größe auffällt und andererseits sowohl Elemente des einen wie des anderen Pols in sich vereinigt. Im Getreidefeld ist dies vor allem durch den jahreszeitlichen Rhythmus gegeben, indem es im Frühjahr mehr zum vegetativen Pol von Gemüseland und Fettweide tendiert und im Sommer zur Reifezeit den Trockenrasen ähnlich wird. In der Wiese überlagern sich die beiden Pole mehr räumlich: Die breitblättrige Unterschicht stellt die Beziehung zur Fettweide her, die feinblättrige Oberschicht mit den Blüten ist mehr mit den Magerwiesen (sowohl trockener als auch feuchter Standorte) verwandt.

3. Der Organismus der Dorfgemarkung

3.1 Dreigliederung

Die hier angewandte Methode der Phänomenologie ergibt für die Kulturlandschaft ein überraschend organisches Bild. In der vom Menschen geschaffenen Landschaft, die uns meist als komplexes, schwierig zu überschauendes Gebilde erscheint, zeichnen sich Gesetzmäßigkeiten ab, die eine organismische Ganzheit vermuten lassen. Es ist nun die Frage, ob man die traditionelle Dorfgemarkung und damit die Kulturlandschaft tatsächlich als Organismus begreifen

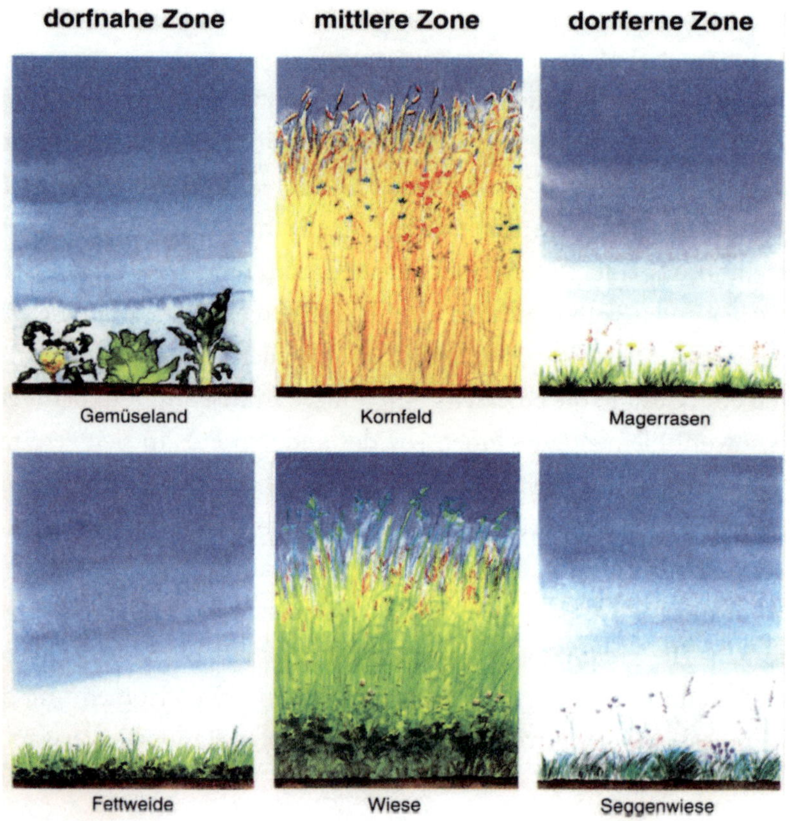

Stoffwechsel-Gliedmaßen-System	**Rhythmisches System**	**Nerven-Sinnes-System**

Abb. 12: Dreigliedriger Dorfgemarkungsorganismus: Vegetationsgestalten und Organsysteme.

kann und welche Konsequenzen sich daraus ergeben. Lässt man die obige phänomenologische Darstellung unbefangen auf sich wirken, drängt sich eine Parallele zum dreigliedrigen Organismusbegriff[8] auf (Abb. 12 und 13).

8 Steiner 1917

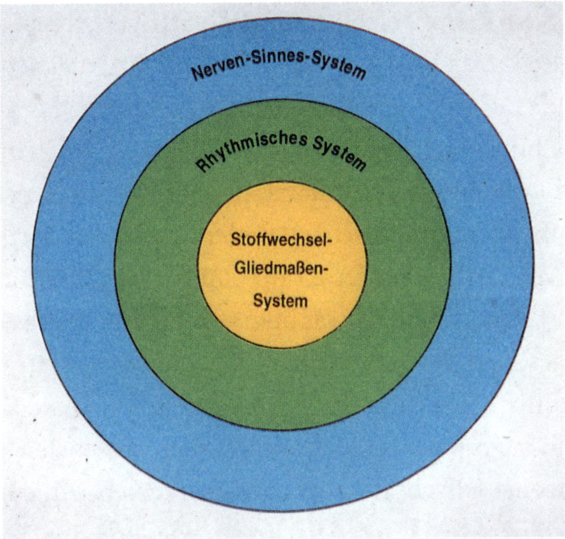

Abb. 13: Der dreigliedrige Dorfgemarkungsorganismus in der Fläche.

Bei der dorfnächsten Zone der Gemüsefelder und Fettweiden steht ganz der intensive Stoffwechsel im Vordergrund. Hier herrscht vegetatives, massiges Wachstum vor, das durch starke Düngung und periodische Störung ermöglicht wird. So kommt die Vegetation nicht zur Blühphase, sondern wird in einem jugendlichen Stadium gehalten. Die Vegetation bleibt ständig im Bereich des Wässrigen. Die intensiven Stoffumsetzungen sind korreliert mit starken Wachstumskräften und hoher Regenerierbarkeit. Hier zeigt sich demnach der Charakter des Stoffwechsel-Gliedmaßen-Systems, wie es Steiner in seinem dreigliedrigen Organismusbegriff beschreibt.

Die Pflanzengesellschaften des gegenüberliegenden Pols, die dorffernen Trockenrasen und Pfeifengraswiesen bzw. Lungenenzianwiesen, machen immer einen eher trockenen Eindruck, auch wenn sie auf nassen Böden wachsen. Sie sind gekennzeichnet durch harte, strahlige Formen. Das Wasserelement tritt hier kaum in Erscheinung, demzufolge auch keine weich- und rundblättrigen, frischgrünen Vegetationsgestalten. Das Wässrig-Vegetative wird zurückgedrängt. Stattdessen wird das Wärme- und Luftelement gefördert, das sich vor allem in stärkerer Blühintensität zeigt. Nährstoffentzug durch die Ernte und die fehlende Düngung führen dazu, dass bei Weitem nicht solche intensiven Stoffwechselprozesse stattfinden wie in der dorfnahen Zone. Die vegetativen, aufbauenden Kräfte sind stark gehemmt. Dadurch wird aber hier etwas möglich, was dem vegetativen Stoffwechselpol des Gemüselandes und der Fettweiden entgegengesetzt ist: nämlich die sehr empfindliche Reaktion der Vegetation auf kleinste Unterschiede in den Standortverhältnissen; deshalb auch die vielen unterschiedlichen Pflanzengesellschaften im nährstoffarmen Milieu, die jeweils sehr feine ökologische Differenzierungen wiedergeben. So spiegelt die menschlich bedingte Vegetation des Kulturlandschafts-Außenkreises die Landschaftsverhältnisse viel intensiver wider, als es durch die natürliche (Wald-)Vegetation geschehen könnte. Das heißt aber, dass diese nährstoffarmen Borstgrasrasen, Trockenrasen, Pfeifengraswiesen und Lungenenzianwiesen nach außen, zur Landschaft, gerichtet sind und diese abbilden. Sie vermögen dies durch die Dämpfung des vegetativen Lebens, wodurch ihre Integration in die Ganzheit der Kulturlandschaft möglich ist (Nährstoffentzug).

Auf Organismusebene sind diese Charakteristika denen des Nerven-Sinnes-Systems verwandt, in dem die Regenerationsfähigkeit und das Wachstum (also die Stoffwechselkräfte) vermindert sind und das an der Außenseite des Organismus liegt, nach außen gerichtet ist und die Umgebung abbildet. Und wie beim Auge sind auch in den Magerrasen die Stoffwechselprozesse stark zurückgenommen. Dadurch, dass sie weniger lebendig-vital sind als Gemüseland und Fettweide, können sich die Landschaftsqualitäten in ihnen sehr differenziert ausdrücken.

Wenden wir uns nun dem mittleren Bereich der Kulturlandschaft zu, der durch die Getreidefelder und Fettwiesen gekennzeichnet ist. Auffällig sind hier die unterschiedlichen Wuchshöhen in den verschiedenen Jahreszeiten. Durch das Aufwachsen der hohen Grasgestalten, die damit einhergehende Farbverwandlung und schließlich das Abmähen des gesamten Bestandes entsteht ein ausgeprägter zeitlich-räumlicher Rhythmus, der von anderen Pflanzengesellschaften der Gemarkung kaum erreicht wird und der auf das rhythmische System des Organismus verweist. Ein weiteres Kennzeichen dieses Systems ist die vermittelnde Rolle zwischen den Extremen. Bei den Fettwiesen steht die Unterschicht aus flächenblättrigen Formen den dorfnahen Pflanzengesellschaften (dem Stoffwechselpol) näher, die Oberschicht aus Gräsern und anderen linealischen Gestalten den dorffernen Magerrasen (dem Nerven-Sinnes-Pol). Die Vermittlung der beiden extremen Formen innerhalb der Wiese geschieht also durch einen Rhythmus im Raum, nämlich vertikal im Vegetationsprofil. Anders verhält es sich beim Getreidefeld. Hier handelt es sich um einen Rhythmus in der Zeit, der zwischen den Extremen vermittelt.

3.2 Funktionelle Struktur

In der landschaftsökologischen Literatur wird die historische Dorfgemarkung als ein fein abgestimmter Funktionszusammenhang beschrieben.[9] Die wichtigste und übergreifende Funktion ist die des Nährstofftransports. Die hohe Fruchtbarkeit der inneren Zonen kann nur dadurch erhalten bleiben, dass vom Außenkreis ständig Substanzen nach innen verlagert werden. Umgekehrt kann die Außenzone nur dadurch ihren besonderen Charakter als Nerven-Sinnes-System bewahren, dass Substanzen von hier abgezogen und

9 Z.B. Beck 1994

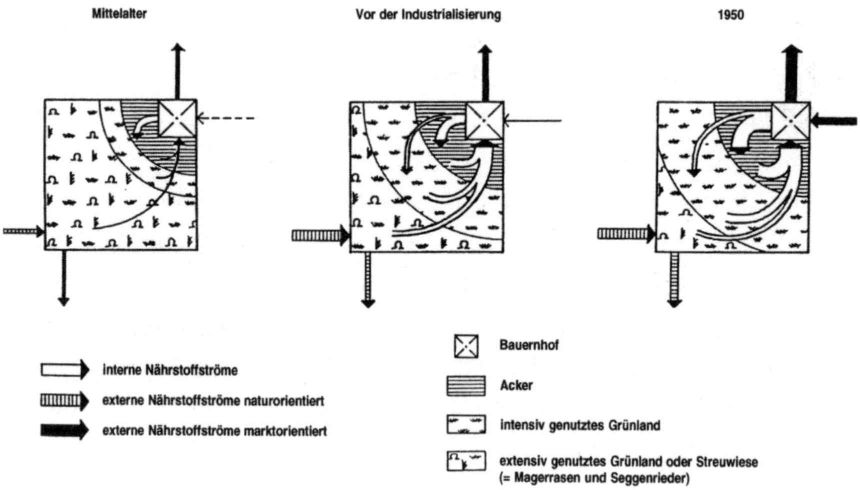

Abb. 14: Schematische Darstellung der Nährstoffströme eines landwirtschaftlichen Betriebs in der geschichtlichen Entwicklung (nach Ganzert 1994).

in das Zentrum des Systems verfrachtet werden. Es sind also beide Extreme der Dorfgemarkung notwendig aufeinander bezogen und voneinander abhängig.

Diese gegenseitige Abhängigkeit lässt sich auch genauer durch Nährstoffströme darstellen, wie es beispielsweise von Ganzert[10] versucht wurde (Abb. 14). Hierbei kommen allerdings nur die reinen Stoffströme hinsichtlich ihrer Quantität zum Ausdruck. Immerhin lässt sich daraus schon sehr schön der Quasi-Kreislauf ablesen, der dennoch für äußere Einflüsse geöffnet ist; der Vergleich mit dem lebendigen System eines Organismus, der ebenfalls eine gewisse innere Geschlossenheit und trotzdem eine Umweltoffenheit hat, ist nicht von der Hand zu weisen.

10 Ganzert 1994

Abb. 15: Typische Dorfflora (hier die Große Klette): Üppiges Pflanzenwachstum zeigt die starke Stoffwechseltätigkeit im Dorfzentrum und ist ein Hinweis auf die Eigenaktivität.

Nimmt man schließlich die unterschiedlichen Qualitäten der verschiedenen Substanzströme hinzu, wird das Bild des Kulturlandschaftsorganismus noch dichter. Unter Qualität soll hier nicht nur die Zusammensetzung der abgeernteten Biomasse verstanden werden, sondern auch die spezielle Art der Weiterverwendung im ganzen System. Unter diesem Aspekt sollen die drei Hauptzonen der historischen Dorfgemarkung noch einmal betrachtet werden.

Stoffwechselzone: Aufbau von Eigenaktivität

Die breitblättrig-mastigen und üppig wachsenden Vegetationsformen der inneren Zone bilden die äußeren Landschaftsqualitäten kaum ab, so wie es die Magerwiesen des Außenkreises tun. Hier wird etwas anderes ins Bild gesetzt; es ist die intensive Bewirtschaftung dieser Flächen. Die Stoffwechselaktivität von Mensch (Arbeit) und Tier

Abb. 16: Der Kalkmagerrasen mit Salbei und Zottigem Klappertopf setzt die Qualität der Kalklandschaft «ins Bild».

(Beweidung, Abkoten) wird hier ablesbar in der Üppigkeit der Pflanzendecke (Abb. 15). Diese Prozesse aber haben zentrale Bedeutung für die Eigenaktivität der Dorflandschaft, sie stellen den Motor, den «Beweger» des ganzen Systems dar, der der Dorfgemarkung eine gewisse Homöostase gegenüber der Umwelt ermöglicht.

Nerven-Sinnes-Zone: Sensibilität

Ganz anders stellen sich die trockenen und feuchten Magerrasen der Außenzonen dar. Nicht Eigenaktivität ist hier Thema, sondern die völlige Sensibilität gegenüber Qualitäten der Landschaft (Abb. 16 – 18). Die Aktivität, die hier von der Vegetation vollbracht wird, ist die Verinnerlichung dieser Qualitäten in die Substanz der Pflanzen hinein.

Abb. 17: Der Borstgrasrasen mit Arnika – hier in der Lüneburger Heide – bildet die bodensaure Landschaft ab.

Die Ernte und der Transport in das Zentrum der Gemarkung befördern diese zur Pflanzensubstanz gewordenen Landschaftsqualitäten in die Stoffwechselorganisation des Dorfes, wo sie sich über das Fleisch der Tiere, den Dung und den Kompost den übrigen Gliedern der Dorfgemarkung mitteilen. Erfüllen können die Magerrasen ihre Aufgabe nur, wenn ihnen ständig Materie entzogen wird, denn nur durch diesen partiellen Todesprozess kann die Aufnahme der Landschaftsqualität wie durch ein Sinnessystem erfolgen.

Abb. 18: Die magere Feuchtwiese mit Breitblättrigem Knabenkraut macht die besondere Qualität von Bodenart und Bodenwasser lesbar.

Abb. 19: Das Korn für das tägliche Brot: Getreidefeld im Ravensberger Hügelland (Ostwestfalen) in den 1950er-Jahren (Foto: Renate Vahle).

Abb. 20: Eine Glatthaferwiese wird gemäht: gesundes Grundfutter für die Rinder.

Abb. 21: Die Kühe von Hof Sackern freuen sich über das duftende Heu.

Rhythmische Zone: Vermittlung des Lebens

Die mittlere Zone der Dorfgemarkung, die der Kornfelder und Wiesen, hat, wie beschrieben, hinsichtlich der Gestalt den Charakter einer rhythmischen Mitte zwischen der dorfnächsten und dorffernsten Zone. Auch hinsichtlich der Funktion findet man eine Vermittlerposition, denn dieser Bereich ist es, der das ganze System überhaupt am Leben erhält. Durch das Korn für das tägliche Brot, dem Hauptnahrungsmittel der Menschen, durch den Hafer für die arbeitenden Pferde, durch das Wiesenheu für die Rinder werden diejenigen Lebewesen ernährt, die den allergrößten Teil der Arbeit in der historischen Dorfgemarkung leisten und die Eigenaktivität aufrechterhalten (Abb. 19 – 21).

3.3 Zeitliche Entwicklung des Dorfgemarkungsorganismus

Die beschriebene dreigliedrige Gestalt der historischen Dorfgemarkung war nicht irgendwann plötzlich da, sondern entwickelte sich im Verlauf einer langen Geschichte der Wechselwirkung zwischen Natur und Kultur in Mitteleuropa. Der Beginn der mitteleuropäischen Kulturlandschaftsentwicklung vor etwa 7000 Jahren[11] zeigt noch eine enge räumlich-zeitliche Verflechtung von Ackerbau und Waldnutzung. Aus den Urwäldern entstanden zunächst Weide- und Niederwälder, was von einer Zunahme lichtliebender Arten begleitet wurde.

In diesen frühen landwirtschaftlichen Systemen war die Vegetation der Wälder, der Säume, der «Unkraut»-Gesellschaften, der Rasen, der Heiden und der Äcker noch nicht in der heutigen Form getrennt, sondern noch mehr oder weniger durchmischt (Abb. 22). Erst im Frühmittelalter begann die Trennung von Acker- und Grünland-

11 Küster 1999, S. 78

Abb. 22: Museumsdorf auf Fyn (Dänemark) mit historischer Landwirtschaft: Acker- und Grünlandnutzung sind noch nicht klar getrennt.

vegetation, die aber durch die Brache der Dreifelderwirtschaft noch locker miteinander verbunden waren. Endgültig getrennt wurden beide erst in der Neuzeit durch den Wegfall der Brache.[12] So hat sich der Kulturgradient mit einem Höchstmaß an Flächendifferenzierung erst im Laufe der Geschichte herausgebildet.

Insbesondere die Ausdifferenzierung des feuchten Wirtschaftsraumes mit den verschiedenen Grünlandgesellschaften entwickelte sich erst recht spät. Die ursprüngliche Grünlandvegetation mitteleuropäischer Dorfgemarkungen war wohl überwiegend Weideland.

12 Burrichter et al. 1993, S. 438

Futterwiesen waren demgegenüber bis zum Mittelalter noch wenig verbreitet,[13] sie sind eine verhältnismäßig junge Erscheinung.[14] Die planmäßige Wiesennutzung auf frischen bis feuchten Böden beginnt erst zwischen der Mitte des 18. und dem Anfang des 19. Jahrhunderts.[15] Der größte Teil der nährstoffarmen Streuwiesen ist sogar *«erst im 19. Jahrhundert durch die weitere Umwandlung feuchter Viehweiden auf Allmendland als Folge der Einführung der ganzjährigen Stallhaltung des Viehs entstanden»*.[16]

So gesehen hat sich der oben ausführlich beschriebene dreigliedrige Organismus der Kulturlandschaft erst im Laufe von Jahrtausenden schrittweise entwickelt. Dabei können folgende Entwicklungstendenzen genannt werden:

- Zunahme der inneren Differenzierung
- Zunahme der inneren und äußeren Grenzbildungen
- Zunahme der Funktionstrennungen
- Zunahme der Komplexität und Effektivität der Funktionen
- schrittweise Ausbildung individueller Gestalten

Alle diese Aspekte weisen auf die zunehmende Selbstständigkeit (Autonomie) des Dorfgemarkungsorganismus im Laufe seiner geschichtlichen Entwicklung. War der frühe Mensch noch ganz in die Naturprozesse eingewoben und völlig von ihnen abhängig, zeigt sich zum Schluss die in sich geschlossene Gestalt der Dorfgemarkung, in der die Autonomie Schritt für Schritt zunahm und die schließlich zu einem jeweils individuellen Gebilde wurde.

13 Küster 1999, S. 228

14 Ellenberg 1996, S. 64

15 Born 1989, S. 106; Küster 1999, S. 321

16 Kapfer 1995, S. 3; vgl. auch Kapfer & Konold 1994, S. 52

Ein Vergleich mit der individuellen Entwicklung eines Lebewesens liegt auf der Hand. Es stellt sich allerdings die Frage: Welches Entwicklungsstadium des Organismus wurde denn erreicht, bevor die große industrielle Landschaftszerstörung eine Weiterentwicklung abschnitt? Könnte es sein, dass der Kulturlandschaftsorganismus seine eigentliche Blütezeit noch gar nicht erlangt hatte? Wäre es eine Zukunftsaufgabe, ihn beispielsweise in Zusammenhang mit biologischer Landwirtschaft dahin zu führen?

4. Zukunftsaspekte

Die zunehmende Emanzipation von den Naturgegebenheiten im Verlauf der Kulturlandschaftsentwicklung führte zu einer Entfremdung des Menschen von der Natur mit allen bekannten Erscheinungen, die heute katastrophales Ausmaß erreicht haben: Artensterben, Luft- und Wasserverschmutzung, Überflutungen einerseits und Trockenheit andererseits, Klimawandel, Bodenerosion und Bodendegeneration sowie die Degeneration unserer Lebensmittel.

Einer der wichtigsten Verursacher ist die nach industriellen Maßstäben betriebene Agrarpolitik, die zu Monokulturen, Massentierhaltungen und Pestizideinsatz führt, was dem einzelnen Landwirt und seiner Landwirtschaft vor Ort die Lebensgrundlagen entzieht. In einer Art Degenerationsspirale werden seine Ausgaben für Material und Energie, die die Ernteausfälle und den Qualitätsverlust ausgleichen sollen, immer höher, bei gleichzeitig sinkendem Einkommen. Der Landwirt ist oft gezwungen, seine Arbeit nach gesellschaftlichen Prozessen auszurichten, selbst gegen sein eigentliches besseres Wissen. Die Landwirtschaft und damit die gesamte Kulturlandschaft wird so zum Spielball externer gesellschaftlicher Kräfte, die nicht in der

Landwirtschaft selber gründen, sondern in den destruktiven Auswirkungen globaler Finanzmärkte.

Leider wird diese Entwicklung der modernen Industriegesellschaft oft als gegeben hingenommen und akzeptiert, auch in Naturschutzkreisen. Um dann einen Ausgleich für das Artensterben zu schaffen, werden große Wildnisgebiete eingefordert, sodass als Leitbild für die Landschaft das Segregationsmodell entsteht: intensive Landwirtschaft hier – Naturschutz dort (Abb. 23). Ergebnis wird jedoch sein, dass sowohl die Ziele der Landwirtschaft – Produktion gesunder Lebensmittel – als auch die Ziele des Naturschutzes – Erhalt und Förderung der Artenvielfalt – so nicht erreicht werden. Mit Monokulturen, Massentierhaltungen und Pestizideinsatz kann die Landwirtschaft keine gesunden Lebensmittel erzeugen, und auf der anderen Seite kann die große Artenvielfalt Mitteleuropas nicht in Wildnisgebieten erhalten werden, weil sich die größte Artenvielfalt in Kulturbiotopen, vor allem in extensivem Grünland, befindet.

Statt Segregation ist also eine Integration gefragt, zum Wohl von Mensch und Natur. Der Blick auf die historisch gewachsenen Kulturlandschaften kann hier Impulse für eine zukünftige Landschaftsgestaltung geben. Eine vielfältig strukturierte Landwirtschaft hat gegenüber den einseitigen Massenproduktionsflächen der Agrarindustrie viele Vorteile: gesündere Produktion und gesündere Produkte, keine Totalausfälle der Ernte bei Mischkulturen, Widerstandsfähigkeit gegenüber extremen Wettersituationen, Verwendung betriebseigener Dünger durch Kreislaufwirtschaft, Einsparung von Kosten für zugekauften Dünger, Futter, Nahrungsergänzungsmittel, Medikamente (Antibiotika), Pestizide – dazu die «Nebenwirkungen» wie höherer Artenreichtum an Insekten, Vögeln und anderen Wildtieren sowie Wildkräutern, Schonung des Grundwassers, Bodenaufbau durch Humusbildung einschließlich Kohlenstoff-

Abb. 23: Das Segregationskonzept der Landschaft: Trennung von Produktionsraum und Naturgebiet. Intensive Landwirtschaft hier, Naturschutz (Wildnis) dort. Die artenreiche Kulturlandschaft, die Vermittlerin wäre, fällt heraus.

bindung, Verminderung von Hochwässern durch stabiles Bodengefüge (Schwammwirkung) usw.

Der für die Landwirtschaft wichtigste Aspekt ist die sichere und qualitativ hochwertige Ernte, die nicht durch Monokulturen, sondern durch eine lebendige Vielfalt erreicht wird, wie die Erfahrung inzwischen zeigt. Die Pflege einer vielfältigen Kulturlandschaft ist unbedingte Voraussetzung hierfür – und für diese Kulturlandschaft brauchen wir ein lebendiges umfassendes Leitbild, das die Landwirtschaft selbst, die Biodiversität und die «Ökosystemdienstleistungen» umfasst.

Wollen wir aber ein zukünftiges Leitbild für die Entwicklung der Kulturlandschaft aufstellen, müssen wir das, was in den alten Zeiten intuitiv, aus dem Bauchgefühl oder aus dem Gemüt heraus entwickelt wurde, heute in zeitgemäßer Weise bewusst lenken. Vor allem müssten wir die Landschaftsentwicklung selbst in die Hand nehmen und nicht externen Kräften überlassen wie beispielsweise den alltäglichen destruktiven Auswirkungen globaler Finanzmärkte – andererseits aber auch nicht den Kräften der Wildnis, wenn wir wirklich Kulturlandschaft wollen.

Kulturlandschaft müssen wir verstehen lernen als etwas mit eigenständigem Wert, nicht als etwas, was auf gesellschaftliche Veränderungen nur passiv reagiert. Hier kann der oben entwickelte Organismusgedanke weiterhelfen, der die Hof- bzw. Dorflandschaft als ein komplexes ökologisches System versteht. Und zu dieser Kulturlandschaft gehören wir Menschen selbstverständlich mit dazu als diejenigen, die kulturtätig am Land schaffen (Kultur-Land-schafft). Wir sind Teil der Kulturlandschaft oder sollten es doch wieder sein, sowohl als diejenigen, die mit den Früchten dieser Landschaft ihr Leben erhalten, als auch als diejenigen, die die Landschaft gestalten und entwickeln.

Abb. 24: Vision einer artenreichen Kulturlandschaft: Entwicklung eines Landschaftsorganismus in Zwiesprache von Mensch und Natur.

Die lange Geschichte der mitteleuropäischen Kulturlandschaft stellt sich in einem großen Bogen hin zu zunehmender Autonomie und Eigenaktivität gegenüber der natürlichen Ursprungslandschaft dar.

Weiter oben wurde die Frage aufgeworfen, ob der dreigliedrige Kulturlandschaftsorganismus seine eigentliche Blütezeit eventuell noch gar nicht erlangt habe, sondern dessen Entwicklung durch die aufkommende Hightech-Agrarindustrie abgebrochen wurde. Dann läge die Aufgabe vor uns, diesen Landschaftsorganismus aufzugreifen und weiterzuentwickeln – in Zwiesprache zwischen Mensch und Natur (Abb. 24).

Die Entwicklung des Kulturlandschaftstypus zeigt gewissermaßen eine Evolvierbarkeit, die nun weitergeführt werden muss. Konsequent spricht Nikolai Fuchs inzwischen von «evolutiver Agrarkultur»[17], in der die Kulturlandschaft mit dem Menschen und nach dem Bild des Menschen entwickelt werden sollte, um eine tragfähige Lebensgrundlage neu aufzubauen. Wie das im Einzelnen zu machen ist, zeigt Fuchs im nächsten Beitrag dieses Buches.

17 Fuchs 2014

Literatur

Beck R (1994): Die Abschaffung der «Wildnis». Der Bürger im Staat 44 (1), S. 14–21

Blab J, Nowak E, Trautmann W, Sukopp H (1984): Rote Liste der gefährdeten Tiere und Pflanzen in der Bundesrepublik Deutschland. 4. Aufl. Greven

Born M (1989): Die Entwicklung der deutschen Agrarlandschaft. Erträge d. Forsch. Bd. 29. Darmstadt

Burrichter E, Hüppe J, Pott R (1993): Agrarwirtschaftlich bedingte Vegetationsbereicherung und -verarmung in historischer Sicht. Phytocoenologia 23, S. 427–447

Ellenberg H (1937): Über die bäuerliche Wohn- und Siedlungsweise in NW-Deutschland in ihrer Beziehung zur Landschaft, insbesondere zur Pflanzendecke. Mitteilungen der Floristisch-soziologischen Arbeitsgemeinschaft Niedersachsen 3, S. 204–235

Ellenberg H (1996): Vegetation Mitteleuropas mit den Alpen. 5. Aufl. Stuttgart

Fuchs N (2014): Evolutive Agrarkultur. Darmstadt

Ganzert C (1994): Die Landwirtschaft zwischen Natur und Markt. Der Bürger im Staat 44 (1), S. 28–36

Kapfer A (1995): Streuwiesen und Nasswiesen. Biotope in Baden-Württemberg 5, S. 1–49

Kapfer A, Konold W (1994): Streuwiesen. Der Bürger im Staat 44 (1), S. 50–54

Küster H (1999) : Geschichte der Landschaft in Mitteleuropa. München

Ringler A (1989): Das Dorf in der Landschaft. Naturschutzzentrum Nordrhein-Westfalen, Seminarberichte 3 (8), S. 7–22

Rosslenbroich B (2018): Entwurf einer Biologie der Freiheit. Die Frage der Autonomie in der Evolution. Stuttgart

Steiner R (1917): Von Seelenrätseln. GA 21. Dornach

Vahle H-C (1998): Auf der Suche nach der Leitidee der nordwestdeutschen Kulturlandschaft. In: Suchantke A (Hrsg.): Goetheanistische Naturwissenschaft Band 5: Ökologie. Stuttgart, S. 312–368

Vahle H-C (2007): Die Pflanzendecke unserer Landschaften. Eine Vegetationskunde. Stuttgart

Landwirtschaft mit der Evolution

NIKOLAI FUCHS

1. Einleitung

Wie in den vorherigen Beiträgen und in dem Buch *Entwurf einer Biologie der Freiheit*[1] herausgearbeitet wurde, vollzieht sich die Evolution zu wachsender Autonomie und zu erweiterten Freiheitsgraden nicht nur im Menschen, sondern ist ein evolutives Prinzip, das in der gesamten Biosphäre anwesend ist. Dabei kann die Frage entstehen, ob diese evolutive Tendenz ein Naturgesetz ist, das sich unbeachtet aller jeweils aktuellen Einflüsse vollzieht, oder ob wir als Menschen diese Tendenz auch behindern oder gar aktiv befördern können. Vieles spricht dafür, dass im Zeitalter des Anthropozäns – also der Erdepoche, in der die menschlichen Einflüsse auf den Planeten prägend geworden sind (etwa mit Beginn der Industrialisierung) – auch die Stützung und gegebenenfalls Weiterentwicklung einzelner Glieder der Biosphäre schon fast notwendigerweise ebenfalls in die menschliche Hand genommen werden müssten. Könnte man die beschriebene evolutionäre Tendenz konkret in der Biosphäre mehr befördern, auch um den schädigenden Einflüssen des Menschen, die es ohne Frage gibt, etwas entgegenzusetzen?

Die größte Beeinflussung der Biosphäre durch den Menschen vollzieht sich tagtäglich in der Landwirtschaft. Alle ackerfähigen Böden der Erde werden in der Regel mindestens einmal im Jahr umgepflügt,

1 Rosslenbroich 2018a

was einen enormen Eingriff in die Natur darstellt. «Natürliche» Biosphäre gibt es noch in manchen Urwäldern oder in Wüsten, auf Bergkuppen und den Eisflächen der (Ant-)Arktis. Aber alle anderen terrestrischen Erdoberflächen, und damit die vom Gesichtspunkt der Biosphärengestaltung «interessante» Fläche, sind intensiv vom Menschen genutzt und umgestaltet, heute meist im Hinblick auf die Biodiversität in sehr belastender Weise. Wo also, wenn nicht dort, läge der Ansatzpunkt zu einer aktiv gerichteten Gestaltung der Biosphäre? Könnte man mit der Art, in der man Landwirtschaft betreibt, die beschriebene evolutive Tendenz als eine Art «Mitwirkung an der Evolution» befördern?

2. Rückblick – die Entstehung der Landwirtschaft

Landwirtschaft ist menschheitsgeschichtlich eine recht junge Erscheinung. Gerade einmal gut 12.000 Jahre ist diese Kulturform alt, die allerdings das menschliche Leben – die Zivilisation – grundlegend verwandelt bzw. in der heutigen Form erst möglich gemacht hat. Vormals Jäger und Sammler, wurde der Mensch durch die Landwirtschaft sesshaft; Siedlungs- und später Städtebau wurden durch die Nahrungserzeugung vor Ort möglich. War Landwirtschaft anfangs Selbstversorgung, so ernährte im Laufe der Zeit mit zunehmender Verbesserung der landwirtschaftlichen Kulturtechnik ein Bauer bzw. Landwirt immer mehr Menschen mit. Von früher nahezu hundert Prozent in der Landwirtschaft Tätigen sind heute in den meisten Ländern nur noch wenige Prozent übrig geblieben. In manchen Ländern Afrikas und Asiens sind es noch einige mehr, aber auch dort weist der Trend in die gleiche Richtung. Insofern hat die moderne Landwirtschaft wesentlich zu den erweiterten Möglichkeiten kultureller und ökonomischer Kreativität des heutigen Menschen beigetragen. Sie hat die allermeisten Menschen von der Aufgabe befreit, sich um das leibliche Wohl selbst kümmern zu müssen. Hunderte andere Berufe sind im Laufe der Geschichte entstanden, die in der Regel höhere Wertschätzung erhalten und auch andere Wertschöpfungen erzielen. Der bäuerliche Beruf, das oftmals mühsame Arbeiten an und mit der Erde, gilt in der allgemeinen gesellschaftlichen Anerkennung nicht viel – vielleicht am symbolträchtigsten im Schachspiel verewigt, wo auch das «Bauernopfer» herkommt. Die Leibeigenschaft ist historisch noch gegenwärtig, und auch Landflucht gibt es immer noch; die Devise «Stadtluft macht frei» ist nach wie vor in vielen Ländern gültig.

Landwirtschaft ist die systematische Anwendung von erlernten Kulturtechniken wie Bodenbearbeitung, Fruchtfolge, Düngung und Tierhaltung für die zielgerichtete Herstellung von Nahrungsmitteln. Weitere damit zusammenhängende Kulturtechniken wie Züchtung, die früher in die Landwirtschaft integriert waren, sind heute ausgelagert in spezialisierte, häufig auch privatisierte Industrien, die der Landwirtschaft vorgelagert sind. Auch die Arbeitskraft, die früher aus der Landwirtschaft selbst hervorgebracht wurde in Form von Ochsen, Pferden und Eseln, ist seit der allgemeinen Industrialisierung an Maschinen delegiert und damit verbunden im Wesentlichen von Erdöl abgelöst worden. Die Düngeindustrie, die auch den Dünger der Arbeitstiere ersetzt hat, ist Mitte bis Ende des neunzehnten Jahrhunderts, die Pflanzenschutzindustrie als chemische Industrie nach dem ersten Weltkrieg entstanden. Das meiste Geld wird heute *an* und nicht mehr *in* der Landwirtschaft verdient. Umfängliche Handelsstrukturen haben den Landwirt heute im Wesentlichen zu einem Rohstoffproduzenten mit internationaler Exportausrichtung werden lassen.

Frank Uekötter[2] beschreibt, dass es weniger die wissenschaftlichen Erkenntnisse waren, die die Landwirtschaft Anfang des 20. Jahrhunderts in die Abhängigkeit von Inputs trieb. Den wissenschaftlichen Erkenntnissen nach hätte eine bodenkundeorientierte und bodenfruchtbarkeitsaufbauende Landwirtschaft ihren Weg nehmen müssen. Es war die Entstehung des sogenannten agrarindustriellen Komplexes – das Ineinanderwirken von Input (Dünger-, Pflanzenschutzmittel-) Industrie, später auch Verarbeitung und Handel mit der Landwirtschaft –, der die Interessen dieser Industrie die Landwirtschaft zunehmend dominieren ließ. So wurde die Landwirtschaft eine Input-getriebene Wirtschaft, mit all ihren negativen Umweltauswirkungen.

3. Die industrielle Revolution der Landwirtschaft

Es ist die Landwirtschaft, die etwa ein Drittel der nicht mit Wasser bedeckten Erdoberfläche bearbeitet. Im Zuge der Industrialisierung wurde die Landwirtschaft selbst zunehmend arbeitsteilig organisiert – Pflanzenbau von den einen, Tierproduktion durch die anderen. Mit zunehmender Industrialisierung und damit Spezialisierung zog die Monotonisierung und Massenproduktion in die Landwirtschaft ein; Monokulturen im Pflanzenbau und Massentierhaltung in der Tierhaltung: dies ist das, was man heute als «moderne Landwirtschaft» bezeichnet. Die zunehmend nicht mehr im natürlichen Zusammenhang gehaltenen und zur Hochleistung getriebenen Pflanzenkulturen und Tierhaltungen müssen künstlich gegen die Versuche der Natur, das System wieder auszugleichen, stabilisiert werden – in aller

2 Uekötter 2010

Regel heute mit chemischem Pflanzenschutz gegen Pilzbefall, «Unkraut» und tierische «Schädlinge». Gleichzeitig wurden und werden für Höchsterträge Düngemittel in hohem Umfang in das landwirtschaftliche System eingeführt: «Kunstdünger», d.h. im Wesentlichen künstlich und industriell mit dem Haber-Bosch-Verfahren erzeugter Stickstoff, und Phosphor und Kali aus in Vorzeiten entstanden Lagerstätten. Für die Tierhaltung führt man Soja ein, das auf anderen Kontinenten angebaut wird, als wo es verfüttert wird – nicht selten auf Kosten von Regenwald. Konsequent nach den Gesetzen der Ökonomie wird heute in der Landwirtschaft so lange zugedüngt und zugefüttert, wie jedes zugeführte Kilogramm Dünger oder Futter noch einen ökonomischen Mehrertrag durch das Verkaufsprodukt «Weizen» oder «kg Fleisch oder Milch» erwirtschaftet – auch wenn die Pflanzen und das Tier, weil schon fast satt, einen Großteil des Angebotenen gar nicht mehr aufnehmen kann. Die nicht aufgenommenen Dünger oder Nährstoffe verbleiben im Boden oder werden von den Tieren wieder ausgeschieden. Die Folge sind übergroße Nährstofffrachten in den Böden, die entweder in die Luft ausgegast oder in das Wasser ausgewaschen werden. Heute ist die Landwirtschaft ein hauptsächlicher Mitverursacher des Klimawandels sowie der Nährstoffüberbelastung der Meere.[3] Dazu nimmt die (Agrar-) Biodiversität[4] und die Bodenfruchtbarkeit[5] rapide ab. Parallel stößt sich die Öffentlichkeit immer mehr an der Massentierhaltung, und das Thema «Tierwohl» wird immer breiter diskutiert. Eine Volksinitiative in der Schweiz zur Würde des Tieres, die Bauern, die ihren Kühen die Hörner lassen würden, eine geringe Kompensation gezahlt hätte, brachte es im

3 Rockström 2009

4 Nationale Akademie der Wissenschaften Leopoldina 2018

5 Albrecht et al. 2018

Herbst 2018 auf beachtliche 45,3% Prozent Zustimmung in der Bevölkerung. Mit Hörnern verfügt die Kuh über größere Möglichkeiten der Kommunikation und somit von selbstbestimmtem Verhalten.

4. Die industrielle Landwirtschaft wird volkswirtschaftlich gesehen unwirtschaftlich

Diese Form von Landwirtschaft produziert für den Verbraucher vordergründig extrem billige Lebensmittel. Noch nie war der Anteil des Einkommens, der für den «Broterwerb» – heute in steigendem Maße Außerhausverpflegung – aufgebracht werden musste, so gering wie heute: etwa 12 Prozent des Nettoeinkommens für einen Vier-Personen-Haushalt in Deutschland. Das übrige Einkommen kann für andere Dinge aufgewendet werden – ein Freiheitszugewinn ungekannten Ausmaßes. Allerdings ist heute der Zeitpunkt bereits gekommen, wo die Mehraufwendungen zur Heilung der Umweltkrise an anderer Stelle schon Mehrkosten verursachen, die beginnen, das vermeintlich günstige Lebensmittel indirekt zu verteuern. So steigen seit Jahren die Wasseraufbereitungskosten der Wasserwerke rasant an und verteuern dadurch ein anderes Grundlebensmittel: das Trinkwasser.[6] Ein Bericht des Umweltbundesamtes[7] weist darauf hin, dass die Wasserpreise zukünftig deutlich ansteigen könnten, um 32 – 45 Prozent, was für eine durchschnittliche Familie rund 134 Euro pro Jahr bedeuten würde.

Viele der Folgekosten der modernen Landwirtschaft werden jedoch erst in Zukunft auf die Menschheit zukommen. So dauert es Jahr-

6 Commissariat 2011

7 UBA 2017

zehnte, bis die jetzige Nährstofffracht in den Böden im Grundwasser ankommt. Und die Folgen des Klimawandels sind wirtschaftlich noch gar nicht abschätzbar; die Flüchtlingskrise von 2015, zu der auch Umweltflüchtlinge gehörten, war vermutlich erst ein Vorgeschmack auf das, was noch kommen wird. Die Abnahme der Biodiversität, und was das für die Natur zukünftig heißen wird, ist wirtschaftlich noch gar nicht abzuschätzen. Eine Chiffre dafür mögen aber die Bilder aus China sein, wo Menschen bereits heute die Bestäubungsarbeit für die Blüten des späteren Tafelobstes übernehmen müssen. Dazu verlieren Landwirte ihre Unabhängigkeit an Großkonzerne, die Saatgut- und Pflanzenschutzpakete anbieten, die nur eine Art von Anwendung zulassen und z. B. einen Nachbau des Saatgutes verunmöglichen.

Der Mensch tendiert dazu, nach technischen Lösungen zu suchen, anstatt sein Verhalten mühsam zu ändern. So forscht man heute schon intensiv an einer In-vitro-Fleischerzeugung, die vermeintlich diese «dreckige» und «unhygienische» Tierhaltung, und überhaupt das Leiden der Tiere, überflüssig machen soll. Was diese schöne neue Welt verschweigt, ist die Tatsache, dass die Rohstoffe für Zutaten in der Petrischale landwirtschaftlich erzeugt werden müssen – Stärke, Zucker und Eiweiße. Dies würde die vorhandene Ackerfläche der Erde zusätzlich stark belasten. Und würde voraussichtlich, da in anonymen Strukturen, wieder industriell bzw. monokulturell erfolgen. Für den Planeten wäre damit nichts gewonnen, im Gegenteil.

Die moderne Landwirtschaft macht die heutige und auch vielleicht die morgige Menschengeneration satt, aber spätestens unsere Urenkel werden deutlich weniger zu essen haben, da der Planet unter der Umweltbelastung der modernen Landwirtschaft zu stark leiden wird, falls sich die Entwicklung nicht grundlegend ändert. Die Behauptung, dass die Menschheit die moderne Landwirtschaft braucht, um die Welt zu ernähren, ist also allerhöchstens für heute gültig, für morgen ist sie schon grundlegend falsch. Neue technologische Entwicklungen werden einen Teil der Menschheit retten, aber beileibe nicht alle Menschen. Was die Möglichkeiten von Selbstbestimmung und Freiheit eines Teils der Menschen sicherstellen wird, wird auf diesem Weg nur auf Kosten anderer Menschen zu erzielen sein, wie es allerdings vielfach auch heute schon im Nord-Süd-Gefälle so ist. Fassen wir jedoch die Möglichkeiten von Unabhängigkeit und Selbstbestimmung *aller* Menschen ins Auge, werden andere Lösungen gebraucht.

5. Landwirtschaft entspricht nicht dem Strukturierungsprinzip des Industriellen

Landwirtschaft ist in den letzten hundert Jahren vom Prinzip des Industriellen überformt worden. Der Einsatz fossiler Energieträger hat eine Mechanisierung ermöglicht, die viele Menschen, im Bilde gesprochen, von der gebückten Haltung auf dem Feld befreit hat. Dazu konnte eine Mengenproduktion entfacht werden, die man getrost als «landwirtschaftliche Revolution» bezeichnen kann. Milliarden Menschen konnten aus Armut und schwerer landwirtschaftlicher Tätigkeit befreit werden. Das gilt es zu würdigen. Allerdings war der Preis für die Umwelt bzw. den Planeten (zu) hoch. Die Belastungen, die durch diese Landwirtschaft ausgelöst wurden und werden, übersteigen die Belastungsgrenzen des Planeten.[8] Daneben entstehen Abhängigkeiten von Landwirten an Industrien, die eine Korrektur dieser Entwicklung aus dem bäuerlichen Berufsstand heraus immer schwieriger machen. Der heutige Deutsche Bauernverband betreibt im Wesentlichen Agrarindustriepolitik auf Kosten der langfristigen

8 Rockström 2009

Erzeugungsgrundlage auch seiner Mitgliedslandwirte. Bauern im klassischen Sinne hat er fast zur Gänze verloren.[9] Die Impulse für eine Agrarwende müssen offensichtlich von woanders herkommen.

Die industrieförmige Logik, auf die Landwirtschaft angewendet, führt aus den Prinzipien des Lebendigen heraus. Die Natur kennt so gut wie keine Monokulturen. Wo sie auftreten, stellen sich bald Korrekturen ein: Pilze, Beikräuter und meist Insekten, aber auch Bakterien und Viren versuchen, das ökologische Gleichgewicht wiederherzustellen. Die Abwehr dieser Korrekturen der Natur wird im Laufe der Zeit immer aufwendiger. Entgegen anderslautender Behauptungen hat der Chemikalieneinsatz in der Landwirtschaft in den letzten Jahrzehnten immer weiter zugenommen.[10] Und ein Ende dieser Entwicklung ist nicht absehbar. Vermutlich würde allein ein steigender Ölpreis diese Entwicklung korrigieren.

Fossile Energieträger sind endlich, genauso wie die Phosphor- und Kali-Lagerstätten der Erde. Auch aus diesem Grunde wäre es klug, die Landwirtschaft neu und vor allem ressourceneffizienter auszurichten.

Viel spricht dafür, dass die Landwirtschaft spätestens seit ihrer Industrialisierung im 20. Jahrhundert anti-evolutive Tendenzen (evolutiv im oben genannten Sinne) aufweist. Zwar setzte sie umfangreiche Potenziale der menschlichen Gesellschaften außerhalb der Landwirtschaft frei, blockiert heute aber zunehmend die Entwicklung gesunder Verhältnisse in den Agrarstrukturen selbst. Im Zuge der Industrialisierung wurde die ehemalige «Erzeugung» – dann «Produktion» – zunehmend spezialisiert und mechanisiert und damit die Vielfalt reduziert; sie wurde «einfältiger». Damit fehlen auf

9 ARD 2019

10 NABU 2018. https://baden-wuerttemberg.nabu.de/natur-und-landschaft/landwirtschaft/landesagrarpolitik/24100.html

einer Ebene Begegnung, Austausch und Wechselwirkung von Arten – und somit Anregungen zur Entwicklung. Die Entwicklung resilienter, auch in Zukunft fruchtbarer und gesunder Böden wird massiv gestört und unterbrochen. Komplexität wurde in diesem Zuge eher reduziert statt auf- und ausgebaut. Auf einer anderen Ebene nahmen die Abhängigkeiten von vor- und nachgelagerten Bereichen der Landwirtschaft zu: von der Spritz- und Düngemittelindustrie, die sich parallel oligopolisierte, als auch von Rahmenbedingungen – Subventionen und Regulierungen – der Politik. Hohe Investitionen in technische Anlagen erhöhte zudem die Abhängigkeiten von Banken. Der vermeintlich freie Unternehmer Landwirt ist zunehmend zur Marionette äußerer Einflüsse geworden. Der ebenfalls in diesem Zusammenhang stattfindende gravierende Biodiversitätsverlust ist lediglich der ins Auge springende äußere Ausdruck dieser Entwicklung.

6. Ernährung und Landwirtschaft sind der Hebel in Richtung Nachhaltigkeit

Wie kürzlich die *EAT* Kommission der renommierten Wissenschaftszeitschrift The Lancet[11] feststellte, sind Ernährung und Landwirtschaft *der* Hebel für eine nachhaltige Zukunft innerhalb der planetaren Belastungsgrenzen. Das eine ist, *was* wir essen, die Diät. Hier plädiert die Kommission für eine deutlich vielfältigere, pflanzlichere Kost («flexitarisch») als heute üblich – mit mehr ungesättigten Fettsäuren, weniger raffinierten Kohlehydraten und weniger Zucker. Das würde im großen Durchschnitt eine Verdoppelung des Anteils an Früchten und Gemüse und eine Halbierung der tierischen Eiweiße bedeuten.

11 EAT Lancet Commission 2019

In Bezug auf die Lebensmittelproduktion statuiert die Kommission – die eben die einer wissenschaftlichen Zeitschrift ist – zum anderen «interagierende biogeophysikalische Systeme» und fokussiert dabei auf quantifizierbare Parameter. Sie plädiert für einen Ausgleich der Nährstoff-Inputs zwischen heutigen Überfluss- und Unterversorgungsregionen der Erde, vor allem aber für eine effizientere Nutzung der Nährstoffe sowie Recyclierung der Nährstoffe. Sie geht maximal von einer Verminderung des Drucks auf die Biodiversität aus, plädiert jedoch sogar für eine Erhöhung der Biodiversität innerhalb der Produktionssysteme.

7. Landwirtschaft und Freiheit

Bislang haben wir gesehen, dass die Landwirtschaft an sich, aber auch die Industrialisierung der Landwirtschaft dem Menschen einen Zuwachs an Freiheitsgraden gebracht hat. Wenn jedoch die Umweltschäden so gravierend sind, wie es derzeit abzusehen ist, dann steht zu erwarten, dass sich zumindest für einen Gutteil der Menschen die Freiheitsgrade wieder einschränken werden. Umweltflüchtlinge, Länder, die Flüchtlinge aufnehmen müssen, gestiegene Lebensmittelpreise, Landverlust, gestiegene Input-Kosten – all dies sind Szenarien, die nicht unwahrscheinlich und für viele bedrohlich sind.

Wären von daher möglicherweise aus freier Einsicht neue Wege in der Landwirtschaft einzuschlagen, bevor der Mensch durch die Umweltschäden dazu gezwungen wird?

8. Die Landwirtschaft strukturell neu ausrichten – am Prinzip des Lebendigen

Wie wir oben an den jüngsten Vorschlägen der EAT Lancet Commission gesehen haben, ist der Handlungsbedarf wissenschaftlich eindeutig erwiesen und ein radikales Umsteuern in der Art, wie wir Landwirtschaft betreiben, mehr als geboten. Die Kommission schlägt vor, Böden von Kohlenstoffquellen (wieder) zu Kohlenstoffsenken zu machen und die Biodiversität wieder ansteigen zu lassen. Nur zum «Wie» dieser Wege schweigt sie sich jedoch aus.

Bislang ist mit der industrialisierten Landwirtschaft ein geradezu antievolutiver Landwirtschaftsansatz verfolgt worden: weniger Vielfalt, weniger Interaktion, weniger Komplexität und dafür mehr Monotonie. Wie kann dieser Trend umgekehrt werden? Bislang hat sich diese Landwirtschaft am Modell des Mechanismus, der Input-Output-Systeme, schlicht: am maschinell-industriellen Vorbild orientiert. Wir sehen, wohin das geführt hat. Es ist sehr unwahrscheinlich, dass ein solches System, wenn es lediglich verfeinert würde («precision agriculture»), auch durch Digitalisierung mit Drohnen und Satellitensteuerung den grundsätzlich anti-evolutiven Trend wird umkehren können. Es ist eher das Gegenteil zu befürchten: noch mehr Konzentration auf «Massenweise das Gleiche». Anti-evolutiv, d.h. gegen die Natur, wird die Natur auf Dauer zerstören. Warum dann nicht *mit* der Natur wirtschaften, ihr Momentum nutzen, verfeinern, steigern und gegebenenfalls über sich selbst hinausführen? Warum nicht Landwirtschaft *mit* der Evolution, wie Rosslenbroich[12] sie beschrieben hat, betreiben?

12 Rosslenbroich 2018a

9. Biologische Landwirtschaft

Gleichzeitig zum Aufkommen der «modernen» Landwirtschaft Anfang des 20. Jahrhunderts ist bereits eine landwirtschaftliche Strömung entstanden, die in anderen Konzepten gedacht hat, weswegen diese Landwirtschaftsrichtung auch eine Zeit lang «Alternative Landwirtschaft» hieß. Eigentlich hieß sie jedoch «Biologische Landwirtschaft».[13] «Bio-logische» Landwirtschaft meint dies: Landwirtschaft nach den Lebensgesetzen der Biologie bzw. des Lebendigen auszurichten. Beispielsweise bekommt Boden als Dünger organische Substanz in Form von Mist und Kompost zugefügt. Die verschiedenen Kulturpflanzen werden zwar nicht gleichzeitig wie in der Natur, aber nacheinander in Fruchtfolgen oder bisweilen auch in Mischkulturen angebaut, Pflanzenschutz wird mit natürlichen Mitteln ausgeführt, und Tiere werden in Größenordnungen gehalten, die der Futterfläche des Betriebs entsprechen. Damit ist eine Überdüngung weitestgehend ausgeschlossen. Stickstoff wird über Leguminosen und deren Symbiose mit Luftstickstoff fixierenden Knöllchenbakterien in den Betrieb eingebracht.

Dieses Konzept wird heute von drei Millionen Landwirten auf rund 70 Millionen Hektar Landfläche weltweit praktiziert[14] und kann es auf rund 75 % des Ertrags der modernen Landwirtschaft bringen[15] – was eine gewaltige Leistung darstellt, bedenkt man, dass moderne Landwirtschaft auch als «Doping-Landwirtschaft»[16] bezeichnet wird und, wie oben gezeigt, massiv die Umwelt schädigt. Eine jüngst vor-

13 Vogt 2001, Freyer 2016

14 FiBL 2019

15 Muller et al. 2017

16 brand eins 2011

gestellte und sehr breit angelegte Studie des Thünen-Instituts[17] listet die Vorteilhaftigkeit des ökologischen Landbaus in fast allen Nachhaltigkeitsparametern eindrücklich auf. Rechnete man die Umweltkosten ein, wären die Preise für Lebensmittel aus der biologischen Landwirtschaft vermutlich heute schon günstiger als die des konventionellen Landbaus. Lange in der Forschung stiefmütterlich behandelt, schlummern auch noch Ertragspotenziale in ihr. Angesichts des heute zu hohen Fleischkonsums und dessen, dass zwischen einem Drittel und der Hälfte aller Lebensmittel verderben oder weggeworfen werden, könnte bei Änderung dieser verschwenderischen Gewohnheiten biologische Landwirtschaft schon heute die Welt ernähren.[18]

10. Noch einen Schritt weiter gehen – evolutive Agrarkultur

Biologische Landwirtschaft zeigt, dass ein anderes als das «mechanistische» bzw. industrielle Landwirtschaftssystem möglich ist. Biologische Landwirtschaft gibt es heute in vielfältiger Ausformung, wie «Ökologischer Landwirtschaft», «Permakultur» oder «Agroecology». Jede ist auf ihre Weise erfolgreich. Aber lediglich die Natur zu imitieren bzw. ein Kreislaufsystem einzurichten, wie es eine biologische Landwirtschaft anstrebt, wird heute aus meiner Sicht nicht ausreichen, um im Zeitalter des Anthropozän, in dem der Mensch dem Planeten so zerstörend zusetzt, diesen zu «retten». Dazu bedarf es meines Erachtens noch eines weitergehenden Ansatzes, einer weiteren landwirtschaftlichen Revolution – einer «evolutiven Agrarkultur».

17 Sanders & Heß 2019

18 Muller et al. 2017

Neben den genannten Bio-Anbaurichtungen gibt es heute bereits Ansätze wie «Regenerative Landwirtschaft» oder «Aufbauende Landwirtschaft», oder auch «Zero Budget Natural Farming», das der Indische Gliedstaat Andra Pradesh mit sechs Millionen Bauern auf acht Millionen Hektar bis 2024 umsetzen will.[19] Das zeigt, dass es bereits eine Sensibilität dafür gibt und dass vielleicht mehr getan werden muss als nur zu erhalten bzw. sich in den üblichen Rahmen der Nachhaltigkeit – nicht mehr zu entnehmen als nachwächst – zu bewegen. Einen Schritt weiter als «nach der Natur» könnte, konsequent gedacht, «mit der Evolution» heißen. Aber was hieße das: «Landwirtschaft mit der Evolution»? Welche Entwicklungsrichtung hat die Evolution?

Wie Rosslenbroich im eingangs zitierten Buch[20], aber auch andere Wissenschaftler und Philosophen wie Adolf Portmann (1897 – 1982), Hans Jonas (1903 – 1993) oder aktuell auch Thomas Nagel (*1937) von der Universität New York festgestellt haben, tendiert die Evolution zu immer höheren Freiheitsgraden. Voraussetzung für Freiheitsfähigkeit ist Bewusstsein und dafür wiederum eine hohe physische Komplexität.

Wollte man also Landwirtschaft *mit* der Evolutionsrichtung betreiben, so gelte es, nicht nur Vielfalt auf dem Hof zu erzeugen, sondern diese Vielfalt zu einer höheren Ordnung der Komplexität zu vereinen. Die gegenseitige Bezüglichkeit der Elemente der Komplexität ist entscheidend. Dafür dürfen die «Inputs» in das System nicht so hoch ausfallen, dass eine gegenseitige Bezüglichkeit der Elemente nicht zustande kommen könnte. Ein Überangebot an Stickstoff beispielsweise lässt die Wurzeln der Pflanzen nicht mehr so aktiv wachsen und nach Nährstoffen suchen – und so auch weniger eine Symbiose mit Boden-

19 UNDP 2018

20 Rosslenbroich 2018a

pilzen eingehen. Ein «weitgehend in sich geschlossener Betriebsorganismus», wie er als Idee an der Wiege des biologischen Landbaus Pate stand, entspricht diesem Ansatz. Futter, Vieh und Fläche befinden sich in einem proportionalen Verhältnis zueinander, und verschiedene Fruchtfolgeglieder stellen die benötigte Vielfalt an Futter- und Nahrungspflanzen sicher.

Das Prinzip des Lebens ist der Organismus, nicht der Mechanismus. Alle Lebewesen sind Organismen. Landwirtschaft arbeitet mit dem Lebendigen – mit Böden, Pflanzen, Tieren und Menschen. Insofern läge es nahe, die Landwirtschaft ebenfalls wie einen Organismus aufzubauen und zu betreiben. Und in der Tat: frühere, führende landwirtschaftliche Betriebswirtschaftler wie Friedrich Aereboe (1865 – 1942) und Theodor Brinkmann (1877 – 1951) betrachteten Landwirtschaften wie Organismen. Aber auch der ganze «organische Landbau» («organic farming») war ursprünglich so konzipiert, bis die «Verwissenschaftlichung» (die Reduktion der Anschauung auf Stoffströme und Wirkmechanismen) des organischen zum ökologischen Landbau einsetzte.[21]

Das Prinzip des Organismus, beziehungsweise das Wirtschaften nach den biologischen Erfordernissen des Hofes, der Tiere und der Pflanzen, lässt den Blick auf Organe und ihre Interaktion untereinander fallen. Im Organismus springt die gegenseitige Bezüglichkeit der Elemente bzw. Organe ins Auge. Im Ergebnis darf man eine resilientere Landwirtschaft erwarten; dadurch, dass sie vielseitig interagierend ist, kann sie auf Schwankungen und Extremereignisse besser reagieren.

Ein Organismus besteht aus Organen, die sich zu einer höheren Ordnung zusammenschließen. Im landwirtschaftlichen Betriebs-

21 Uekötter 2010

organismus können der Boden, die Tiere (die Tierhaltung bzw. die Kuhherde z. B.), die Pflanzen (der Pflanzenbau, die «Ackerwirtschaft»), aber auch der Gemüsebau oder angegliederte Einheiten wie Molkereien oder Bäckereien Organe sein – quasi alle eigenständigen Einheiten eines Betriebs –, die in sich etwas organisatorisch relativ Abgeschlossenes haben, und gleichzeitig in einer engen Verbindung und im regen Austausch mit den anderen «Organen» stehen. Nicht umsonst spricht man auch bei anderen Einrichtungen und Institutionen von «Organisationen» oder, wenn man die Organe steuern will, von «Organisieren». In dieser Begrifflichkeit findet sich der Organismus wieder. Landwirtschaft kann solcherart «Organe» aufweisen und sollte demzufolge in der Führung «organisiert» werden. Um dies sinnvoll tun zu können, braucht es jedoch ein tieferes Verständnis des landwirtschaftlichen Organismus. Sinnvolle Kriterien für ein Verständnis des Organismus entwickelte Rosslenbroich bereits 2016 (z. B. Zeitautonomie, Interdependenzen, Integrative Systeme, Resilienz, Organe, die sich zu einer höheren Ordnung zusammenschließen, etc.).[22] In diesem Kontext kann man dann von einer «organismischen Biologie» oder, auf die Landwirtschaft angewendet, von einer «organismischen Landwirtschaft» sprechen. Inwieweit diese Kriterien dann auch wirklich für den landwirtschaftlichen Organismus zutreffen, müsste weiter erforscht werden. Sie können jedoch als erste Fingerzeige dienen, wohin dabei zu schauen ist.

Aber man kann in der Landwirtschaft auch noch tiefer in die Frage der Organe einsteigen und forschen. Umgangssprachlich hört man z. B. manchmal, dass der Kuhstall «das Herz» einer bestimmten Landwirtschaft sei, oder Bäche und Flüsse seien wie «Adern» einer

22 Rosslenbroich 2016. Weitgehend identisch mit Rosslenbroich 2018b, wieder abgedruckt im vorliegenden Band.

Landschaft. Weiter gedacht können Vorfluter mit ihrer Reinigungskraft wie Nierenkanälchen, der Kompost mit seiner auch Keime abtötenden und damit reinigenden Funktion wie die Leber angeschaut werden. Diese Analogien verweisen auf Funktionen innerhalb eines Organismus, die wir meist von uns Menschen her kennen. Sie können uns helfen, einen landwirtschaftlichen Organismus auszudifferenzieren und auszugestalten. Immer mehr kann dann der landwirtschaftliche Organismus selbst die Funktionen eines Organismus annehmen. Was es dafür jedoch bräuchte, wäre das Ablegen der meist in uns vorhandenen Scheu vor Komplexität. Oder anders gewendet: Man sollte die Komplexität lieben lernen.[23] Vielfalt kann auch ein Nebeneinander von Verschiedenem bedeuten bzw. ausmachen. Komplexität ist jedoch das Ineinander, das Beziehungshafte des Verschiedenen. Gerade das macht das Anregende, oft aber auch das gegenseitig Unterstützende, in jedem Fall das Ergänzende aus. Diese «Lebendigkeit» kann man lieben lernen.

Aber nicht jeder Organismus entwickelt automatisch den Freiheitsmoment, der latent in der Evolution veranlagt ist. Wirklich frei bzw. sich selbst reflektierend ist bei dem jetzigen Stand der Evolution nur der Mensch.[24] Das latent in der Gesamtevolution vorhandene Motiv zu mehr Autonomie und Freiheitsgraden hat sich im Menschen bislang am eindrücklichsten manifestiert. Insofern läge es nahe, den Menschen – bzw. das Bildeprinzip des Menschen – zur Grundlage für Landwirtschaften mit der Evolution zu machen.

23 Rougemont 2012

24 Rosslenbroich 2018a

11. Den Mensch zur Grundlage machen

Die bisher einzige Landbaurichtung, die das menschliche Bildeprinzip zur Grundlage des Landwirtschaftens gemacht hat, ist die sogenannte biodynamische Landwirtschaft. Rudolf Steiner (1861 – 1925) hat 1924 im sogenannten *Landwirtschaftlichen Kurs*, einem Zyklus von acht Vorträgen, die Grundlage der biodynamischen Landwirtschaft dargestellt.[25] Darin formulierte er den Kernsatz: «Der Mensch wird zur Grundlage gemacht.» Daneben spricht er im Kurs durchgängig von einer «Art landwirtschaftlichen Individualität». «Individualität» kennen wir im Wesentlichen nur vom Menschen. Nimmt man nun das Bildeprinzip des Menschen inklusive des Individualitätsprinzips als Grundlage für die Betriebsgestaltung, dann formt man sozusagen das vorläufig «höchste» Glied der Evolution durch das Landwirtschaften in die Natur ein. Man könnte, im Gegensatz zur biologischen Landwirtschaft, von einer homologischen Landwirtschaft sprechen und betreibt damit, wenn man so will, Landwirtschaft mit der Evolution.[26] Man prägt das vorherrschende Evolutionsprinzip wie in die Natur ein. Somit setzt man aktiv gestaltend die Evolution fort.

Vielfältige, als Organismus organisierte Landwirtschaft schafft komplexe Zusammenhänge. Komplexität ist evolutiv eine Voraussetzung für Bewusstsein und damit für Freiheitsmöglichkeit. Wenn man so weit gehen wollte, dann könnte man schauen, ob sich in einem komplexen Betrieb eine Art Bewusstseinsebene bildete: Wenn Organisationen (oder Organismen) wie ein Hof gut funktionieren, dann können «aus einem gemeinsamen Bewusstsein» heraus gegenseitige Vertretungen wie selbstverständlich übernommen oder auch einmal

25 Steiner 1924

26 Fuchs 2014

der Ausfall eines Einzelnen verkraftet werden. Es hat sich dann eine «Bewusstseinsebene» gebildet, die manchmal so stark sein kann, dass sie sich als stärker erweist denn das Einzelindividuum: dass beispielsweise die Menschen kommen und gehen, aber die Organisation mehr oder weniger die Gleiche bleibt. An Orten spricht man manchmal von einem «genius loci» – einem «Geist des Ortes».[27] So kann man manchmal auch auf landwirtschaftlichen Betrieben einen bestimmten Geist feststellen, wie Dinge beurteilt und angegangen werden. Betriebsabläufe haben ihre ihnen eigene Logik und, wenn man so will, Intelligenz. Aber auch bei Kuhherden beispielsweise bildet sich meist eine Leitkuh heraus, die die Herde anführt. Auch dort entsteht «Intelligenz» oder Bewusstsein. Oder die Hähne, die, wenn die Hühner im erweiterten Auslauf unterwegs sind, stets den Himmel wegen möglicher Raubvögel im Blick haben, aber auch Pflanzen, die miteinander «kommunizieren» – dies alles kündigt von «Intelligenz», auch in der Landwirtschaft. Im pflanzlichen Bereich ist es ein großer Unterschied, ob man die Pflanzen mit einem übergroßen Nährstoffangebot wie im konventionellen Landbau zu «Sofa-Pflanzen» mit geringem Wurzelwerk erzieht oder die Wurzeln zu aktiver Nährstoffaufnahme in Symbiose mit Pilzmycelien anregt. Letzteres kann man auch als «intelligentes» System verstehen.

Für die menschliche Ernährung – und möglicherweise für die innere Entwicklung des Menschen, soweit sie von Ernährung beeinflusst oder angeregt wird – stellt sich die Frage: Von welcher Pflanze würde man sich lieber ernähren – von einer «Sofapflanze» oder einer, die sich aktiv mit ihrer Umgebung auseinandersetzt und sich dabei entwickelt?

In Bezug auf das Verhältnis Lebensmittel – Gesundheit lässt sich

27 Köpke 2016

nach heutigem Wissensstand festhalten, dass die Zusammenstellung bzw. Zusammensetzung der Nahrung (engl. «diet») eine deutlich höhere Bedeutung für die Gesundheit hat als die Art der Herstellung der Produkte, also ob biologisch erzeugt oder nicht. Gleichwohl gibt es tendenzielle Ergebnisse, dass die Art der Erzeugung – hier biologisch beziehungsweise biodynamisch – einen positiven Einfluss beispielsweise auf die Immunfunktionen und das Wohlbefinden hat.[28] Untersuchungen, ob die Art der Betriebsausgestaltung – also ob es sich beispielsweise um einen vielgestaltigen Gemischtbetrieb handelt, der möglicherweise Komplexität im Hinblick auf die Evolution erhöht – einen Einfluss auf die Lebensmittelqualität und damit Gesundheitsimplikation hätte, stehen heute noch aus. Nach meiner subjektiven Erfahrung lassen sich dazu jedoch schon heute Hinweise ausmachen (Gesamteinkaufserlebnis im Hofladen oder am Marktstand solcher Betriebe).

12. Die Kernelemente einer «evolutiven Agrarkultur»

Thomas Nagel[29] und andere gehen davon aus, dass nicht nur die menschliche Evolution hin zu Bewusstsein geführt hat, sondern dass dieses Prinzip in aller Evolution des Lebendigen lebt, dass es so etwas wie eine «Intelligibilität des Kosmos» in der Evolution gibt, die also auch das nicht-menschliche Leben umfasst.

Um diese Evolutionstendenz zu fördern, ist gesteigerte Komplexität eine Voraussetzung. Landwirte sollten sich, so gesehen, zu «Komplexitätsmanagern» ausbilden. Daneben wäre eine Sensibilität für

28 Geier & Meischner 2011

29 Nagel 2013

die Steigerung von Freiheitsgraden in der Landwirtschaft zu stärken. Kuhställe von Anbindehaltung auf Laufstallhaltung umzubauen ist dabei nur ein ins Auge springendes Beispiel.

Evolution heißt auch «Weiterentwicklung». Der «biologische Landbau» hat diese treibende Kraft bislang weniger gespürt oder in eine Tat umgewandelt. Im Umkreis des oben beschriebenen biodynamischen Landbaus, der schon viel von einer evolutiven Agrarkultur in sich trägt, ist eine eigene Pflanzenzüchtung entstanden. Diese Pflanzenzüchtung ist auf höchste Ernährungsqualität und damit Entwicklungsfähigkeit des Menschen und auf Standortgerechtigkeit für je individuelle Betriebe ausgerichtet. Ein Züchtungsziel dabei ist, physische Grundlagen für eine innere Stärkung der Lebenskräfte des Menschen zu schaffen.[30] Auch eine «Tierzucht-GmbH» ist jüngst von den führenden Bio-Verbänden Bioland und Demeter gegründet worden, die entsprechende Züchtungsziele beim Tier verfolgt.

13. Der Mensch ist nicht nur «Schädling» der Natur

Schaut man auf die heutigen Weltverhältnisse, dann kann es einem so scheinen, als würde sich überall dort, wo der Mensch seine Aktivitäten entfaltet, Zerstörung der Natur breitmachen. Dieser Blick ist auch ganz überwiegend richtig. Es müsste jedoch nicht notwendigerweise so sein. Nimmt man als ein erstes, ins Auge springendes Beispiel die Kulturlandschaft Mitteleuropas, so sieht man, wie bereichernd sich das menschliche Tun auf die Natur auswirken kann.[31] Nimmt man z. B. die Feldlerche als «Indikatorart» für offene Kulturlandschaft, die

30 Spieß 2016

31 Hampicke 2018

mit ihrem wunderbaren Gesang die Landschaft wie zum Klingen bringt, dann wäre sie, ohne menschlichen Einfluss, in Europa kaum vorhanden. Fast flächendeckender Buchenwald wäre die vorherrschende Vegetation Mitteleuropas. Die offene Feldflur mit ihren Hecken, Rainen und Säumen hat Licht und Wärme und damit eine Vielzahl an daran angepasste Pflanzen- und Tierarten in Mitteleuropa heimisch werden lassen. So kann die Feldlerche zwei Gelege pro Saison großziehen, wenn ein entsprechendes Mäh-Regime wie in den Alpen eine mosaikförmige Landschaft mit Gras-Randstreifen zwischen den meist kleinen Flurstücken, sogenannten «Grenzhunden», als Feldmarkierungen schafft.[32] Aber auch die Kulturpflanzen selbst – man denke nur an Hochstamm-Obstbaumwiesen und Kulturtiere wie die Honigbiene – bereichern heute die Naturlandschaft. Nicht nur bei Bundesgartenschauen kann man erleben, wie das künstlerische Ergreifen der Natur durch den Menschen eine Formen- und Farbvielfalt hervorbringt, die die Natur wie über sich selbst hinauswachsen lässt. Das Gleiche gilt für die Vielfalt der Haustierrassen – was ist alles an Hunderassen aus dem Wolf heraus gezüchtet worden!

Der «Sündenfall» gegen diese evolutive Tendenz war die Industrialisierung und Kommerzialisierung, letztlich die Verdinglichung der Natur in der Landwirtschaft. Der Nutzbarmachung und der ökonomischen Verwertbarkeit wurde alles andere untergeordnet. Das ließ die Verödung der heutigen Agrarsteppen entstehen, begleitet von einem massiven Biodiversitätsverlust. *Das Ende der Natur* nannte Susanne Dohrn ihr Buch zu diesem Thema im Jahr 2017.[33] Nicht von ungefähr beschreibt sie im Kapitel «Eine andere Landwirtschaft ist möglich» den vielfältigen Demeter-Hof Brodowin in Brandenburg, der durch

32 Denzler 2017

33 Dohrn 2017

die Integration von Landschaftsentwicklung die Artenvielfalt deutlich ausweiten konnte. Der Pflanzensoziologe Hans-Christoph Vahle hat auf einem Hof im Ruhrgebiet die Neuanlage einer artenreichen Mähwiese auf einem Demeter-Betrieb dokumentiert.[34] Die Re-Etablierung von Vielfalt ist hier eindrücklich gelungen, mit allen positiven Einflüssen auf den Gesamtbetrieb (Heufütterung, Milchqualität, attraktive Landschaft für die Kunden etc.).

14. Konstituierendes Merkmal evolutiver Agrarkultur: Boden als Gemeingut

Nun wird man argumentieren, der Markt lasse so eine evolutive Agrarkultur nicht zu, er zwinge förmlich zu Spezialisierung und Industrialisierung.

Vorbilder für komplexere, an langfristigen Entwicklungen ausgerichtete Landwirtschaften sind oft Höfe in gemeinnütziger Trägerschaft, wie der oben beschriebene Betrieb mit der artenreichen Mähwiese. Ein Schlüssel für eine evolutive Agrarkultur liegt insofern in der Frage des Bodenrechts. Nach meiner Kenntnis sind es besonders die Landwirtschaften in gemeinnütziger Trägerschaft, die immer vielfältiger werden. Höfe in gemeinnütziger Trägerschaft realisieren zwar auch moderne Arbeitsteilung, aber nach «innen», d.h. innerhalb des Organismus bzw. der Individualität. Da die monetären Erträge in niemandes private Taschen fließen, können sich auch Nicht-Eigentümer – Menschen, die oft aus der Stadt kommen – mit dem Hof existenziell verbinden. So entstehen meist größere Gemeinschaften, in denen der eine den Gartenbau, der andere die Viehhaltung etc. er-

34 Vahle 2015

greift. Mit der Vielzahl der Menschen kehrt kulturelles Leben auf die Höfe zurück, dadurch wird auch das Landleben wieder interessanter.

Diese Höfe haben meist eine Direktvermarktung. Sie bringt die Ansprüche nach Vielfalt ebenfalls über die Kundenbedürfnisse auf den Hof zurück. Und die Schweine hält man dann nicht nur als Resteverwerter und Fleischlieferanten, sondern auch als Kundenattraktion – Vielfalt und Komplexität nehmen wieder zu.

Natürlich kann nicht jeder Hof eine Direktvermarktung betreiben. Aber auch Abo-Kisten-Betriebe, solidarische Landwirtschaften und Marktfahrer können auf Vielfalt angelegt sein. Grundsätzlich gilt für den Lebensmittelbereich: «Regional ist erste Wahl.» Frische und «Wissen, wo's herkommt» sind für Kunden wichtige Kaufkriterien.[35] Nur der anonyme und undurchsichtige Markt treibt die Kunden dazu, jeweils nach dem billigsten und gleichförmigsten Produkt zu greifen. Es ist eine der größten Marktlügen, wenn es heißt: «Der Kunde will es so» (d. h. möglichst billig, einförmig usw.). Mangels Kriterien greift der Kunde als Homo oeconomicus nach der billigsten Ware. Hat er andere Kriterien, kauft er anders, was sich nicht zuletzt durch den heute steigenden Bio- und Regionalprodukteanteil bei Aldi, LiDL & Co zeigt. Kein Kunde würde sich bei Umfragen für eine tierquälerische Massenproduktion, betäubungslose Ferkelkastration, Schreddern von Hähnchenküken und für überdüngte und überspritzte Äcker aussprechen. Es ist der anonyme Markt, der diese Strukturen gebiert (und die Eigentümer der Handelshäuser reich macht). Anonymität ist so gesehen Gift für die Landwirtschaft.

35 Fenneberg 2018

15. Ausblick

Um mehr einer evolutiven Agrarkultur, einer Landwirtschaft *mit* der Evolution zu erhalten, wäre die Organisation von Landwirtschaften nach dem Lebensprinzip des Organismus, ein aktives Anstreben von erhöhter Komplexität und das aktive Fördern von Autonomiefähigkeit und Freiheitsgraden förderlich. Dazu sollte Boden als Gemeingut angeschaut und entsprechende Einrichtungen sollten geschaffen werden, um diese Einsicht umzusetzen. Nicht zuletzt sollte jeder Mensch, jeder Kunde wenigstens *eine* Beziehung zu der Herkunft seiner Lebensmittel haben, sei es die Mitgliedschaft in einem gemeinnützigen landwirtschaftlichen Trägerverein, ein Abo oder eine Mitgliedschaft bei einer der Bodengenossenschaften wie BioBoden. Sobald Direktbeziehungen eintreten, verwandelt sich die Landwirtschaft in Richtung ökologisch, vielfältig und im Ideal in Richtung evolutiver Agrarkultur. Aber auch jeder einzelne Mensch «wächst» und entwickelt sich mit einer Beziehung zur Lebensmittelherstellung, da es interessant und fordernd ist, sich in diese Zusammenhänge hineinzubegeben.

16. Zusammenfassung

Landwirtschaft ist der entscheidende Ort zur Beeinflussung der Biosphäre. Sie kann zur Zerstörung oder zur Förderung – in Form einer evolutiven Agrarkultur – beitragen. Evolutive Agrarkultur ist ein Entwicklungsansatz, die Erzeugung von Lebensmitteln in einer dauerhaften und entwicklungsfähigen Wirtschaftsweise zu ermöglichen. Nicht gegen, sondern mit der Natur und konsequenterweise mit der Evolution wäre die zukünftige Ausrichtung. Mit der Evolution hieße, dem evolutionären Trend zu Autonomiefähigkeit, Bewusstsein und Freiheitsfähigkeit zu folgen und diese Prinzipien in der Landwirtschaft selbst zu verwirklichen. Dafür wäre auf der Grundlage von mehr Vielfalt eine Erweiterung von Komplexität herzustellen; viele biodynamische Betriebe in gemeinnütziger Trägerschaft leben das heute schon vor. Hinzu kämen eigens dafür ausgerichtete Forschungs- und Züchtungsprogramme, wie es sie in kleinem Umfang schon gibt (allerdings in noch zu kleinem Umfang). Modelle, die den Gedanken «Boden als Gemeingut» umsetzen, bilden die Grundlage. Direkte Kundenbeziehungen unterstützen den evolutiven Trend. Es kommt letztlich darauf an, Landwirtschaft so zu betreiben, dass sie Entwicklungsmöglichkeiten für die co-evolutive Entwicklung von Natur und Mensch eröffnet.

Literatur

Albrecht S, Hoffmann U, Fuchs N (2018): Agricultural Transformation Review. Vereinigung Deutscher Wissenschaftler (VDW, Hrsg.), Berlin

ARD (2019): Akte D – Die Macht der Bauernlobby. 14.01.2019

brandeins (2011): Interview mit Manufactumgründer Thomas Hoof. Hamburg

Commissariat Général au Developpment Durable (2011): Coutes des principales pollutions agricoles de l'eau. Paris

Denzler L (2017): Grenzhunde schützen Feldlerchen. NZZ, 6.12.2017, Zürich

Dohrn S (2017): Das Ende der Natur. Die Landwirtschaft und das stille Sterben vor unserer Haustür. Berlin

EAT Lancet Commission (2019): Our Food in the Anthropocene: Healthy Diets from Sustainable Food System. The Lancet

FiBL (2019): The World of Organic Agriculture. Frick (CH)

Freyer B (2016): Ökologischer Landbau – Grundlagen, Wissensstand und Herausforderungen. UTB, Stuttgart

Fuchs N (2014): Evolutive Agrarkultur – Landwirtschaft nach dem Bildeprinzip des Menschen. Darmstadt

Geier U, Meischner T (2011): Der kleine Unterschied – Die Qualität biodynamisch und biologisch erzeugter Produkte im Vergleich. Lebendige Erde 6/2011, Darmstadt

Hampicke U (2018): Kulturlandschaft. Äcker, Wiesen, Wälder und ihre Produkte. Ein Lesebuch für Städter. Berlin

Köpke U (2016): Der landwirtschaftliche Betriebsorganismus im Kontext des Genius Loci. In: Forschungsring (Hsg.): Biologisch-Dynamisch: 90 Jahre Impulse für eine Landwirtschaft der Zukunft. Wissenschaftliche Tagung 2014 in Bonn. Lebendige Erde, Darmstadt

Muller A, Schrader C, El Hage Sciallaba N, Brüggemann J, Isensee A, Erb KH, Smith P, Klocke P, Leiber F, Stolze M, Niggli U (2017): Strategies for feeding the world more sustainably with organic agriculture. Nature Communication Vol. 8

Nagel T (2013): Geist und Kosmos – warum die materialistische neodarwinistische Konzeption der Natur so gut wie sicher falsch ist. Berlin

Nationale Akademie der Wissenschaften Leopoldina (2018): Der stumme Frühling – zur Notwendigkeit eines umweltverträglichen Pflanzenschutzes. Diskussion Nr. 16

Rockström J, Steffen W, Foley J (2009): A safe operating space for humanity. Nature 461

Rougemont D (2012): L'Attitude Fédéraliste. L'Aubier, Montezillon

Rosslenbroich B (2016): Properties of Life: Toward a Coherent Understanding of the Organism. Acta Biotheoretica 64, S. 277–307

Rosslenbroich B (2018a): Entwurf einer Biologie der Freiheit. Die Frage der Autonomie in der Evolution. Stuttgart

Rosslenbroich B (2018b): Eigenschaften des Lebendigen: Schritte zu einem eigenständigen Begriff vom Organismus. In: Ebersbach R, Weinzirl J, Heusser P (Hrsg.): Was ist Leben? Aktuelles zu Wirkursache und Erkenntnis des Lebendigen. Wittener Kolloquium Humanismus, Medizin und Philosophie, Band 5, Königshausen & Neumann, Würzburg, S. 13–54

Sanders J, Heß J (2019): Leistungen des ökologischen Landbaus für Umwelt und Gesellschaft. Thünen Report 65

Spieß H (2016): Impulse der biologisch-dynamische Züchtungsforschung für einen ökologischen Landbau der Zukunft. In: Biologisch-Dynamisch: 90 Jahre Impulse für eine Landwirtschaft der Zukunft. Wissenschaftliche Tagung 2014 in Bonn. Lebendige Erde, Darmstadt

Steiner R (1924): Geisteswissenschaftliche Grundlagen zum Gedeihen der Landwirtschaft. GA 327. Dornach 1999

UBA (Umweltbundesamt) 2017: Quantifizierung der landwirtschaftlich verursachten Kosten zur Sicherung der Trinkwasserversorgung. Texte Nr. 43

Uekötter F (2010): Die Wahrheit ist auf dem Feld – eine Wissensgeschichte der Deutschen Landwirtschaft. Göttingen

UNDP 2018: Andhra Pradesh to become India's first Zero Budget Natural Farming state (https://www.unenvironment.org/news-and-stories/press-release/andhra-pradesh-become-indias-first-zero-budget-natural-farming-state)

Vahle HC (2015): Die Glatthaferwiese von Hof Sackern. Erfolgreiche Neueinsaat einer kräuterreichen Heuwiese. – Lebendige Erde 66 (3), S. 38–42. Darmstadt

Vogt G (2001): Geschichte des ökologischen Landbaus im deutschsprachigen Raum. Ökologie & Landbau 2/2001, Bad Dürkheim

Wirthensohn E (Hrsg.) (2018): So schön kann Landwirtschaft sein. Brack Verlag, Altusried

Eigenschaften des Lebendigen. Schritte zu einem eigenständigen Begriff vom Organismus[1]

BERND ROSSLENBROICH

1. Einführung und Geschichtliches

Wenn wir ein Tier oder eine Pflanze sehen, dann nehmen wir unmittelbar wahr, dass es sich um ein belebtes Wesen handelt. Wir erleben, dass da etwas anders ist als in seiner unbelebten Umgebung. Im täglichen Umgang ist es zumeist eine Selbstverständlichkeit, etwas Lebendiges von Unbelebtem zu unterscheiden, von einigen Grenzfällen einmal abgesehen. Ob wir einen Stein in die Hand nehmen oder vielleicht eine Katze auf dem Arm haben, es handelt sich für unser Erleben doch eindeutig um eine andere Kategorie.

Wissenschaftlich hat sich aber gezeigt, dass dieser Unterschied nicht so leicht zu fassen ist. Was hat es mit diesem «Lebendigsein» auf sich? Kann man klar benennen, was dieses «Prinzip Leben» ist? Bei aller Detailkenntnis, die wir heute von lebenden Organismen haben, ist dies noch immer schwer zu beantworten. In einer gewissen Weise ist das Leben an sich noch immer ein Rätsel geblieben. In einem

1 Zuerst erschienen in: Ebersbach R, Weinzirl J, Heusser P (Hrsg.) (2018): Was ist Leben? Wittener Kolloquium für Humanismus, Medizin und Philosophie (Band 6), Würzburg (leicht erweiterte Fassung)

Editorial von *Nature* wurde es auf den Punkt gebracht: *«What is the difference between a live cat and a dead one?»*[2]

Es gab in der Geschichte der Wissenschaft verschiedene Möglichkeiten, damit umzugehen. Für Aristoteles war Leben ein Ausdruck von Beseeltheit, die er als eine fundamentale, irreduzible Eigenschaft der Natur sah. Er beschrieb sie in verschiedenen Stufen entlang einer Stufenleiter. Seine Konzepte waren lange bestimmend, bis Descartes den Dualismus von Materie und Geist, der bereits bei Platon veranlagt war, für die Neuzeit ausformulierte. Das beeinflusste auch das Verständnis des Lebendigen, indem der lebende Körper der Materie zugeordnet wurde, der dann mechanistisch erfasst werden sollte. Alle physischen Prozesse, unbelebte wie belebte, sollten physikalisch erklärt werden. Davon unterschied sich nur der menschliche Geist, der den Grund für seine Selbstvergewisserung nur noch in seinem eigenen Denken fand.[3]

Neben dieser Rückführung des Lebendigen auf unbelebte Prozesse gab es immer wieder Versuche, Alternativen zu entwickeln. Besonders im 19. Jahrhundert wurde aber die Tendenz, das Leben auf physikalisch-chemische Prinzipien zurückzuführen, immer stärker. Die klassische Physik, vor allem die Mechanik, feierte Erfolge und avancierte zur Leitwissenschaft. Sie machte die Welt zunehmend beherrschbar und bildete die Grundlage der aufkommenden Technik. So wurde auch immer mehr versucht, Organismen als Maschinen zu beschreiben, wobei die Erklärung in linear gedachten Kausalketten als die wissenschaftliche Erklärung schlechthin galt und somit auch auf Lebensvorgänge anzuwenden war. Genauso konnte der Mensch prinzipiell als kausalmechanisch erklärbare Maschine aufgefasst werden.

2 Editorial, Nature 2005, 435, S. 1

3 Kather 2003

Diese physikalisch-chemische Perspektive führte dazu, dass die biologischen und auch die psychologischen Phänomene auf die ihnen zugrunde liegenden kleinsten materiellen Teile zurückgeführt werden sollten, in denen die grundlegenden Kausalketten vermutet wurden. Das ist die sogenannte reduktionistische Methode, die Emil Du Bois-Reymond in seinem berühmten Vortrag «Über die Grenzen des Naturerkennens» so beschrieb: «*Naturerkennen … ist Zurückführen der Veränderungen in der Körperwelt auf Bewegungen von Atomen, die durch deren von der Zeit unabhängige Centralkäfte bewirkt werden, oder Auflösung der Naturvorgänge in Mechanik der Atome.*»[4]

Gerade durch so extreme Formulierungen hat sich aber wiederholt Widerstand gegen einen solchen Physikalismus gebildet. Immer wieder gab es Wissenschaftler, die diese Haltung infrage stellten. Sie wurden dann als Vitalisten bezeichnet, was aber eher ein Kampfbegriff war, um die mechanistische Doktrin davon abzugrenzen und durchzusetzen.

In unterschiedlicher Weise wurde von solchen Autoren angenommen, dass dem Lebendigen ein eigenständiges Prinzip zugrunde liegen müsse, das die Lebensprozesse in Gang hält. Viele derer, die nach Alternativen suchten, haben wichtige Fragen gestellt und bedeutende Experimente beigesteuert. Und das waren nicht wenige. Einige der berühmten Persönlichkeiten der Wissenschaft folgten durchaus keinem so extremen Reduktionismus.

Ein wesentlicher Effekt vitalistischer Auffassungen war einerseits, dass immer wieder über die Angemessenheit des mechanistischen Konzeptes nachgedacht wurde. Ein gemeinsames Problem war aber andererseits, dass sie zumeist eine Kraft postulierten, die sich nicht nachweisen ließ: eine «Lebenskraft», eine «Entelechie» oder einen

4 Du Bois-Reymond 1872, S. 2

«élan vital». Das Rätsel des Lebens sollte durch einen noch rätselhafteren Begriff erklärt werden.

Bis spätestens zur Mitte des 20. Jahrhunderts wurde es daher still um den Vitalismus. Denn die experimentelle Forschung mit der systematischen Suche nach Kausalfaktoren blieb die erfolgreichere. Vor allem durch die immer besser arbeitende Molekularbiologie schien nun endlich ausgemacht zu sein, dass man Organismen nur noch in ihren molekularen Komponenten beschreiben müsse, und dann wisse man, wie ein Organismus funktioniere. Das Maschinenkonzept hatte sich scheinbar endgültig durchgesetzt, und die Wissenschaft sah die Welt, sowohl die belebte als auch die unbelebte, als einen großen und komplizierten Apparat aus Zahnrädern und Hebeln.[5] Das Problem der mechanistischen Analyse blieb aber, dass sie den Lebensvorgang als solchen nicht thematisierte, was auch immer wieder wahrgenommen und ausgesprochen wurde.

Dieses Forschungsprogramm arbeitet bis heute sehr erfolgreich, sodass wir gut und zuverlässig über die physiologischen Vorgänge im Organismus, über Zellteilung, Fortpflanzung, Vererbung und über die molekularen Abläufe in der Zelle Bescheid wissen. Aber wieder tauchen neue Zweifel daran auf, dass das fortgesetzte Verfolgen dieser analytischen Vorgehensweise letztlich dazu führen wird, ein grundlegendes Verständnis lebendiger Einheiten zu entwickeln. Am Beginn des 21. Jahrhunderts kommt der Ruf nach einer neuen Synthese auch aus den Reihen der analytisch arbeitenden Empiriker selbst.

Ich will stellvertretend nur wenige Beispiele anführen. So veröffentlichte z.B. Carl Woese, ein führender Mikrobiologe aus den USA, einen Artikel mit der Überschrift «A New Biology for a New Century». Er führt zu Beginn die Haltung vieler seiner Kollegen an,

5 Lewontin 1991

die davon ausgehen, dass man das molekularbiologische Programm nur noch in all seinen Details zu Ende führen müsse, dann wisse man über das Leben Bescheid. «*Look back a hundred years. Didn't a similar sense of a science coming to completion pervade physics at the 19th century's end – the big problems were all solved; from here on out it was just a matter of working out the details? Deja vu! Biology today is no more fully understood in principle than physics was a century or so ago. In both cases the guiding vision has (or had) reached its end, and in both, a new, deeper, more invigorating representation of reality is (or was) called for. A society that permits biology to become an engineering discipline, that allows that science to slip into the role of changing the living world without trying to understand it, is a danger to itself. Modern society knows that it desperately needs to learn how to live in harmony with the biosphere. Today more than ever we are in need of a science of biology that helps us to do this, shows the way. An engineering biology might still show us how to get there; it just doesn't know where ‹there› is.*»[6]

Damit führt Woese das Problem weit über die erkenntnistheoretische Frage hinaus bis zu den drängenden praktischen Fragen unserer Zeit hinsichtlich unseres Verhältnisses zur Natur und zu unseren Lebensgrundlagen. Wenige Seiten später fordert er: «*Let's stop looking at the organism purely as a molecular machine.*»[7]

In der Zeitschrift *Nature* formulierte Paul Nurse: «*Biology stands at an interesting juncture. The past decades have seen remarkable advances in our understanding of how living organisms work. … But comprehensive understanding of many higher-level biological phenomena remains elusive. Even at the level of the cell, phenomena such as general*

6 Woese 2004, S. 173

7 Woese 2004, S. 176

cellular homeostasis and the maintenance of cell integrity, the generation of spatial and temporal order, inter- and intracellular signalling, cell ‹memory› and reproduction are not fully understood. This is also true for the levels of organization seen in tissues, organs and organisms, which feature more complex phenomena such as embryonic development and operation of the immune and nervous systems. These gaps in our knowledge are accompanied by a sense of unease in the biomedical community that understanding of human disease and improvements in disease management are progressing too slowly.»[8]

Und Turner formuliert: *«We are, arguably, presently at such a point, where the limits of the materialist approach to life are beginning to rise dimly into view.»*[9]

Es deutet sich also der Beginn einer erneuten Suche nach dem Verständnis des Lebendigen an. Viele neuere Veröffentlichungen weisen in diese Richtung, werden bisher aber vom großen Wissenschaftsbetrieb kaum wahrgenommen.[10] Blickt man weiter zurück, lässt sich diese Liste noch erheblich ergänzen.

8 Nurse 2008, S. 424

9 Turner 2013, S. 272

10 Bock & Goode 1998, Denton et al. 2013, Dupré 2012, Fuchs 2009, Gilbert & Sarkar 2000, Grunwald 2002, Henning & Scarfe 2013, Kather 2003, 2012, Kirschner et al. 2000, Nagel 2014, Noble 2006, 2008a, 2008b, 2011, 2017, Normandin & Wolfe 2013, Nurse 2008, Penzlin 2014, Rehmann-Sutter 2000, Rose 1997, Rose & Rose 2013, Turner 2007, 2013, Woese 2004

2. These

Die mechanistische Forschung war und ist methodisch berechtigt, da sie zur Entwicklung wertvoller Untersuchungsmethoden und Experimente führte. Die Frage ist aber nach wie vor, ob sie auch ontologisch genügt, also die Wirklichkeit vollständig beschreiben kann. Blendet sie nicht doch einige der spezifischen Eigenschaften der Lebensprozesse aus? Bekommen wir ein zwar nicht falsches, aber doch ein einseitiges Bild vom Organismus, indem wir versuchen, nur die Summe der physikalisch-chemisch bekannten Prozesse dem Verständnis des Organismus zugrunde zu legen?

Auch Rudolf Steiner negierte die Notwendigkeit, im Bereich der organischen Wissenschaften Zuflucht zu einer «Lebenskraft» nehmen zu müssen, und reagierte damit auch auf die zeitgenössische Neovitalismusdiskussion.[11] Er betrachtete die vitalistischen Postulate als Manifestationen der Ohnmacht der positivistischen Forschung: *«Wer zur Annahme einer Lebenskraft sich entschließt, der sieht zwar ein, dass die organischen Wirkungen nicht mechanisch sind, aber es fehlt ihm zugleich die Fähigkeit, jene andere Art der Anschauung auszubilden, durch die ihm das Organische erkennbar werden könnte.»*[12]

Demgegenüber stellte Rudolf Steiner regelmäßig dar, dass den Lebensprozessen bei Pflanze und Tier, ebenso wie beim Menschen, ein «Ätherisches» zugrunde liege. Beim Menschen spricht er von einem «Ätherleib» (auch als Lebensleib bezeichnet). Dieser Ätherleib sei der Träger des Lebensprinzips. Der physische Körper enthalte Stoffe und Kräfte, die der Mensch mit der ganzen übrigen physischen Welt gemeinsam hat, und dasjenige, was sich in uns in

11 Selg 2000, S. 61

12 Zitiert nach Selg 2000, S. 61

chemischen und physikalischen Prozessen abspielt, sei nichts anderes, als was sich auch außerhalb unseres Körpers in der physischen Welt abspielt. Es müsse aber etwas da sein, was die chemischen und physikalischen Prozesse zusammenhält, sie in der Form gruppiert, wie sie sich innerhalb des menschlichen Körpers abspielen. Diesen Ätherleib des Menschen charakterisiert er als eine geistige, nichtsinnliche Wirklichkeit, die sich für die Sinnesbeobachtung nur in seinen Wirkungen erfahren lässt. Der Ätherleib sei für die sich an der Sinneswahrnehmung orientierende Naturwissenschaft nur indirekt erschließbar. Er gebe sich nur durch seine Wirksamkeit zu erkennen.

Um dieser Dimension des organischen Lebens erkennend gerecht zu werden, bedarf es der Ausbildung einer geistig anschauenden Kraft, einer Fähigkeit zum intuitiven Begriff. Wie zur Wahrnehmung der Farberscheinungen das Auge gehört, so Rudolf Steiner, so gehöre zur Auffassung des Lebens die Fähigkeit, in dem Sinnlichen ein Übersinnliches, nach Art des Begrifflichen, Ideellen, unmittelbar anzuschauen. Eine solche Anschauung sieht er als prinzipiell möglich an, sofern die dazu nötigen Fähigkeiten entwickelt werden. Mitunter spricht er auch von einem «Sinnlich-Übersinnlichen».

Eine berechtigte Frage an die Naturwissenschaft ist aber, die Wirksamkeit des Ätherischen, sozusagen dessen Abdruck, zu untersuchen und zu beschreiben. Diese Wirksamkeit würde sich dann von den rein physikalisch-chemischen Prozessen unterscheiden, also deutlich über sie hinausgehen, eigene Charakteristika haben, auch wenn dabei der Ätherleib als «geistiger Organismus» im Sinne Steiners nicht messbar oder sichtbar gemacht werden kann.

Meine These ist nun, dass sich die empirische Forschung inzwischen so weit entwickelt hat, dass sie aus sich heraus das Material und die Voraussetzung anbietet, die spezifischen Eigenschaften des

Lebendigen besser zu verstehen. Die Frage nach den spezifischen Eigenschaften des Lebendigen lässt sich ohne Rückgriff auf geheimnisvolle Kräfte aus diesen empirisch gewonnenen Kenntnissen beantworten. Dadurch deutet sich ein neues Konzept vom Organismus an, das den Ergebnissen der reduktionistischen Forschung nicht widerspricht, sondern sie in ihrem Zusammenhang und in ihren Konsequenzen erst verständlich macht. Teils muss man dafür längst Bekanntes in seiner konzeptionellen Bedeutung neu bedenken, teils ist es nötig, die gewonnenen Ergebnisse in einen etwas anderen Kontext zu stellen oder eine etwas andere Perspektive zuzulassen, um das spezifisch Organismische begrifflich zu erfassen.

Die Aussage wird sein, dass Organismen nachweisbare und wissenschaftlich beschreibbare Eigenschaften und Charakteristika zeigen, die spezifisch sind für Lebensprozesse. Sie sind nicht reduzierbar auf anorganische Prinzipien. Unbelebte Gegenstände und Systeme zeigen diese Eigenschaften typischerweise nicht, auch wenn es in einigen Fällen oberflächlich vergleichbare Phänomene gibt. Daher kann es nicht das Ziel von Wissenschaft sein, Organismen in Begriffen nichtlebender Maschinen zu beschreiben.

Die nachfolgende Darstellung spezifischer Eigenschaften des Lebendigen wird vor allem Beispiele aus der empirischen Forschung enthalten. Dabei komme ich zu Schlüssen, die in manchen theoretischen Arbeiten schon enthalten sind, auf die ich hier aber nicht näher eingehe. Ich will vor allem zeigen, dass heute verfügbare empirische Forschungsergebnisse deutlich die Notwendigkeit und die Möglichkeiten der Entwicklung eines eigenständigen Begriffs vom Lebendigen erkennen lassen. Methodisch basiert die vorliegende Untersuchung auf einem phänomenologischen Denken, das Phänomene des Lebendigen identifiziert und in einen daraus gewonnenen begrifflichen Kontext stellt.

Folgende spezifische Eigenschaften werden behandelt:

1. das Prinzip der Interdependenzen organischer Vorgänge
2. die Bildung einer relativen Autonomie von Organismen
3. die aktive Prozessierung von Information auf verschiedenen Systemebenen
4. die Bildung integrativer biologische Systeme
5. die Bildung einer Gestalt
6. die aktive Generierung einer Zeit-Autonomie
7. die aktive und geregelte Prozessierung von Energie
8. die Sensibilität von Organismen
9. das generelle Prinzip der Eigenaktivität von Organismen
10. die prinzipielle Fähigkeit zur Evolution
11. Wachstum und Entwicklung
12. die Anpassungsfähigkeit an innere und äußere Konditionen
13. die Notwendigkeit des Verhältnisses aller Lebensprozesse zu Fortpflanzung und Tod.

3. Spezifische Eigenschaften des Lebendigen

3.1 Interdependenzen

In weiten Teilen der Biologie gilt die Kausalanalyse nach wie vor als die grundlegende Methode. Es wird versucht, vorgefundene Phänomene in Kausalketten aufzulösen. Auf eine Ursache A folgt die Wirkung B, auf den Reiz die Reaktion.

Als die Pioniere der Biochemie am Anfang des 20. Jahrhunderts damit begannen, biochemische Prozesse im Organismus zu untersuchen, dachten sie in solchen linearen Abfolgen von Ursache-Wirkungs-Ketten. Das Produkt einer Reaktion wird in die nächste Reaktion eingeschleust und so weiter. Ein Zusammenhang galt dann als aufgeklärt, wenn man die beteiligten Ketten von Ursache und Wirkung aufdeckte. So untersuchte man etwa die Prozesse der Energiegewinnung in der Zelle und hatte bald die beteiligten chemischen Komponenten gefunden, die sich in einer linearen Reaktionsabfolge anordnen ließen (Abb. 1, oben).

Dann jedoch stand man vor der Frage, was wohl als Nächstes geschieht. Nachdem man lange mit diesem Problem umgegangen war, wurde vorgeschlagen, dass man das letzte Produkt als erneuten Startpunkt für den ganzen Prozess ansehen könnte. Das war zunächst ein spekulativer Vorschlag, und es brauchte viel Zeit, um weitere Zwischenschritte zu beschreiben. Aber schließlich wurde klar, dass es sich eben um einen Kreislauf handelte: den Zitronensäurezyklus (Abb. 1, unten).[13]

So sieht es heute in großen Teilen der Biochemie und der Molekularbiologie aus: Zumeist sind es Kreisläufe, die in den Analysen gefunden und beschrieben werden. In ihnen ist eine Komponente von der nächsten abhängig, oder die Prozesse sind in Netzwerke anderer Prozesse integriert (Abb. 2). Dabei gibt es keine Anfangsursache und keinen finalen Effekt. Ein Prozess ist vielmehr die Bedingung für den nächsten, der wiederum die Bedingung für den nächsten, und dieser ist erneut die Bedingung für den nächsten. Solche Prozesse sind innerhalb von Zyklen, Netzwerken oder Regulationskaskaden voneinander abhängig: Sie sind interdependent.

Molekulare Zyklen haben vielfach den Effekt, dass sie eine Feedback-Kontrolle ermöglichen und damit zur Regulation des Geschehens beitragen. Dies zeigte sich in den letzten Jahren auch für die Genetik: Bislang war man davon ausgegangen, dass die Information immer in eine Richtung fließt: von der DNA zum Protein und

13 Bechtel 2007

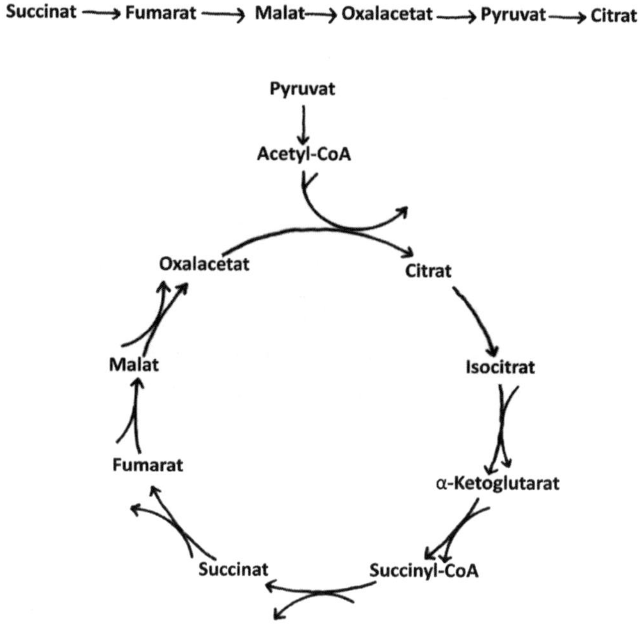

Abb. 1: Oben: Die zuerst gefundenen chemischen Komponenten der Energiegewinnung in der Zelle, in linearer Abfolge dargestellt. Unten: Der Zitronensäurezyklus in der heute bekannten Form.

schließlich zum Merkmal. Inzwischen wird deutlich, dass es genauso viele Rückkoppelungsprozesse gibt, sodass man nicht mehr die DNA als eine Art Erstursache ausmachen kann. So wichtig wie die Information der DNA ist, so wichtig ist der Regulationsvorgang für den Umgang der Zelle mit ihrem Erbgut (Abb. 3).

Die einseitige Erwartung, dass die DNA eine Art Steuereinheit, also eine Art Erstursache, innerhalb der Zelle ist, ließ sich nicht bestätigen. Weitsichtige Genetiker haben schon lange darauf hingewiesen, dass dies eine überzogene Interpretation der DNA-Funk-

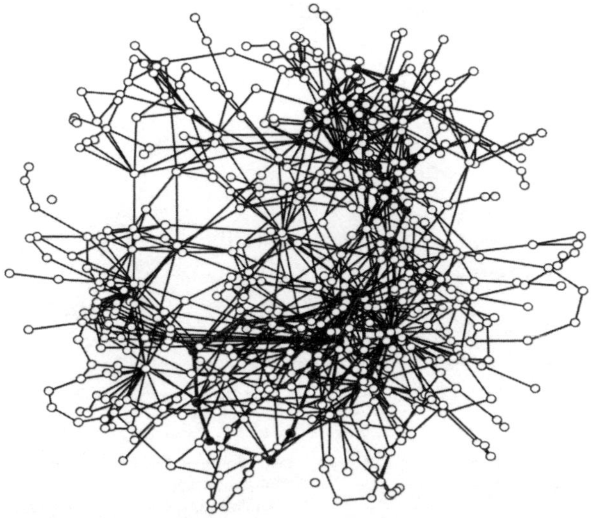

Abb. 2: Übersichtsdarstellung aller bekannten Stoffwechselreaktionen kleiner Moleküle in einer Hefezelle. Reaktionen der Glykolyse und des Zitronensäurezyklus sind in der Mitte und fett gezeichnet (aus: Alberts et. al. 2004, S. 142).

tionen ist.[14] Mit den heutigen Kenntnissen in der Genetik wird dies immer deutlicher.[15] Neuerdings werden sogar Informationen angenommen, die nicht in der DNA selbst, sondern in den Regulationsstrukturen gespeichert sind. Das macht das derzeit viel diskutierte Fach der Epigenetik aus.[16]

Zumeist gelingt die «Aufklärung» von Kausalketten so lange, wie man sich ausschnitthaft auf der niedrigsten molekularen Ebene bewegt. Die Kausalanalyse ist methodisch geeignet, um die einzelnen molekularen Schritte zu erfassen, aber sie versagt in der Beschreibung

14 Lewontin 1991, 2002, Lewontin et al. 1988, Strohman 1993, 1998, 2001

15 Noble 2006, 2008a, 2008b, Krimsky & Gruber 2013

16 Jablonka & Lamb 2005, Jablonka & Raz 2009, Spork 2009

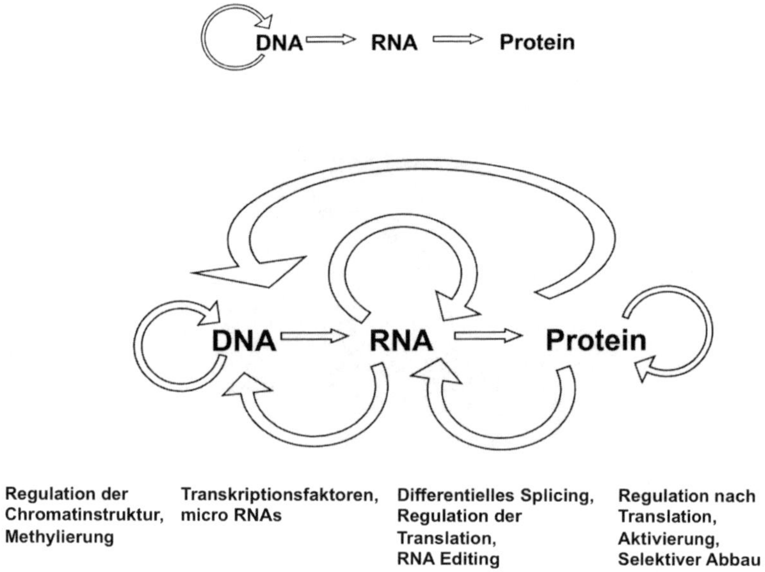

Abb. 3: Oben: Veraltetes Modell des Informationsflusses von der DNA zum Protein. Unten: Regulation der Proteinbiosynthese (nach einer Vorlage von Johannes Wirz 2008).

des Kontextes, in dem sie stattfinden. Das wird inzwischen in der Molekularbiologie zunehmend wahrgenommen, sodass hier nach neuen Wegen gesucht wird.[17]

Der Vorschlag, organische Funktionen besser in Form reziproker Interdependenzen zu beschreiben, ist in unterschiedlicher Form wiederholt gemacht worden.[18] Fuchs[19] bezeichnet dieses Prinzip als «zirkuläre Kausalität» und unterscheidet eine horizontale von einer vertikalen Form.[20] Horizontale zirkuläre Kausalitäten finden sich

17 Bechtel 2007, Parrington 2015

18 Fuchs 2009, Haken 1983, Rosen 1991, Schad 1982, Thompson 2007

19 2009, S. 121

20 Siehe auch Noble 2017

etwa innerhalb des Zellmetabolismus oder zwischen den Zellen oder Gewebeteilen. Vertikale zirkuläre Kausalitäten sind Beziehungen zwischen unterschiedlichen Systemebenen wie Zellen, Organen, Organismen usw. Fuchs beschreibt beide zusammen als integrale Kausalität und kommt dabei klar über einfache lineare Kausalitäten hinaus. Vielleicht wäre es konsequenter, die Bezeichnung «Kausalität» dabei ganz fallen zu lassen und von Interdependenzen zu sprechen.

Solche Interdependenzen lassen sich nun auch auf ganz anderen Ebenen beschreiben. So ist ja gut bekannt, dass in den Ökosystemen Stoffkreisläufe bestehen. Der Sauerstoff, den wir einatmen, stammt aus der Fotosynthese, die in den Chloroplasten der Pflanzenblätter stattfindet. Durch die Zellatmung können wir die Energie nutzen, die dabei in Kohlenhydraten gespeichert wurde, und verarbeiten dabei den Sauerstoff. Umgekehrt nehmen die Pflanzen wieder das von uns abgeatmete CO_2 auf und verwenden es in der Fotosynthese. Im größeren Zusammenhang wird das auch als Kohlenstoffkreislauf dargestellt.

Aber das sind auch wieder nur Ausschnitte aus den Interdependenzen, die in solchen Systemen bestehen. Versucht man, die interdependenten Faktoren innerhalb von Ökosystemen darzustellen, ergibt sich ein unübersichtliches und komplexes Gebilde, das den Umfang der tatsächlichen Interdependenzen nur ahnen lässt (Abb. 4).

Die Grenzen der Kausalerklärung in der Biologie sind oft diskutiert worden.[21] Die Einwände haben aber den Mainstream der empirischen Forschung kaum beeinflussen können, obwohl dieser in seinen Ergebnissen selbst am deutlichsten an diese Grenzen stößt. Es wird in Zukunft ein umfangreiches Umdenken nötig sein, um das Prinzip der

21 Wuketits 1981, Mahner & Bunge 2000, Schad 1982

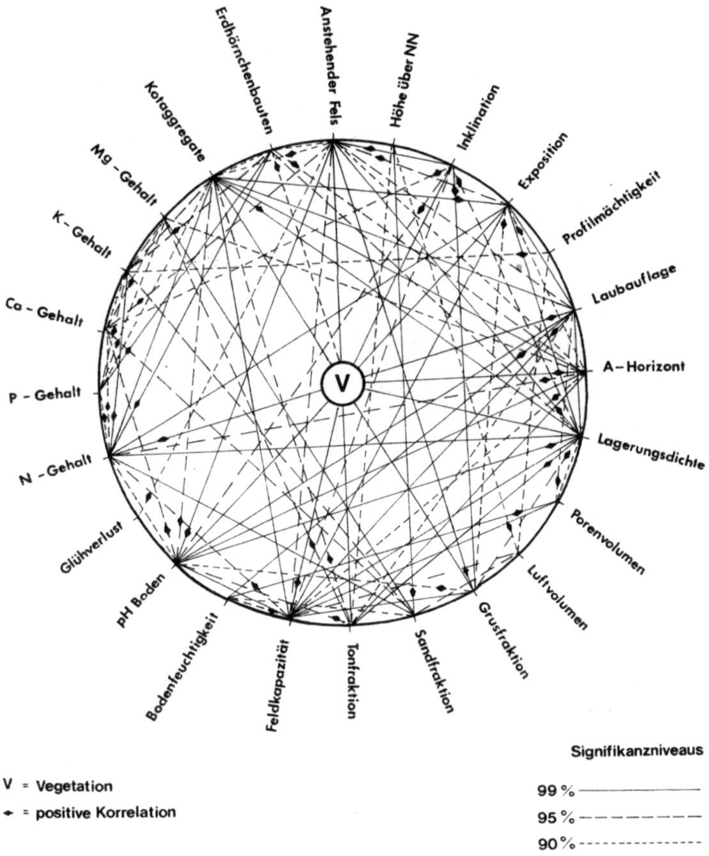

Abb. 4: Zusammenfassung einer Untersuchung von biologischen Faktoren im Yellowstone Nationalpark. Jede Linie stellt einen nachgewiesenen kausalen Zusammenhang dar. Wenn man aber die Wechselwirkungen in ihrer Gesamtheit sieht, wird der Systemzusammenhang deutlich (aus Dierßen 1990, S. 5).

Interdependenzen, das in Organismen und Ökosystemen vorherrscht, in angemessener Weise berücksichtigen zu können. Auch für die Medizin wird das von grundlegender Bedeutung sein.[22]

3.2 Autonomie

Nun kann man weiter fragen, was Organismen denn mit solchen interdependenten Systemen unter Nutzung von Stoff und Energie aus der Umgebung aufbauen und erhalten. Das ist zwar vielfältig, aber eine grundlegende Eigenschaft ist, dass sie eine Unterschiedlichkeit gegenüber der Umgebung etablieren. In einer generellen Weise geschieht innerhalb des Organismus – etwa in einem Einzeller – etwas anderes als in seiner anorganischen Umgebung. Und diese Andersartigkeit muss aktiv aufrechterhalten werden. Sie befindet sich in einem ständigen Prozess – oder besser, sie ist Prozess. Wenn der Erhalt dieser Eigenständigkeit nicht mehr gelingt, ist der Organismus tot, der Prozess bricht zusammen, und die beteiligten Komponenten werden den physikalisch-chemischen Umgebungsbedingungen wieder angeglichen.

Einer der ersten empirischen Forscher, die das bemerkten, war der Physiologe Claude Bernard, der im 19. Jahrhundert die Theorie vom «milieu intérieur» formulierte: Alle inneren Flüssigkeiten in einem tierischen Körper werden gegenüber äußeren Störungen konstant gehalten. Diese Konstanz mache den Organismus von den Schwankungen in der Umgebung unabhängig und befreie ihn von den Restriktionen der Umgebung. In der ersten Hälfte des 20. Jahrhunderts formulierte Walter Cannon das Prinzip der regulierten Homöostase für die Kapazität eines lebenden Systems, ein relativ konstantes inneres Milieu aufrechtzuerhalten. In der Folge wurde

22 Rosslenbroich 2016

das Konzept in der Physiologie ausgesprochen erfolgreich. Regulation und Homöostase etablieren also eine gewisse Autonomie gegenüber den Schwankungen in der Umgebung, eine begrenzte physiologische Eigenständigkeit.

Zu dieser relativen Autonomie gehören noch weitere Eigenschaften. Bereits Prokaryonten (Bakterien) generieren eine metabolische Selbstständigkeit, die ein Ungleichgewicht gegenüber der anorganischen Umgebung aufrechterhält. Dabei wird ein energetischer Gradient gegenüber der Umgebung durch regulierte Verwendung von Energie aufrechterhalten. Energiereiche Moleküle werden entgegen den hydrolysierenden und oxydierenden Einflüssen der Umgebung stabil gehalten. Organische Verbindungen sind reduzierte Verbindungen und damit energiereich. Aber auch die Freisetzung der Energie unterliegt der aktiven Regulation durch die Zelle, indem sie nicht in einem, sondern in vielen kleinen Schritten auf ATP, den universellen Energieträger im Organismus, übertragen wird. Die Zelle verhindert geradezu die spontane, physikalische Freisetzung der Energie und zerlegt diesen Vorgang in eine Reihe von Einzelschritten, in denen sie kleine, verwertbare Energieeinheiten abgreifen kann.

Dazu kommt die genetische Eigenständigkeit, um der Entropie-Tendenz der Umgebung eine Ordnung entgegensetzen zu können. Sie ermöglicht die Identität des Individuums ebenso wie diejenige der Art über viele Generationen hinweg. Auch diese genetische Selbstbestimmung ist ein Teil der organismischen Autonomie. Die entscheidende Eigenschaft des Lebens ist weniger die interagierende Materie als vielmehr die Information darüber, wie diese genutzt werden kann, um Autonomie aufzubauen. Information ist immateriell, aber sie benötigt ein materielles Medium, sodass im Organismus immer eine enge Verschränkung von Materie und Information besteht. Sie sind komplementäre Aspekte ein und desselben Komplexes.

Des Weiteren gehört die äußere Abgrenzung zu diesem Autonomiekomplex. Ausnahmslos jeder Organismus wird von einer Struktur gegenüber dem umgebenden Medium abgegrenzt, im einfachsten Fall durch eine Membran. Darin können relativ hohe Konzentrationen organischer Moleküle angereichert werden, die deren Wechselwirkung ermöglichen und einen osmotischen Gradienten gegenüber der Umgebung aufbauen. Innerhalb dieser Reaktionsräume wird dann auch eine strikte zeitliche Ordnung eingehalten. Die Zelle reguliert die Prozesse nicht nur in ihrem funktionellen Ablauf, sondern auch in ihrer zeitlichen Sequenz und etabliert damit ebenso eine endogene zeitliche Ordnung.

Metabolische und informationelle Selbstständigkeit mit Aufbau eines Energiegradienten gegenüber der anorganischen Umgebung, Außenabgrenzung, Regulation und endogene zeitliche Ordnung gehören zum Autonomiekomplex, der eine Art Binnendeterminiertheit ergibt.

Fuchs[23] führt als Beispiel für Stoffwechselautonomie an, dass der Organismus den Stoff nicht einfach durch sich hindurchströmen lässt, sondern ihn vielmehr seinem eigenen Prinzip unterwirft. So verhält sich das im Hämoglobin gebundene Eisen grundlegend anders als mineralisches Eisen: Es oxidiert nicht irreversibel, sondern es ist in der Lage, Sauerstoff reversibel zu binden.

Auch der Begriff der Autopoiese beschreibt diese Eigenständigkeit. Er versteht die Erhaltung als aktive Selbstorganisation, durch die die Prozesse und das Verhalten von Organismen nicht mehr primär von außen bestimmt sind. Äußere Einflüsse wirken daher nicht unmittelbar bzw. kausalmechanisch auf den Organismus ein (es sei denn schädigend oder zerstörend), sondern als Reize, die mit Reaktionen beantwortet werden. Dabei ist ein autopoietisches System rekursiv or-

23 Fuchs 2009

ganisiert, indem es selbst die Bedingung seiner Teile ist. Es produziert und reproduziert sie als Teile ebenso, wie es zugleich aus ihnen besteht und sich aus ihnen erhält und regeneriert. Insofern gibt es keine Trennung von Erzeuger und Erzeugnis.[24]

In ausführlichen Studien konnte dargestellt werden, dass sich diese Autonomiefähigkeit der Organismen, speziell diejenige der Tiere, im Laufe der Evolution verändert hat.[25] Die Fähigkeiten zu Regulation, Stabilisierung der eigenen Funktionen sowie die Möglichkeiten innerhalb der Umwelt haben sich mit der Evolution komplexerer Organismen immer mehr erweitert. Insofern kam es nicht nur zu Anpassungen an die Umwelt, sondern auch zur Erweiterung der individuellen Autonomie der Organismen.

Ein wesentlicher Schritt dazu war etwa die Entstehung der Mehrzelligkeit, durch die die Regulationsmöglichkeiten für den Organismus wesentlich erweitert wurden (Abb. 5).

Im Laufe der Evolution der Tierwelt kam es dann beispielsweise zu erheblichen Erweiterungen der Beweglichkeit in der Umwelt, wie etwa in der Entwicklung vom Kriechen zum Laufen und zum Fliegen, zur Entwicklung der Eigenwärme, die den Wärmehaushalt autonomer macht, zur Stabilisierung des Flüssigkeitshaushalts bis hin zum hoch leistungsfähigen geschlossenen Kreislauf bei Säugetieren und Vögeln.

Die Evolution der Nervensysteme führte zu Erweiterungen des selbstbestimmten Verhaltens. Schon Einzeller haben durch Membranrezeptoren ein Wahrnehmungsvermögen für bestimmte Faktoren in ihrer Umwelt. Meistens werden dabei Vorgänge der Zelle unmittelbar beeinflusst, wie etwa der Schlag einer Geißel. Bei Nervenzellen der mehrzelligen Tiere werden Signale dagegen zuerst in Aktionspoten-

24 Fuchs 2009, Maturana & Varela 1987, Varela 1997

25 Rosslenbroich 2007, 2014

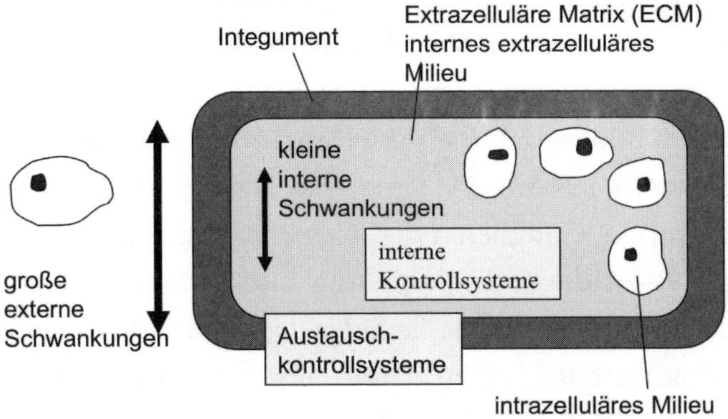

Abb. 5: Einzeller (links) unterliegen unmittelbar den Schwankungen der Umwelt. Mehrzeller (rechts) haben dagegen vermehrte Möglichkeiten, das Milieu der Zellen zu regulieren und zu stabilisieren.

ziale umgesetzt. Diese Aktionspotenziale wirken auf andere Neurone, über die erst mittelbar eine Reaktion ausgelöst wird. Damit ist eine zusätzliche Integrationsebene entstanden: Zunächst integriert das sensible Neuron eingehende Reize und löst Aktionspotenziale aus oder nicht. Dann entscheidet sich, ob und welche effektorischen Neurone aktiviert werden.

Beide Prinzipien enthalten grundlegende Elemente einer Selbstständigkeit gegenüber der physikalischen Umwelt: Auch Einzeller verhalten sich nicht wie angestoßene Billardkugeln, sondern verrechnen die an der Membran eingehenden Signale. Mit der Bildung von Nervensystemen bei den mehrzelligen Tieren wird aber diese Mittelbarkeit und Autonomie der Reaktion erweitert: Es findet eine zunehmende Entkopplung von Signalen und Reaktionen statt, sodass die Signale zunächst in neuronalen Zwischenschritten verarbeitet werden, bevor eine Reaktion erfolgt.

Die einfachste neuronale Verschaltung ist der Reflexbogen. Sobald aber weitere Nervenzellen zwischengeschaltet sind, erweitert sich die Möglichkeit, die Signale zu modulieren und eigenständige Reaktionen vorzubereiten. Die Modulierbarkeit ermöglicht flexiblere, selbstbestimmtere Reaktionen unterschiedlichen Grades gegenüber Umweltreizen und ist damit ein Merkmal von Autonomie.

Die einfachsten Nervensysteme sind Nervennetze. Je mehr aber in der Evolution Ganglien oder Gehirne entstanden sind, umso mehr kam es zu dieser Entkopplung und Modulierbarkeit. Dabei wurde das Verhalten immer flexibler, bis dahin, dass gewisse Freiheitsgrade entstanden. Dazu gehört etwa das umfangreiche Lernverhalten bei Menschenaffen und bei den intelligenten Rabenvögeln und Papageien.

Der Neurobiologe Gerhard Neuweiler fasste diese evolutiven Veränderungen so zusammen: *«Verfolgt man die ständig wachsende Komplexität biologischer Systeme von den ersten Zellen bis zum Menschen, wird erkennbar, dass wachsende Komplexität mit wachsender Freiheit einhergeht – von der einfachen Freiheit, aus zwei Alternativen eine auswählen zu können, bis zur Freiheit des Menschen, sich naturfremde, im wörtlichen Sinne eigenwillige Ziele zu setzen. Freiheit unterscheidet das Leben von der toten Materie, und autonome Freiheit, wie sie bislang nur dem Menschen zukommt, ist das eindeutige Ergebnis der biologischen Evolution.»*[26]

3.3 Prozessierung von Information

Ob Materie immanent eine Information enthält und nur dadurch etwa eine molekulare Ordnung bestehen kann, wird in der Physik unterschiedlich gesehen. Aber Organismen unterscheiden sich fundamental vom Unbelebten, indem sie permanent und systematisch Information anreichern und prozessieren. Dies ist weit-

26 Neuweiler 2008, S. 78

gehend unstrittig im Hinblick auf die genetische Information. Wie bereits erwähnt, zeichnete sich in den letzten Jahren aber ab, dass es auch außerhalb der DNA eine Information gibt, was im neueren Forschungsgebiet der Epigenetik untersucht wird.

Im Übergang zur eukaryontischen Zelle (dem komplexen Zelltyp mit einem Zellkern) ist evolutiv etwas entstanden, das heute molekularbiologisch gut beschrieben ist, aber doch in seinen Elementen verwunderlich bleibt: Die primäre Information der DNA wird nicht so verwendet, wie sie abgelesen und vermittels der mRNA weitergegeben wird. Vielmehr prozessiert die Zelle in umfangreichem Maße das Primärtranskript. Durch alternatives Spleißen können oft sehr unterschiedliche mRNAs und damit unterschiedliche Proteine daraus gewonnen werden. Außerdem entstehen andere Komponenten wie etwa mikro-RNAs, die wieder regulative Rückwirkungen auf den Ablesevorgang der DNA haben, ebenso wie Proteine als Expressionsfaktoren wieder auf die Transkription zurückwirken.[27] In all diesen Schritten findet ein Informationstransfer statt.

Eine sozusagen verkörperte Information ist dann aber auch in den Proteinen selbst vorhanden, denn sie enthalten ja schließlich die aus der RNA abgeleitete Primärsequenz. Außerdem spielen noch andere Faktoren zur endgültigen Faltung der Proteine eine Rolle.[28] Man müsste dann konsequenterweise sagen, dass auch hier noch Information in der räumlichen Struktur der Proteine enthalten ist. Das hoch komplexe und sehr präzise hergestellte Protein (man denke etwa an ein Tunnelprotein in der Membran) kann nur eine solche Struktur- und Funktionsordnung haben, wenn ihm eine immanente Information zugrunde liegt.

27 Parrington 2015

28 Love 2012

Aber gilt das nicht ebenso für andere Strukturen der Zelle, bei denen bisher noch wenig von Information gesprochen wird? Die genaue Zusammensetzung der Zellmembran, chemisch beschreibbar durch die Zusammensetzung der Phospholipide, Proteine, Glykopeptide und Glykolipide und das eingelagerte Cholesterol, enthält eine hochgradige Ordnung, und Ordnung ist nur durch eine immanente Information möglich.[29] Der Ordnungsgehalt muss mit dieser immanenten Information identisch sein, sonst bestünde Chaos. Chaotisierung der Membran aber gefährdet das Leben der Zelle.

Dies lässt sich auch auf die suprazelluläre Ordnung übertragen, wie es in der Genetik getan wird, wenn es um die Umsetzung des Genotyps in den Phänotyp geht. Heute wird allerdings zunehmend darüber diskutiert, in welchem Verhältnis Genotyp und Phänotyp stehen, wobei vor allem die einseitig deterministische Sicht dieses Verhältnisses in Frage steht.[30] Zumindest einige genetische Voraussetzungen verwirklichen sich aber offensichtlich bis in Merkmale und Ordnungsstrukturen des ganzen Organismus. Insofern enthalten auch diese Strukturen, Organe und Funktionen eine immanente Information.

Anderen Komponenten des Organismus dürfte eine immanente Information zugrunde liegen, die nicht auf die DNA zurückgeführt werden kann. Sowenig ein Tisch ohne die Information «Tisch» existiert (sonst wäre er nur ein Klumpen Holz), existiert eine Niere oder ein Bein ohne eine solche verkörperte Information. Allerdings ist es derzeit noch unüblich, von einer solchen Form von Information zu sprechen, man spricht lediglich von der Information der DNA. Aber schon die Notwendigkeit, Information auch auf anderen Ebenen zu suchen (Epigenetik), zeigt, dass hier derzeit Erweiterungen vorgenommen werden.

29 Cavalier-Smith 2004

30 Moss 2003, Noble 2008b, Strohman 2002

Es lässt sich spekulieren, dass letztlich alle Systemebenen des Organismus eine immanente Information konstituierend enthalten. Ein System – als Prozess – kann nur durch seine Ordnung funktionieren, und Ordnung braucht Information, was der Grund dafür ist, dass Organismen permanent in umfangreichem Maße Information prozessieren.[31] Kenntnisse über diese verschiedenen Ebenen von Information und Informationsprozessierung werden in der nächsten Zukunft essenziell sein, um ihre Ordnungsstrukturen zu verstehen.[32] Im gleichen Sinne formulieren Farnsworth et al.:[33] «*Every aspect of life may be regarded as a product and elaboration of the physical world, clearly made of the same matter and energy, ordered in space and time as is every physical system. What makes life special is not the material brought together to take part in living, it is the functional information that orders matter into physical structures and directs intricate processes into self-maintaining and reproducting complexes.*»

Die Autoren schlagen die Beschreibung eines «funktionellen Informationsgehaltes» vor, der die Muster von Atomen, Molekülen, Zellen, Geweben und anderen Komponenten erfasst. Solch eine «verkörperte Information» sei nicht nur in DNA und RNA vorhanden, sondern in allen anderen Ebenen der organischen Organisation. Interaktionen zwischen Molekülen, Zellen, Organismen und Populationen laufen alle auf eine Prozessierung von Information in Hierarchien funktioneller Netzwerke hinaus.

Über diese «verkörperte Information» hinaus gehen Organismen aber auch noch in anderer Weise mit Information um, die sie ständig über ihre Umwelt und auch über sich selbst bilden und auswerten. Dazu

31 Walker 2014

32 Nurse 2008

33 Farnsworth et al. 2013, S. 205

gehören alle Wahrnehmungen, in einfachster Form schon bei Prokaryonten, sowie alle Signalprozesse bis hin zu Kognition und Sprache.

Bisher werden Organismen nur andeutungsweise unter diesem Informationsaspekt beschrieben. Es ist aber bemerkenswert, dass gerade diejenige Wissenschaft, die angetreten war, um Organismen ausschließlich unter Prinzipien physikalisch-chemischer Wechselwirkungen zu erklären, von Beginn an den Informationsbegriff eingeführt und damit bereits die rein materialistische Erklärung verlassen hat, ohne es zu bemerken. Mit der sogenannten «molekularbiologischen Revolution», die alle Lebensprozesse letztlich auf chemische Vorgänge reduzieren wollte, ist genau das Gegenteil eingetreten, indem immer deutlicher wurde, dass bei allen Lebensfunktionen Informationsprozesse eine unerlässliche Rolle spielen, die ihre eigene Gesetzlichkeit besitzen und ihre eigene Begrifflichkeit erfordern. Mit der Information ist eine völlig neue Qualität aufgetreten, die in der physikalisch-chemischen Begriffswelt, in der von materiellen Wechselwirkungen, von Atomen, Molekülen oder Kristallen, von Energieformen und deren Umwandlungen die Rede ist, nicht vorkommt.[34] Shapiro sieht in den derzeitigen Entwicklungen sogar eine generelle Veränderung in der Biologie hin zu einem informationellen Verständnis des Lebens: *«The contemporary concept of life forms as self-modifying beings coincides with the shift in biology from a mechanistic to informatic view of living organisms.»*[35]

Insofern aber Information nichts Materielles ist, kann sie nur als eine geistige Qualität anerkannt werden. Hier dürfte der Ausgangspunkt für eine Beantwortung der weitreichenden Fragen von Thomas

34 Eigen 1987, Fox Keller 2011, Penzlin 2014, Shapiro 2011

35 Shapiro 2011, S. 4

Nagel[36] liegen, der davon überzeugt ist, «*dass der Geist [des Menschen] nicht bloß ein nachträglicher Einfall oder ein Zufall oder eine Zusatzausstattung ist, sondern ein grundlegender Aspekt der Natur*» (S. 30).

3.4 Integrative biologische Systeme

Bei der Besprechung der Interdependenzen, der Autonomieentstehung und der Information wurde mehrfach angedeutet, dass diese komplexen Wechselwirkungen organismischer Funktionen wohl eher im Sinne von Systemen verstanden werden können. Derzeit beginnt man in der Molekularbiologie verstärkt, unter einem solchen Systemaspekt zu arbeiten, da man inzwischen eine so große Fülle an Details kennt, dass die Frage nach ihrem koordinierten Zusammenwirken entsteht.

Während die Systembiologie im 20. Jahrhundert ein Schattendasein führte, ist sie in den letzten Jahren ausgesprochen modern geworden. Es lassen sich allerdings zwei unterschiedliche Haltungen finden, die sich nicht unbedingt gegenseitig ausschließen. O'Malley & Dupré[37] bezeichnen einige als «pragmatische Systembiologen», andere als «systemtheoretische Biologen». Aus Gründen, die sich aus der nachfolgenden Diskussion ergeben, bevorzuge ich für diese zweite Haltung die Bezeichnung «integrative Systembiologie».

Die meisten Wissenschaftler gehören eher zu den pragmatischen Systembiologen, die die Untersuchung molekularer Phänomene durch die Zusammenführung umfangreicher Datensätze in den Vordergrund stellen, um daraus den Systemzusammenhang rekonstruieren zu können.

Integrative Systembiologen argumentieren dagegen, dass ein solches Ad-hoc-Konzept eines biologischen Systems zu kurz gegriffen

36 Nagel 2014, S. 30

37 O'Malley & Dupré 2005

sei.[38] Es sei entscheidend, Systeme als Systeme zu untersuchen und nicht als pure Sammlungen von Teilen. Ein System sei eine eigenständige ontologische Kategorie, deren Eigenschaften sich nicht aus der Wechselwirkung der Teile errechnen lasse.

Diese zweite Haltung spiegelt allerdings auch das ältere Verständnis eines Systems, wie es zuerst in den 1920er-Jahren formuliert wurde, wider. Ludwig von Bertalanffy und Paul Weiss gelten als die Begründer der biologischen Systemtheorie. Es ist aber bemerkenswert, dass heute regelmäßig auf Bertalanffy rekurriert wird, während Paul Weiss nahezu in Vergessenheit geraten ist. Der Ansatz von Paul Weiss ist allerdings der konsequentere, und man kann aufzeigen, dass viele Ergebnisse, die Physiologie und Molekularbiologie in neuerer Zeit zutage fördern, gut mit seinem Konzept übereinstimmen.[39]

Weiss arbeitete zunächst in Wien und emigrierte dann in die USA, wo er zu einem führenden Wissenschaftler seiner Zeit wurde. Er arbeitete vorwiegend experimentell und hat entscheidende Entwicklungen in der Neurophysiologie und in der Entwicklungsbiologie angestoßen. Seine theoretischen Überlegungen sah er nur als einen, wie er schreibt, leisen intellektuellen Leitfaden im Hintergrund der empirischen Arbeit.[40]

Weiss definiert ein System als eine relativ selbstständige und stabile Einheit.[41] Danach übt ein System einschränkende, d.h. regulierende Funktionen auf seine Teilkomponenten aus, sodass die Funktionsfähigkeit des Gesamtsystems gewährleistet ist. Das System selbst enthält also konstituierende Eigenschaften und insofern auch Infor-

38 Noble 2006, 2017

39 Rosslenbroich 2011a & 2011b

40 Drack et al. 2007, Drack & Apftaler 2007, Drack & Wolkenhauer 2011

41 Weiss 1963, 1968, 1970, 1971, 1973, 1977

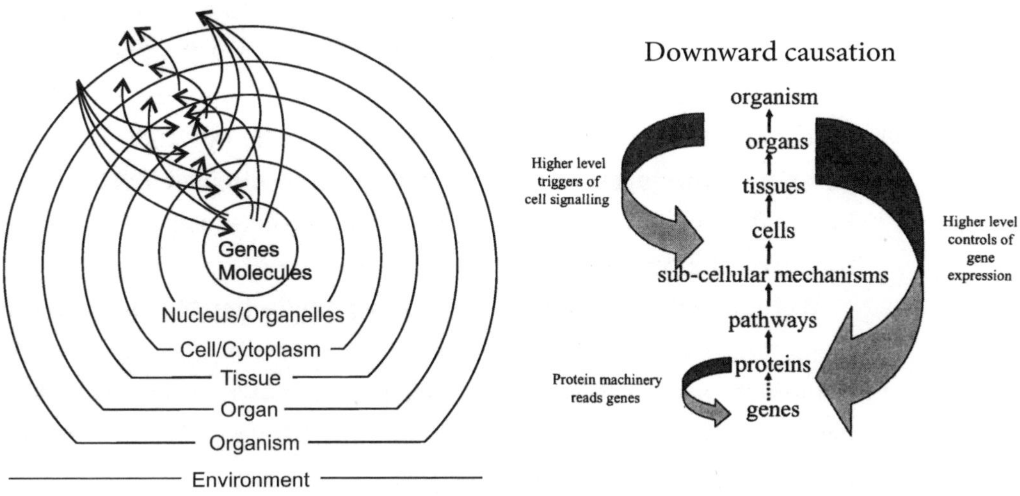

Abb. 6: Schematische Darstellungen des Systemkonzeptes von Paul Weiss (links, leicht verändert hinsichtlich der dargestellten Ebenen), und Denis Noble (rechts) (wiedergegeben nach Rosslenbroich 2014, S. 30).

mationen, die nicht notwendig aus den Teilkomponenten stammen. Zugleich baut jedes System aber auch auf seine Teilkomponenten auf und ist abhängig von ihnen. Die zentrale Abbildung zu Weiss' Prinzip ist in Abb. 6, links, dargestellt.

Ein solches System ist etwa die Zelle. Sie besteht zwar aus einer Fülle an Einzelkomponenten, aber das System Zelle integriert all diese Teilvorgänge zu einem funktionsfähigen Ganzen. Sie benötigt dazu die Teilkomponenten, aber lebensfähig ist sie nur durch die Regulation innerhalb des Systems.

«Das wesentliche Merkmal eines Systems besteht in seiner grundsätzlichen Invarianz gegenüber den Schwankungen seiner Einzelteile.»[42]

Das heißt auch, dass die Teilvorgänge nicht in festen Prozessen

42 Weiss 1970, S. 21

ablaufen. Vielmehr können sie – etwa in einer Zelle – im Einzelnen sehr variabel sein. Und das entspricht ja auch den heutigen Kenntnissen. Ob und wann Information von der DNA abgelesen wird, ob bestimmte Proteine gebildet werden oder welche Bestandteile in die Zellmembran eingebaut werden, um sie im optimalen Zustand der Fluidität zu halten, wird immer je nach Funktionszustand und Situation der Zelle verändert.

Weiss schreibt: *«Das ist genau das Gegenteil einer Maschine, in der die Struktur des Produktes in kritischer Weise von den starr vorprogrammierten Operationen der Einzelteile abhängt. In einem System bestimmt die Struktur des Ganzen die Tätigkeit der Teile; in einer Maschine bestimmt die Tätigkeit der Teile das Ergebnis.»*[43]

Nun arbeitet eine Zelle nicht in jedem Fall direkt mit ihren Molekülen, so Weiss weiter, sondern sie hat Untersysteme, die Teilaufgaben ausführen, und zwar die Organellen. So ist etwa ein Mitochondrium ein Untersystem, in dem die molekularen Funktionen der Energiegewinnung integriert werden. Ebenso kann man den ganzen Organismus eines vielzelligen Lebewesens als System sehen. Er hat mehrere ineinandergeschachtelte Systeme (Abb. 6).

Ein Beispiel für die Integration von Zellen in ein System ist ein Epithel. Durch das Zusammenwirken vieler Zellen wird eine Grenzschicht gebildet, sodass das System bestimmte Eigenschaften für die Barrierewirkung hat. Aber diese Eigenschaften sind nicht auf die beteiligten Zellen zurückführbar, sondern sind eine Eigenschaft des Verbandes.

Weiss will die so beschriebenen Systeme nicht als unkörperliche, übernatürliche Kräfte missdeutet wissen. Vielmehr sind Systeme in einer ebensolchen Weise materielle Einheiten wie etwa Makromole-

43 Weiss 1970, S. 22

küle, die ja auch erst durch ihre spezifische und oft komplexe stoffliche Zusammensetzung und räumliche Struktur ihrer Funktion nachkommen können.

Solche biologischen Systeme sind nicht geschlossen. Sie haben zwar eine relative Stabilität und damit organisatorische Geschlossenheit, sind aber gleichzeitig offen für Einflüsse aus ihrer Umgebung. Damit taucht eine weitere Schwierigkeit für unser an der physikalischen Kausalität geschultes Denken auf. Dieses «Sowohl-als-Auch» ist eine Eigenschaft, die sich im Organischen zwar oft findet, für uns aber nur schwer erfassbar ist. Leben balanciert zwischen beidem zugleich. So ist auch der ganze Organismus kein abgeschlossenes System, sondern seinerseits wiederum in das System seiner Umwelt integriert. Er ist weder gänzlich offen noch gänzlich geschlossen. Er ist beides zugleich.

Das Systemmodell enthält auch das bereits besprochene Prinzip der Interdependenz: Es besteht nicht nur eine Interdependenz innerhalb solcher Funktionen (horizontale Interdependenz), sondern es besteht auch eine vertikale Interdependenz. So wie das System auf den Funktionen seiner Komponenten aufbaut, so integriert und steuert es diese gleichzeitig. Auch diese Interdependenz entzieht sich einer eindimensionalen Wirkanalyse. Wir müssen im Organischen immer beides zugleich denken.

Damit stellt sich die Frage, ob die alles entscheidende und steuernde Ebene diejenige der Gene sein kann. Sind Gene wirklich eine Art Programm, nach dem die Zelle und der Organismus gesteuert werden? Oder sind sie lediglich eine Komponente innerhalb der Hierarchie von Systemen, die zwar wichtig ist, aber durchaus nicht bestimmender und wichtiger als die anderen Schichten im System?

Das Modell von Weiss ist kompatibel mit einigen neueren Vorschlägen, die offensichtlich unabhängig von einem solchen früheren Modell zustande gekommen sind. Ein Beispiel sind die

Darstellungen von Denis Noble, einem zeitgenössischen Physiologen, der neue Konsequenzen aus den heute verfügbaren Kenntnissen zieht.

Noble[44] beschreibt, dass wir in den letzten Jahrzehnten sehr darin fortgeschritten sind, lebende Systeme in ihre kleinsten Komponenten zu zerlegen. Das sei eine beeindruckende Leistung. Zum Beispiel können wir eine Genmutation identifizieren, die im mittleren Alter des Menschen zum plötzlichen Herztod führt. Wir kennen fast jeden Schritt in der Kausalkette, aber wir wissen nicht, warum sie beim jeweils betroffenen Individuum aufritt. Diese Art von Erfolg gibt es in zunehmendem Maße. Aber solche Beispiele treten nicht mit der Häufigkeit auf, so Noble, die Optimisten vorausgesagt hatten. Der Nutzen für die Gesundheitssysteme kommt nur schleppend voran.

Das habe damit zu tun, so Noble, wie die niedrigste Ebene mit den höheren Ebenen in Beziehung steht. Die Herausforderung sei es, unser Wissen so zu erweitern, dass wir mehr über die Bedingungen der übergeordneten Ebenen erfahren. Das sei der Punkt, ab dem die Systembiologie eine Rolle spiele: Jedes derartige System habe seine eigene Logik, und es sei nicht möglich, diese Logik nur durch Untersuchung seiner Bestandteile zu verstehen.

Ebenso sei das Genom nicht mit dem Leben als solchem zu identifizieren. Um zu verstehen, was Leben ist, müssten wir eine radikale Veränderung unserer Wahrnehmung vornehmen und es als eine Vielfalt von verschiedenen Ebenen mit Interaktionen und Feedback zwischen Genen, Zelle, Organ, System, Körper und Umwelt sehen. Leben sei vor allem ein Prozess, ein Auf und Ab von Aktivitäten zwischen diesen verschiedenen, untereinander vernetzten Ebenen.

Noble kommt in seinem Buch *The Music of Life* dann zur Darstellung der Abb. 6 rechts, die ebenfalls diese Wechselwirkungen zwischen

44 Noble 2006, 2017

den Systemebenen zeigt. Dieses Konzept hat klare Parallelen zu den Darstellungen von Paul Weiss. Hier spricht sich offenbar der Gegenstand, das Lebendige, selbst aus und führt Weiss und Noble – unabhängig voneinander – zu ähnlichen Konzepten.

3.5 Gestaltprozesse

Ein weiteres eigenständiges, aber bisher wenig verstandenes Merkmal von Organismen ist ihre Gestalt. Nach Kaspar[45] versteht man darunter zunächst ihre äußere Erscheinung, also den systematischen Zusammenhang der an ihnen unmittelbar zu beobachtenden Merkmale. Das Phänomen der Gestalt tritt aber, so Kaspar, nicht nur am ganzen Organismus auf, sondern auch auf allen Ebenen seiner Substrukturen. Ein Wirbel ist ebenso eine Gestalt wie ein Kiemenbogen, eine Epithelzelle oder ein Immunglobulin-Molekül. Jedes System von Einzelstrukturen, zwischen denen ein geordneter Zusammenhang besteht, nennt man eine Gestalt. Diejenige biologische Disziplin, die sich speziell mit dem Phänomen der Gestalt beschäftigt, ist die Morphologie. *«Die schier grenzenlos erscheinende Gestaltvariabilität gehört zu den spezifischen Eigentümlichkeiten des Lebendigen.»*[46]

Kaspar führt weiter aus, dass man allerdings nicht alles, was an Formenmannigfaltigkeit möglich ist, im biologischen Sinne als Gestalt bezeichnet. So biete die Pathologie zahlreiche Beispiele dafür, dass die Strukturbildung bei Zellproliferationen, denen keine übergeordnete Information zugrunde liegt, nicht zu dem führt, was wir unter einer Gestalt verstehen. Vergleiche man etwa den Tumor eines Sarkoms mit dem Bild des gesunden Bindegewebes, so ist der Eindruck des Gestaltverlustes offenkundig. Allein dass Pathologie

45 Kaspar 1994, S. 52

46 Kaspar 1994, S. 52

Abb. 7: Termitenhügel in Kenia. Foto: Kreuzschnabel/Wikimedia Commons, Lizenz: Cc-by-sa-3.0 (https://creativecommons.org/licenses/by-sa/3.0/de/legalcode)

überhaupt möglich ist, zeige, in welchem Ausmaß unser Verständnis der lebendigen Gestalt von der Tatsche abhängt, dass ihr nicht irgendeine, sondern eine ganz spezielle Information zugrunde liegt.

Auch Rohde[47] weist auf den Zusammenhang von Gestalt und Information hin. Die Beobachtung zeige, dass Gestalt und Materie nicht miteinander identisch sind. Wird die Gestalt eines Gegenstands zerstört, bleibt dessen Materie übrig. Insofern enthalte Gestalt eine nicht-materielle Eigenschaft. Der Begriff der Gestalt

47 Rohde 2010

decke sich weitgehend mit demjenigen der Form, von dem sich wiederum der Ausdruck In-form-ation ableite. Gestalt werde daher folgerichtig in der Biologie vielfach als Information genutzt, und Information manifestiere sich oft in Gestalt. Zur Übertragung von Information bedürfe es materieller und energetischer Voraussetzungen, die jedoch etwas anderes seien als der transportierte Inhalt selbst.

Gleichzeitig besteht aber auch ein enger Zusammenhang von Gestalt und Funktion. Die Arbeiten von Scott Turner enthalten einen wichtigen Hinweis, um sich dem anzunähern.[48] Turner ist Physiologe und hat einige Arbeiten über den Zusammenhang von Funktion und Struktur veröffentlicht. Eines seiner Arbeitsgebiete ist die Physiologie von Termitenhügeln, von denen bekannt ist, dass sie ein effektives Belüftungssystem mit einer regelrechten Homöostase haben. Temperatur, O_2 und CO_2 werden geregelt und von den Termiten ständig an den Bedarf der Kolonie angepasst, während der Bau wächst.

Es stellte sich also die Frage, wie die Termiten dabei vorgehen. Dass sie eine Art genetischen Plan von solchen Hügeln haben sollten, war unwahrscheinlich. Es zeigte sich dann, dass dem komplexen Prozess ein relativ einfaches Prinzip zugrunde liegt. Die Termiten transportieren ständig Material von Stellen mit höherer CO_2-Konzentration zu denjenigen mit niedrigerer Konzentration, was die Luftströmung im Kamin sofort verändert. So ergibt sich eine fortlaufend angepasste Form, welche die regulatorischen Funktionen optimal erfüllt. Die Termiten sind lediglich mit der nötigen Wahrnehmungsfähigkeit und dem Verhalten ausgestattet, das am jeweiligen Punkt nötig ist. Für den Hügel als Ganzes summiert sich dies zu einer «verkörperten Physiologie» oder «verkörperten Homöostase», die Struktur und

48 Turner 2007

Funktion in einem ist. Turner nennt dieses Prinzip nach dem Physiologen Claude Bernard «Bernard machines». Ich würde «Bernard-Prozesse» bevorzugen, da Organismen keine Maschinen sind.

Turner beschreibt, wie er sein erlerntes Denken über biologische Strukturen in einer grundlegenden Weise revidierte: «*I had been thinking about biological structures in entirely the wrong way. I had been subscribing to the conventional notion that a living structure is an object in which function takes place. That's all wrong, I came to see. A living structure is not an object, but is itself a process, just as much so as the function that takes place in it. Even the convenient dodge that structure and function are inextricably linked is wrong, I decided. That implies that structure and function are somehow distinct … But living structures are not disstinct from the function they support; they are themselves the function, no different in principle from the physiology that goes on there. In this sense, the mound is not a physical structure for the function of ventilation, it is itself the function of ventilation: it is embodied physiology.*»[49]

Turner führt noch weitere Beispiele für eine verkörperte Physiologie an, etwa das Blutgefäßsystem in komplexen Organismen. Es kann nicht in allen Einzelheiten genetisch angelegt sein, sondern verzweigt sich in seiner Feinstruktur entsprechend den Notwendigkeiten der Versorgung des Gewebes. Das gleiche Prinzip ist auch von den neuronalen Verknüpfungen im Gehirn bekannt. In der Entwicklung des Kleinkindes werden neuronal nur die groben Strukturen angelegt, die einzelnen Verknüpfungen bilden sich durch den Gebrauch, die Funktion. Gerhart und Kirschner[50] nennen dies «exploratory systems», also Systeme, die ihre Form explorativ anhand der Funktion finden.

49 Turner 2007, S. 20

50 Gerhart & Kirschner 1997, S. 146f.

Ähnliches sieht man in den evolutiven Übergängen, bei denen es offenbar eine enge Verknüpfung von Form und Funktion gibt. Wenn es gelingt, die Funktion etwa von Gliedmaßen der frühen Säugetiere zu rekonstruieren,[51] kann man viele evolutive Veränderungen funktional erklären. Auch Turner sieht das als einen wesentlichen Prozess, der in der Evolution Möglichkeiten der Homöostase aufgebaut hat: «*My thesis is quite simple: organisms are designed not so much because natural selection of particular genes has made them that way, but because agents of homeostasis build them that way. These agents' modus operandi is to construct environments upon which the precarious and dynamic stability that is homeostasis can be imposed, and design is the result.*»[52]

Neuerdings wird die Möglichkeit einer «phänotypischen Plastizität» im Laufe evolutiver Ereignisse wieder vermehrt diskutiert. Es geht um die Frage, ob in jedem Falle genetische Veränderungen wie Mutationen der Ausgangspunkt sind oder ob phänotypische Veränderungen zuerst stattfinden können und anschließend genetisch fixiert werden. Dabei spielen auch die neueren Kenntnisse der Genetik und der Epigenetik eine Rolle, nach denen Organismen flexibler mit ihrem Genom umgehen können, als lange vermutet wurde. Dann ist auch denkbar, dass Funktion und Gestalt von Organismen in ihrer Umwelt ein zentrales Element evolutiver Veränderungen sind, sodass Organismen womöglich viel leichter variierbar sind als bislang angenommen.[53]

Es wäre wohl richtig, anstatt von «Gestalt» von «Gestaltprozessen» zu sprechen, da eine Gestalt immer nur eine Momentaufnahme eines

51 Kümmell 2008, 2009

52 Turner 2007, S. 1

53 Gerhart & Kirschner 1997, Jablonka & Lamb 2005, Pigliucci & Müller 2010, Rosslenbroich 2014, Shapiro 2011, West-Eberhard 2003

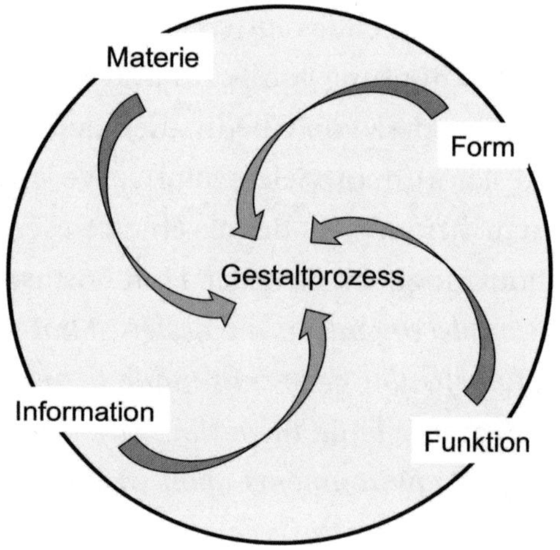

Abb. 8: Schematische Darstellung zum Konzept des Gestaltprozesses.

Gestaltprozesses ist. Besonders offensichtlich ist das für die Embryonalentwicklung, es setzt sich jedoch im Prinzip über die gesamte Lebenszeit fort. Da Gestalt aber, wie dargestellt, eine verkörperte Information enthält, bildet der Komplex aus Materie, Form, Funktion und Information den Gestaltprozess (Abb. 8).

Dieser Blick ist eng verknüpft mit einigen der anderen bereits genannten Prinzipien. So ist deutlich, dass mit «Bernard-Prozessen» Autonomie aufgebaut wird, indem etwa die Termitenbauten eine gewisse physiologische Eigenständigkeit aufrechterhalten, und hinsichtlich des beschriebenen Systemansatzes wird deutlich, dass etwa der Gestaltprozess der Termitenhügel ein System mit interdependenten Komponenten bildet, die den geregelten Gestaltprozess ausmachen.

3.6 Zeitautonomie

Damit ist aber die eigentliche Prozesshaftigkeit des Gestaltprozesses noch nicht beschrieben, da ein Prozess in der Zeit abläuft und somit zugleich eine zeitliche Struktur hat, eine zeitliche Ordnung oder auch Zeitgestalt. Wenn man physiologische Prozesse in ihrem Verlauf untersucht, zeigt sich, dass sie alle in einer ganz bestimmten zeitlichen Ordnung ablaufen und typischerweise oszillieren, das heißt, sie verlaufen in Rhythmen. Das wird inzwischen sehr ausführlich in der Chronobiologie beschrieben.[54]

Als das Fach in den 1970er-Jahren noch jung war, passte dies so gar nicht in das mechanistische Denken. Heute gehört die Chronobiologie aber längst zum etablierten Fächerkanon von Biologie und Humanphysiologie und hat eine erhebliche praktische Bedeutung in der Medizin.

Interessant ist, dass viele dieser Rhythmen endogen ablaufen, also vom Organismus selbst hervorgebracht werden, und dass sie dabei bestimmte Frequenzen und Amplituden einhalten. Das heißt beispielsweise auch, dass sie temperaturkompensiert sind. Rein chemische Prozesse würden bei höheren Temperaturen schneller, bei niedrigeren Temperaturen langsamer sein, was bei biologischen Rhythmen aber nicht der Fall ist. Offenbar sind es aktive Leistungen des Organismus, die sich zwar chemisch-molekularer Vorgänge bedienen, in ihrem Grundcharakter jedoch autonom sind.

Autonom heißt auch, dass sie durchaus nicht immer mit den äußeren Rhythmen übereinstimmen. So tendiert der endogene Tagesrhythmus bei den meisten Menschen zu einer Länge von 25 Stunden. Daher wird von «circadianen Rhythmen» gesprochen. Die tatsächliche Frequenz muss dann durch sogenannte Zeitgeber mit dem äußeren Rhythmus synchronisiert werden.

54 Dunlap et al. 2004, Koukkari & Sothern 2006

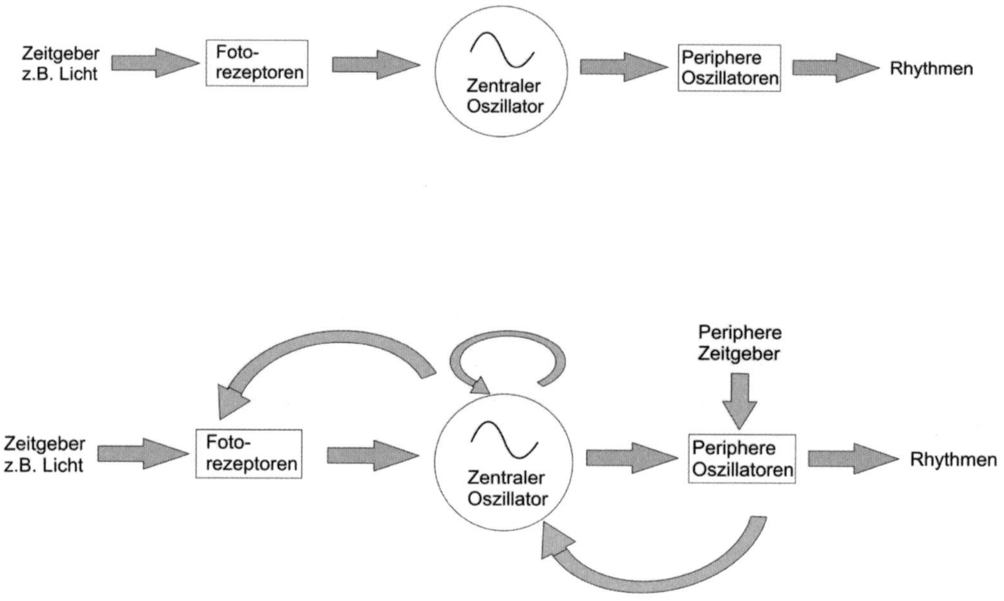

Abb. 9: Oben: klassisches linear-kausales Modell des circadianen Systems. Unten: integriertes circadianes System (nach Bechtel 2010, verändert).

Heute ist klar, dass es keine physiologische Funktion gibt, die nicht einem circadianen Rhythmus folgt. Dabei ist der circadiane Rhythmus nur der bekannteste, es gibt aber auch Rhythmen ganz anderer Frequenz, die unterhalb des Tagesrhythmus liegen oder auch oberhalb davon. Diese Rhythmen überlagern sich und bilden so eine komplizierte zeitliche Gesamtordnung des Organismus.

Als zunehmend anerkannt wurde, dass Organismen einen internen circadianen Rhythmus haben, begann man, nach einem zentralen Organ zu suchen, das diesen Rhythmus auslösen würde, also einer Art innerer Uhr. Bei dieser Suche wurde eine Region im vorderen Hypothalamus gefunden, der Nucleus suprachiasmaticus (SCN), der als Sitz eines zentralen Oszillators infrage kam. In der Folge konnten darin auch Gene und Proteine identifiziert werden, die mit dieser Uhr im Zusammenhang standen. Molekularbiologisch bestand daher die Hoffnung, die Komponenten, sozusagen das Rädchenwerk der Uhr, analysieren und die Kausalketten aufdecken zu können. Bechtel[55] beschreibt die Geschichte dieses Forschungsgebietes vor dem Hintergrund der jeweiligen Modellvorstellungen. Bei diesen Untersuchungen stand zunächst ein linear-kausales Modell im Hintergrund (Abb. 9 oben).

Durch intensive Forschung zeigten sich aber zunehmend die Wechselwirkungen. Zunächst einmal gibt es die beteiligten Gene und Proteine ebenso in den «peripheren Oszillatoren», die es nämlich in vielen Geweben und wahrscheinlich in jeder Zelle des Körpers gibt. Dabei hat der SCN eine eher koordinierende Funktion, erhält aber ebenso Eingänge von all diesen beteiligen Oszillatoren. Darüber hinaus verhält er sich auch rückwirkend auf die Fotorezeptoren (Abb. 9 unten).

Der SCN selbst besteht aus ca. 10.000 Zellen. Jede von ihnen hat die beteiligten Gene und Proteine und könnte allein einen Rhythmus auslösen. Als man einzelne Zellen daraus kultivierte, lagen sie in ihren Frequenzen überraschenderweise teils erheblich auseinander, nur in Gruppen von einigen hundert ergab sich ein exakter Rhythmus.[56] Erst deren Synchronisation ergibt also den maßgeblichen Rhythmus und bekommt dann seine Präzision. Diese entsteht aber nicht durch die genetischen Feedback-Abläufe, sondern erst durch den Systemzusammenhang der beteiligten Zellen im SCN.

Nun lässt sich das gleiche Prinzip noch weiterverfolgen, wenn man genauer auf die beteiligten Gene sieht. Werden die Gene abgelesen, entsteht zunächst eine mRNA. Diese verlässt den Zellkern und kommt

55 Bechtel 2010

56 Mohawk et al. 2012

ins Zytoplasma, wo sie die Vorlage für die Bildung von Proteinen ist, die an der Entstehung des Rhythmus beteiligt sind. Einige dieser Proteine wiederum wandern zurück in den Zellkern und hemmen die weitere Ablesung der Gene. So besteht also auch hier wieder ein System mit Rückkopplung.

Noble[57] beschreibt diesen Zusammenhang in seiner ganzen Konsequenz und fragt, wo denn dabei nun das genetische Programm sei, das den Vorgang steuere. Er stellt fest, dass die Vorstellung von einem Programm in irreführender Weise in die genetische Information hineininterpretiert werde. Die genetische Information darüber, wie ein Protein zusammenzubauen ist, sei kein Programm für das Gesamtsystem. Zur Abfolge der Ereignisse, die einen Rhythmus in der Zelle generieren, gehört auch das Protein sowie die ganze Zelle, in der sich die Konzentration des Proteins verändert, und die Kernmembran, durch die das Protein transportiert werden muss. Auch bestimmte Formen der mRNA beteiligen sich an der Regulation des Netzwerks (microRNAs). Es ist vielmehr ein «Gen-RNA-Protein-Lipid-Zell-Netzwerk», das die Oszillation hervorbringt. In der Bildung eines circadianen Rhythmus kann keines der Ereignisse im umfangreich rückgekoppelten System als privilegiert angesehen werden.

Das Netzwerk der Interaktionen selbst generiert den circadianen Rhythmus sowohl auf der zellulären Ebene als auch im zentralen Oszillator und im Gesamtsystem. Es ist wissenschaftlich wertvoll, die Komponenten des Systems kennenzulernen, aber die Erwartung, darin irgendeine Erstursache zu finden, führt in die Irre. Künftig wird es mehr um die Untersuchung der Integration des ganzen Systems gehen.[58]

57 Noble 2008a

58 Bechtel 2010

Bechtel entwirft das untere Schema in Abb. 9, das nun gerade solche Interdependenzen innerhalb eines Systems aufweist, wie sie oben bereits allgemein skizziert wurden. Das Beispiel zeigt exemplarisch, wie ein solches Forschungsgebiet über seine zunächst festgelegte paradigmatische Voraussetzung hinauswächst. Es zeigt aber auch, dass es eben ohne die genaue Analyse dieser Komponenten nicht geht. Sie ist die Voraussetzung für das integrative Konzept.

Man kann die Zeitordnung (oder auch Zeitautonomie) des Organismus sozusagen in ihrer Ganzheit betrachten, was, wie ich finde, in der Vorstellung noch schwer ist. Der Organismus generiert ein organisiertes System von Rhythmen sehr unterschiedlicher Frequenzen und Amplituden, aus denen wir bisher nur Ausschnitte kennen. Kather[59] nennt dies auch zutreffend die Systemzeit, in der sich die Eigenzeiten der hierarchisch integrierten Sub-Systeme überlagern und koordinieren.

In der Zeitschrift *Science* wurde ihre Bedeutung einmal unter dem Titel «Time for Chronomics?» charakterisiert, wobei es vor allem um Zeitprozesse in der Embryonalentwicklung ging, aber auch darüber hinaus. Dabei wurde recht radikal formuliert: *«Animal development is, in fact, nothing but time. From the cell cycle to the beating of the heart, our own lives are composed of a multitude of microscopic and molecular oscillations … The goal of the developmental clock is not simply to mark off time, but to integrate and unify the myriad temporal signals received from throughout the organism … The spatial construction can be understood only in the light of time.»*[60]

Also: «*Das Zurückführen auf Bewegungen der von der Zeit unabhängigen Atome*», wie Du Bois Reymond es in dem eingangs zitierten

59 Kather 2003

60 Duboule 2003, S. 277

Satz formulierte, genügt nicht. Es geht nicht um die Bewegung einzelner Atome (oder Moleküle), sondern um deren Regulation im System und um die Zeitprozesse, die offensichtlich die Prozesskoordination ermöglichen. Die Naturwissenschaften müssen sich von diesem atomistischen Blick verabschieden, wenn sie dem Geschehen im Organischen näherkommen wollen: Der Organismus spricht eine andere Sprache.

3.7 Prozessierung von Energie

Das Prinzip der Prozessierung von Energie kann nun mit wenigen Worten skizziert werden. Zum einen sind die Vorgänge aus Physiologie und Zellenlehre hinlänglich bekannt, zum anderen wurden die zentralen Eigenschaften dieser Vorgänge bereits oben beschrieben.

Zu diesen zentralen Eigenschaften gehört insbesondere, dass Organismen aktiv und gezielt mit Energie umgehen. Sowohl Beschaffung von Energie als auch ihre Verarbeitung und Verwendung unterliegen hochgradigen Regulationen und erfolgen aktiv. Ein erheblicher Teil der Aktivität von Organismen überhaupt dient der Gewinnung von Energie. Pflanzen breiten ihre Oberflächen aus, um Sonnenenergie einfangen und über ihre Transportprozesse in ihre Organe verschieben zu können. Tiere suchen Nahrung, der sie sowohl bestimmte Moleküle als auch Energie entnehmen können. Erhebliche Teile der Prozesse in den Zellen und im ganzen Organismus dienen der Verteilung und Verarbeitung dieser Energie.

Im Kapitel über Autonomie wurde dargestellt, dass dabei ein energetischer Gradient gegenüber der Umgebung etabliert und aufrechterhalten wird. Organismen konzentrieren und verarbeiten energiereiche Moleküle und halten sie gegenüber den Einflüssen der Umgebung stabil.

Damit ist der gesamte Umgang mit Energie ein Teil der Eigenaktivität von Organismen (siehe Punkt 3.9). Organismen unterliegen nur zu geringen Teilen passiven Energieflüssen. Diese Eigenaktivität hinsichtlich des Umgangs mit Energie wird hier mit dem Terminus Prozessierung von Energie beschrieben.

3.8 Sensibilität

Jedes Lebewesen hat Fähigkeiten zur Wahrnehmung seiner inneren Zustände sowie bestimmter Verhältnisse seiner Umgebung. Dies wird auch als Affizierbarkeit beschrieben. Schon einzellige Lebewesen können durch die Fähigkeit, Signale wahrzunehmen, auf unterschiedliche Reize mit selbstbestimmten Reaktionen und Aktionen antworten. Einem Kristall kann man eine solche Fähigkeit nicht zuschreiben. Reizbar ist ein lebender Organismus dadurch, dass Einflüsse nicht mehr durch physikalische Krafteinwirkung weitergeleitet, sondern durch sensorische Organe rezipiert werden und so eine eigenaktive Auseinandersetzung mit der Umwelt im Abgleich mit inneren Zuständen erfolgt. Die Sensitivität für Reize entsteht zugleich mit der Entwicklung der ersten Form von Autonomie, die zu einer Unterscheidung von Innen und Außen führt. Dieses Grundprinzip der Sensitivität wird mit der evolutiven Weiterentwicklung der Organismen immer weiter gesteigert. Mit zunehmender Autonomie erweitert sich gleichzeitig die Fähigkeit der Kontaktaufnahme mit der Umgebung. Hochgradig spezialisierte Sinnesorgane geben immer umfangreicher Auskunft über Vorgänge und Zustände der Umgebung. Hier wird wieder das bereits mehrfach gestreifte Prinzip der Gleichzeitigkeit polarer Eigenschaften deutlich, indem sich Organismen von der Umwelt emanzipieren, zugleich aber durch die Sinneswahrnehmung in reicherem Maße mit ihr verbinden.

Bereits mit elementaren Formen von Innerlichkeit entsteht also auch Subjektivität, indem nun der Organismus die erfahrenen Reize in Bezug auf seine jeweilige Situation interpretiert und selbstbestimmt reagiert. Die Trennung ist eine Grundlage für die Selbstbestimmung der Reaktion. Signalperzeption, Irritabilität, Affizierbarkeit oder Reizempfindlichkeit sind übliche Termini in der Biologie, deren Anwendung auf Unbelebtes noch keinen Sinn ergibt. Die bloße physiko-chemische Einwirkung wird mit der Unterscheidung von Innen- und Außenwelt durch die Fähigkeit abgelöst, unterschiedliche Signale zu empfangen, zu unterscheiden und auszusenden. Es handelt sich um einen Austausch von Information mit der Umgebung, der bereits ein rudimentäres Kriterium für die Unterscheidung zwischen verschiedenen Reizen beinhaltet.[61]

3. 9 Eigenaktivität

Eine grundlegende Eigenschaft aller lebenden Organismen ist ihre Eigenaktivität. Diese Feststellung wirkt zunächst einfach und selbstverständlich, hat aber weitreichende Konsequenzen. Die gängigen mechanistischen Auffassungen vom Organismus sprechen die Möglichkeit, dass sich etwas ereignet, dass es also eine Aktivität gibt, nur den physikalisch-chemischen Prozessen zu. Das dadurch vermittelte Bild ist, dass Organismen aus den Vorgängen von Energiegewinnung und Stoffumsätzen angetrieben werden, dass also diese Prozesse die eigentlich Aktiven seien. Eine phänomenologisch konsequente Betrachtung zeigt aber, dass Eigenaktivität nur von einem ganzen und intakten Organismus geleistet werden kann.

Organismen sind aus sich heraus eigenaktiv. Dazu ist mindestens eine intakte Zelle nötig, die diese Eigenaktivität hervorbringt. Organismen halten aktiv ihren Stoffwechsel aufrecht, beschaffen sich aktiv die nötige Energie, grenzen sich von der Umwelt ab, bilden Stoffe wie

61 Fuchs 2009, Jonas 1973, Kather 2003

Proteine und Nukleinsäuren, und einige können sich gerichtet bewegen. Die Zelle bzw. der Organismus bedient sich dazu zwar der Eigenschaften energiereicher Moleküle, aber deren Abbau und der Einsatz der Energie erfolgt hochgradig geregelt durch den Organismus und ist nicht nur eine Funktion der chemischen Reaktionen selbst.

Das Gleiche gilt für die genetische Information: Gene können nicht aktiv sein, sie können auch nichts im Organismus steuern, wie oft formuliert wird. Vielmehr wird durch die Aktivität der Zelle die Information abgelesen und in einem hochgradig geregelten Vorgang nutzbar gemacht. Erst im Kontext der Tätigkeit der Zelle bzw. eines mehrzelligen Organismus kann eine genetische Information sinnvoll verwendet werden.

Verliert die Zelle ihre Integrität und Funktionsfähigkeit, bricht diese Eigenaktivität zusammen, sodass die Stoffe wieder den physikalisch-chemischen Gesetzen unterliegen, sie werden nicht mehr aktiv in die Prozesse des Organismus eingebunden.

Bei komplexen mehrzelligen Organismen werden die Vorgänge der Zellen koordiniert und integriert, wie im Abschnitt über Systemfunktionen beschrieben, sodass das Gesamtsystem seine Eigenaktivität entwickeln kann. Im Abschnitt über Autonomie wurde dargestellt, dass Organismen einen energetischen Gradienten gegenüber der Umgebung etablieren und aufrechterhalten. Der Erhalt dieses Gradienten und seine Verteidigung gegenüber den Einflüssen der Umgebung müssen aktiv geleistet werden.

Grundsätzlich kann Eigenaktivität in drei verschiedenen Ausprägungen auftreten:

1. ungerichtete Eigenaktivität
2. gerichtete Eigenaktivität
3. Eigenaktivität mit vorausgesetztem Ziel.

Ungerichtete Eigenaktivität ist der Ablauf von Lebensprozessen an sich, das pure Aufrechterhalten der laufenden Funktionen im Organismus.

Eine gerichtete Eigenaktivität ist überall da zu beobachten, wo Organismen sich beispielsweise auf etwas zubewegen. Bereits Bakterien können sich auf einen Stoffgradienten zu- oder von ihm wegbewegen (zum Beispiel positive oder negative Chemotaxis). Die Bewegung ist eigenaktiv und hat eine Richtung. Man kann auch sagen, dass sie einen Zweck hat, nämlich das Erreichen von Nahrung oder das Vermeiden schädlicher Stoffe. Das erfolgt allerdings sehr unmittelbar entlang eines durch Rezeptoren gemessenen Konzentrationsunterschiedes.

Eine Eigenaktivität mit vorausgesetztem Ziel ist nur einem komplexeren Organismus mit hoch entwickeltem Zentralnervensystem möglich. Insbesondere der Mensch und in Ansätzen auch höhere Tiere können mental eine Vorstellung entwickeln und danach handeln. Erst in diesem Sinne wird ein vorausgesetztes Ziel der Anlass einer Tätigkeit.

Diese Unterscheidung berührt die in der Biologie umfangreich geführte Debatte um das Problem der Teleologie, der Zielgerichtetheit von Funktionen, Eigenschaften und Verhalten von Organismen. Diese Debatte ist zu sehr davon belastet, dass man bei einem als teleolog beschriebenen Verhalten oder einer Funktion immer ein vorgestelltes Ziel im Sinne der dritten Variante vorausgesetzt hat. Sieht man aber von dieser Voraussetzung ab und differenziert genauer nach den drei genannten Varianten der Eigenaktivität, lassen sich exakte Beschreibungen vornehmen, ohne in jedem Fall ein solches Ziel annehmen zu müssen. Die Tatsache, dass die Biologie die teleologischen Beschreibungen und Formulierungen nie losgeworden ist, obwohl eine rein kausal begründete Biologie dies immer wieder versucht und gefordert hat, zeigt, dass es sich hier um eine missverstandene Eigenschaft von Organismen handelt, die auf diese Weise wissenschaftlich erfassbar wäre.

3.10 Fähigkeit zur Evolution

Wie beschrieben, bauen Organismen einen (energetisch-stofflich-informationellen) Ungleichgewichtszustand auf. Diese Autonomie wird selbstständig geregelt, gegenüber den Umwelteinflüssen aktiv aufrechterhalten, solange dies zu schaffen ist, und in aufeinanderfolgenden Generationen immer neu realisiert. In evolutiven Ereignissen, gleich welchen Umfangs, werden diese Ungleichgewichtszustände verändert. Insofern sind es immer Subjekte, die evolvieren.[62] Die Fähigkeit zur aktiven evolutiven Veränderung ist eine weitere spezifische Eigenschaft des Lebendigen.

Das heißt nicht notwendigerweise, dass Organismen zielgerichtet evolutive Ereignisse erzeugen, sondern es gilt auch dann, wenn Evolution von einem mehr oder weniger zufälligen Spektrum von Varianten ausgeht. Wenn etwa die Funktionen einer solchen Variante besser mit den gegebenen Umweltbedingungen zurechtkommen als eine andere Variante, ist es immer noch das lebende Subjekt, das die Prozesse hervorbringen und erhalten muss. Auch in diesem Fall ist der Organismus nicht einfach ein Objekt, das durch Umweltgegebenheiten zu Veränderungen veranlasst oder gar gezwungen wird. Vielmehr ist es das Subjekt in seinem steten Bestreben des Erhaltens des Lebens und der Art. Noch deutlicher ist dies, wenn sogar aktive Leistungen bei evolutiven Abwandlungen beteiligt sind, wie sie inzwischen zunehmend diskutiert werden. Dazu gehört z. B. die aktive Beeinflussung und Veränderung der Umwelt, die auch zu neuen Lebens-

62 Weingarten 1993, Kather 2003, Walsh 2015

bedingungen führen kann. Weitere Beispiele sind Veränderungen in der Nutzung genetischer Informationen durch den Organismus oder Veränderungen des Verhaltens.[63]

Damit unterscheidet sich auch der Vorgang der biologischen Evolution grundsätzlich von physikalisch-chemischen Prozessen, gleichgültig wie umfangreich diese sind. In der anorganischen Welt gibt es zwar umfangreiche Umwandlungen, wie sie etwa in der Geologie und in der Kosmologie beschrieben werden, nicht aber die Herausbildung neuer Systeme, die zur Bildung selbstbestimmter Fähigkeiten und Möglichkeiten von Subjekten führt, sowie die sehr langfristige Fortsetzung dieser permanenten Umbildungen.

Eine reduktionistisch voreingenommene Naturwissenschaft musste allerdings versuchen, die dabei entstehenden qualitativen Unterschiede zwischen den Organismen im Sinne der Entstehung neuer und grundlegend anders ausgestatteter Systeme, wie sie mit dem Terminus Höherentwicklung beschrieben wird, zu leugnen. Evolution wäre danach nur eine Serie von Variationen ohne grundsätzliche qualitative Übergänge, eine Höherentwicklung gäbe es nicht. Die Phänomene sprechen aber eine andere Sprache.[64] Da zeigt sich, dass Evolution nicht auf pure Variationen zurückführbar ist, sondern dass es zu systematischen Neuentwürfen kam, die veränderte strukturelle und funktionelle Eigenschaften der Organismen mit sich brachten. In der Evolution der Wirbeltiere etwa entstanden auch Systemübergänge, die von den ersten Chordaten zu den Knorpel- und Knochenfischen führten und weiter zu Amphibien, Reptilien, Säugetieren und Vögeln. Schließlich brachte der Übergang zum Menschen so viele

63 Einzelheiten zu den neueren Diskussionen darüber finden sich in einem Themenheft, das Bateson et al. 2017 einleiten.

64 Rosslenbroich 2006

neue Fähigkeiten mit, dass die Erweiterung der natürlichen Evolution durch Kultur möglich wurde.[65]

Den Prozess der Veränderung einmal erworbener Eigenschaften und Möglichkeiten bezeichnet Kather[66] mit dem interessanten Begriff «Selbstüberschreitung». Leben sei offensichtlich doch nicht nur auf Selbsterhaltung angelegt, sondern auf eine Form der Selbstüberschreitung, der Entfaltung seiner Möglichkeiten, die die Entwicklung einer qualitativ orientierten Lebensgestaltung impliziere. Dabei spiele die Entstehung von Bewusstsein eine zentrale Rolle, ausgehend von den ersten Formen von Innerlichkeit und Subjekthaftigkeit der Organismen.

3.11 Wachstum und Entwicklung

Spätestens seit der Entstehung der Mehrzelligkeit in der Evolution ist bei allen Organismen ein Prozess des Wachstums ein elementarer Bestandteil der Lebensvorgänge. Dabei werden die Pflanzen, Pilze und Tiere aber nicht nur größer, sondern durchlaufen einen komplizierten Entwicklungs- und Umgestaltungsprozess, durch den sie ihre charakteristische Form erst hervorbringen. Wie sich eine einzelne befruchtete Eizelle in einen komplexen Organismus verwandelt, ist nach wie vor ein Wunder und ein Mysterium.[67]

Nachdem die Embryologie vor allem morphologisch und histologisch eine Fülle an Kenntnissen zusammengetragen hatte, wurde in den letzten Jahrzehnten molekulares und genetisches Wissen hinzugewonnen. Die Hoffnung war, dass man durch die Aufklärung der beteiligten Gene und Proteine so etwas wie Ursachen der Entwicklungsvorgänge beschreiben könnte.

65 Rosslenbroich 2018

66 Kather 2003, S. 133

67 Purnell 2012

Damit wurde ein großer Schritt im Verständnis dieser Prozesse getan. Aber es zeigt sich auch zunehmend, dass die beschriebenen Genkaskaden die Formbildung nicht allein beschreiben können. Typischerweise sind oft nicht nur einzelne Gene beteiligt, die man zunächst identifizieren konnte, sondern mehrere Gene oder ganze Netzwerke. Andererseits werden einzelne Regulatorgene wiederholt in ganz unterschiedlichen Situationen exprimiert, sodass sie zwar an dieser Stelle und zu einer bestimmten Zeit eine Rolle spielen, aber nicht per se die Information für das jeweilige Organ enthalten können. Einige Autoren vermuten daher, dass die beschriebenen Gene eher Mediatoren in der Bildung bestimmter Gewebe und Organe sind, als dass sie als die Hauptursache angesehen werden können. Insofern kann nach wie vor die Brücke von den genetischen Prozessen im Embryo zur tatsächlich entstehenden Form nur schwer geschlagen werden.[68]

Offenkundig spielen viele andere Faktoren schon bei der Genexprimierung eine Rolle. Auf der molekularen Ebene sind Proteingradienten daran beteiligt, unterschiedliche Zellen und Organe entstehen zu lassen. Das heißt aber, dass es nicht allein die beteiligten Gene sind, die die Entwicklungsschritte auslösen. Vielmehr kommen aus dem System Signale (in diesem Fall ein Gradient), die zur differenziellen Exprimierung der nächstfolgenden Gene führen. Für die Bildung des Proteingradienten war natürlich auch ein Gen nötig, aber erst die beständige Wechselwirkung zwischen dem Genom und dem Gradienten im System, oder zwischen Genom und benachbartem Gewebe, ermöglicht die jeweiligen Schritte. Es ist also einseitig, anzunehmen, dass es die Gene sind, die die Entwicklung steuern. Sie können nur in einem bestimmten Systemkontext abgerufen werden

68 Radlanski & Renz 2006, Fuente & Helms 2005

und sind nur ein Faktor in einer Kaskade von Wechselwirkungen.[69] Es wird diskutiert, ob diese Gradienten das materielle Korrelat der «morphogenetischen Felder» sind, die schon lange von einigen Embryologen postuliert worden waren.

Man kennt inzwischen aber auch weitere beteiligte Faktoren in solchen Netzwerken. Dazu gehören etwa mechanische Kräfte. So gibt es Anhaltspunkte dafür, dass verschieden starke Druck- oder Zugkräfte, die auf die Zellen einwirken, zur Exprimierung bestimmter Entwicklungsgene führen und die Differenzierung in bestimmte Zelltypen beeinflussen. Die Gewebestruktur spielt ebenso eine Rolle und wird durch Signale zwischen den Zellen und der Extrazellulären Matrix (ECM) vermittelt. Hinzu kommen die Organisation des Zytoskeletts und die bestehenden Zugkräfte, die die einzelnen Zellen und das ganze Gewebe in einer bestimmten Form halten. Diese Elemente tragen zur Regelung von Zellproliferation, Zellmigration, Identität von Stammzellen, Differenzierung und Apoptose bei. Geometrische und mechanische Signale enthalten also offensichtlich Informationen über Gewebe- und Organeigenschaften als Ganzes. Ebenso spielt offenbar die jeweilige Nachbarschaft der Zellen eine Rolle.[70]

Schließlich ist wiederum die Zeit ein entscheidender Faktor, denn wichtig für eine geregelte Entwicklung ist nicht nur, dass ein bestimmtes Gen exprimiert wird und welches Gewebe jeweils entsteht, sondern vor allem auch, wann dies im Laufe des Entwicklungsvorganges geschieht.[71] Einige Gene werden früh, andere später aktiviert, wiederum andere mehrfach zu unterschiedlichen Zeitpunkten

69 Dupré 2012, Gilbert 2014, Willmer 2003

70 Forgacs & Newman 2005, Fuente & Helms 2005, Piccolo 2013, Purnell 2012, Radlanski & Renz 2006, Wozniak & Chen 2009

71 Duboule 2003

(«differenzielle Genaktivierung»). Die beteiligten Zeitmuster sind noch kaum verstanden. Möglicherweise gibt es eine bestimmte Zeit, in der ein Gradient als Signal fungiert («Kompetenzperiode»), oder Zellen können Veränderungen in der Konzentration des Gradienten integrieren.[72] In einigen Fällen spielen auch rhythmische Pulse in der Aktivierung eines Gens eine Rolle, wie etwa bei der Somitenbildung im Hühnchenembryo («*hairy*-Oszillator»).[73]

Dies zusammengenommen führt bei einigen Autoren zur Annahme, dass die Zellen während der Morphogenese nicht einem intrinsischen genetischen Programm folgen, sondern dass sie auf verschiedene Situationen reagieren, in die sie sich durch ihr eigenes Wachstum hineinmanövrieren.[74] Der räumliche und zeitliche Kontext und die Wechselwirkungen innerhalb des Systems als Ganzem spielen offensichtlich eine ebenso große Rolle wie die genetische Information, die gebraucht wird, etwa um die Proteine herzustellen, die diese Wechselwirkungen vermitteln. Diese Information codiert beispielsweise für Moleküle, die auf der Zelloberfläche exponiert oder in die Umgebung ausgeschieden werden und als Signale dienen. Genetische Information wird auch gebraucht, um die Signalrezeptoren herzustellen und die Signaltransduktionssysteme einzurichten.[75]

Die erste Differenzierung in der Entwicklung der Eizelle ist inzwischen eines der klarsten Beispiele für das einst kontroverse Prinzip der «downward causation» durch Systemeigenschaften auf untergeordnete Strukturen wie etwa das Genom: Eine Reihe von Positionsinformationen und Proteine im Zytoplasma der befruchteten

72 Kicheva et al. 2012

73 Müller & Hassel 2006, S. 374

74 Radlanski & Renz 2006

75 Müller & Hassel 2006, S. 323

Eizelle bestimmt die ersten Entwicklungsschritte und welche Gene dabei abgelesen werden.[76] Auch hier zeigt sich wiederum, wie irreführend die Formulierung ist, nach der Gene etwas «steuern».

Susan Oyama hat bereits in den 1980er-Jahren herausgearbeitet, dass nicht die ganze Information für die Bildung des Organismus im Genom liegen könne und dieses auch nicht eine Art Bauplan enthalte. Vielmehr werde die Form des Organismus und die beteiligte Information erst im Laufe der Entwicklung durch «Entwicklungssysteme» konstruiert. Dabei sei die DNA lediglich einer unter vielen Faktoren, aber ebenso wichtig sei die zelluläre Morphologie, die Dynamik biochemischer Prozesse, Umgebungseinflüsse, die vorherige Geschichte des Systems und vieles mehr («developmental constructivism», «developmental systems theory»).[77] Oyama erweitert den Ansatz auch über die Zeit der Embryonalentwicklung hinaus, sodass jeder Organismus während des ganzen Lebens als kontinuierlich «selbst konstruierend» angesehen werden kann.

Auch Lewontin schreibt: «*The organism does not compute itself from its DNA. A living organism at any moment in its life is the unique consequence of a developmental history that results from the interaction of and determination by internal and external forces.*»[78]

Zusammenfassend wird also auf der Grundlage der modernen Embryologie immer deutlicher, dass auch hier Vorgänge beteiligt sind, wie sie in den vorangegangenen Abschnitten beschrieben wurden: Es bestehen eher Interdependenzen als kausale Verursachungen aus einer Steuereinheit heraus, der Systemkontext spielt eine Rolle für die Differenzierungsmuster, Gestaltprozesse sind beteiligt, indem die

76 Dupré 2012, S. 114

77 Downes 2001, Oyama 2000, Oyama et al. 2001, Rehmann-Sutter 2002

78 Lewontin 1991, S. 63

einmal entstandenen Muster auf die weiteren Zelldifferenzierungen zurückwirken, und Zeitmuster bilden den sequenziellen Rahmen. Penzlin formuliert: «*Die Entwicklung eines vielzelligen Organismus ist nicht allein im Rahmen von Energie und Stoff, von Physik und Chemie zu begreifen, nicht das Produkt von Stoff- und Energieumsetzungen allein. Sie verkörpert vielmehr das organisierte Ineinandergreifen vieler Teilprozesse in ihrer räumlichen und zeitlichen Ordnung. Dieses Regelwerk in seiner Gesamtheit bringt erst das ganzheitliche und teleonome Verhalten hervor, das wir bei der Neubildung eines Organismus mit Recht so bewundern. Die Vielfalt biologischer Formen ist nicht das Produkt molekularer Kräfte, sondern hoch-organisierter Systeme.*»[79]

Schließlich waren offensichtlich Veränderungen im individuellen Entwicklungsgang eine Quelle für evolutive Neuerungen, was in der modernen Evo-Devo-Forschung (evolutionary developmental biology) untersucht wird.[80] Solche Veränderungen können beim ausgewachsenen Organismus zu neuen Merkmalen führen, die sich dann auch über Generationen erhalten und auf diese Weise in die Evolution der Art eingehen.

3.12 Anpassungsfähigkeit

Der Begriff der Anpassung ist in der Biologie sehr vielfältig verwendet worden, sodass es durchaus einige Unklarheiten darüber gibt. Mahner & Bunge[81] identifizierten acht verschiedene Bedeutungen des Wortes. Für das hier besprochene Thema genügt die Betrachtung von Fähigkeiten der Organismen, sich durch gewisse Veränderungen auf Umweltsituationen einstellen zu können. Dies sagt zunächst nichts

79 Penzlin 2014, S. 347

80 Carroll 2005, Müller & Newman 2003, Pigliucci & Müller 2010

81 Mahner & Bunge 2000, S. 153

über den evolutiven Prozess aus, der das ermöglicht haben könnte. In diesem Sinne meint Adaptation eine Fähigkeit von Organismen, sich auf Situationen und Bedingungen in ihrer Umwelt einzurichten (Adaptation 5 bei Mahner & Bunge). Es ist der Zustand der Anpassung, des Angepasstseins, eines Organismus an eine bestimmte Umwelt. Diese Angepasstheit eines Organismus kann entweder durch eine Veränderung im Organismus oder durch eine Veränderung in der Umwelt modifiziert werden.

Die Fähigkeit von Organismen zur Anpassung ist wieder eine im Unbelebten nicht zu findende Eigenschaft. Anpassung in diesem Sinne ist aber eine relationale Eigenschaft, eine Eigenschaft des Organismus-Umwelt-Systems. Dabei sind Autonomie und Adaptation ein zentrales Paar und abhängig voneinander.[82] Auf der einen Seite ist der Organismus und auf der anderen Seite die Umwelt. Der Organismus behauptet seine Lebensfunktionen zusammen mit der Bildung einer Grenze und bildet so ein «Anderssein» gegenüber der Umgebung. Um diesen Status aufrechtzuerhalten, braucht der Organismus regulatorische und stabilisierende Funktionen auf der einen Seite, aber er muss auch angemessen auf die Bedingungen und Einflüsse der Umwelt reagieren können. Selbstbehauptung braucht Adaptation.

Beide Funktionen sind eng miteinander verschränkt. Oft lassen sich aber auch Merkmale identifizieren, die eher zur einen oder zur anderen Funktion gehören. So hat etwa der Eisbär eine erhebliche Autonomie mit Endothermie, flexibler Bewegungsfähigkeit und einem flexiblen Verhalten, aber zum Überleben im extremen Klima seiner Umwelt benötigt er Anpassungen wie das dicke weiße Fell und vieles andere. Der Delfin hat ebenfalls die komplexen Regulationsmöglichkeiten und die Verhaltensflexibilität von Säugetieren. Diese

82 Rosslenbroich 2014, S. 230f

Abb. 10: Merkmale der Autonomie und der Anpassung beim Delfin (Zeichnung: Marita Rosslenbroich).

Funktionen der Autonomie bilden keine Voraussetzung für das Leben im Wasser, denn bei Fischen fehlen sie in dieser Form und sind auf die phylogenetische Geschichte der Delfine zurückführbar. Aber gleichzeitig hat der Delfin Merkmale, die eindeutige Anpassungen an seine Umwelt im Wasser sind, wie etwa den Blubber für die Wärmeisolation, eine sekundäre Homodontie, Flossen und Fluke, einen stromlinienförmig gebauten Körper, Nasenöffnungen, die nach oben verlegt sind, und vieles andere mehr (Abb. 10).

Das bedeutet, dass zwei Elemente beteiligt sind: erstens die individuelle biologische Autonomie, die zweitens in der Auseinandersetzung mit den Umweltfaktoren aufrechterhalten wird. Anpassung enthält immer diese beiden Seiten, denn jede Anpassung setzt voraus, dass der sich anpassende Organismus seine Integrität erhält und lebensfähig bleibt.

In der Evolutionsforschung wird immer deutlicher, dass der Begriff der Anpassung an eine gegebene Umwelt noch in einer anderen Hinsicht zu einseitig ist, denn Organismen wählen ihre Umwelt aus und können sie auch verändern und beeinflussen. Das wird in den letzten Jahren unter dem Begriff «niche construction» diskutiert.[83] Das Konzept, das Arbeiten von Richard Lewontin, Ernst Mayr und Conrad Waddington aufgreifen, beschreibt die dynamische Interaktion zwischen Organismus und Umwelt und sieht die Umwelt oder die Nische nicht als einen gegebenen Faktor an, mit dem der Organismus zurechtkommen muss. Niche construction beschreibt die Feedback-Vorgänge zwischen Organismus und Umwelt.

Damit wird das Bild der Organismus-Umwelt-Beziehung kompliziert. Organismen, die ihre Autonomie aufrechterhalten, sind mit gegebenen sowie von ihnen selbst geschaffenen Faktoren ihrer Umwelt verwoben. Organismen ebenso wie die Umwelt können sich in diesem Prozess verändern. Diese dynamischen Interaktionen verweisen auch hier auf einen Systemcharakter, was in der Ökologie schon lange wahrgenommen wurde,[84] aber im Hinblick auf evolutive Veränderungen erst neuerdings vermehrt Beachtung findet.

3.13 *Fortpflanzung und Tod*

Unbestritten ist auch, dass es Reproduktion nur bei lebenden Organismen gibt. Dabei ist der Vorgang so faszinierend wie rätselhaft, auch wenn er uns als selbstverständlich erscheint. Immer wieder neu wird ein komplexerer Organismus aus einfacheren Zwischenformen aufgebaut. Der komplexere Organismus, die Adultform, hat selbst nur eine begrenzte Lebenszeit, und nur durch diese Abfolge von Generationen erhält sich die jeweilige Art. Ein voll ausgebildeter erwachsener Orga-

83 Laland & Sterelny 2006, Odling-Smee et al. 2003, Odling-Smee 2010

84 Looijen 2000

nismus ist immer nur ein vorübergehendes Stadium, das mehr oder weniger Lebenszeit hat, um seinen Lebensvollzügen nachzugehen.

Es wäre ja auch denkbar, dass einmal entstandene Organismen immer weiterlebten. Der Normalfall ist aber, dass alle mehrzelligen Organismen, mit erheblichen artspezifischen Unterschieden, durch diesen ständigen Prozess von Tod, Fortpflanzung und Selbsterneuerung gehen.

Nun findet Selbsterneuerung ständig auch im erwachsenen Organismus statt. Jede Zelle schickt ihre Makromoleküle und ihre Organellen durch einen permanent ablaufenden Erneuerungsvorgang mit Abbau und Neubildung. Das Gleiche gilt für viele Zellen eines ganzen Organismus, wie etwa beim Menschen, mit Unterschieden zwischen Geweben mit hoher und solchen mit niedriger Regeneration. Dabei nutzen mehrzellige Organismen einen ausgefeilten Vorgang zur Auflösung von Zellen, die Apoptose, den sogenannten programmierten Zelltod. Durch bestimmte Signale wird eine Zelle dazu gebracht, sich selbst aufzulösen, ohne dabei benachbarte Zellen zu beeinträchtigen. Im menschlichen Organismus läuft diese Apoptose täglich millionenfach ab und gehört zur normalen, gesunden Physiologie.[85]

Apoptose trägt aber auch schon zur Embryonalentwicklung bei, indem einige Gewebe nach einer bestimmten Zeit wieder abgebaut werden. Bekannte Beispiele sind hier etwa der Abbau der zunächst angelegten Häute zwischen den Fingern beim Menschen oder der Abbau der Zellen in der Cornea, sodass diese durchsichtig wird.

Prokaryonten und viele eukaryontische Einzeller gelten als prinzipiell unsterblich. Durch Zweiteilung entstehen zwei neue Organismen, die ohne Einschränkungen weiter teilungsfähig sind. Den Tod gibt es dort vorwiegend aus der Umgebung, wenn z. B. ungünstige

85 Hug 2000

Umweltbedingungen eine Population zerstören oder dezimieren. Todesprozesse gehören auch hier essenziell zum Lebendigen dazu, denn Populationen von Einzellern würden bei unbegrenzter Vermehrung in kürzester Zeit ihr Ökosystem und sich selbst zerstören. Dazu gehört auch, dass Organismen zeitweilig extrem zurückgedrängt werden und erst bei günstigeren äußeren Bedingungen wieder ihre Lebensprozesse aufnehmen können (beispielsweise Sporenbildung bei Bakterien). Im Prinzip erfolgt diese Eingrenzung durch Todesprozesse bei fast allen Organismen. Es ist die Regel, dass viel mehr Nachkommen gebildet werden, als überleben können und für die Arterhaltung nötig sind.

Aber mit der Entstehung der Mehrzelligkeit werden Absterbeprozesse auch internalisiert. Durch die Entwicklung somatischer Zellen (Körperzellen, die beim Tod des Organismus sterben, im Gegensatz zu Keimzellen, die im Falle der Fortpflanzung weiter leben) wird deren schlussendliches Sterben der Normallfall, und der beschriebene Wechsel der aufeinanderfolgenden Generationen mit ständiger Erneuerung in der Individualentwicklung beginnt. Unter den Grünalgen lässt sich studieren, wie mit der ersten Form einer quasi richtigen Mehrzelligkeit bei *Volvox* auch der Absterbevorgang von Somazellen zustande kommt.[86]

Fortpflanzung, Wachstum und Entwicklung sowie Absterbeprozesse sind also offenbar eng miteinander verknüpft. Das Gleiche gilt auch für Ökosysteme, in denen ein fortlaufender Aufbau mit dem Abbau in einem Gleichgewicht stehen muss. Wie essenziell Todesprozesse zum Lebendigen gehören, ist zu erkennen, wenn sie fehlen, sodass Tumore entstehen und das Leben des ganzen Organismus gefährden.

86 Kirk 1998

Dennoch gehören Altern und Tod zu den am wenigsten verstandenen Prozessen in der Biologie. Wahrscheinlich müssen wir noch viel grundsätzlicher lernen, dass es Leben immer nur in der ausgespannten Polarität zwischen Aufbau und Abbau gibt.

Zu diesem Phänomen des somatischen Todes und der permanenten Erneuerung durch Fortpflanzung und Entwicklung gehört auch, dass die jeweilige Lebenszeit artspezifisch veranlagt ist und nur in Grenzen nach den jeweiligen Umständen schwankt. So unterscheidet sich die Lebenszeit der einjährigen Pflanze von der möglichen Lebenszeit einer Eiche, die Lebenszeit einer Maus von derjenigen einer Schildkröte oder des Menschen. Hier scheint es eine Zeitordnung zu geben, die womöglich eng mit der oben beschriebenen physiologischen Zeitgestalt verknüpft ist. Es gibt auch Hinweise darauf, dass jede Zelle so etwas wie eine innere Lebensuhr haben könnte.[87]

Ähnlich wie bei vielen Pflanzen findet sich zumindest bei einigen Tierarten auch eine enge Kopplung zwischen Fortpflanzung, Alterung und Tod, so beispielsweise beim Lachs und beim Aal. Auch die meisten Insekten sterben, nachdem sie ihre Eier abgelegt haben. Das Weibchen des gemeinen Kraken, *Octopus vulgaris*, bewacht seine abgelegten Eier, bis die Jungen schlüpfen, und stirbt dann zumeist selbst.

Man kann allerdings auch davon ausgehen, dass die Entstehung von Fortpflanzung, Altern und Tod die Möglichkeiten der Evolution erheblich erweitert hat. Es entsteht dadurch immer wieder die Chance, Varianten hervorzubringen und Neues auszuprobieren.[88] Der Phänotyp wird nicht einfach von einer Generation zur nächsten weitergegeben, sondern er muss immer wieder neu konstruiert wer-

87 Tanner 1980

88 Tanner 1980

den.[89] Er muss auch immer wieder seine Gestaltprozesse neu durchlaufen und seine Funktionsgestalt neu finden. In jeder Generation muss sich der heranwachsende Organismus flexibel in die Interdependenz zwischen individueller Autonomie und Gegebenheiten der Umwelt einfügen. Der ganze Vorgang bekommt damit Dynamik und Flexibilität. Carl Friedrich von Weizsäcker hat das bereits gesehen: *«Denn wenn die Individuen nicht stürben, so gäbe es keine Evolution, so gäbe es nicht neue Individuen anderer Eigenschaften. Der Tod der Individuen ist eine Bedingung der Evolution.»*[90]

Schad[91] schlägt vor, im gleichen Sinne auch den Darwinschen Selektionsprozess zu verstehen. Sterbeprozesse im Evolutionsprozess könnten vergleichbar sein mit dem Vorgang der Apoptose im einzelnen Organismus und würden damit Evolution erst ermöglichen. Ändert sich das Artgefüge des Ökoorganismus durch die Entstehung neuer, noch nie dagewesener Arten, so greift auch die Selektion verändert ein, indem sich das Zusammenpassende neu konfiguriert.

Leben lässt sich also grundsätzlich nur in der permanenten Polarität zwischen Aufbau und Tod verstehen, Produktion und Reduktion sind interdependent, wie auch Jonas dies formulierte: *«Das so in der Möglichkeit schwebende Sein ist durch und durch ein Faktum der Polarität, und das Leben manifestiert diese Polarität ständig in diesen grundlegenden Antithesen, zwischen denen seine Existenz sich spannt: der Antithese von Sein und Nichtsein, von Selbst und Welt, von Form und Stoff, von Freiheit und Notwendigkeit.»*[92]

89 Oyama 2000

90 Zitiert nach Tanner 1980, S. 51

91 Schad 2009

92 Jonas 1973, S. 15f

4. Synthese

Damit sind nun mehrere spezifische Eigenschaften des Lebendigen beschrieben, wie sie sich aus der empirischen Forschung und der Beobachtung von Leben ergeben, ohne mysteriöse Kräfte zu postulieren. Es sind spezifisch solche herausgearbeitet, die deutlich über anorganisch-physikalische Vorgänge hinausgehen. Sie stehen aber nicht im Widerspruch zu chemischen und physikalischen Gesetzmäßigkeiten, diese sind also in keiner Weise außer Kraft gesetzt. Vielmehr nutzen die Lebensvorgänge sie und binden sie in ihre eigenen Prozesse so ein, dass diese überhaupt erst ablaufen können. Daher können chemische und biophysikalische Untersuchungen diese Vorgänge analysieren, und die entsprechenden Forschungsbereiche haben ihre Bedeutung, sofern sie die Einbindung in die spezifischen Lebensprozesse berücksichtigen. Eine pure Reduktion auf chemisch-physikalische Prinzipien wird aber nicht gelingen. Dupré[93] formuliert: «*Mechanistic models have given us extensive knowledge of many of the elements of which living systems are composed, but they are inadequate to provide a full picture of life as a dynamic system.*»

Abbildung 11 fasst die besprochenen Eigenschaften zusammen, soweit sie bisher identifizierbar sind. Sicherlich ist die Übersicht nicht vollständig, einige könnten noch fehlen und weitere könnten in Zukunft noch entdeckt werden. Auch mögen einige kontrovers sein. Aber die Übersicht kann als Ausgangspunkt für die weitere Herausarbeitung eines eigenständigen Begriffs des Lebendigen dienen, sie ist zur Abwandlung und Korrektur vorgeschlagen.

Noch handelt es sich aber um einzelne, bei ihrer Betrachtung unterschiedliche Eigenschaften eines ja eigentlich einheitlichen

93 Dupré 2012, S. 85

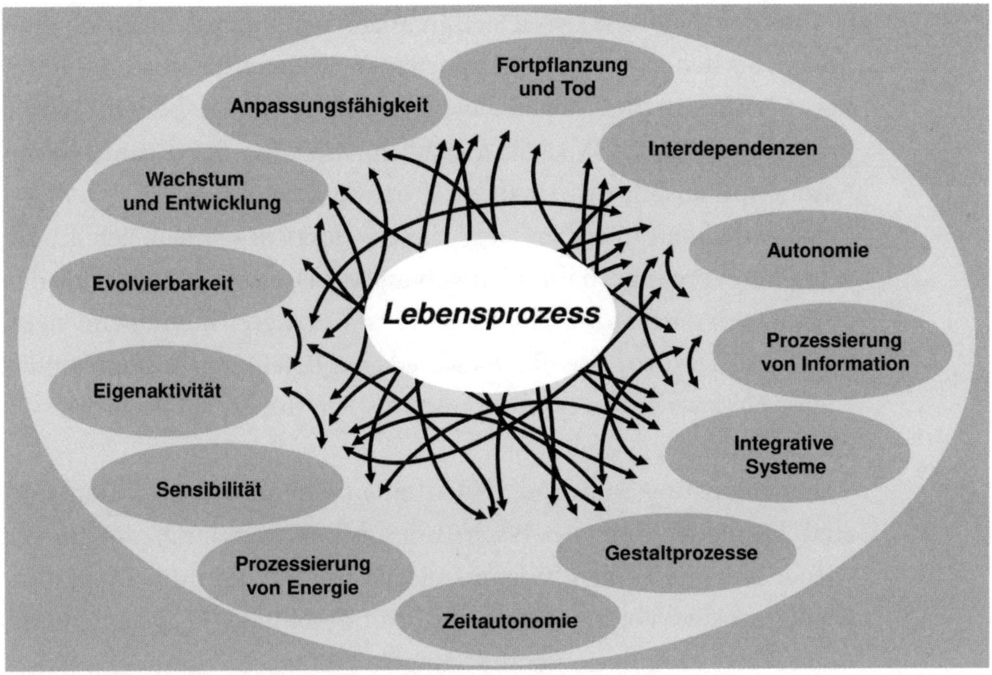

Abb. 11: Synthese

Prozesses. Ihre Verbindung gelingt nur andeutungsweise, sodass die Darstellung eine gewisse Reduktion enthält. Möglicherweise jedoch ist unser heutiges, an der Reduktion geschultes Denken noch nicht zu jener Synthese in der Lage, die notwendig zu sein scheint. Dennoch dürfte ein beharrliches Weiterarbeiten an diesen Qualitäten und die Perspektive, sie mehr und mehr zusammenzuführen, auch zu jener Synthese führen.

Es ergeben sich aber Andeutungen einer solchen Synthese, indem ja die einzelnen Eigenschaften nicht unverbunden nebeneinanderstehen. Schließlich wurden sie aus demselben Gegenstand gewonnen, sodass, wie schon in einigen Abschnitten angedeutet, Querbeziehungen erkennbar sind:

Interdependenzen lassen sich in allen aufgeführten Eigenschaften finden. So stehen auch die verschiedenen Systemschichten horizontal und vertikal in interdependenten Beziehungen. Sie bilden Gestaltprozesse, die durch Wachstum und Entwicklung die organismische Autonomie ausbilden. All diese Prozesse sind mit ihrer jeweiligen Eigenzeitlichkeit integriert, und diese wiederum können sich an die zeitlichen Vorgänge in ihrer Umgebung anpassen. Auch innerhalb des circadianen oszillatorischen Systems gibt es klare Interdependenzen und Feedback-Prozesse der verschiedenen beteiligten Komponenten, sodass Netzwerke von Interaktionen die Rhythmizität hervorbringen, die Organismen zeigen.

Fortpflanzung und Tod bilden einen Motor der Evolution und sind Voraussetzung für Wachstum und Entwicklung, die immer wieder neu stattfinden. Organismische Autonomie und Adaptation wiederum sind Voraussetzungen für die Stabilität von Systemen und unterliegen evolutiven Veränderungen. Autonomie und Adaptation wiederum sind abhängig von der Robustheit der beteiligten Systeme, die eine metabolische und informationelle Selbstbestimmung generieren. Veränderungen in den Möglichkeiten zur Autonomie sind wesentlicher Teil der Fähigkeit zur Evolution.

Schließlich liegt die Prozessierung von Information allen diesen Vorgängen auf den verschiedenen Systemebenen zugrunde. Besonders die antizipierte Synthese der aufgeführten Eigenschaften wird weit über das primitive atomistische Modell vom Organismus, wie es in der zweiten Hälfte des 20. Jahrhunderts dominierte, hinausweisen. Langfristig dürfte das Konzept einer solchen Synthese dieser und womöglich weiterer spezifischer Eigenschaften dazu führen, dass ein eigenständiger Begriff des Lebendigen entwickelt werden kann, der aber eine konkrete empirische Basis hat. Er weist weit über mechanistische Modelle vom Organismus hinaus und unterstreicht die Bedeutung einer «organismischen Biologie».[94] Ein solches Konzept wird aber auch Einfluss auf die weitere Entwicklung der Biologie haben, indem diese spezifischen Eigenschaften expliziter ins Zentrum der empirischen Forschung rücken.

Eine solche organismische Perspektive wird aber auch angewandte Bereiche wie Medizin und Landwirtschaft verändern und sie von den mechanistischen Interpretationsweisen entfernen.[95]

Die Biologie wird das atomistisch-mechanistische Bild vom Organismus überwinden müssen, wenn sie das Verständnis der grundlegenden Eigenschaften des Organischen weiterentwickeln will. Der entscheidende Prozess ist nicht die Bewegung von Atomen oder Molekülen.[96] Es ist die Regulation von Netzwerken und eine Hierarchie komplexer Zeitstrukturen, die multiple Funktionen auf unterschiedlichen Systemebenen innerhalb des Organismus koordinieren.

94 Bock & Goode 1998, Fuchs 2009, Gilbert & Sarkar 2000, Henning & Scarfe 2013, Kirschner et al. 2000; Mayr 1988, 1996, Noble 2006, 2017, Nurse 2008, Rehmann-Sutter 2000, 2002, Woese 2004, Wuketits 1981

95 Buchman 2002, Deppert et al. 1992, Joyner & Pedersen 2011, Rosslenbroich 2011a, 2016, Saetzler et al. 2011, Sonnenschein & Soto 1999, Soto & Sonnenschein 2005, 2012, Strohman 2003

96 Gerhard & Kirschner 1997, Kirschner et al. 2000, Kirschner & Gerhard 2007

Literatur

Alberts B, Johnson A, Lewis J, Raff M, Roberts K, Walter P (2004): Molekularbiologie der Zelle. Weinheim

Bateson P, Cartwright N, Dupré J, Laland K, Noble D (2017): New trends in evolutionary biology: biological, philosophical and social science perspectives. Interface Focus 7: 20170051. http://dx.doi.org/10.1098/rsfs.2017.0051

Bechtel W (2007): Biological mechanisms: Organized to maintain autonomy. In: Boogerd F, Bruggeman FJ, Hofmeyr JHS, Westerhoff HV (Hrsg.): Systems Biology: Philosophical Foundations. Elsevier, Amsterdam , S. 269 – 302

Bechtel W (2010): The downs and ups of mechanistic research: circadian rhythm research as an exemplar. Erkenntnis 73, S. 313-328. DOI 10.1007/s10670-010-9234-2

Bock G, Goode J (Hrsg.) (1998): The limits of reductionism in biology. Papers from the Symposium held at the Novartis Foundation, London 1997. Wiley, Chichester, England

Buchman TG (2002): The community of the self. Nature 420, S. 246 – 251

Carroll SB (2005): Endless Forms Most Beautiful. The New Science of Evo Devo and the Making of the Animal Kingdom. Norton, New York, London

Cavalier-Smith T (2004): The membranome and membrane heredity in development and evolution. In: Organelles, genomes and eukaryote phylogeny: an evolutionary synthesis in the age of genomics. In: David S, Hirt R: CRC Press, Boca Raton, FL. S. 335 – 351

Denton M, Kumaramanickavel G, Legge M (2013): Cells as irreducible wholes: the failure of mechanism and the possibility of an organicist revival. In: Biology and Philosophy 28 (1), S. 31 – 52

Deppert W, Kliemt H, Lohff B, Schaefer J (Hrsg.) (1992): Wissenschaftstheorien in der Medizin. Ein Symposium, de Gruyter, Berlin, New York

Dierßen, Klaus 1990: Einführung in die Pflanzensoziologie (Vegetationskunde). Darmstadt

Downes SM (2001): The Ontogeney of Information (Besprechung). Perspectives in Biology and Medicine 44 (3), S. 464 – 469

Drack M, Apfalter W, Pouvreau D (2007): On the making of a system theory of life: Paul A Weiss and Ludwig von Bertalanffy's conceptual connection. Quarterly Review of Biology 82, S. 349 – 373

Drack M, Apftaler W (2007): Is Paul Weiss' and Ludwig von Bertalanffy's system thinking still valid today? Systems Research and Behavioral Science 24 (5), S. 537 – 546

Drack M, Wolkenhauer O (2011): System approaches of Weiss and Bertalanffy and their relevance for systems biology today. Seminars in Cancer Biology 21, S. 150 – 155

Du Bois-Reymond EH (1872): Über die Grenzen des Naturerkennens. Leipzig

Duboule D (2003): Time for Chronomics? Science 301, S. 277

Dunlap LM, Loros J, DeCoursey PJ (2004): Chronobiology: Biological Timekeeping. Sinauer, Sunderland, MA

Dupré J (2012): Processes of Life: Essays in the Philosophy of biology. Oxford University Press, Oxford

Eigen M (1987): Stufen zum Leben. Die frühe Evolution im Visier der Molekularbiologie. Piper Verlag, München

Farnsworth KD, Nelson J, Gershenson C (2013): Living is information processing: from molecules to global systems. Acta Biotheoretica 61, S. 203-222. DOI 10.1007/s10441-013-9179-3

Forgacs G, Newman S (2005): Biological physics of the developing embryo. Cambridge

Fox Keller E (2011): Towards a science of informed matter. History and Philosophy. Studies in History and Philosophy of Biological and Biomedical Sciences 42 (2), S. 174 – 179

Fuchs T (2009): Das Gehirn – ein Beziehungsorgan. Eine phänomenologisch-ökologische Konzeption. Kohlhammer, Stuttgart

Fuente L, Helms JA (2005): Head, shoulders, knees, and toes. Developmental Biology 282, S. 294-306. doi:10.1016/j.ydbio.2005.03.036

Gerhart J, Kirschner M (1997): Cells, embryos, and evolution. Toward a cellular and developmental understanding of phenotypic variation and evolutionary adaptability. Blackwell, Malden MA

Gilbert SF (2014): Developmental Biology, 10th Edition. Sinauer, Sunderland MA

Gilbert SF, Sarkar S (2000): Embracing Complexity: Organicism for the 21st Century. Developmental Dynamics 219, S. 1 – 9

Grunwald A, Gutmann M, Neumann-Held E (Eds.) (2002): On Human Nature. Anthropological, Biological, and Philsophical Foundations. Springer, Berlin, Heidelberg

Haken H (1983): Synergetics. An Introduction. Springer Verlag, Berlin

Henning BG, Scarfe A (2015): Beyond mechanism: Putting life back into biology. Lexington Books, Lanham Maryland

Hug H (2000): Apoptose: Die Selbstvernichtung der Zelle als Überlebensschutz. In: Biologie in unserer Zeit 30 (3), S. 128 – 135

Jablonka E, Lamb MJ (2005): Evolution in Four Dimensions. Genetic, Epigenetic, Behavioral, and Symbolic Variation in the History of Life. MIT Press, Cambridge MA

Jablonka E, Raz G (2009): Transgenerational epigenetic inheritance: prevalence, mechanims and implications for the study of heredity and evolution. The Quarterly Review of Biology 84(2), S. 131 – 176

Jonas H (1973): Organismus und Freiheit. Ansätze zu einer philosophischen Biologie. Vandenheock & Ruprecht Göttingen

Joyner M, Pedersen BK (2011): Ten questions about systems biology. The Journal of Physiology 589 (5), S. 1017 – 1030

Kaspar R (1994): Gestalt. In: Herder Lexikon der Biologie, Spektrum Akademischer Verlag, Heidelberg. Band 4, S. 52

Kather R (2003): Was ist Leben? Philosophische Positionen und Perspektiven. Wissenschaftliche Buchgesellschaft, Darmstadt

Kather R (2012): Die Wiederentdeckung der Natur. Naturphilosophie im Zeichen der ökologischen Krise. Wissenschaftliche Buchgesellschaft, Darmstadt

Kicheva A, Cohen M, Briscoe J (2012): Developmental Pattern Formation: Insights from Physics and Biology. Science 338, S. 210-212. DOI: 10.1126/science.1225182

Kirschner M, Gerhart J, Mitchison T (2000): Molecular «Vitalism». Cell 100, S. 79 – 88

Kirschner MW, Gerhart JC (2007): Die Lösung von Darwins Dilemma: Wie die Evolution komplexes Leben schafft. Rowohlt, Hamburg

Koukkari WL, Sothern RB (2006): Introducing biological rhythms. Springer, NY

Krimsky S, Gruber J (Eds.) (2013): Genetic explanations. Sense and nonsense. Harvard University Press, Cambridge MA, London

Kümmell S (2008): Zeitmuster in der Evolution der Säugetiere und ihrer Vorläufer. In: Jahrbuch für Goetheanismus, Niefern-Öschelbronn, S. 41 – 78.

Kümmell S (2009): Die Digiti der Synapsida: Anatomie, Evolution und Konstruktionsmorphologie. Diss. Universität Witten/Herdecke, Shaker Verlag, Aachen.

Laland KN, Sterelny K (2006): Seven reasons (not) to neglect niche construction. Evolution 60, S. 1751 – 1762

Lewontin R (1991): Biology as Ideology. Harper, New York

Lewontin R (2002): Die Dreifachhelix. Gen, Organismus und Umwelt. Springer, Heidelberg

Lewontin R, Rose S, Kamin LJ (1988): Die Gene sind es nicht. Biologie, Ideologie und menschliche Natur. Psychologie-Verlags-Union, München

Looijen RC (2000): Holism and Reductionism in Biology and Ecology. The Mutual Dependence of Higher and Lower Level Research Programs. Episteme 23. Kluwer Academic Publishers, Dordrecht

Love A (2012): Hierarchy, causation and explanation: ubiquity, locality and pluralism. Interface Focus. In: Interface Focus 2, S. 115 – 125

Mahner M, Bunge M (2000): Philosophische Grundlagen der Biologie. Springer Verlag Berlin Heidelberg

Maturana HR, Varela FJ (1987): Der Baum der Erkenntnis. Die biologischen Wurzeln menschlichen Erkennens. Scherz, München

Mayr E (1988): The death of Darwin? In: Mayr, E: Toward a new philosophy of biology. Observations of an evolutionist. Harvard, University Press

Mayr E (1996): The autonomy of biology: the position of biology among the sciences The Qarterly Review of Biology 71 (1), S. 97 – 106

Mohawk JA, Green CB, Takahashi JS (2012): Central and peripheral circadian clocks in mammals. Annual Review of Neuroscience 35, S. 445 – 462

Moss L (2003): What genes can't do. MIT Press, Cambridge

Müller GB, Newman SA (2003): Origination of organismal form – beyond the gene in development and evolutionary biology. MIT Press, Cambridge MA

Müller WA, Hassel M (2006): Entwicklungsbiologie. 4. Auflage. Springer, Berlin, Heidelberg, NY

Nagel T (2014): Geist und Kosmos. Warum die materialistische neodarwinistische Konzeption der Natur so gut wie sicher falsch ist. Berlin

Neuweiler G (2008): Und wir sind es doch - die Krone der Evolution. Wagenbach, Berlin

Noble D (2006): The music of life. Biology beyond genes. Oxford University Press, Oxford

Noble D (2008a): Claude Bernard, the first systems biologist, and the future of physiology. Experimental Physiology 93, S. 16 – 26

Noble D (2008b): Genes and causation. Philosophical Transactions of the Royal Society A: Mathematical, Physical and Engineering Sciences 366 (1878), S. 3001 – 3015

Noble D (2011): Systems: What's in a name? Physiology 26, S. 126-128

Noble D (2017): Dance to the tune of life. Biological relativity. Cambridge Univ. Press

Normandin S, Wolfe CT (Eds.) (2013): Vitalism and the scientific image in post-enlightenment life science, 1800-2010. Springer, Dordrecht, Heidelberg, New York, London

Nurse P (2008): Life, logic and information. Nature 454, S. 424 – 426

Odling-Smee FJ, Laland KN, Feldman MW (2003): Niche construction: the neglected process in evolution. Princeton University Press, Princeton, NJ

Odling-Smee J (2010): Niche inheritance. In: Pigliucci M, Müller GB (Eds.): Evolution. The extended synthesis. MIT Press, Cambridge MA, S. 175-207

O'Malley MA, Dupré J (2005): Fundamental issues in systems biology. BioEssays 27, S. 1270 – 1276

Oyama S (2000): The ontogeny of information: Developmental systems and evolution. Duke Univ. Press, Durham

Oyama S, Griffiths PE, Gray RD (2001): Cycles of Contingency: Developmental Systems and Evolution. MIT Press, Cambridge, Mass.

Parrington J (2015) The deeper genome: Why there is more to the human genome than meets the eye. Oxford University Press, Oxford

Penzlin H (2014): Das Phänomen Leben. Grundfragen der Theoretischen Biologie. Springer Spektrum, Berlin Heidelberg

Piccolo S (2013): Mechanics in the embryo. Nature 504, S. 223 – 225

Pigliucci M, Müller G (2010): Evolution - the Extended Synthesis. MIT Press, Cambridge MA

Purnell BA (2012): Forcefull thinking. Science 338, S. 209

Radlanski RJ, Renz H (2006): Genes, forces, and forms: mechanical aspects of prenatal craniofacial development. Developmental Dynamics 235, S. 1219 – 1229. DOI 10.1002/dvdy.20704

Rehmann-Sutter C (2000): Biological organicism and the ethics of the human-nature relationship Theory in Biosciences 119, S. 334-354

Rehmann-Sutter C (2002): Genetics, Embodiment and Identity. In: Grunwald A, Gutmann M, Neumann-Held EM (Eds.): On human nature. Anthropological, biological, and philosophical foundations. Springer, Berlin, Heidelberg, New York , S. 23 – 50

Rohde U (2010): Die Erweiterung des Beobachtungsrahmens in der Biologie. Theorievorschläge zu einer zeitgemäßen Phänomenologie nach J. W. von Goethe. Annals of the History and Philosophy of Biology 15, S. 195 – 280

Rose H, Rose S (2013): Genes, Cells and Brains. The Promethean Promises of the new Biology. Verso, London

Rose SPR (1997): Lifelines: biology, freedom, determinism. Allen Lane, Penguin Press, Hamondsworth

Rosen R (1991): Life itself. A comprehensive inquiry into the nature, origin, and fabrication of life. Columbia Univ. Press, New York

Rosslenbroich B (2006): The notion of progress in evolutionary biology – the unresolved problem and an empirical suggestion. Biology and Philosophy 21, S. 41 – 70

Rosslenbroich B (2007): Autonomiezunahme als Modus der Makroevolution. Galunder, Nümbrecht

Rosslenbroich B (2011a): Outline of a concept for organismic systems biology. Seminars in Cancer Biology 21 (3), 156-164. DOI: 10.1016/j.semcancer.2011.06001

Rosslenbroich B (2011b): Patterns and processes in macroevolution. Annals of the History and Philosophy of Biology (Universitätsverlag Göttingen 2013) 16, S. 171 – 184

Rosslenbroich B (2014): On the Origin of Autonomy. A New Look at the Major Transitions in Evolution. Springer Dordrecht, Heidelberg, New York, London

Rosslenbroich B (2016): The significance of an enhanced concept of the organism for medicine. Evidence-Based Complementary and Alternative Medicine (Hindawi) Volume 2016, Article ID 1587652. http://dx.doi.org/10.1155/2016/1587652

Saetzler K, Sonnenschein C, Soto AM (2011): Systems biology beyond networks: Generating order from disorder through self-organization. Seminars in Cancer Biology 21, S. 165 – 174

Schad W (1982): Biologisches Denken. In: Schad W (Hrsg.): Goetheanistische Naturwissenschaft Bd. 1, Allgemeine Biologie, Stuttgart, S. 9 – 25

Schad W (2009): Darwins unvollendete Todeskunde. Erziehungskunst 9/2009, S. 915 – 922

Selg P (2000): Vom Logos menschlicher Physis. Die Entfaltung einer anthroposophischen Humanphysiologie im Werk Rudolf Steiners. Dornach

Shapiro JA (2011): Evolution: A View from the 21st Century. FT Press Science, Upper Saddle River, New Jersey

Sonnenschein C, Soto A (1999): The society of cells: Cancer and control of cell proliferation. Taylor & Francis, NY

Soto AM, Sonnenschein C (2005): Emergentism as a default: Cancer as a problem of tissue organization. Journal of Biosciences 30, S. 103 – 118

Spork P (2009): Der zweite Code. Epigenetik - oder wie wir unser Erbgut steuern können. Rowohlt Verlag Hamburg

Strohman R (1998): Eine Kuhn'sche Revolution in der Biologie steht ins Haus. Arbeitsmaterialien zur Technologiefolgenabschätzung und -bewertung der modernen Biotechnologie. Universität Hamburg No. 9

Strohman R (2001): Was kommt nach dem genetischen Determinismus? Laborjournal 6, S. 24 – 26

Strohman R (2002): Maneuvering in the complex path from genotype to phenotype. Science 296, S. 701 – 703

Strohman R (2003): Genetic determinism as a failing paradigm in biology and medicine: Implications for health and wellnes. Journal of Social Work Education 39(2), S. 169 – 191

Strohmann R (1993): Ancient genomes, wise bodies, unhealthy people: limits of a genetic paradigm in biology and medicine. Perspectives in Biology and Medicine 37, S. 112 – 145

Tanner W (1980): Altern und Tod aus der Sicht der Biologie. Biologie in unserer Zeit 10 (2), S. 45 – 51

Thompson E (2007): Mind in life. Biology, phenomenology, and the sciences of mind. Harvard Universtiy Press, Cambridge/MA, London

Turner JS (2007) The tinkerer's accomplice. How design emerges from life itself. Harvard University Press, Cambridge

Turner JS (2013) Homeostasis and the forgotten vitalist roots of adaptation. In:

Normandin S, Wolfe CT (Hrsg.) Vitalism and the scientific image in post-enlightenment life science, 1800–2010. Springer, Dordrecht, S. 271–291

Varela FJ (1997): Patterns of life: Intertwining identity and cognition. Brain and Cognition 34, S. 72–87

Walker S (2014): Top-down causation and the rise of information in the emergence of life. Information 5, S. 424–439

Walsh D (2015): Organisms, agency, and evolution. Cambridge University Press, Cambridge

Weingarten M (1993): Organismen – Objekte oder Subjekte der Evolution? Philosophische Studien zum Paradigmawechsel in der Evolutionsbiologie. Wissenschaftliche Buchgesellschaft, Darmstadt

Weiss PA (1963): The cell as unit. Journal of Theoretical Biology 5, S. 389–397

Weiss PA (1968): From cell to molecule. In: Weiss PA, editor. Dynamics of development: experiments and inferences. Selected papers on developmental biology. New York/London, S. 24–95

Weiss PA (1970): Das lebende System: Ein Beispiel für den Schichtendeterminismus. In: Koestler A, Smythies JR (Hrsg.): Das neue Menschenbild. Die Revolutionierung der Wissenschaften vom Leben. Ein internationales Symposium. Molden, Wien Zürich

Weiss PA (1971): The basic concept of hierarchic systems. In: Weiss PA, editor. Hierarchically organized systems in theory and practice. New York, S. 1–43.

Weiss PA (1973): The science of life: the living system – a system for living. New York

Weiss PA (1977): The system of nature and the nature of systems: empirical holism and practical reductionism harmonized. In: Schaefer KE, Hensel H, Brady R, editors. Toward a man-centered medical science. A new image of man in medicine, vol. 1. New York

West-Eberhard MJ (2003): Developmental Plasticity and Evolution. Oxford University Press

Willmer P (2003): Convergence and homoplasy in the evolution of organismal form. In: Müller GB, Newman A (Eds.): Origination of Organismal Form. Beyond the Gene in Development and Evolutionary Biology. MIT Press, Cambridge MA, London, S. 33–49

Wirz J (2008): Nicht Baukasten, sondern Netzwerk – die Idee des Organismus in Genetik und Epigenetik. Elemente der Naturwissenschaft 88, S. 5–21

Woese C (2004): A new biology for a new century. Microbiology and molecular biology reviews 68, S. 137–186

Wozniak MA, Chen CS (2009): Mechanotransduction in development: a growing role for contractility. Nature Reviews in Molecular Cell Biology 10, S. 34–43

Wuketits FM (1981): Biologie und Kausalität: Biologische Ansätze zur Kausalität, Determination und Freiheit. Parey Verlag Berlin, Hamburg

Arterhaltung und Individualisierung in der Tierreihe[1]

FRIEDRICH A. KIPP

Der Fortgang naturwissenschaftlicher Forschung hängt nicht allein von neuen Beobachtungsresultaten, sondern oft ebenso sehr von den Begriffsbildungen ab. Solange die Besonderheiten eines Erscheinungsgebietes begrifflich nicht klar herausgearbeitet sind, wird man sie in ihrer Bedeutung auch nicht richtig einschätzen können.

Eine solche Klärung scheint mir im Gebrauch des Begriffes «Arterhaltung» notwendig zu sein. Im eigentlichen Sinne ist unter Arterhaltung die Erhaltung der Generationsfolge durch Fortpflanzung zu verstehen. Das Studium der diesbezüglichen Erscheinungen zeigt, dass die Fortpflanzungsquote in Beziehung zur Verlustquote steht. Kurzlebige bzw. hohen Verlusten ausgesetzte Arten weisen eine starke Vermehrung auf. Hingegen finden wir bei Arten, deren Individuen durchschnittlich eine lange Lebensdauer haben, eine niedrige Fortpflanzungsquote. Die Arterhaltung ist gesichert, wenn die Fortpflanzungsrate größer oder mindestens ebenso groß ist wie die Verlustrate.

Seit geraumer Zeit wird der Begriff der Arterhaltung aber auch in einem Sinne verwendet, der weit über seinen konkreten Inhalt hinausgeht. Wenn sich finden lässt, dass eine anatomische Konstruktion

1 Zuerst erschienen in: Verhandlungen der Deutschen Zoologen in Mainz 1949, S. 24–27, Leipzig 1949

oder eine bestimmte Verhaltensweise in sinnvoller Beziehung zum Lebensganzen eines Tieres steht, so pflegt man zu sagen, dass sie «arterhaltend» ist. Ungefähr alles, was man früher mit einem nicht sehr glücklichen Wort als «zweckmäßig» bezeichnete, wird seit Darwins Zeiten arterhaltend genannt. Dass diese Umbenennung sich an die Selektionstheorie angeschlossen hat, bedarf keiner weiteren Ausführung. Unter Einbeziehung der Selektionstheorie wird der Begriff «arterhaltend» seitdem im Sinne eines Erklärungsprinzips gebraucht und auf die Eigenschaften bei Tieren sämtlicher Organisationsstufen angewandt.

Es soll nun im Folgenden untersucht werden, ob die Organisationsfortschritte, die man als Höherentwicklung – sei es innerhalb einzelner Stämme des Tierreiches oder in der Tierreihe im Ganzen – bezeichnet, auf die Arterhaltung bezogen werden dürfen oder nicht. Hierbei werden namentlich zwei Fragen zu prüfen sein. Erstens: Verbessern sich die Voraussetzungen für die Arterhaltung in der Reihe der Organisationsstufen? Zweitens: Worin bestehen die biologischen Unterschiede zwischen den Organisationsstufen? Sind diese so geartet, dass sie sich auf die Arterhaltung (Erhaltung der Generationsfolge) auswirken?

Bezüglich der ersten Frage kann ich mich kurz fassen. Es wurde schon oft darauf hingewiesen, dass die einfachsten Vertreter des Tierreiches, z. B. die Protozoen, sich ebenso erfolgreich im Kampf ums Dasein bewähren wie irgendwelche anderen. Ja, sie konnten sich durch die langen Zeiträume der Erdgeschichte bis zur Gegenwart erhalten, obgleich im Laufe der Stammesentwicklung immer neue Tierformen hinzutraten, die sich unmittelbar oder mittelbar von den Vertretern der niedrigsten Gruppen ernähren. Wir finden im marinen Lebensbezirk die Vertreter sämtlicher Tierstämme nebeneinander, ohne dass die primitiveren unter ihnen in ihrer Erhaltung bedroht sind. Als Landtiere kommen Mollusken, verschiedene Klassen der Gliederfüßler und der Wirbeltiere ebenfalls nebeneinander vor. Freilich gibt es zahlreiche ausgestorbene Formen. Solche finden sich jedoch bei allen Gruppen, bei den höheren nicht weniger als bei den niedrigen. Es sei nur vermerkt, dass es eine größere Anzahl ausgestorbener Primaten gibt und dass die wenigen gegenwärtig lebenden Menschenaffen sich keineswegs als besonders tüchtig in Bezug auf ihre Erhaltung und Ausbreitung erweisen. Über die Ursachen des Aussterbens von Arten wissen wir noch kaum etwas. Doch ist zu vermuten, dass der Grund des Aussterbens von Arten mehr in Störungen der Vitalität oder in begrenzter Fortpflanzungsfähigkeit zu sichern ist und nicht in einer prinzipiellen Ungeeignetheit des Bauplanes.

Wir stellen also fest, dass die Voraussetzungen für die Arterhaltung auf den primitivsten Organisationsstufen mindestens ebenso gute, wahrscheinlich bessere sind als bei den höheren Stufen der Tierreihe.

Die Behandlung der zweiten Frage – der biologischen Auswirkungen der Höherentwicklung – würde eigentlich umfangreiche Erörterungen erfordern. Ohne auf die verschiedenen Anschauungen und Meinungen einzugehen, welche die Literatur über dieses Gebiet enthält, soll hier ein Gesichtspunkt aus dem Problemkreis «Höherentwicklung» kurz gekennzeichnet werden, der wesentlich ist, aber bisher wenig beachtet wurde.[2]

Rein *morphologisch* versteht man unter Höherentwicklung die zunehmende Differenzierung und Ausgestaltung der einzelnen Organe und Organsysteme des Tierkörpers. In *biologischer* Hinsicht ist mit diesen Organisationsfortschritten eine Änderung des Verhältnisses zwischen dem Organismus und der Umwelt verbunden. Bei den sogenannten niederen Tierformen ist das Verhältnis des Tieres zur

2 Kipp 1948

Umgebung vorwiegend passiv. Der Selbstständigkeitsgrad dieser Tiere ist denkbar gering. Ein Einzeller z. B. besitzt zwar ein Wahlvermögen gegenüber den Reizen, die aus der Umwelt an ihn herantreten; im Übrigen aber ist er gänzlich der Gunst und Ungunst der äußeren Bedingungen unterworfen. Dieses Verhältnis zur Umwelt[3] ändert sich mit den Organisationsfortschritten. Die Vertreter der aufsteigenden Stufenreihe behaupten sich mehr und mehr als selbstständige Wesen gegenüber ihrer Umwelt. Dies findet sowohl in der allgemeinen Erhöhung der aktiven Funktionen seinen Ausdruck wie auch in der physiologischen Stabilisierung (Wasserhaushalt, Temperaturregulation).

Als Beispiel für die Erhöhung der Selbstständigkeit sei auf die Unterschiede zwischen dem radiären und dem bilateralen Bauplan hingewiesen. Der *radiär-symmetrische* Bau der Coelenteraten macht noch keine *«eigenwillige»* Betätigung des Tieres gegenüber der Umgebung möglich. Es bleibt dem Zufall überlassen, ob und was in den Bereich der Tentakeln eines Polypen oder einer Qualle gerät. Da außer der Differenzierung in der Richtung der ± vertikal gestellten Hauptachse alle Raumrichtungen gleichwertig sind, verfügen die Coelenteraten noch *nicht* über die Möglichkeit einer *selbstständigen Einstellung gegenüber dem Raum.* Erst mit dem bilateralen Bauplan ist ein wesentlich höherer Freiheitsgrad gegenüber dem Raum gegeben. Die Sinnesorgane versammeln sich an der Kopfseite des Tieres, das Nervensystem zentriert sich, im Weiteren werden gesonderte Fortbewegungsorgane ausgebildet usw. Das Tier ist weniger dem äußeren Zufall unterworfen, es versteht seine Umgebung aktiv zu nützen. Es

3 Es sei bemerkt, dass ich den Terminus «Umwelt» hier nicht im Sinne von Uexkülls gebrauche. Was von Uexküll unter der Umwelt des Tieres versteht, würde zutreffender als «Eigenwelt» zu bezeichnen sein.

sucht und verfolgt seine Beute, weicht vor Feinden aus, hat Ruheplätze und Verstecke usw.

Als Beispiel für die physiologische Stabilisierung mögen die landbewohnenden Tierformen dienen. Die Landschnecken, als Vertreter einer relativ niedrigen Organisationsstufe, sind noch auf reiche Umgebungsfeuchtigkeit angewiesen und überdauern die Trockenzeiten inaktiv. Die Insekten und – unter den Wirbeltieren – die Reptilien sind durch stabilisierten Wasserhaushalt von der äußeren Feuchtigkeit relativ unabhängig, jedoch noch an die Wärmeverhältnisse gebunden. Erst der Warmblüter kann sich jederzeit tätig darleben; ob und wie er es tut, hängt im Wesentlichen von endogenen Bedingungen ab.

Alle die Organisationsfortschritte in der Tierreihe (die Bauplanstufen, die Ausgestaltung des Kreislaufes und des Herzens, der Atmungs- und Stoffwechselorgane, sowie namentlich die zunehmende Zentrierung des Nervensystems, der Ausbau der Bewegungsorgane usw.) erhöhen die Selbstständigkeit des Lebewesens gegenüber der Umgebung. *Das biologische Charakteristikum der «Höherentwicklung» ist eine fortschreitende Emanzipation des Organismus von äußeren Bindungen.* (Allerdings gibt es häufig auch Fälle, wo der auf einer bestimmten Organisationsstufe gegebene Freiheitsgrad gegenüber der Umwelt aufgrund sekundärer Anpassungen wieder eingeengt wird, wie das im Extrem die parasitischen Crustaceen vor Augen führen.)

Fragen wir uns nunmehr, auf welcher Seite der Gewinn zu buchen ist, der aus der erhöhten Selbstständigkeit des Lebewesens resultiert. Ist der Wirkungsgrad der Arterhaltung erhöht? Wir mussten dies verneinen, da erfahrungsgemäß auf jeder Organisationsstufe die Generationsfolge der Arten gewährleistet ist. Nicht der Erhalt der Generationsfolge, *sondern den Einzelgliedern der Art, den Individuen, kommt die erhöhte Selbstständigkeit zugute.* Bei den niederen Tiergruppen hat das Einzelwesen eine äußerst geringe Geltung. Seine Lebensregungen sind nicht viel mehr als automatenhafte Reaktionen auf die augenblicklichen Umwelteinflüsse. Demgegenüber nimmt z. B. das Individuum eines Säugers einen hohen Rang ein, es stellt sich als ein stabilisiertes, eigenwilliges Wesen den äußeren Bedingungen gegenüber.

Was uns die Tierreihe vor Augen führt, sind also verschiedenartigste Rangstufen der Autonomie der Individuen.

Die zunehmende Individualisierung tritt auch auf dem Gebiet der Fortpflanzung selbst sehr deutlich in Erscheinung. Bei den Protozoen, wo die Fortpflanzung durch Zweiteilung (oder sogar durch Vierteilung) vor sich geht, bleiben die Individuen beim Fortpflanzungsprozess nicht erhalten, sondern setzen sich vervielfältigt in den Nachkommen fort. Hier ist das Einzelwesen tatsächlich fast nur ein Glied der Generationsfolge.

Die Vermehrung durch vegetative Sprossung, die sich bei den Coelenteraten und einigen Vermes findet, bildet einen Grenzfall, bei dem eine Sonderung zwischen Individualsein und Generationsfolge ebenfalls schwer durchzuführen ist.

Im Weiteren sei auf die Wandlungen des Fortpflanzungsmodus in der Wirbeltierreihe hingewiesen, weil in dieser die schönste Stufenfolge zu finden ist. Die Befruchtung der Eizellen im äußeren Medium (Fische) wird abgelöst durch die Begattung der Geschlechter und die Ablage befruchteter Eier (Reptilien). Dann wird die Entwicklung der Keime mehr und mehr an den mütterlichen Organismus gebunden (Monotremen, Marsupialier, Plazentalier). In diesem Zusammenhang entstehen komplizierte Einrichtungen für die Embryonalernährung. Ernährung und Schutz der Jungen dehnen sich auch auf die Zeit nach der Geburt aus. Diese Folge von Zuständen demonstrieren die vorher besprochene Emanzipation von der Umgebung auch für das Gebiet der Fortpflanzung. Des Weiteren ist eine fortschreitende Fürsorge für die *Nachkommen als Einzelwesen* zu erkennen. Die Nachkommenzahl wird erheblich verringert. An die Stelle der Massenerzeugung von Keimen tritt die fürsorgliche Pflege weniger Nachkommenindividuen.

Für die bloße Erhaltung der Generationsfolge ist es ganz gleichgültig, *wie* diese geschieht, ob durch das einfache Mittel der Massenproduktion oder durch die viele Sondereinrichtungen erfordernde vivipare Fortpflanzung und Pflege weniger Nachkommen.

Es sei nur nebenbei bemerkt, dass eine Evolution, die einerseits zur Komplizierung des Fortpflanzungsvorgangs, andererseits zur Verringerung der Nachkommenzahl führt, der Selektionstheorie erhebliche Schwierigkeiten bereitet. Die Selektionstheorie fußt auf den Wahrscheinlichkeitsgesetzen. Aber eben aufgrund der Wahrscheinlichkeitsgesetze lässt sich nicht einsehen, wieso durch das Selektionsgeschehen ein einfaches Mittel der Arterhaltung durch überaus umständliche Wege verdrängt worden sein soll. Wie dem auch sei, jedenfalls hat der Modus der Fortpflanzung eine Änderung im Sinne einer Fürsorge für die Individuen durchgemacht. Dieser Wandel steht im Einklang mit der vorher gekennzeichneten allgemeinen Tendenz der stammesgeschichtlichen Fortschritte.

Zusammenfassend kann gesagt werden: Was sich in der Tierreihe in augenfälliger Weise ändert, ist das Individualsein. Die Organisationsfortschritte erhöhen dessen Wirkungsgrad, nicht aber den der Arterhaltung. Die Vervollkommnung des Individualseins ist eines der bezeichnendsten Phänomene, die die Stammesgeschichte aufweist. Die vorliegenden Ausführungen sollen einen Beitrag zu der sachlich-begrifflichen Klärung dieses Gebietes liefern. Sie wären unvollständig, würde nicht zum Schluss noch auf den Menschen hingewiesen werden. Die Emanzipation von der Umwelt ist bei ihm zweifellos am weitesten gediehen, und wir finden bei ihm die Individuation auch auf geistigem Gebiet, in der Möglichkeit der Selbstbestimmung aufgrund individueller Einsichten.

Literatur

Kipp FA (1948): Höherentwicklung und Menschwerdung. Stuttgart
Kipp FA (1948) Über die Eierzahl der Vögel. Biologisches Zentralblatt 67, S. 250 – 267

Die Autoren

BENJAMIN BEMBÉ, geboren 1972, Besuch der Rudolf-Steiner-Schule Schwabing (München). Studium der Biologie und Geografie an der LMU München. Diplomarbeit über einheimische Wildbienen, Promotion zum Dr. rer. nat. über südamerikanische Prachtbienen an der Zoologischen Staatssammlung München. 1999–2002 Südbayerisches Seminar für Waldorfpädagogik. Mehrere Reisen in Länder Süd- und Mittelamerikas sowie nach Ägypten. Publikationen in diversen zoologischen Fachzeitschriften und im *Jahrbuch für Goetheanismus*. 2002–2018 Oberstufenlehrer an der Freien Waldorfschule Landsberg am Lech für Biologie und Geografie. Seit 2018 Mitarbeiter am Institut für Evolutionsbiologie und Morphologie an der Universität Witten/Herdecke im Rahmen des Projektes «Goetheanismus im Unterricht der Waldorfschulen».

NIKOLAI FUCHS, geboren 1963, lernte Landwirtschaft auf Gut Rothenhausen, einem vielfältigen biodynamischen Gemischtbetrieb bei Lübeck. Anschließend Studium der Agrarwissenschaften an der Universität Bonn mit Schwerpunkt «Naturschutz und Landschaftsökologie». Danach Leitung des Naturschutzzentrums Eifel und danach Geschäftsführung von Demeter Nordrhein-Westfalen. Anschließend Wechsel in die Geschäftsführung des Forschungsrings für Biologisch-Dynamische Wirtschaftsweise in Darmstadt. Von dort aus Übernahme der Leitung der Sektion für Landwirtschaft an der Freien Hochschule für Geisteswissenschaft am Goetheanum, Dornach. Im Anschluss daran Präsident der Nexus Foundation in Genf. Seit 2014 Co-Vorstand der GLS Treuhand in Bochum und

Stiftungsrat der Zukunftsstiftung Landwirtschaft, Co-Vorstand der BioHöfe Stiftung und Vorsitzender des Vorstandes der Dottenfelder Bodenstiftung.

THOMAS HARDTMUTH, geboren 1956, Dr. med., Facharzt für Chirurgie und Thoraxchirurgie, Dozent für Gesundheitswissenschaften und Sozialmedizin an der Dualen Hochschule Baden-Württemberg. Arbeitsschwerpunkte sind derzeit: Salutogenese, das Gehirn im Leib-Seele-Problem, Mikrobiomforschung, Virologie.

Publikationen: *Das verborgene Ich – Aspekte zum Verständnis der Krebskrankheit* (2003); *Denkfehler – das Dilemma der Hirnforschung (2006); In der Dämmerung des Lebendigen – Hintergründe zu Demenz, Depression und Krebs* (2011); *Medizin im Würgegriff des Profits – die Gefährdung der Heilkunst durch die Gesetze der Ökonomie* (2017); Mikrobiom und erweiterter Organismusbegriff, in: *Jahrbuch für Goetheanismus* (2017); Verschiedene Artikel in der Kulturzeitschrift *die Drei* (siehe http://diedrei.org/autoren-anzeigen/autor/hardtmuth-thomas.html)

FRIEDRICH A. KIPP, 1908 – 1997, Naturwissenschaftler und Goetheanist. Studium der Biologie, Geologie und Chemie. Dissertation über den Vogelzug im Zusammenhang mit Sonnenlauf und Mauserzyklus. Gymnasiallehrer, Mitbegründer der Arbeitsgemeinschaft anthroposophischer Naturwissenschaftler (1946). Zahlreiche ornithologische und evolutionsbiologische Aufsätze in Fachzeitschriften. Buchpublikationen: *Höherentwicklung und Menschwerdung* (1948), *Die Evolution des Menschen im Hinblick auf seine lange Jugendzeit* (1980, 2. veränderte Aufl. 1991).

SUSANNA KÜMMELL, geboren 1966, Besuch der Rudolf Steiner Schule Bochum-Langendreer und Studium der Geologie/Paläontologie und Sinologie/Mongolistik in Bonn, Taipeh und Hohhot. Danach ein einjähriger Kurs in Waldorfpädagogik, Stuttgart. Zwei Jahre tätig als Waldorflehrerin für Biologie und Geografie in Neuwied. Anschließend Forschungstätigkeit im Institut für Evolutionsbiologie und Morphologie an der Universität Witten/Herdecke mit dem Thema «Trends und Muster in der Evolution der frühen Säuger und ihrer Vorläufer». Hierfür werden Bewegungsrekonstruktionen, besonders in Händen und Füßen, dieser Tiere erstellt sowie morphologische Trends und Trends höherer Ordnung untersucht wie Autonomiezunahme bzw. Autonomieverlust, zeitliche Verläufe der Merkmalsentstehung (Heterochronien) und Verinnerlichungstendenzen.

BERND ROSSLENBROICH, geboren 1957, aufgewachsen in Westerburg, Westerwald. Studium der Tiermedizin an der Universität Gießen, Promotion in der humanmedizinischen Chirurgie über ein Thema zur Melanombehandlung. Forschungsaufenthalt an der Ohio State University, USA. Danach Mitarbeiter am Institut für Tierphysiologie der Universität Gießen mit physiologischen Untersuchungen zur Entstehung roter Blutkörperchen und Lehraufgaben zur vergleichenden Tierphysiologie. Anschließend Erstellung einer Übersichtsarbeit über Ergebnisse der Chronobiologie. Ab 1989 Mitarbeiter an der Universität Witten/Herdecke, zunächst im Rahmen eines Auftrags des Bundesforschungsministeriums zur Betreuung eines staatlichen Förderschwerpunktes zur Erforschung der Komplementärmedizin. Ab 1998 Mitarbeiter im Institut für Evolutionsbiologie und Morphologie, ab 2005 Übernahme von dessen Leitung, 2006 Habilitation. Arbeitsschwerpunkte: Trends in der Evolution der Tierwelt und des Menschen und Grundlagenfragen einer Organismischen Biologie.

MARITA ROSSLENBROICH, 1953 – 2016, Studium der Malerei, Grafik und Bildhauerei an der Hochschule für bildende Künste Frankfurt (Städel) sowie der Fächer Archäologie und Kunstgeschichte an der Universität Frankfurt. Danach Studium der Bildhauerei an der Alanus-Hochschule, Alfter. Lehrtätigkeit in der Erwachsenenbildung. Viele Jahre Mitarbeiterin im künstlerischen Bereich der Lebensgemeinschaft Bingenheim (Heim für behinderte Kinder und Jugendliche). Bis 2003 Gastdozentin an der Alanus-Hochschule bei Bonn. Ab 1990 lebte und arbeitete sie in Herdecke. Neben der freien Kunst lag ein weiterer Arbeitsschwerpunkt in der angewandten Kunst mit Auftragsarbeiten wie Grabmalen, Goldschmiedearbeiten sowie grafischen und innenarchitektonischen Entwürfen.

WALTHER STREFFER, geb. 1942, Buchhändler und Antiquar mit Schwerpunkt Naturwissenschaften in Stuttgart. Mitglied der Deutschen Ornithologen-Gesellschaft sowie weiterer Naturschutzorganisationen. Seit über fünfzig Jahren geführte Vogelstimmen-Exkursionen. Vielfältige ornithologische Reisen innerhalb Europas und zahlreiche Aufenthalte in verschiedenen Ländern der Sahara, in Ost- und Westafrika, der Türkei, in Nordamerika und mehrfach in den tropischen Regenwäldern Indonesiens. Publikationen u. a.: *Magie der Vogelstimmen* (2005); *Wunder des Vogelzuges* (2005); *Klangsphären. Motive der Autonomie im Gesang der Vögel* (2009); *Über die Art hinaus (2016); Heimische Singvögel* (2019).

HANS-CHRISTOPH VAHLE, geboren 1953, Pflanzensoziologe mit Schwerpunkt auf Kulturlandschaftsvegetation. Promotion über *Grundlagen zum Schutz der Vegetation oligotropher Stillgewässer in Nordwestdeutschland* und Habilitation mit der *Gestaltbiologie von Pflanzengesellschaften.* Durchführung vieler pflanzensoziologischer

Kartierungen in Niedersachsen und von Biotopkartierungen in Rheinland-Pfalz und Nordrhein-Westfalen. 2009 Gründung der *Akademie für angewandte Vegetationskunde*, die an das Institut für Evolutionsbiologie und Morphologie angeschlossen ist. 2013–2014 Arbeit an einem deutschlandweiten Wiesenprojekt mit der Abschlussbroschüre *Gesundende Landschaften durch artenreiche Mähwiesen*. Seit 2015 Leitung eines dreijährigen Ausbildungsganges «Feldbotanik und Pflanzensoziologie», der jedes Jahr neu startet.

AXEL ZIEMKE, geboren 1960 in Karl-Marx-Stadt (heute wieder Chemnitz), Diplomstudium Biochemie und Promotionsstudium Philosophie an der Martin-Luther-Universität Halle, Postdoc am Graduiertenkolleg Kognition, Gehirn, Neuronale Netze an der Ruhr-Universität Bochum, Mitarbeiter an der Fakultät für Interdisziplinäre Forschung und Fortbildung der Universität Klagenfurt, heute Lehrer für Biologie, Chemie, Philosophie und Schauspiel an der Rudolf-Steiner-Schule Remscheid. Freier Autor mit den Interessenschwerpunkten Evolution, Hirnforschung, Philosophie des Geistes, Politische Philosophie. Letzte Buchveröffentlichungen: *Im Netzwerk der Unsterblichkeit. Ist Reinkarnation möglich?* (2007); *Alle Schöpfung ist Werk der Natur. Die Wiedergeburt von Goethes Metamorphosenidee in der Evolutionären Entwicklungsbiologie* (2015).

Bernd Rosslenbroich

Entwurf einer Biologie der Freiheit
Die Frage der Autonomie in der Evolution

319 Seiten, gebunden
ISBN 978-3-7725-2859-0

Kann man beim Menschen den scheinbaren Gegensatz von biologischer Voraussetzung und kultureller Freiheitsfähigkeit neu verstehen? Und lässt sich dieser Ansatz auch auf die Betrachtung von Tieren ausweiten?
Mit diesen Fragen eröffnet Bernd Rosslenbroich eine anschauliche Darstellung zur Evolution von Mensch und Tier. Unter Berücksichtigung der neueren Forschung zeigt sich, dass Tendenzen einer zunehmenden Autonomie – erweiterte Fähigkeiten zu Eigenständigkeit, Flexibilität, Stabilität und funktionellen Regulationen – wesentliche Faktoren in der Entwicklung des Menschen und der höheren Tiere sind. Damit erschließt sich auch ein Verständnis für komplexe Gehirnfunktionen und Bewusstseinsleistungen, für Emotionen, Verhaltensmuster und Willenshandlungen.
Für viele Bereiche wird diese wachsende Autonomie beispielhaft gezeigt: für die Bewegungsmöglichkeiten, die Endothermie, die Nervensysteme, für Lern- und Spielverhalten, für Werkzeuggebrauch, Einsichtsfähigkeit und Selbstwahrnehmung.

VERLAG FREIES GEISTESLEBEN